淮河流域
典型水闸建筑物工程地质研究

HUAIHE LIUYU DIANXING SHUIZHA
JIANZHUWU GONGCHENG DIZHI YANJIU

李剑修　路辉　黄江　杨锋◎主编

河海大学出版社
·南京·

图书在版编目(CIP)数据

淮河流域典型水闸建筑物工程地质研究 / 李剑修等主编. -- 南京：河海大学出版社，2023.11
 ISBN 978-7-5630-8521-7

Ⅰ.①淮… Ⅱ.①李… Ⅲ.①淮河流域－水闸－水工建筑物－工程地质－研究 Ⅳ.①TV882.8

中国国家版本馆 CIP 数据核字(2023)第 213699 号

书　　名	淮河流域典型水闸建筑物工程地质研究 HUAIHE LIUYU DIANXING SHUIZHA JIANZHUWU GONGCHENG DIZHI YANJIU
书　　号	ISBN 978-7-5630-8521-7
责任编辑	吴　淼
特约校对	丁　甲
封面设计	徐娟娟
出版发行	河海大学出版社
地　　址	南京市西康路 1 号(邮编：210098)
网　　址	http://www.hhup.cm
电　　话	(025)83737852(总编室) (025)83722833(营销部)
经　　销	江苏省新华发行集团有限公司
排　　版	南京布克文化发展有限公司
印　　刷	广东虎彩云印刷有限公司
开　　本	787 毫米×1092 毫米　1/16
印　　张	19.125
字　　数	459 千字
版　　次	2023 年 11 月第 1 版
印　　次	2023 年 11 月第 1 次印刷
定　　价	128.00 元

前言
PREFACE

淮河发源于河南省桐柏山,自西向东流经河南、湖北、安徽、江苏4省,主流在江苏扬州三江营入长江,全长约1 000 km,总落差200 m。淮河下游主要有入江水道、入海水道、苏北灌溉总渠、分淮入沂水道和废黄河等出路。淮河上游河道比降大,中下游比降小,干流两侧多为湖泊、洼地,支流众多,整个水系呈扇形羽状不对称分布。沂沭泗河水系位于流域东北部,由沂河、沭河、泗运河组成,均发源于沂蒙山区,主要流经山东、江苏两省,经新沭河、新沂河东流入海。两大水系间有京杭运河、分淮入沂水道和徐洪河沟通。

淮河原是一条独流入海的河流,自12世纪起,黄河夺淮近700年,极大地改变了流域原有水系形态,淮河失去入海尾闾,中下游河道淤塞,淮河水患不断加剧,黄河夺淮初期的12世纪、13世纪,淮河平均每100年发生水灾35次,16世纪至中华人民共和国成立初期的450年间,平均每100年发生水灾94次。中华人民共和国成立以来,1950年、1954年、1957年、1975年、1991年、2003年、2007年、2020年等年份淮河发生了较大洪涝灾害,1966年、1978年、1988年、1994年、2000年、2009年、2014年、2019年等年份发生了较大旱灾。

"世界的水利问题在中国,中国的水利问题在淮河",淮河治理和淮河水资源开发利用是艰巨而又伟大的事业,改革开放以来,中水淮河规划设计研究有限公司(原水利部淮委规划设计研究院)秉承老治淮人的传统,以治淮和南水北调为依托,先后完成淮河流域综合规划、水资源综合规划、防洪规划等流域综合与专业规划,完成世界最复杂的调水工程——南水北调东线工程规划及可行性研究、亚洲最大的水立交——淮河入海水道淮安枢纽工程以及千里淮河第一大水库——临淮岗洪水控制工程等一系列勘测设计任务,为中国水利事业作出了重大贡献。

本书对中水淮河规划设计研究有限公司所承担的淮河干流及主要支流近年来已经建成的典型水闸枢纽等建筑物的地质勘察成果进行全面总结,淮河流域地层沉积典型,地质条件复杂多变,不良地质现象随处可见,几乎每一个建筑物所处的地质问题都可以自成专著,一部书是无法穷尽其诸多的内容的。本书只是将那些已经在各个工程中被论证、被各阶段设计工作所采用的第一手勘察成果、地质结论进行概括归纳和对比,其目的是将淮河流域重要涵闸建筑物所在地区的丰富多彩的地质情况展现给读者,使之能对以后淮河干流及主要支流等大型水利工程的地质勘察工作中重点地质问题的研究有所推动。本书的主要作者均已从事水利工程勘察研究工作十余年,分别负责相关枢纽建筑物的勘察工作的研究,并取得了相关研究成果,因此,本书的内容具有相当强的实践性和实用性。

本书得以出版,得到了中水淮河规划设计研究有限公司的大力支持与资助,本书所述的工程在勘察及成果整理过程中得到了中水淮河规划设计研究有限公司徐连锋、王庆苗、杨正春三位正高级工程师、工程勘测院杨业荣主任、陈国强、王根华、姚平昌四位高级工程师以及余小明、赵超、胡笑凯三位年轻工程师的支持和帮助,特此致谢。

目录
CONTENTS

第一章 息县枢纽 ·· 001
- **1.1 工程概况** ·· 001
- **1.2 区域地质** ·· 012
  - 1.2.1 地形地貌 ·· 012
  - 1.2.2 区域地层岩性 ·· 012
  - 1.2.3 区域地质构造及地震历史概况 ·· 013
  - 1.2.4 水文地质条件 ·· 016
- **1.3 枢纽区工程地质条件及评价** ·· 018
  - 1.3.1 地形地貌 ·· 018
  - 1.3.2 地层岩性 ·· 018
  - 1.3.3 土的物理力学性质 ·· 019
  - 1.3.4 水文地质条件 ·· 024
  - 1.3.5 主要工程地质问题与评价 ·· 025
- **1.4 蓄水回水区工程地质条件及评价** ·· 034
  - 1.4.1 地质概况 ·· 035
  - 1.4.2 工程地质条件评价 ·· 037
- **1.5 息县城市供水工程地质条件及评价** ·· 046
  - 1.5.1 地形地貌 ·· 046
  - 1.5.2 地层岩性 ·· 047
  - 1.5.3 水文地质条件 ·· 047
  - 1.5.4 工程地质条件评价 ·· 048
- **1.6 结论及建议** ·· 049
  - 1.6.1 场地稳定性 ·· 049
  - 1.6.2 息县枢纽工程 ·· 049
  - 1.6.3 蓄水回水区工程 ·· 051

1.6.4 息县城镇供水工程 …………………………………………………………… 052
   1.6.5 天然建筑材料 …………………………………………………………………… 053

第二章 临淮岗洪水控制工程 ……………………………………………………………… 054
  2.1 前言 ………………………………………………………………………………… 054
    2.1.1 工程概况 …………………………………………………………………… 054
    2.1.2 气象、水文与交通 ………………………………………………………… 058
  2.2 区域地质环境及场地稳定性 ……………………………………………………… 059
    2.2.1 区域地质环境 ……………………………………………………………… 059
    2.2.2 区域地质条件及场地地震烈度 …………………………………………… 060
    2.2.3 区域水文地质条件 ………………………………………………………… 061
  2.3 库区工程地质 ……………………………………………………………………… 061
    2.3.1 库区地形地貌 ……………………………………………………………… 061
    2.3.2 地层岩性及沉积特性 ……………………………………………………… 062
    2.3.3 库区物理地质现象 ………………………………………………………… 062
    2.3.4 库区工程地质问题评价 …………………………………………………… 063
  2.4 挡水建筑物工程地质条件及评价 ………………………………………………… 064
    2.4.1 地形地貌特征 ……………………………………………………………… 064
    2.4.2 地层岩性 …………………………………………………………………… 064
    2.4.3 全新统（Q_4）与上更新统（Q_3）特征 ………………………………… 067
    2.4.4 坝址区工程地质条件 ……………………………………………………… 068
    2.4.5 水文地质条件 ……………………………………………………………… 073
    2.4.6 主要工程地质问题 ………………………………………………………… 076
    2.4.7 工程地质条件评价 ………………………………………………………… 085
  2.5 泄水建筑物工程地质条件与评价 ………………………………………………… 086
    2.5.1 姜唐湖进洪闸 ……………………………………………………………… 086
    2.5.2 四十九孔浅孔闸 …………………………………………………………… 090
    2.5.3 十二孔深孔闸 ……………………………………………………………… 092
    2.5.4 新建深孔闸 ………………………………………………………………… 097
    2.5.5 船闸及十孔深孔闸 ………………………………………………………… 098
    2.5.6 城西湖船闸及封闭堤 ……………………………………………………… 100
    2.5.7 副坝穿坝建筑物 …………………………………………………………… 102
  2.6 引河 ………………………………………………………………………………… 104
    2.6.1 工程概况 …………………………………………………………………… 104
    2.6.2 工程地质条件 ……………………………………………………………… 104
    2.6.3 水文地质条件 ……………………………………………………………… 105
    2.6.4 工程地质条件评价 ………………………………………………………… 105

2.7 结论与建议 ······ 106
    2.7.1 结论 ······ 106
    2.7.2 建议 ······ 107

第三章 蚌埠闸扩建工程 ······ 108

3.1 工程概况 ······ 108
3.2 区域地质概况 ······ 109
    3.2.1 地形地貌 ······ 109
    3.2.2 地质构造与地震 ······ 109
3.3 扩建闸址区工程地质条件 ······ 110
    3.3.1 场区地质概况 ······ 110
    3.3.2 闸址区工程地质条件 ······ 110
    3.3.3 地层物理力学指标确定 ······ 111
3.4 导堤工程地质条件 ······ 113
3.5 水文地质条件 ······ 117
    3.5.1 含水层及特性 ······ 117
    3.5.2 渗透试验及指标选取 ······ 117
    3.5.3 水腐蚀性评价 ······ 118
3.6 主要工程地质问题 ······ 118
    3.6.1 地震液化 ······ 118
    3.6.2 基坑突涌 ······ 121
    3.6.3 基坑排水 ······ 121
    3.6.4 基坑边坡稳定 ······ 122
    3.6.5 渗透变形 ······ 122
    3.6.6 钻孔灌注桩地质参数确定 ······ 123
    3.6.7 导堤堤基稳定问题 ······ 123
3.7 结论与建议 ······ 123

第四章 花园湖进、通洪闸 ······ 125

4.1 工程概况 ······ 125
4.2 区域地质概况 ······ 126
    4.2.1 地形地貌 ······ 126
    4.2.2 地层岩性 ······ 127
    4.2.3 地质构造及区域稳定性 ······ 127
    4.2.4 水文地质条件 ······ 128
4.3 河道疏浚工程地质条件与评价 ······ 128
    4.3.1 地形地貌 ······ 128

         4.3.2 河道及岸坡工程地质条件 ………………………………………………… 129
         4.3.3 水文地质条件 ……………………………………………………………… 130
         4.3.4 工程地质评价 ……………………………………………………………… 131
   4.4 堤防加固及退堤段工程地质条件与评价 …………………………………………… 132
         4.4.1 地形地貌 …………………………………………………………………… 132
         4.4.2 现状堤防险情调查及分析 ………………………………………………… 132
         4.4.3 加固段堤身填筑质量评价 ………………………………………………… 133
         4.4.4 堤基工程地质条件 ………………………………………………………… 135
         4.4.5 水文地质条件 ……………………………………………………………… 138
         4.4.6 工程地质评价 ……………………………………………………………… 140
         4.4.7 护岸工程地质条件及评价 ………………………………………………… 142
   4.5 黄枣保庄圩堤工程地质条件与评价 ………………………………………………… 145
         4.5.1 地形地貌 …………………………………………………………………… 145
         4.5.2 堤基工程地质条件 ………………………………………………………… 146
         4.5.3 水文地质条件 ……………………………………………………………… 148
         4.5.4 工程地质评价 ……………………………………………………………… 149
   4.6 新建进、退洪闸工程地质条件与评价 ……………………………………………… 150
         4.6.1 花园湖进洪闸工程 ………………………………………………………… 150
         4.6.2 花园湖退洪闸工程 ………………………………………………………… 157
   4.7 穿堤建筑物工程地质条件及评价 …………………………………………………… 165
         4.7.1 小岗坝涵 …………………………………………………………………… 166
         4.7.2 丁张排灌站 ………………………………………………………………… 167
         4.7.3 枣巷排灌站、枣巷机灌站 ………………………………………………… 168
         4.7.4 申家湖排涝站 ……………………………………………………………… 170
         4.7.5 柳沟涵 ……………………………………………………………………… 172
         4.7.6 其他站涵工程 ……………………………………………………………… 174
   4.8 结论与建议 …………………………………………………………………………… 176
         4.8.1 区域稳定性 ………………………………………………………………… 176
         4.8.2 河道疏浚 …………………………………………………………………… 177
         4.8.3 堤防加固及退建工程 ……………………………………………………… 177
         4.8.4 黄枣保庄圩堤防工程 ……………………………………………………… 178
         4.8.5 新建进、退洪闸 …………………………………………………………… 178

第五章 淮河入海水道工程二河枢纽 ………………………………………………………… 181
   5.1 工程概况 ……………………………………………………………………………… 181
   5.2 区域地质概况 ………………………………………………………………………… 183
         5.2.1 地形地貌 …………………………………………………………………… 183

  5.2.2 区域地层岩性 ·· 183
  5.2.3 地质构造及区域稳定性 ·· 184
  5.2.4 水文地质条件 ·· 184
 5.3 河道疏浚(与扩挖)工程 ·· 185
  5.3.1 二河闸以上引河疏浚工程 ·· 185
  5.3.2 二河闸—入海水道进洪闸段疏浚工程 ································· 187
  5.3.3 入海水道进洪闸下游引河扩挖工程 ···································· 189
 5.4 河道堤防工程 ·· 192
  5.4.1 二河闸—入海水道进洪闸段南堤加固工程 ·························· 192
  5.4.2 入海水道进洪闸闸下引河段南堤加固工程 ·························· 197
  5.4.3 入海水道进洪闸闸下引河段北堤加固工程 ·························· 200
 5.5 控制建筑物工程 ··· 204
  5.5.1 二河越闸工程 ·· 204
  5.5.2 入海水道进洪越闸工程 ·· 212
 5.6 结论与建议 ·· 221
  5.6.1 区域稳定性 ·· 221
  5.6.2 河道堤防工程 ·· 222
  5.6.3 控制建筑物工程 ·· 222
  5.6.4 工程地质条件风险提示 ·· 223

第六章 淮河入海水道工程淮安枢纽 ··· 225
 6.1 工程概况 ·· 225
 6.2 区域地质概况 ·· 227
  6.2.1 地形地貌 ··· 227
  6.2.2 区域地层岩性 ·· 227
  6.2.3 地质构造及区域稳定性 ·· 228
  6.2.4 水文地质条件 ·· 228
 6.3 淮安枢纽立交地涵工程 ·· 229
  6.3.1 地形地貌 ··· 229
  6.3.2 工程地质条件 ·· 229
  6.3.3 水文地质条件 ·· 231
  6.3.4 工程地质评价 ·· 242
 6.4 结论与建议 ·· 247
  6.4.1 区域稳定性 ·· 247
  6.4.2 淮安枢纽立交地涵工程 ·· 247
  6.4.3 工程地质条件风险提示 ·· 248

第七章　台儿庄泵站 ··· 249

7.1　工程概况 ··· 249
7.2　区域地质概况 ··· 250
 7.2.1　地形地貌 ··· 250
 7.2.2　地层岩性 ··· 250
 7.2.3　区域水文地质概况 ·· 251
 7.2.4　地质构造及地震 ·· 251
7.3　工程地质条件 ··· 251
 7.3.1　地层分布及岩性 ·· 251
 7.3.2　泵站主厂房工程地质条件 ·· 254
 7.3.3　泵站副厂房工程地质条件 ·· 254
 7.3.4　泵站进出水池工程地质条件 ··· 254
 7.3.5　引水渠、出水渠工程地质条件 ·· 255
 7.3.6　清污机桥工程地质条件 ··· 255
 7.3.7　公路桥工程地质条件 ·· 255
7.4　水文地质条件 ··· 255
 7.4.1　地层水文地质特点 ··· 255
 7.4.2　水质分析 ··· 256
7.5　工程地质条件评价 ··· 257
 7.5.1　地震液化 ··· 257
 7.5.2　建筑物地基工程地质条件评价 ·· 257
 7.5.3　基坑降水和基坑突涌 ·· 258
 7.5.4　渗透稳定 ··· 260
 7.5.5　边坡稳定 ··· 261
7.6　结论与建议 ·· 261

第八章　蔺家坝泵站 ··· 263

8.1　工程概况 ··· 263
8.2　区域地质概况 ··· 265
 8.2.1　地形地貌与水文气象 ·· 265
 8.2.2　地层岩性及地震 ·· 265
 8.2.3　区域水文地质概况 ··· 266
8.3　工程地质条件 ··· 266
 8.3.1　地层岩性 ··· 266
 8.3.2　各建筑物地基工程地质条件 ··· 268

8.4 水文地质条件 ………………………………………………………………… 270
　　8.4.1 含隔水层结构 ……………………………………………………… 270
　　8.4.2 水文地质试验 ……………………………………………………… 271
　　8.4.3 水质分析 …………………………………………………………… 273
8.5 工程地质评价 ………………………………………………………………… 273
　　8.5.1 地基承载力 ………………………………………………………… 273
　　8.5.2 抗滑稳定 …………………………………………………………… 274
　　8.5.3 渗透变形 …………………………………………………………… 274
　　8.5.4 基坑排水 …………………………………………………………… 275
　　8.5.5 地震液化 …………………………………………………………… 275
8.6 结论与建议 …………………………………………………………………… 275

第九章 八里湾泵站 ………………………………………………………………… 276

9.1 工程概况 ……………………………………………………………………… 276
9.2 区域地质概况 ………………………………………………………………… 278
　　9.2.1 地理位置 …………………………………………………………… 278
　　9.2.2 地形地貌 …………………………………………………………… 278
　　9.2.3 区域地层岩性 ……………………………………………………… 278
　　9.2.4 地震烈度 …………………………………………………………… 278
9.3 工程地质条件 ………………………………………………………………… 279
　　9.3.1 地层岩性 …………………………………………………………… 279
　　9.3.2 物理力学指标统计 ………………………………………………… 281
　　9.3.3 各建筑物工程地质条件 …………………………………………… 281
9.4 水文地质条件 ………………………………………………………………… 283
　　9.4.1 含、隔水层结构 …………………………………………………… 283
　　9.4.2 渗透试验及参数选择 ……………………………………………… 284
　　9.4.3 承压水流向和梯度观测 …………………………………………… 287
　　9.4.4 水化学分析及腐蚀性评价 ………………………………………… 288
9.5 主要工程地质问题分析 ……………………………………………………… 288
　　9.5.1 地基承载力问题 …………………………………………………… 288
　　9.5.2 渗透稳定 …………………………………………………………… 291
　　9.5.3 基坑排水 …………………………………………………………… 292
　　9.5.4 站区地面沉降问题 ………………………………………………… 292
　　9.5.5 边坡稳定 …………………………………………………………… 292
　　9.5.6 地震液化 …………………………………………………………… 293
9.6 结论与建议 …………………………………………………………………… 293

第一章
息县枢纽

1.1 工程概况

河南省大别山革命老区引淮供水灌溉工程受水区涉及信阳市的息县、淮滨、潢川三县,地处大别山革命老区核心发展区域,是河南省粮食生产核心区。工程建成后,可形成以淮干息县枢纽为控制,以城镇供水和灌溉渠系为骨干的引淮供水灌溉工程体系,为息县、潢川两座县城生活及工业用水提供稳定可靠的水源,可有效改善灌区的农业生产条件,对实现粮食稳产高产,促进革命老区脱贫奔小康和经济社会可持续发展具有重要意义。

河南省大别山革命老区引淮供水灌溉工程线长、面广,其中息县枢纽工程位于淮河息县水文站下游6.7 km处的淮河干流上,新建渠道沿线需穿高速公路、国、省道等公路及潢河、泥河、闾河等河道,工程区有城乡公路与息县、淮滨、潢川县城相通,交通便利。

河南省大别山革命老区引淮供水灌溉工程主要建设内容包括枢纽工程、息县城市供水工程、灌溉工程。

枢纽工程:新建于淮河息县水文站下游6.7 km处,设计洪水标准50年一遇,校核洪水标准200年一遇,设计和校核流量分别为9 300 m^3/s、15 600 m^3/s,设计洪水位43.82 m/43.72 m(闸上/闸下),校核洪水位45.05 m/44.85 m(闸上/闸下);闸上正常蓄水位39.20 m,蓄水库容11 995万 m^3,兴利库容9 224万 m^3,多年平均向受水区供水量16 545万 m^3,其中向城市供水10 308万 m^3,向灌区供水6 237万 m^3。枢纽工程采用全深孔闸方案,闸底板顶高程29.0 m,共布置26孔、每孔净宽15 m,总净宽390 m。

息县城市供水工程:取水口位于337省道淮河桥下游2.7 km齐埠村的淮河左岸,该处河道呈"几"字形,取水口位于凹岸处,取水泵站规模为2.5 m^3/s。该方案引水管道长775 m,输水管道长2 400 m。

灌溉工程:本工程设计灌溉面积35.7万亩[注],包括息东片20.5万亩、淮滨片9.8万亩、西石龙片5.4万亩,均需提水灌溉,建设内容包括骨干工程和田间工程。息东片和淮滨片因相邻一并取水,取水口设在枢纽上游约0.7 km的淮河左岸,提水泵站建在枢纽西侧,设计取水流量20.24 m³/s;西石龙片为现有灌区恢复重建,通过西石龙一站取水,西石龙二站再次提水,设计取水流量3.51 m³/s。骨干工程包括:息东片和淮滨片需新建干支渠总长116 km,沿线新建泵站、倒虹吸、桥梁、涵闸等各类建筑物532座;西石龙片整修干渠长22.9 km,沿线重建一、二级泵站、桥梁等各类渠系建筑物74座。

图 1.1-1 息县枢纽

河南省大别山革命老区引淮供水灌溉工程主要特性表见表1.1-1。

表 1.1-1 河南省大别山革命老区引淮供水灌溉工程特性表

序号及名称			单位	数量	备注
一、工程规模					
1. 枢纽工程					
设计洪水 (50年一遇)	设计流量		m³/s	9 300	
	设计洪水位	闸上	m	43.82	
		闸下	m	43.72	
校核洪水 (200年一遇)	校核流量		m³/s	15 600	
	校核洪水位	闸上	m	45.05	
		闸下	m	44.85	
正常蓄水位			m	39.20	
生态水位			m	33.00	
蓄水库容			万 m³	11 995	
兴利库容			万 m³	9 224	
2. 息县城市供水工程					
设计供水保证率				95%	

注:1亩≈667平方米。

续表

序号及名称		单位	数量	备注
受益人口		万人	103	其中贫困人口 4.45 万人
多年平均供水量		万 m³	6 212	
平均每天供水量		万 m³/d	17.02	
3. 灌溉工程				
设计灌溉保证率			75%	
设计灌溉面积		万亩	35.7	
息县淮北东片和淮滨淮北西片一起集中取输水	规划灌溉面积	万亩	30.3	
	设计取水流量	m³/s	20.24	
息县淮南西石龙片单独取水	规划灌溉面积	万亩	5.4	
	设计取水流量	m³/s	3.51	
二、主要工程设计成果				
1. 枢纽工程				
节制闸	闸室总净宽	m	390	共 26 孔，每孔净宽 15 m
	闸底板高程	m	29.0	闸底板厚度 3.00 m
2. 城市供水工程				
息县县城供水工程	泵站设计流量	m³/s	2.50	
	引输水管道总长	km	0.775	
3. 灌溉干支渠及建筑物				
息县淮北东片和淮滨淮北西片一起集中取输水	新建干支渠总长	km	116.1	其中干渠长 44.46 km
	配套建筑物	座	550	新建泵站、渡槽、倒虹吸、桥梁、涵闸等
息县淮南西石龙片单独取水	整修干支渠总长	km	23.4	其中整修干渠长 23.4 km
	配套建筑物	座	137	重建一、二级泵站、桥梁等

根据《水利水电工程初步设计报告编制规程》(SL/T 619—2021)的要求，为满足河南省大别山革命老区引淮供水灌溉工程初步设计的要求，在前期已完成勘测工作的基础上，进行了初设阶段地质勘察工作。

勘察项目包括息县枢纽工程、息县城市供水工程、灌区干支渠及渠系建筑物工程、影响处理工程及天然建材的地质勘察。枢纽工程、息县城市供水工程、灌区干渠主要设计参数见表 1.1-2 至表 1.1-4。

表 1.1-2　枢纽工程主要设计参数表

项目		单位	数值
设计标准 50 年一遇	流量	m³/s	9 300
	设计水位　闸上	m	43.82
	闸下	m	43.72
校核标准 200 年一遇	流量	m³/s	15 600
	校核水位　闸上	m	45.05
	闸下	m	44.85
闸上正常蓄水位		m	39.20
闸底板顶高程		m	29.00

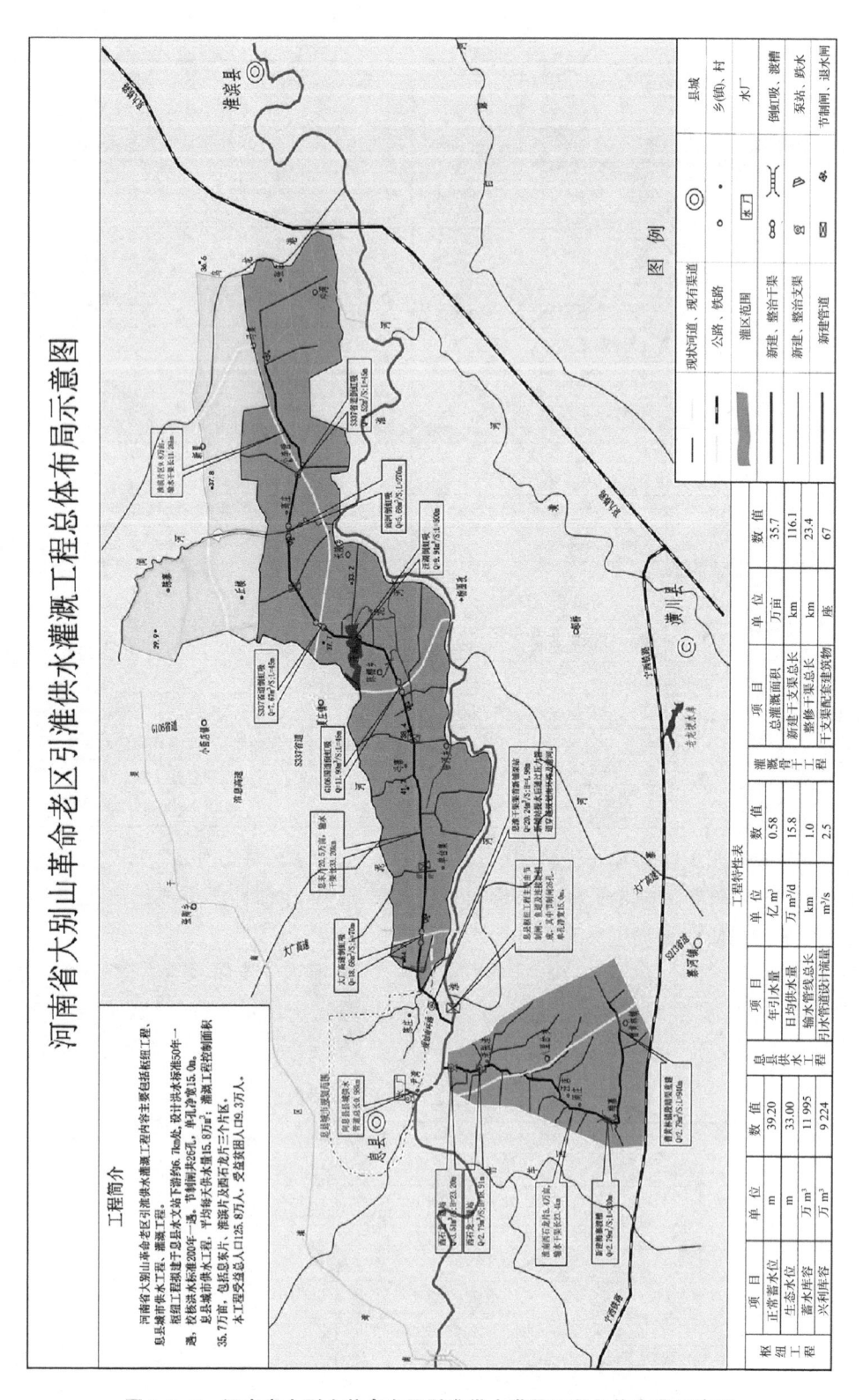

图1.1-2 河南省大别山革命老区引淮供水灌溉工程总体布局示意图

表 1.1-3　息县城市供水加压站工程规划设计参数表

项目		单位	进水口水位	出水口水位	流量
加压泵站	设计流量	m³/s			2.5
	100年一遇防洪水位（淮河）	m	45.79		
	最高运行水位	m	44.45	50.0	
	设计水位	m	35.80	50.0	
	最低运行水位	m	33.00	50.0	

表 1.1-4　灌溉工程干支渠工程级别和洪水标准

	建筑物名称	设计流量(m³/s)	建筑物级别	设计洪水标准
淮北两片		20.24	3级	20年一遇
	息淮干渠(0+000~1+025)	5.68~18.68	4级	20年一遇
	息淮干渠(1+025~36+931)	2.90~4.52	5级	10年一遇
	息淮干渠(36+931~44+460)	0.5~2.27	5级	10年一遇
	息淮支渠	0.5~2.27	5级	10年一遇
淮南西石龙片	西石龙干渠(0+000~3+450)	3.51	5级	10年一遇
	西石龙干渠(3+450~23+400)	2.80	5级	10年一遇

表 1.1-5　息淮干渠沿线建筑物汇总表

建筑物名称	单位	数量
倒虹吸	座	6
节制闸	座	4
分水闸	座	14
退水闸	座	5
渠下涵	座	43
桥梁	座	80
合计	座	152

注：表中不包括新铺站。

息淮干渠沿线穿过泥河、间河等2条中小河流和大广高速、国省道、县道和乡村道路等道路，为满足输水、交通、排水等需要，沿线需布置倒虹吸、节制闸、分水闸、退水闸、渠下涵、桥梁等各类建筑物共152座（表1.1-5）。

息淮干渠各类建筑物规划成果详见表1.1-6至表1.1-10。

表 1.1-6 新铺站设计参数表

灌溉面积（万亩）	设计流量（m³/s）	淮河取水口处水位			潢河东岸渠首处水位			30年一遇设计洪水位(m)	100年一遇校核洪水位(m)
		设计运行水位(m)	最低运行水位(m)	最高运行水位(m)	设计运行水位(m)	最低运行水位(m)	最高运行水位(m)		
30.3	20.24	38.30	33.00	41.20	43.28	42.38	43.58	43.59	44.28

表 1.1-7 息淮干渠倒虹吸工程级别和洪水标准

建筑物名称	起止点桩号（息淮干渠桩号）	跨(穿)对象	设计流量（m³/s）	建筑物级别	设计洪水标准
大广高速倒虹吸	3+040～3+190	大广高速	18.68	4级	20年一遇
106国道倒虹吸	18+440～18+740	106国道	11.93	4级	20年一遇
汪湖倒虹吸	23+380～23+820	汪湖	9.94	4级	20年一遇
337省道倒虹吸	26+350～26+450	337省道	7.67	4级	20年一遇
闾河倒虹吸	32+800～32+100	闾河	5.68	4级	20年一遇
337省道倒虹吸	36+850～36+950	337省道	4.52	5级	10年一遇

表 1.1-8 息淮干渠节制闸、分水闸工程级别和洪水标准

建筑物名称	所在渠道桩号	设计流量(m³/s)	建筑物级别	设计洪水标准
息淮1#节制闸	6+780	16.62	4级	20年一遇
息淮2#节制闸	14+990	11.93	4级	20年一遇
息淮3#节制闸	29+440	5.68	4级	20年一遇
息淮4#节制闸	37+140	2.90	5级	10年一遇
息淮1#退水闸	4+180	18.68	4级	20年一遇
息淮2#退水闸	17+330	11.93	4级	20年一遇
息淮3#退水闸	23+200	9.94	4级	20年一遇
息淮4#退水闸	32+800	5.68	4级	20年一遇
息淮5#退水闸	44+430	2.90	5级	10年一遇
息淮5支渠分水闸	10+670	1.35	4级	20年一遇
息淮6支渠分水闸	13+250	0.92	4级	20年一遇
息淮7支渠分水闸	14+970	0.78	4级	20年一遇
息淮8支渠分水闸	14+970	1.63	4级	20年一遇
息淮9支渠分水闸	18+670	1.28	4级	20年一遇
息淮10支渠分水闸	22+000	0.71	4级	20年一遇
息淮11支渠分水闸	24+570	2.27	4级	20年一遇
马岗分水闸	26+800	0.71	4级	20年一遇
息淮12支渠分水闸	29+410	1.14	4级	20年一遇
息淮13支渠分水闸	29+410	0.85	4级	20年一遇

续表

建筑物名称	所在渠道桩号	设计流量(m³/s)	建筑物级别	设计洪水标准
息淮14支渠分水闸	36+680	1.16	4级	20年一遇
息淮15支渠分水闸	37+030	1.62	5级	10年一遇
息淮16支渠分水闸	44+540	1.57	5级	10年一遇
息淮17支渠分水闸	44+540	1.33	5级	10年一遇

表 1.1-9 息淮干渠沿线新建渠下涵规划成果表

渠下涵名称	桩号	功能	设计流量(m³/s)	渠下涵名称	桩号	功能	设计流量(m³/s)
息淮干渠1#渠下涵	0+450	排涝	2	息淮干渠23#渠下涵	18+400	灌溉	2.5
息淮干渠2#渠下涵	1+650	排涝	2.5	息淮干渠24#渠下涵	20+390	灌溉	10
息淮干渠3#渠下涵	2+140	灌溉	3	息淮干渠25#渠下涵	26+670	灌溉	3
息淮干渠4#渠下涵	2+290	灌溉	4	息淮干渠26#渠下涵	26+890	排涝	1.5
息淮干渠5#渠下涵	3+325	灌溉	3	息淮干渠27#渠下涵	27+410	排涝	2
息淮干渠6#渠下涵	3+335	排涝	1.5	息淮干渠28#渠下涵	28+030	灌溉	2.5
息淮干渠7#渠下涵	4+760	灌溉	3.5	息淮干渠29#渠下涵	29+640	排涝	4.1
息淮干渠8#渠下涵	5+190	排涝	0.3	息淮干渠30#渠下涵	31+230	排涝	2
息淮干渠9#渠下涵	5+775	灌溉	2	息淮干渠31#渠下涵	34+270	排涝	1.2
息淮干渠10#渠下涵	7+100	灌溉	2.5	息淮干渠32#渠下涵	36+690	排涝	2
息淮干渠11#渠下涵	8+430	排涝	1.1	息淮干渠33#渠下涵	37+730	灌溉	3
息淮干渠12#渠下涵	8+790	排涝	1.9	息淮干渠34#渠下涵	38+530	排涝	5
息淮干渠13#渠下涵	9+640	灌溉	12	息淮干渠35#渠下涵	39+220	灌溉	2
息淮干渠14#渠下涵	10+420	排涝	7	息淮干渠36#渠下涵	39+850	排涝	2.5
息淮干渠15#渠下涵	12+550	排涝	3	息淮干渠37#渠下涵	40+210	排涝	1.9
息淮干渠16#渠下涵	13+160	排涝	8.5	息淮干渠38#渠下涵	40+320	排涝	3.7
息淮干渠17#渠下涵	14+965	排涝	5	息淮干渠39#渠下涵	40+830	排涝	
息淮干渠18#渠下涵	15+120	排涝	2	息淮干渠40#渠下涵	42+040	排涝	3.7
息淮干渠19#渠下涵	15+590	排涝	1.5	息淮干渠41#渠下涵	42+650	排涝	10
息淮干渠20#渠下涵	16+235	排涝	1.9	息淮干渠42#渠下涵	43+130	排涝	6
息淮干渠21#渠下涵	16+950	灌溉	2	息淮干渠43#渠下涵	43+440	排涝	2.5
息淮干渠22#渠下涵	17+190	灌溉	9.9	渠下涵共计43座			

表 1.1-10 息淮干渠沿线新建桥梁规划成果表

桩号	桥梁名称	桩号	桥梁名称	桩号	桥梁名称	桩号	桥梁名称	桩号	桥梁名称
0+020	1#桥	7+750	18#桥	16+550	35#桥	25+610	52#桥	37+585	69#桥

续表

桩号	桥梁名称	桩号	桥梁名称	桩号	桥梁名称	桩号	桥梁名称	桩号	桥梁名称
0+276	2#桥	8+030	19#桥	16+945	36#桥	26+765	53#桥	38+010	70#桥
0+670	3#桥	8+520	20#桥	17+490	37#桥	27+125	54#桥	38+335	71#桥
1+000	4#桥	8+780	21#桥	17+970	38#桥	27+880	55#桥	38+720	72#桥
1+327	5#桥	9+960	22#桥	18+370	39#桥	28+440	56#桥	39+310	73#桥
1+655	6#桥	10+870	23#桥	19+140	40#桥	29+420	57#桥	39+930	74#桥
1+850	7#桥	11+080	24#桥	19+590	41#桥	30+065	58#桥	40+360	75#桥
2+300	8#桥	11+880	25#桥	20+160	42#桥	30+680	59#桥	40+830	76#桥
3+405	9#桥	12+225	26#桥	20+590	43#桥	31+227	60#桥	41+780	77#桥
4+015	10#桥	12+480	27#桥	20+860	44#桥	31+545	61#桥	42+810	78#桥
4+510	11#桥	12+840	28#桥	21+190	45#桥	33+730	62#桥	43+470	79#桥
4+600	12#桥	13+180	29#桥	21+535	46#桥	34+265	63#桥	44+180	80#桥
5+090	13#桥	13+620	30#桥	22+460	47#桥	34+770	64#桥		
5+785	14#桥	14+270	31#桥	23+050	48#桥	35+260	65#桥		
6+330	15#桥	14+960	32#桥	23+955	49#桥	35+835	66#桥		
6+830	16#桥	15+470	33#桥	24+445	50#桥	36+085	67#桥		
7+370	17#桥	16+240	34#桥	25+345	51#桥	36+550	68#桥		

息淮灌区各支渠规划为续灌渠道，各支渠灌溉面积、流量及水位见表1.1-11。

表1.1-11 息淮灌区各支渠灌溉面积、设计流量及水位表

渠道名称	长度(km)	灌溉面积（万亩）	设计流量（m³/s）	加大流量（m³/s）	渠首设计水位(m)	纵比降
息淮1支渠	2.54	0.5	0.36	0.44	44.89	1/4 000
息淮2支渠	2.81	1.7	1.21	1.51	45.01	1/5 000
息淮3支渠	2.18	1.5	1.07	1.33	43.23	1/5 000
息淮4支渠	2.51	1.4	0.99	1.24	43.23	1/5 000
息淮5支渠	9.82	1.9	1.35	1.69	41.38	1/5 000
息淮6支渠	3.44	1.3	0.92	1.15	41.57	1/5 000
息淮7支渠	5.18	1.1	0.78	0.98	40.29	1/5 000
息淮8支渠	2.26	2.3	1.63	2.04	40.80	1/5 000
息淮9支渠	7.10	1.8	1.28	1.60	38.06	1/5 000
息淮10支渠	1.74	1	0.71	0.89	37.75	1/5 000
息淮11支渠	2.00	3.2	2.27	2.84	39.44	1/5 000
息淮12支渠	2.93	1.6	1.14	1.42	39.07	1/5 000
息淮13支渠	4.32	1.2	0.85	1.07	39.28	1/5 000

续表

渠道名称	长度(km)	灌溉面积（万亩）	设计流量（m^3/s）	加大流量（m^3/s）	渠首设计水位(m)	纵比降
息淮14支渠	2.86	2.0	1.16	1.45	37.87	1/5 000
息淮15支渠	2.98	2.8	1.62	2.03	38.00	1/5 000
息淮16支渠	6.50	2.7	1.57	1.96	37.39	1/5 000
息淮17支渠	10.45	2.3	1.33	1.67	37.10	1/5 000
合计	71.61	30.3				

根据息淮支渠的总体布置，其沿线建筑物类型主要有泵站、倒虹吸、节制闸、退水闸、渠下涵及桥梁，共计379座，详见表1.1-12。

表1.1-12 息淮支渠沿线建筑物汇总表

支渠名称	渠首泵站	倒虹吸	桥梁	节制闸	渠下涵	退水闸	合计
一支渠	1	9	0	0	2	1	13
二支渠	1	10	4	0	3	0	18
三支渠	1	3	4	1	0	1	10
四支渠	1	3	5	1	0	0	10
五支渠	0	25	14	2	7	0	48
六支渠	0	9	4	0	1	0	14
七支渠	0	24	3	0	0	1	28
八支渠	0	0	0	0	0	0	0
九支渠	0	19	11	1	0	1	32
十支渠	0	10	0	1	0	0	11
十一支渠	0	6	6	0	2	0	14
十二支渠	0	9	6	1	0	1	17
十三支渠	0	0	0	0	0	0	0
十四支渠	0	11	7	0	0	1	19
十五支渠	0	9	6	0	0	1	16
十六支渠	0	24	19	0	4	1	48
十七支渠	0	35	34	0	11	1	81
合计	4	206	123	6	30	10	379

表1.1-13 支渠泵站规划成果表

泵站名称	设计流量(m^3/s)	进水池设计水位(m)	出水池设计水位(m)
1支渠渠首泵站	0.36	43.03	44.89
2支渠渠首泵站	1.21	43.03	45.01

续表

泵站名称	设计流量(m³/s)	进水池设计水位(m)	出水池设计水位(m)
3支渠渠首泵站	1.07	42.01	43.23
4支渠渠首泵站	0.99	42.01	43.23

西石龙片5.4万亩灌区位于息县境内淮河南岸岗丘区,本次基本维持现有工程布局,西石龙片干渠沿线需重建一、二级站以及其他各类建筑物152座。

表1.1-14 西石龙片干渠主要建筑物汇总表

建筑物名称	单位	数量	备注
泵站	座	2	为西石龙一、二级站
渡槽	座	1	梅寨渡槽
倒虹吸	座	1	
节制闸	座	6	
分水闸	座	14	
退水闸	座	2	
桥梁	座	48	
干斗	座	78	
合计		152	

西石龙片干渠各类建筑物规划成果详见表1.1-15至表1.1-19。

表1.1-15 西石龙一级站设计参数表

设计灌溉面积(万亩)	设计取水流量(m³/s)	取水口处			出水口处			30年一遇设计洪水位(m)	100年一遇校核洪水位(m)
		设计运行水位(m)	最高运行水位(m)	最低运行水位(m)	设计运行水位(m)	最高运行水位(m)	最低运行水位(m)		
5.4	3.51	38.30	41.52	33.00	61.50	61.70	61.00	43.75	44.50

表1.1-16 西石龙二级站设计参数表

设计灌溉面积(万亩)	设计取水流量(m³/s)	进水池前渠尾水位			出水池后渠首水位			30年一遇设计洪水位(m)	100年一遇校核洪水位(m)
		设计运行水位(m)	最高运行水位(m)	最低运行水位(m)	设计运行水位(m)	最高运行水位(m)	最低运行水位(m)		
高灌4.3	2.80	60.85	61.05	60.35	79.76	79.96	79.26	62.4	64.6
低灌0.3	0.20	60.85	61.05	60.35	75.20	75.20	75.20		

表1.1-17 西石龙干渠重建渡槽规划成果表

名称	起止点桩号	跨越对象	长度(m)	设计流量(m³/s)
梅寨渡槽	西石龙干渠桩号(14+050～14+280)	梅寨镇深塘	230	2.80

表 1.1-18　西石龙干渠重建水闸规划成果表

建筑物类型	名称	所在渠道桩号	设计流量（m³/s）	加大流量（m³/s）	建筑物类型	名称	所在渠道桩号	设计流量（m³/s）	加大流量（m³/s）
节制闸（6座）	1#节制闸	5+070	2.79	3.71	向支渠分水闸（共14座）	7支渠分水闸	9+500	0.68	0.90
	2#节制闸	7+790	2.79	3.71		8支渠分水闸	10+080	0.45	0.60
	3#节制闸	10+720	2.79	3.71		9支渠分水闸	10+960	0.49	0.66
	4#节制闸	14+600	2.79	3.71		10支渠分水闸	12+270	0.40	0.53
	5#节制闸	17+770	2.79	3.71		11支渠分水闸	14+580	0.44	0.59
	6#节制闸	20+240	2.79	3.71		12支渠分水闸	19+550	1.49	1.99
向支渠分水闸	1支渠分水闸	1+750	0.90	1.20		13支渠分水闸	22+780	0.76	1.01
	2支渠分水闸	2+880	0.62	0.83		14支渠分水闸	22+892	1.05	1.39
	3支渠分水闸	3+140	0.48	0.64	退水闸（2座）	1#退水闸	9+370	2.79	3.71
	4支渠分水闸	5+590	2.16	2.87		2#退水闸	15+010	2.79	3.71
	5支渠分水闸	7+200	0.24	0.32	共计22座				
	6支渠分水闸	7+200	0.36	0.48					

表 1.1-19　西石龙干渠重建桥梁规划成果表

桥梁名称	桩号	桥梁名称	桩号	桥梁名称	桩号	桥梁名称	桩号
1#桥	0+000	14#桥	8+480	27#桥	13+250	40#桥	18+460
2#桥	0+180	15#桥	9+210	28#桥	14+020	41#桥	19+080
3#桥	0+640	16#桥	9+480	29#桥	14+530	42#桥	19+290
4#桥	1+830	17#桥	9+840	30#桥	15+000	43#桥	19+540
5#桥	2+780	18#桥	9+950	31#桥	15+160	44#桥	19+940
6#桥	3+480	19#桥	10+270	32#桥	15+380	45#桥	20+600
7#桥	3+870	20#桥	10+960	33#桥	15+690	46#桥	21+910
8#桥	4+380	21#桥	11+460	34#桥	16+030	47#桥	22+490
9#桥	5+230	22#桥	12+180	35#桥	16+260	48#桥	22+770
10#桥	5+770	23#桥	12+280	36#桥	16+380		
11#桥	6+520	24#桥	12+360	37#桥	16+810		
12#桥	7+200	25#桥	12+450	38#桥	17+620		
13#桥	7+490	26#桥	13+070	39#桥	18+160		

注：除10#桥连接213省道宽20，其他连接县乡道路宽6 m。

1.2 区域地质

1.2.1 地形地貌

区内自西南向东北渐趋平缓,桐柏山及大别山的余脉延入工程区西部及西南部,形成海拔 300 m 左右的低山丘陵地形,中南部为淮河中、上游山前倾斜平原,多垄岗,偶见基岩出露的残丘,北部为低平的湖积、冲积平原,最低海拔高程仅 30 m。淮河由西往东蜿蜒而过,南侧支流较多,主要有浉河、竹竿河、寨河、潢河等,北侧有清水河、澺河、闾河等较大支流。

1.2.2 区域地层岩性

工程区属华北与华南过渡的秦岭大别山地层区,地层出露不全,仅见上元古界、古生界寒武系、石炭系、中生界白垩系及新生界。大致呈北西—南东带状展布。

上元古界出露在区域内的西北及西南部,另外在东部息县城南中渡店及罗山城南小龙山和光山县仙居杏山一带也有零星出露,岩性主要为石英片岩、斜长角闪片岩。

古生界寒武系分布在息县城南蒲公山、小伊山、庙山一带,大致呈近东西向展布,岩性主要为结晶灰岩、绢云石英片岩、钙质千枚岩,该套岩性由深海化学沉积-浅海的黏土质、泥质沉积物经受了不同程度的区域变质作用而成;石炭系分布于信阳市东南部胡家湾、罗山县凉亭、钟家湾一线,岩性为一套含铁质黏土质的碎屑沉积岩。

中生界白垩系地层是在大别山北坡山前断陷盆地的基础上发展起来的一套陆相火山岩和红色复屑建造。

新生界分布广泛,包括新近系和第四系。古近系仅在西部边缘小片出露,为一套红色碎屑岩系;新近系全被第四系覆盖,为一套灰白-灰绿色粉细砂岩、砂质泥岩、泥岩等;第四系更新统多分布在淮河以南的低丘、垄岗与蜿蜒其间之沟谷、山间盆地的边缘地带,岩性主要砂质黏土、粉质黏土、沙砾石层;第四系全新统广泛分布于淮河以北冲积平原以及淮河、淮河以南支流的沟谷中,组成了区内Ⅰ级阶地与河漫滩、河床,岩性主要为粉质黏土、壤土及粗-细砂,局部可见大小不一浑圆状卵砾石。

1.2.3 区域地质构造及地震历史概况

1.2.3.1 地质构造

本区位于秦岭纬向构造带与新华夏系第二沉降带的复合地区,区内断裂构造以北西西向及东西向为主,被后期的北东向的构造切割,主要断裂(各断裂分布位置详见地质构造体系图 1.2-1)叙述如下。

(1) 老君山断裂(F_1):位于确山县南新安店老君山一线,走向 NW280°,断面北倾,倾角 69°。地貌显示一排列明显的断层三角面,断裂破碎带宽约 50 m,断面两侧岩石普遍发育片理及滑劈理。

(2) 龟山-梅山断裂(F_5):该断裂西起信阳市龟山,走向 NW275°~295°,多向南倾斜,倾角 60°~80°。断裂为一宽度约 150 m 左右的挤压破碎带,带内挤压揉皱、冲断及糜棱岩化、碎裂岩化发育。该断裂为压性断裂。

(3) 蒲公山断裂(F_6):位于息县中度店西约 500 m 蒲公山北坡,断裂走向近东西向,断面倾向 NW355°,倾角 72°。断面呈舒缓波状,断裂破碎带宽约 2~3 m,断面两侧为一较密集的劈理带。

(4) 正阳-淮滨断裂(F_{23}):西由伏牛山经确山吴桂桥煤田延入本区,经正阳北,东延,被北北东向的新华夏系断裂切成数段。在测区北确山吴桂桥煤田通过钻探揭露见石炭、二叠系煤系逆冲至古近系红层之上,断定该断裂是一个倾向南西的高角度(70°)压性断裂。

(5) 确山-固始断裂(F_{24}):由邻区确山延入本区,经正阳铜钟、息县城北延至工程区外固始,走向 NW300°。该断裂地震物探反应明显,它分割了华北相的寒武-奥陶系与变质的寒武系下统两套截然不同地层,断面以南出现了大面积的变质岩及大量岩浆侵入体,是一个规模较大的地质界限。

(6) 明港-光山断裂(F_{25}):由邻区邢集延入本区,在明港以东沿淮河东下,显较清晰的重力梯度变化,被北北东断裂分割数段,并逐渐向南推移,在光山附近延出本区。

北东向主要断裂叙述如下。

(7) 蓝青店断裂(F_{27}):由正阳之北延入本区,经蓝青店向南止于信阳平桥,走向 NE15°~30°,地震显示较好,断裂带上分布有蓝青店和丘店两个地质体,推测断面倾向北西,具有压扭性。

(8) 涩港断裂(F_{28}):由邻区涩港进入本区,沿经罗山至息县张陶,走向 NE20°~30°,该断裂为一重力密集梯度带,两侧重力显示较大的差异,推测西降东升幅度较大,并有钻探验证。

(9) 竹竿河断裂(F_{29}):由邻区罗山周党延入本区,沿竹竿河北上,在息县以东出图,该断裂为一重力密集梯度带。

隆起与坳陷区叙述如下。

(10) 王勿桥-项店坳陷带(Ⅱ):走向 NW300°左右,宽度不详,新生界覆盖厚度在 800~1 600 m,由白垩系红色沉积所组成。南侧由正阳-淮滨断裂(F_{23})与新安—息县隆起隔开。

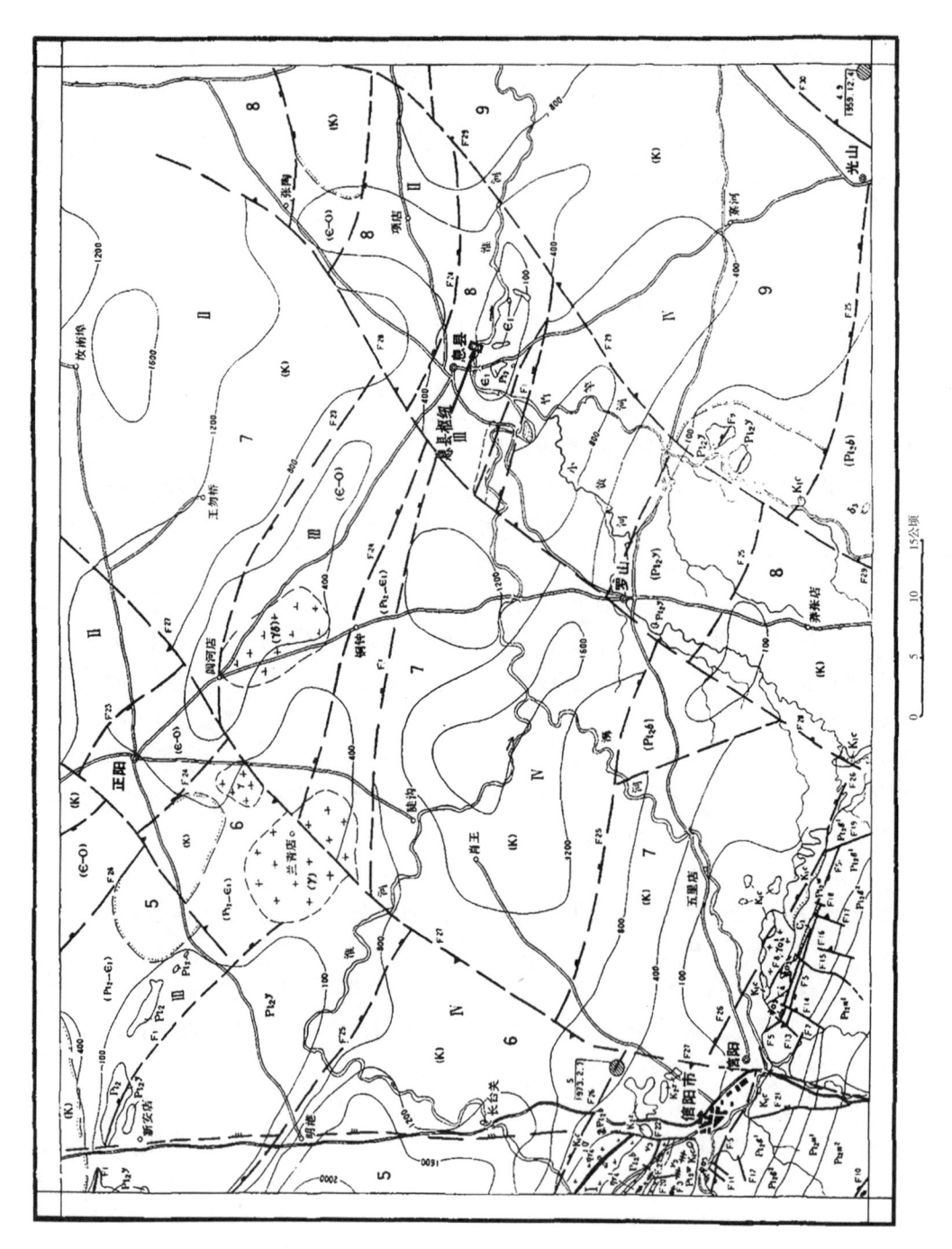

图 1.2-1 区域地质构造体系图

(11) 新安-息县隆起带（Ⅲ）：经确山新安店、正阳、蓝青店、铜钟至息县。西宽东窄呈一楔形，延伸方向约 NW305°。隆起带由毛集群及上覆上元古界石英岩、寒武系下统结晶灰岩，还包括一部分华北相的寒武-奥陶系灰岩，一些中酸性-超基性侵入体组成。新安店北和息县南有基岩出露，与隆起伴生的断裂分割了隆起区的不同地层单位并大致构成隆起的边缘。主要断裂有确山-固始断裂（F_{24}）、老君山断裂（F_1）等。

(12) 平昌关-罗山坳陷带（Ⅳ）：走向 NW290°左右，宽度 20～40 km，新生界覆盖厚度达 2 000 m，由白垩系火山岩及红层所组成，因受后期其他构造体系复合局部有所抬升。北界确山-固始断裂（F_{24}）与明港-光山断裂（F_{25}），南界为信阳-方集断裂（F_{26}）。

(13) 罗山坳陷带（7）：位于测区南湾-长台关-正阳一带，南段为基岩出露区，长台关一带为隐伏的隆起，新生界覆盖层不明显低于东西两侧，蓝青店至正阳一带无中生界覆盖。

(14) 莽张隆起带（8）：由罗山莽张、光山仙居一线向北东经杏山至息县蒲公山一带，方向 25°，沿途有大量基岩露头，竹竿河断裂由东侧通过。

1.2.3.2 地震历史概况

据河南省地震局有关资料，区内发生较大的地震有两次：一次发生在 1913 年 2 月，震中在信阳市北 10 km 处，震级为 5 级，位于蓝青店断裂与信阳-方集断裂交叉处；另一次发生在 1959 年 12 月，震中在光山东北 10 km 处，震级为 4.9 级，发生在晏河断裂上。另外在东邻区潢川一带自 1959 年以来，一级以上地震发生达七次之多，震中则作北北东向展布，西邻区在 1974 年明港西 4 km 也发生了 2 级地震，震中位于明港-光山断裂的延伸部位。

1.2.3.3 区域地壳稳定性评价

工程区位于秦岭纬向构造带与新华夏系第二沉降带的复合地区，区内断裂构造以北西西及东西向为主。总体来看，本区地震活动较弱，以小震为主，中、强震较少，震中大多沿区内北西西向和北东向两组断裂分布，特别是两组断裂交汇处。

根据《中国地震动参数区划图》（GB 18306—2015），工程区内地震动峰值加速度息县境内（息县县城、淮河以南乡镇及淮河以北靠近淮河的孙庙、临河乡）、罗山县、潢川县为 0.10 g，相应地震基本烈度为Ⅶ度；息县境内除以上乡镇外和淮滨县境内为 0.05 g，相应地震基本烈度为Ⅵ度。

工程区地震动峰值加速度见插图，各工程的地震动峰值加速度参数见表 1.2-1。

根据《水电水利工程区域构造稳定性勘察技术规程》（DL/T 5335—2006），依据地震动峰值加速度、地震烈度、近场区曾发生地震震级等参量分析确定，工程区区域构造稳定性分级：息县枢纽区属稳定较差区域。

表 1.2-1　主要建筑物地震动参数表

工程名称	工程所在县镇	序号	建筑物名称	桩号(里程)(km)	地震动峰值加速度(g)	地震动反应谱特征周期(s)	地震基本烈度(°)
枢纽工程	息县谯楼街道	1	埠口闸		0.10	0.35	Ⅶ
	息县龙湖街道	2	西石龙闸		0.10	0.35	Ⅶ
		3	陈庄闸		0.10	0.35	Ⅶ
	关店乡	4	澺河口闸		0.10	0.35	Ⅶ
息县城市供水工程	息县谯楼街道	5	加压泵站		0.10	0.35	Ⅶ
淮北灌溉工程	息县龙湖街道	6	新铺泵站		0.10	0.35	Ⅶ
		7	箱涵		0.10	0.35	Ⅶ
		8	穿澺河倒虹吸		0.10	0.35	Ⅶ
	息县项店与临河乡交界	9	大广高速倒虹吸	3+040～3+190	0.10	0.35	Ⅶ
		10	息长干渠 17#桥	7+370	0.10	0.35	Ⅶ
	临河乡	11	息长干渠 16#渠下涵、29#桥	13+180	0.10	0.35	Ⅶ
	临河与陈鹏乡交界	12	息长干渠 22#渠下涵	17+190	0.10	0.35	Ⅶ
	息县陈鹏乡	13	G106 国道倒虹吸	18+440～18+740	0.05	0.35	Ⅵ
		14	穿泥河倒虹吸	23+380～23+820	0.05	0.35	Ⅵ
	息县长陵乡	15	3#节制节制闸	29+650	0.05	0.35	Ⅵ
	淮滨	16	穿闾河倒虹吸	32+800～33+100	0.05	0.35	Ⅵ
		17	穿 S337 公路倒虹吸(十里庄)	26+350～26+450	0.05	0.35	Ⅵ
		18	穿 S337 公路倒虹吸(小李营)	36+850～36+950	0.05	0.35	Ⅵ
		19	长淮干渠 35#、43#渠下涵	35+511、41+172	0.05	0.35	Ⅵ
淮南西石龙灌溉工程	八里岔乡	20	西石龙一级站		0.10	0.35	Ⅶ
		21	西石龙二级站	3+396	0.10	0.35	Ⅶ
		22	梅寨渡槽	14+180、14+750	0.10	0.35	Ⅶ
		23	邓小庄倒虹吸		0.10	0.35	Ⅶ
	曹黄林乡	24	穿曹黄林暗渠	21+690	0.10	0.35	Ⅶ

1.2.4　水文地质条件

区域内南部为低山丘陵区，上部大部分被第四系更新统黏土、粉质黏土层覆盖，地下水较少；淮河干流及支流两侧，含水层为第四系全、更新统粉细砂和中粗砂层，底部为卵石层，中等富水区，含水层埋深较浅。北部为淮北倾斜平原，中等富水区，埋深百米以内。区内下部基岩主要为结晶灰岩、石英片岩、千枚岩，局部裂隙发育、灰岩内发育溶孔、溶洞,富水性不稳定、不均匀。

地下水主要受大气降水和地表水补给,并向淮河、浉河、竹竿河、寨河、潢河等河排泄,淮河是地下水的最低排泄基准面,地下水位主要受季节和天气影响,汛期和阴雨期,地下水位较高,旱季和枯水期地下水位较低。

工程区地表水、地下水类型分别为 $HCO_3·Cl—Ca·Na$ 型和 $HCO_3·SO_4—Ca·Mg$ 型。地下水、地表水 pH 值分别为 7.47、8.09,无侵蚀性二氧化碳。地下水对混凝土、混凝土中的钢筋无腐蚀性,对钢结构具弱腐蚀性。

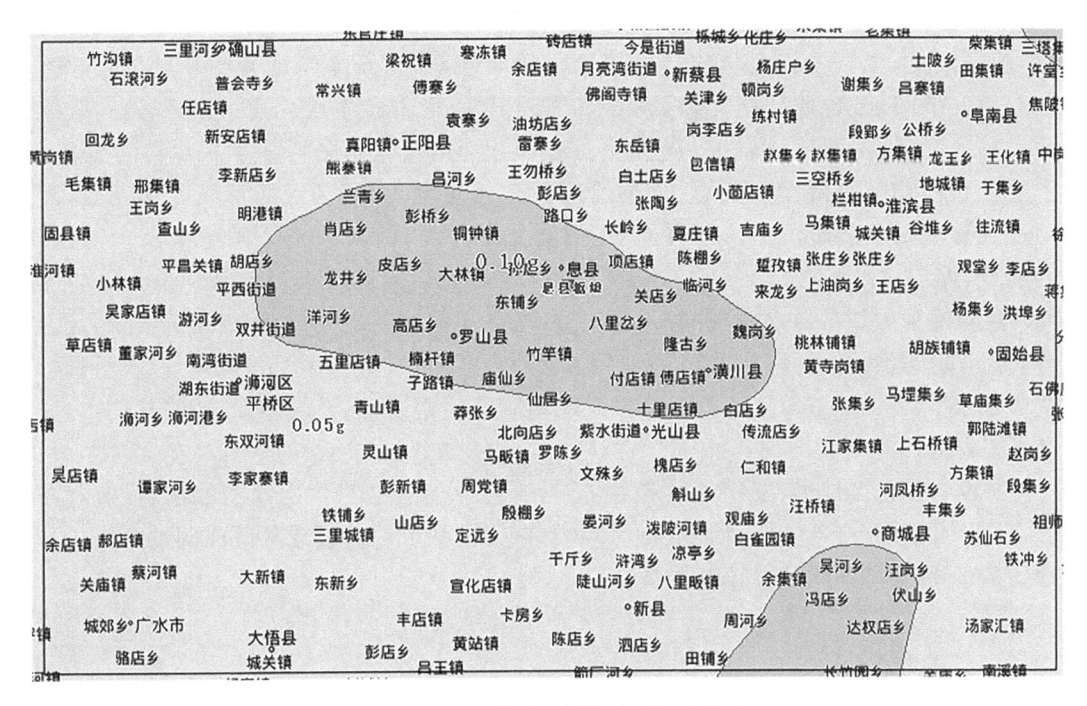

图 1.2-2　工程区地震动峰值加速度图

工程区地处华中副热带气候区,受季风影响显著。其气候主要特点,4—9 月从太平洋进入的暖湿气流水汽充沛,往往与北方的冷气流交绥,造成大量降雨。10 月至次年 3 月,受内蒙古贝加尔湖地区南下的寒冷干燥气流的影响,降水次数少,强度小。多年平均降雨量约 1 000 mm。其特点是年际变化大,年内分布很不均匀,6—8 月降水量占全年降雨的 50% 以上,其中又多集中在数次暴雨。

多年平均气温为 15℃,历年极端最高气温出现在 7—8 月,桐柏站为 41.1℃,信阳站为 40.9℃。历年极端最低气温出现在元月,桐柏站最低气温达零下 20.3℃,信阳台最低气温为零下 20℃。每年 1—2 月份有冰冻现象,最大冻土深度 15 cm。

全年多北风及东北风,汛期多为南风及西南风。多年平均风速为 2.2 m/s,多年平均最大风速约 17 m/s。最大风速 24 m/s,发生在 1964 年 4 月和 6 月,相应风向为北风。

1.3 枢纽区工程地质条件及评价

可研阶段先后对埠口、西石龙、陈庄、澺河口四个闸址进行了地质勘察及闸址比较。埠口、陈庄、澺河口三个闸址所在河段均有河道采砂现象、建基面位于砂层上（其下砂土厚度分别为约 20 m、6.0 m、8.0 m），地质条件基本一致，存在地基沉降变形、地震液化、渗漏及渗透稳定等主要工程地质问题；西石龙闸址河床左岸分布岩性同上述三个闸址，地质问题相似，河床和右岸段分布岩性主要为全、强风化岩，建基面大部分位于全、强风化岩上，局部位于黏土上，基本不存在闸基及右岸渗漏问题，主要存在不均匀沉降变形问题，岩层缓倾下游偏左岸，多沿裂隙面形成泥化夹层，对闸基抗滑稳定不利。就地质条件而言，西石龙闸址略优，其余三个闸址依次为陈庄、澺河口、埠口闸址。

埠口闸址紧邻县城，场地狭窄，不利于工程布置和施工；西石龙闸址靠近县城，受上游 213 省道跨淮河大桥影响，对工程布置、城市发展不利；陈庄、澺河口两闸址场地开阔，便于工程布置和施工，但澺河口闸址主河道和故道相距远，建设内容多，实施难度大，不利于工程管理。

根据各闸址区地形、工程地质条件，综合考虑水流、施工、供水灌溉取水、投资等条件，可研阶段设计推荐陈庄闸址方案。本书按初设阶段和设计要求对陈庄闸址方案进行地质勘察，现对陈庄闸址方案叙述如下。

1.3.1 地形地貌

该闸址位于淮河息县水文站下游约 6.7 km（西石龙电灌站下游 2.85 km 处），距上游息县现状城区边线约 4.7 km。

闸址区淮河流向由西北往东南流，河槽宽度 240～360 m，因河道内采砂河槽内发育数个较大的心滩、河底凹凸不平，高程变化较大，河底高程 22.29～30.50 m（勘探期间有采砂船在河道内采河砂，局部位置河底高程可能更低）。闸址仅上游有河滩地，宽一般 70.0～120.0 m，地面高程 31.5～35.0 m，其他处无滩地。右岸一级阶地地面高程 36.5～41.0 m，靠近一级阶地后缘有一条由西北往东南流的冲沟，沟底高程 32.0～35.0 m。团山、伊山等低山丘陵区地面高程 43～64 m；左岸为冲洪积平原，一级阶地地面高程 37.5～40.0 m，二级阶地地面高程 41.5 m 以上。

1.3.2 地层岩性

根据地质测绘和勘探试验地质资料分析，勘探深度范围内覆盖层岩性为轻粉质壤土

(Q_4^{alp}),中、重粉质壤土(Q_4^{alp}),粉细砂,中粗砂(Q_4^{alp}),粗砂(Q_3^{alp}),粉质黏土,黏土(Q_3^{alp});下伏基岩为古生界寒武系石英片岩。现将各地层特征分层描述如下。

第①-1层中、细砂或砂混杂淤泥质土(Q_4^{alp}):黄、灰黄、灰色,湿,呈松散或软塑状态。该层为河道内采砂后新近沉积的砂土或已扰动的砂土,上部主要为砂混杂淤泥质土、泥团、泥块或淤泥质土夹砂,含泥量较高,下部砂含泥量较少。该层岩性不均匀,强度差异较大。厚度1.10~7.20 m,层底高程19.09~25.49 m。

第①层轻粉质壤土(Q_4^{alp}):黄、灰黄色,稍湿,呈松散,夹粉细砂和中粉质壤土。厚度一般0.40~3.40 m(局部9.30 m),层底高程33.80~39.40 m。

第②-1层中粉质壤土(Q_4^{alp}):黄、灰黄色,稍湿,呈软塑~可塑状态,夹粉细砂。厚度6.50~9.30 m,层底高程33.37~34.52 m。

第②-2层重粉质壤土(Q_4^{alp}):黄、灰黄色,湿,呈可塑~硬塑状态。厚度10.30~10.50 m,层底高程31.90 m。

第③层中、细砂(Q_4^{alp}):黄、灰黄色,湿,呈松散状态为主。主要矿物成分为石英、长石、云母等,夹淤泥质中粉质壤土、粗砂。厚度2.20~8.00 m,层底高程29.50~34.45 m。

第④层中、粗砂(Q_4^{alp}):灰、黄灰、黄色,湿,呈稍密~中密状态为主,右岸冲沟、导流明渠附近钻孔呈松散状态为主。主要矿物成分为石英、长石、云母等,含少量砾石,夹中、重粉质壤土和细砂。厚度2.30~7.20 m,层底高程21.24~29.57 m。

第④-1层中、重粉质壤土(Q_4^{alp}):灰、黄灰色,湿,呈可塑散状态。主要分布在淮河右岸,夹中、粗砂,局部夹砾砂。厚度1.10~3.90 m,层底高程24.19~31.40 m。

第⑥层粗砂、砾砂(Q_3^{alp}):黄灰、灰色,饱和,呈中密状态为主,局部呈密实状态。主要矿物成分为石英、长石、云母等,夹粉质黏土、细砂、中砂。层底局部为灰色软塑状中粉质壤土,厚度1.40~2.20 m,标贯击数3.4击。该层厚度1.20~12.60 m,层底高程15.02~28.88 m。

第⑦层粉质黏土、黏土(Q_3^{alp}或Q_3^{eld}):黄、黄灰、棕黄、棕红色,顶部灰色,湿,硬塑,低压缩性,含铁锰结核,夹砾石,局部夹弱风化的石英石岩。钻孔未揭穿,层顶高程15.02~28.88 m,最大揭露厚度22.65 m,层底高程-0.51 m。

第⑨层石英片岩:浅肉红、灰黄色、灰白色,主要组成矿物为绢云母、石英、长石,局部绢云母含量较高,约50%~70%,片理构造,局部为石英岩。全、强风化厚度一般0.5 m左右,岩芯呈碎块状及短柱状;弱风化带岩体节理裂隙发育,一般呈闭合状态,充填方解石细脉和石英岩脉,岩芯呈柱状、短柱状。未揭穿,最大揭露厚度5.20 m。

1.3.3 土的物理力学性质

(1) 物理力学性质指标统计与分析

为了解闸址区岩土体物理力学性质,本次勘察对场地地层做了标准贯入试验,并取(岩)土样进行了土工试验。根据《水利水电工程地质勘察规范》(GB 50487—2008)的有关规定,对场地地基土的主要物理力学性质指标进行分析、计算和统计,试验指标统计均采用数理统计方法,并提供相应的组数、大值均值、小值均值、平均值和标准差、变异系数等指标,统计过程中,对明显异常的数据,查明原因并剔除。各土层的物理力学指标统计值见表1.3-1。

从表1.3-1中可以看出,全新统沉积地层由于沉积环境变化大,土层均匀性较差,固结时间短,具有压缩性较大、强度较低的共性。上更新统地层总体强度较高。另外河道内因采砂留有采砂深坑,受采砂影响,第⑥层粗砂标贯击数比两岸低,设计时应考虑砂土强度不均匀性对闸基的影响。

表1.3-1 各土层物理力学性质指标统计表

层号	地层名称	统计项目	含水率 %	湿密度 g/cm³	干密度 g/cm³	孔隙比	饱和度 %	土粒比重	液限10 %	塑限 %	塑性指数10	液性指数10	压缩系数 1/MPa	压缩模量 MPa	直快黏聚力 kPa	直快内摩擦角 度	垂直渗透系数 cm/s	水平渗透系数 cm/s	标准贯入击数 击
①	轻粉质壤土	计数	5	5	5	5	5	5	5	5	5	5	5	5	5	5	4	3	4
		最大值	29.0	2.04	1.67	0.824	98.6	2.70	31.4	20.0	11.4	0.84	0.33	10.36	21.5	29.1	8.05E-05	5.02E-04	4.4
		最小值	21.8	1.80	1.48	0.588	72.9	2.66	22.9	16.2	6.6	0.59	0.15	5.59	8.9	16.1	4.00E-07	1.21E-05	2.0
		大值均值	27.0	1.99	1.61	0.813	96.4	2.69	28.9	19.1	10.0	0.82	0.31	9.49	20.9	28.1	8.05E-05		4.1
		小值均值	22.1	1.85	1.48	0.655	80.7	2.66	24.1	17.1	6.9	0.64	0.18	5.77	11.1	16.5	3.13E-06		2.4
		平均值	24.0	1.93	1.56	0.718	90.1	2.67	26.0	17.9	8.1	0.75	0.23	8.00	15.0	23.4	2.25E-05	1.78E-04	3.2
		变异系数	0.127	0.046	0.054	0.134	0.115	0.006	0.125	0.078	0.244	0.143	0.338	0.272	0.376	0.273	1.724		0.324
②-1	中粉质壤土	计数	5	5	5	5	5	5	5	5	5	5	5	5	5	5			5
		最大值	29.2	1.99	1.59	0.785	99.7	2.69	29.2	19.4	10.7	1.21	0.25	8.97	29.3	24.2			5.0
		最小值	23.7	1.94	1.50	0.692	90.8	2.67	27.2	18.5	8.0	0.47	0.19	7.07	5.5	9.1			2.8
		大值均值	29.0	1.98	1.58	0.779	99.3	2.68	28.9	19.2	10.0	1.18	0.24	8.74	26.7	20.7			4.3
		小值均值	24.3	1.94	1.50	0.696	91.4	2.68	27.7	18.6	8.7	0.55	0.19	7.37	5.5	11.7			2.9
		平均值	26.2	1.96	1.55	0.729	96.1	2.68	28.2	19.0	9.8	0.80	0.22	7.92	22.4	15.3			3.7
		变异系数	0.103	0.011	0.028	0.063	0.045	0.003	0.027	0.019	0.106	0.434	0.115	0.102	0.432	0.377			0.235
②-2	重粉质壤土	计数	5	5	5	5	5	5	5	5	5	5	5	5	5	5			8
		最大值	27.0	2.01	1.64	0.739	97.6	2.72	34.6	21.3	14.8	0.70	0.27	8.51	82.7	17.69			12.2
		最小值	22.9	1.95	1.54	0.663	90.0	2.67	29.5	19.2	8.2	0.21	0.20	6.37	11.0	4.59			7.1
		大值均值	25.8	1.99	1.61	0.721	95.1	2.72	33.8	20.7	14.0	0.70	0.25	7.94	71.2	17.41			10.9
		小值均值	23.6	1.95	1.56	0.684	91.6	2.68	30.4	19.5	10.1	0.31	0.21	6.91	23.5	8.05			8.0
		平均值	24.5	1.97	1.59	0.706	93.7	2.71	32.4	20.0	12.4	0.39	0.23	7.53	52.1	11.80			9.4
		变异系数	0.063	0.013	0.022	0.039	0.029	0.008	0.064	0.040	0.207	0.476	0.114	0.102	0.567	0.472			0.175

续表

层号	地层名称	统计项目	含水率 %	湿密度 g/cm³	干密度 g/cm³	孔隙比	饱和度 %	土粒比重	液限10 %	塑限 %	塑性指数10	液性指数10	压缩系数 1/MPa	压缩模量 MPa	直快黏聚力 kPa	直快内摩擦角 度	垂直渗透系数 cm/s	水平渗透系数 cm/s	标准贯入击数 击
③	中、细砂	计数	19	17	17	17	17	17					17	17	17	17	5		40
		最大值	30.2	2.04	1.70	1.001	99.9	2.68					0.43	14.29	30.4	32.9	4.55E-04		20.5
		最小值	3.7	1.40	1.32	0.555	12.5	2.65					0.12	3.83	3.9	22.5	3.40E-06		3.0
		大值均值	22.6	1.89	1.60	0.857	79.2	2.66					0.32	11.63	19.6	29.9	3.35E-04		13.0
		小值均值	7.9	1.56	1.43	0.670	20.3	2.65					0.16	7.38	8.3	25.1	1.80E-05		6.1
		平均值	14.8	1.75	1.52	0.758	54.9	2.66					0.21	9.63	12.3	27.9	1.45E-04		8.7
		变异系数	0.574	0.109	0.072	0.165	0.575	0.003					0.453	0.291	0.576	0.103	1.337		0.492
④-1	中、重粉质壤土	计数	6	6	6	6	6	6	6	6	6	6	6	6	6	6		4	12
		最大值	39.0	1.99	1.62	1.047	99.8	2.72	36.1	23.5	15.0	2.26	0.38	8.26	47.4	18.6		1.37E-05	9.6
		最小值	22.6	1.82	1.31	0.651	93.0	2.67	27.2	17.8	8.3	0.21	0.21	5.09	20.7	4.1		1.51E-06	2.8
		大值均值	35.7	1.97	1.56	0.986	98.9	2.71	35.3	22.6	13.3	1.53	0.32	7.38	37.7	15.7		1.37E-05	8.4
		小值均值	26.4	1.85	1.36	0.729	94.1	2.68	29.1	19.6	8.9	0.41	0.23	5.38	22.1	6.2		1.96E-06	4.9
		平均值	29.5	1.93	1.49	0.815	97.3	2.69	32.2	21.1	11.1	0.78	0.28	6.71	29.9	11.0		7.83E-06	6.4
		变异系数	0.189	0.034	0.075	0.177	0.027	0.007	0.111	0.094	0.237	0.956	0.216	0.172	0.340	0.541	0.868		0.342
④	中、粗砂	计数	7	3	3	3	3	3					3	3	2	2	3	3	18
		最大值	20.9	2.07	1.71	0.727	99.7	2.67					0.19	13.33	14.2	24.6	3.25E-04	9.53E-04	24.9
		最小值	9.5	1.68	1.53	0.559	34.6	2.65					0.13	8.20	8.3	21.6	5.80E-05	2.05E-05	7.9
		大值均值	19.6																	19.9
		小值均值	10.6																	12.2
		平均值	15.7	1.86	1.59	0.671	69.0	2.66					0.16	10.74	11.3	23.1	1.52E-04	4.87E-04	15.6
		变异系数	0.281																	0.300

续表

层号	地层名称	统计项目	含水率 %	湿密度 g/cm³	干密度 g/cm³	孔隙比	饱和度	土粒比重	液限10 %	塑限 %	塑性指数10	液性指数10	压缩系数 1/MPa	压缩模量 MPa	直快黏聚力 kPa	直快内摩擦角 度	垂直渗透系数 cm/s	水平渗透系数 cm/s	标准贯入击数 击
⑦	粉质黏土	计数	13	13	13	13	13	13	13	13	13	13	13	13	13	13	4	1	153
		最大值	29.6	2.07	1.71	0.818	99.9	2.75	55.5	27.0	29.3	0.23	0.44	21.05	18.7	27.5	2.00E−07		31.5
		最小值	19.2	1.96	1.51	0.610	79.5	2.69	34.3	23.2	11.1	−0.34	0.08	3.75	37.9	3.2	0.00E+00		6.9
		大值均值	26.0	2.04	1.65	0.744	97.9	2.75	51.2	25.8	25.0	0.08	0.34	12.62	101.2	19.9	1.97E−07		18.8
		小值均值	21.6	1.99	1.58	0.657	85.5	2.72	42.9	24.0	18.0	−0.12	0.16	6.64	64.3	8.5	0.00E+00		13.0
		平均值	24.0	2.01	1.62	0.691	95.1	2.74	46.1	24.8	21.3	−0.04	0.22	9.40	81.3	14.6	9.80E−08	4.06E−07	16.0
		变异系数	0.125	0.015	0.031	0.081	0.068	0.006	0.119	0.047	0.225	−3.233	0.475	0.460	0.286	0.494	1.155		0.234

(2) 物理力学性质指标地质建议值

根据室内试验、标贯试验等资料,充分考虑当地已有勘察资料和经验,并结合实际土质条件,提出闸基土的物理力学指标地质建议值,见表1.3-2。

表1.3-2 各土层的主要物理力学指标建议值表

层号	岩土名称	含水率(%)	密度(g/cm³) 湿	密度(g/cm³) 干	孔隙比	液性指数	塑性指数	压缩系数(MPa⁻¹)	压缩模量(MPa)	直快 黏聚力(kPa)	直快 内摩擦角(°)	允许承载力(kPa)
①-1	中细砂									0	20.0	80
①	轻粉质壤土	24.0	1.93	1.56	0.813	0.82	8.8	0.31	5.70	8.0	15.0	100
②-1	中粉质壤土	26.0	1.96	1.55	0.800	0.80	10.0	0.30	6.00	15.0	10.0	120
②-2	重粉质壤土	25.3	1.97	1.57	0.750	0.45	12.8	0.30	5.80	28.0	7.0	160
③	中、细砂	14.8	1.75	1.52	0.857			0.32	7.00	0.0	21.0	100
④-1	中重粉质壤土	29.5	1.93	1.49	0.814	0.80	11.0	0.32	5.30	20.0	6.0	140
④	中粗砂	14.9	1.88	1.60	0.700			0.22	9.50	0.0	25.0	120~160
⑥	粗砂	16.4	2.00	1.70	0.626			0.11	11.0	0.0	28.0	200
⑦	粉质黏土、黏土	24.0	2.00	1.62	0.704	0.15	20.0	0.22	7.00	60.0	10.0	240

1.3.4 水文地质条件

工程区地下水按其赋存的类型分为孔隙水和裂隙水二大类。场区孔隙水主要赋存于第①层轻粉质壤土、第①-1、③层中细砂,第④、⑥层中、粗砂、砾砂中,中等~强透水性,属于潜水含水层;裂隙水分布于寒武系下统($\in_1$)石英片岩,具有承压性,承压水头高达二十余米。第④-1层中、重粉质壤土属弱透水性,第⑦层粉质黏土、黏土微透水性。地下水主要由大气降水、地表水和淮河河水补给,在水平方向上的变化规律受地形和岩性控制,勘察期间河水位28.00~29.00 m,地下水位高程一般在29.31~38.37 m,地下水补给河水。

地下水受雨季影响较大,水头年变幅2~4 m,地下水丰、枯水期多出现于8、9月份及2、3月份,地下水主要接受大气降水入渗及侧向径流补给,蒸发、人工开采及径流排泄为主要排泄方式。

根据《水利水电工程地质勘察规范》(GB 50487—2008)中土的渗透变形判别,第①层轻粉质壤土,第②-1、②-2、④-1层的中、重粉质壤土,第⑦层粉质黏土、黏土渗透变形类型为流土型,第①-1、③层中、细砂,第④、⑥层的中、粗砂、砾砂为管涌型,参考西石龙比选闸址抽、注水试验资料及区域经验值,各土层允许水力比降和渗透系数建议值见表1.3-3。

表1.3-3 各土层的渗透系数及允许水力比降建议值表

地层编号	土层名称	渗透系数(cm/s)	渗透性等级	允许水力比降	渗透变形类型
①-1	中细砂	7.00×10^{-2}	强透水	0.18	管涌
①	轻粉质壤土	1.00×10^{-4}	中等透水性	0.32	流土

续表

地层编号	土层名称	渗透系数(cm/s)	渗透性等级	允许水力比降	渗透变形类型
②-1	中粉质壤土	5.00×10^{-5}	弱透水性	0.35	流土
②-2	重粉质壤土	2.00×10^{-5}	弱透水性	0.42	流土
③	中、细砂	7.00×10^{-3}	中等透水性	0.20	管涌
④-1	中、重粉质壤土	5.00×10^{-5}	弱透水性	0.38	流土
④	中粗砂	3.00×10^{-2}	强透水	0.18	管涌
⑥	粗砂	3.00×10^{-2}	强透水	0.18	管涌
⑦	粉质黏土、黏土	2.00×10^{-6}	微透水	0.60	流土

1.3.5 主要工程地质问题与评价

1.3.5.1 地基土地震液化问题及场地评价

根据《中国地震动参数区划图》(GB 18306—2015)，闸址区地震动峰值加速度为0.10 g，相应地震基本烈度为Ⅶ度。

根据《水利水工程电地质勘察规范》(GB 50487—2008)初判，场区的第四系全新统沉积的第①层轻粉质壤土，第①-1、③、④层砂土为可能液化的土层。

对初判为可能液化土层，按标准贯入锤击数法复判，依据公式为：

$$N_{cr}=N_0[0.9+0.1(d_s-d_w)]\sqrt{3/\rho_c}$$

式中：ρ_c——土的黏粒含量质量百分比(%)，当$\rho_c<3\%$，ρ_c取3%；

d_s——工程正常运行时，标准贯入点在当时地面以下的深度(m)；

d_w——工程正常运行时，地下水在当时地面以下的深度(m)；

N_0——液化判别标准贯入击数基准值。

当实测饱和砂土的标准贯入锤击数$N_{63.5}$小于N_{cr}时，应判定为液化土，再按《建筑抗震设计规范》(GB 50011—2016)计算其液化指数，公式如下：

$$I_{IE}=\sum_{i=1}^{n}(1-N_i/N_{cri})d_iw_i$$

式中：I_{IE}——液化指数；

n——某钻孔液化土层内标准贯入试验点的总数；

N_i，N_{cri}——分别为i点标准贯入锤击数的实测值和临界值，当实测值大于临界值时应取临界值的数值；

d_i——i点所代表的土层厚度(m)；

w_i——i土层考虑单位土层厚度的层位影响权函数值(m−1)。

判别结果见表1.3-4。

表 1.3-4 液化判别一览表

钻孔编号	层号	N	N_{Cr}	N_0	d_s(m)	d_w(m)	ρ_c(%)	液化判别	$c_i d_i w_i$	I_{IE}	综合评价
CZ2	4	9	6.5	6	1.75	0	3.0	不液化			不液化
	4	13	7.5	6	3.45	0	3.0	不液化			
CZ5	1—1	4	8.1	6	4.45	0	3.0	液化	19.42	28.62	严重液化
	1—1	6	9.3	6	6.45	0	3.0	液化	9.20		
CZ6	1—1	8	8.7	6	5.45	0	3.0	液化	2.86	2.86	轻微液化
CZ8	3	6	7.1	6	2.75	0	5.8	液化	1.53	2.98	轻微液化
	3	8	8.1	6	4.45	0	3.0	液化	1.45		
	4	12	9.3	6	6.45	0	3.0	不液化			
	4	11	10.5	6	8.45	0	3.0	不液化			
CZ9	3	6	6.5	6	1.75	0	3.0	液化	1.53	2.99	轻微液化
	3	7	7.5	6	3.45	0	3.0	液化	1.45		
	3	13	8.9	6	5.75	0	3.0	不液化			
	4	12	9.9	6	7.45	0	3.0	不液化			
	4	22	11.1	6	9.45	0	3.0	不液化			
CZ10	3	10	7.1	6	2.75	0	3.0	不液化		8.06	中等液化
	3	14	8.1	6	4.45	0	3.0	不液化			
	3	7	9.3	6	6.45	0	3.0	液化	4.90		
	4	9	10.5	6	8.45	0	3.0	液化	3.16		
	4	18	14.1	6	14.45	0	14.3	不液化			
CZ13	3	5	5.4	6	1.75	1.7	12.6	液化	1.58	16.53	中等液化
	3	5	6.5	6	3.45	1.7	3.0	液化	5.19		
	3	8	7.7	6	5.45	1.7	3.0	不液化			
	3	7	8.9	6	7.45	1.7	3.0	液化	3.16		
	4	6	10.1	6	9.45	1.7	3.0	液化	6.60		
CZ17	1	5	3.1	6	1.75	0	13.2	不液化		20.3	严重液化
	3	6	7.7	6	3.75	0	3.0	液化	8.95		
	3	7	9.1	6	6.15	0	3.0	液化	11.35		
	4	22	11.1	6	9.45	0	3.0	不液化			
CZ22	3	4	6.3	6	8.45	6.95	3.0	液化	6.34	7.42	中等液化
	3	7	8.1	6	11.45	6.95	3.0	液化	1.08		
	4	10	9.9	6	14.45	6.95	3.0	临界	0		
CZ24	3	3	7.1	6	2.75	0	3.0	液化	26.39	30.51	严重液化
	3	3	7.1	6	2.75	0	3.0	液化	26.39		
	3	7	8.3	6	4.75	0	3.0	液化	4.12		
	4	13	9.9	6	7.45	0	3.0	不液化	0		

续表

钻孔编号	层号	N	N_{Cr}	N_0	d_s(m)	d_w(m)	ρ_c(%)	液化判别	$c_i d_i w_i$	I_{IE}	综合评价
CZ26	1—1	6	8.9	6	5.75	0	3.0	液化	11.92	11.92	中等液化
CZ29	1—1	6	8.7	6	5.45	0	3.0	液化	9.41	9.41	中等液化
	6	17	9.9	6	7.45	0	3.0	不液化	0		
CZ32	1—1	3	8.1	6	4.45	0	3.0	液化	13.92	18.11	中等液化
	1—1	7	9.3	6	6.45	0	3.0	液化	4.19		
CZ34	1	6	3.1	6	1.75	0	13.2	不液化			
	3	8	7.9	6	3.45	0	3.0	临界			
	3	15	9.5	6	5.45	0	3.0	不液化			
	4	23	10.5	6	8.45	0	3.0	不液化			
CZ36	1	2	2.4	6	2.75	4.2	13.2	不液化		6.01	中等液化
	1	3	2.9	6	4.75	4.2	13.2	不液化			
	1	4	3.5	6	6.75	4.2	13.2	不液化			
	3	5	8.6	6	8.75	4.2	0.6	液化	4.81		
	4	9	9.3	6	10.75	4.2	3.0	液化	1.20		
	4	12	10.5	6	12.75	4.2	3.0	不液化			

经判别,第①层轻粉质壤土,第①-1、③层中细砂为液化土层,第④层中粗砂一般为非液化土层,局部点为临界状态。液化指数 I_{IE} 一般为 7.76~30.51,液化等级为中等~严重;局部液化等级为轻微,属建筑抗震不利地段。

根据勘探资料,闸址处覆盖层厚度 12.0~30.0 m(建基面以下),根据场地建基面以下 15 m 深范围内覆盖层土的强度,按《水工建筑抗震设计标准》(GB 51247—2018)划分标准,场地土类型属中软~中硬场地土,场地类别为Ⅱ类。

1.3.5.2 闸轴线比选

本阶段选择上、中、下三条闸轴线进行了比选,轴线间距约 400 m 左右。

新建闸设计建基面高程 26.00 m,三条闸轴线建基面河槽两岸均位于第⑥层中、粗砂、砾砂上,河床中位于第①-1 层中、细砂上,局部位于第④层中粗砂上;河床中因采砂,部分建基面高程高于河底高程;下卧层均为第⑦层粉质黏土、黏土。

上游闸轴线:左岸建基面下第④、⑥层砂土层厚度 4.81~6.72 m,层底高程 19.28~21.29 m;河床中建基面下第①-1 层砂土层厚度 4.51~4.91 m,层底高程 21.09~21.49 m;右岸建基面下第⑥层砂土层厚度 4.09~4.64 m,层底高程 21.36~21.91 m。

中游闸轴线:左岸建基面下第⑥层砂土厚度 7.64~7.81 m,层底高程 18.19~18.36 m;河床中建基面下第①-1、⑥层砂土总厚度 4.77~7.56 m,层底高程 18.44~21.20 m;右岸建基面下第⑥层砂土厚度 4.76~6.17 m,层底高程 19.83~21.23 m。

下游闸轴线:左岸建基面下第⑥层砂土厚度 8.43~9.81 m,层底高程 16.19~17.57 m;河床中建基面下第①-1、⑥层砂土总厚度 4.01~9.21 m,层底高程 16.79~

21.99 m;右岸建基面下第⑥层砂土厚度 4.00 m 左右,层底高程 21.90~21.99 m。

闸基下第①-1层中、细砂为河道内采砂后新近沉积的砂土,混杂淤泥质土,岩性不均匀,呈松散状态,强度低,在上部荷载作用下易产生剪切破坏,沿较软弱的剪切面产生滑移破坏,从而导致建筑物失稳;第⑥层砂土呈中密状态,强度较高,强度基本能满足上部设计荷载要求;闸基下的第①-1、④、⑥层砂土强度差别较大,且第①-1砂土厚度不等,闸基存在不均匀沉降变形问题;第①-1、④、⑥层砂土为中等~强透水性,存在渗漏、渗透稳定问题。

三条闸轴线闸基均位于①-1、④、⑥层砂土上,闸基均存在承载力、抗滑稳定、沉降变形问题和渗漏、渗透稳定问题。从工程地质条件分析,三条闸轴线工程地质条件基本相同,仅各砂土层厚度有所差别,上、中游闸轴线比下游闸轴线砂层厚度小,上游闸轴线下卧层第⑦层粉质黏土、黏土分布高程相对稳定,砂层厚度变化小。综合考虑工程地质条件、地形、水流、投资等条件,本阶段设计推荐中轴线方案。

1.3.5.3 推荐闸轴线闸基

1)闸基承载力、抗滑稳定、沉降变形问题

新建闸设计建基面高程 26.00 m,河槽两岸建基面位于第⑥层中、粗砂、砾砂上,河床中建基面位于第①-1层中、细砂上,局部位于第④层中粗砂上。河床中因采砂,部分建基面高程高于河底高程;建基面下砂土层剩余厚度 4.76~7.81 m;下卧层均为第⑦层粉质黏土、黏土。

(1)闸基承载力问题

第⑥层粗砂、砾砂呈中密状态,允许承载力 200 kPa,允许承载力基本满足上部设计荷载要求,但该层层底局部为软塑状中粉质壤土,允许承载力 110 kPa,是否能满足设计荷载要求,建议设计时进行稳定计算;第④层中粗砂呈稍密状态,第①-1层中、细砂(Q_4^{alp})为新近沉积的砂土混夹淤泥质土、泥块,含泥量较大,岩性不均匀,呈松散状态,强度低;河床部位由于采砂局部河底高程低于设计建基面高程,设计建基面高程以下需回填土料。第①-1、④层砂土允许承载力不能满足上部设计荷载要求。下卧层均为第⑦层粉质黏土、黏土,强度高,属微透水性层,工程地质条件较好。

(2)抗滑稳定问题

闸基下第①-1层中、细砂为采砂后新近沉积的砂土,混杂淤泥质土,岩性不均匀,在上部荷载作用下易产生剪切破坏,沿较软弱的剪切面产生滑移破坏,从而导致建筑物失稳,建议对抗滑稳定问题进行复核验算。

(3)沉降变形问题

根据以上地质条件,闸基下的第①-1、④、⑥层砂土强度差别较大,且第①-1砂土厚度不等,闸基存在不均匀沉降变形问题。

(4)建议处理措施

闸基位于不同砂土层上,存在砂土液化、承载力不足、不均匀沉降等问题,建议对砂层采取振冲法进行加密处理,既能提高地基土的强度,亦能消除砂土液化问题。

建议混凝土与地基土之间的摩擦系数:第⑥层粗砂 0.42、第①-1层中细砂 0.32。

2）闸基渗漏、渗透稳定问题

（1）闸基渗漏、渗漏量估算

闸基下第①-1、④、⑥层砂土厚度 4.76～7.81 m，平均厚度 5.80 m，属强透水性层，其下第⑦层粉质黏土、黏土，属微透水性层，构成闸基相对隔水层；闸左侧第③、④、⑥层砂土总厚度 19.40～20.20 m，平均厚度 19.80 m，属中等～强透水性层，其下第⑦层粉质黏土、黏土，属微透水性层，为相对隔水层；闸右侧第①层轻粉质壤土和第③、④层砂土总厚度 7.80～9.20 m，平均厚度 8.90 m，属中等～强透水性层，其下第④-1 层中、重粉质壤土，属弱透水性层，为相对隔水层。

根据上述分析，闸基及闸两侧第①-1、③、④、⑥层砂土为中等～强透水层，存在闸基渗漏和绕闸渗漏问题。

闸基渗漏：假定相对隔水层透水层均质，渗流处于层流状态，闸基为单一结构层流，渗漏量按公式 $Q = BKHM/(2b+M)$ 计算。

式中：Q——天然渗漏量；

B——闸底长度，为 469.3 m；

K——渗透系数；

H——坝上、下游水头差 6.51 m（设计正常蓄水位 39.20 m，闸下多年平均水位 32.69 m）；

M——含水层厚度；

$2b$——闸底宽度。

绕闸渗漏：假定相对隔水层顶界水平，透水层均匀，透水呈无压状态，渗漏量按公式 $Q = KH(h_1 + h_2)$ 计算。

式中：Q——近似天然渗漏量；

K——渗透系数；

H——坝上、下游水头差；

h_1——正常蓄水位到透水层底板高度；

h_2——闸下游河水位到透水层底板高度。

估算结果见表 1.3-5、表 1.3-6。

表 1.3-5　坝基渗漏量估算表

坝基段	计算参数					渗漏量
	K(m/d)	M(m)	H(m)	$2b$(m)	B(m)	Q(m³/d)
坝基	43.20	5.80	6.51	30.0	469.3	21 382

表 1.3-6　绕坝渗漏量估算表

坝基段		计算参数				渗漏量	总渗漏量
		K(m/d)	H(m)	h_1(m)	h_2(m)	Q(m³/d)	Q(m³/d)
绕坝渗漏	左岸	19.10	6.51	22.30	15.79	4 736	5 874
	右岸	6.05	6.51	17.70	11.19	1 138	

根据计算结果,坝基渗漏量 21 382 m³/d,左坝肩绕坝渗漏量 4 736 m³/d,右坝肩绕坝渗漏量 1 138 m³/d。

(2) 渗透稳定问题

闸址区第①-1、③、④、⑥层砂土不均匀系数大于 5,根据《水利水电工程地质勘察规范》(GB 50487—2008),土的渗透变形判别,第①-1、③、④、⑥层砂土渗透变形形式为管涌型,建议允许水力比降 0.18~0.20。

闸基及两侧砂土在渗透水流作用下,易产生渗透变形问题。建议对闸基渗流稳定进行复核计算。

(3) 建议处理措施

根据闸址区各土体的透水性特征,闸基及两岸闸肩存在中等~强透水地层。闸基透水带厚度 4.76~7.81 m,闸左侧透水带厚度 19.40~20.20 m,闸右侧土体透水带厚度 7.80~9.20 m,地下水位均低于正常蓄水位。因此存在闸基、绕闸渗漏问题,建议采用防渗措施,底界进入下部第⑦层粉质黏土、黏土或第④-1 层中、重粉质壤土层顶板以下不小于 1.0 m,两岸闸肩防渗帷幕边界根据设计渗透稳定计算结果,往两岸延伸适当长度。

3) 开挖边坡稳定、基坑降水问题

闸址区一级阶地天然地面高程 36.5~37.5 m,基础开挖最大深度约 11.5 m 左右,边坡主要由第①-1 层中细砂,第①层轻粉质壤土,第③层细砂,第④层中粗砂,第④-1 层中、重粉质壤土,第⑥层粗砂组成。第①层轻粉质壤土,第③层细砂,第①-1、④、⑥中粗砂抗冲刷能力差,在地下水作用下,易产生管涌破坏,应注意边坡稳定问题,建议采取坡面防护措施,开挖边坡 1∶2.0~1∶3.0;第④-1 层中、重粉质壤土呈可塑状态,建议开挖边坡 1∶2.0。

基坑开挖深度内第①-1、③层中细砂,第④、⑥层中、粗砂,属中等~强透水性,且与淮河水联系密切,水量丰富,建议基坑开挖时采取降水措施。

1.3.5.4 岸、翼墙

1) 地质条件

左岸岸、翼墙天然地面高程 35.9~37.6 m,揭露地层岩性主要为第①层轻粉质壤土、第③层细砂、第④层中粗砂、第⑥层粗砂和第⑦层粉质黏土、黏土。

右岸岸、翼墙天然地面高程 36.5~37.5 m,揭露地层岩性主要为第①层轻粉质壤土、第③层细砂,第④层中粗砂,第④-1 层中、重粉质壤土,第⑥层粗砂和第⑦层粉质黏土、黏土。

2) 工程地质条件评价

(1) 第①层轻粉质壤土,第③层细砂,第④、⑥层中粗砂抗冲刷能力差,在地下水作用下,易产生管涌破坏,应注意边坡稳定问题,建议采取坡面防护措施,开挖边坡 1∶2.0~1∶3.0。

(2) 两岸岸、翼墙上部的第①层轻粉质壤土、第③层细砂呈松散状态,局部夹淤泥质中粉质壤土,左岸厚度 3.40～7.20 m,右岸厚度 4.30～7.30 m,允许承载力 100 kPa,强度低,需验算强度是否能满足上部设计荷载要求,若强度不能满足上部设计荷载要求,建议采用振冲法加固处理;中部第④层中粗砂呈稍密状态为主,第④-1 层中、重粉质壤土呈可塑状态,允许承载力 140 kPa～160 kPa,强度中等偏低;下部第⑥中粗砂呈中密状态、第⑦层粉质黏土、黏土呈硬塑状态,强度高,工程地质条件较好。

1.3.5.5　上、下游围堰

1) 地质条件

(1) 一期上游围堰:河道内揭露地层上部第①-1 层砂土厚度一般 3.47～6.02 m,层底高程 21.09～21.49 m,其下为第⑦层粉质黏土、黏土。河道左岸第①层轻粉质壤土厚度 1.40～3.40 m,第③层细砂和第④、⑥中粗砂总厚度 16.20～19.40 m,层底高程 16.64～19.28 m,其下为第⑦层粉质黏土、黏土。河道右岸第①层轻粉质壤土厚度 0.80～1.50 m,层底高程 35.08～37.95 m;第③、④层砂土总厚度 6.90～9.70 m,层底高程 28.25～28.96 m;第④-1 中、重粉质壤土厚度 1.20～2.70 m,层底高程 25.55～27.05 m;第⑥中粗砂厚度 4.70～6.60 m,层底高程 18.95～21.91 m;其下为第⑦层粉质黏土、黏土。

(2) 一期下游围堰:河道内地层上部第①-1 层砂土厚度一般 2.17～4.96 m,层底高程 21.39～24.19 m;第⑥中、粗砂厚度 4.90～6.50 m,层底高程 16.79～18.29 m;其下为第⑦层粉质黏土、黏土。河道左侧第③层细砂和第④、⑥层中粗砂,总厚度 22.00～23.80 m,层底高程 16.19～17.58 m;其下为第⑦层粉质黏土、黏土。河道右岸第①层轻粉质壤土厚度 2.00 m 左右,层底高程 33.64 m;第③、④、⑥层砂土总厚度 13.64 m 左右,层底高程 21.90～21.99 m;其下为第⑦层粉质黏土、黏土。

(3) 二期上游围堰:河道内地层上部第①-1 层砂土厚度 4.00～4.66 m,层底高程 20.99～21.39 m,其下为第⑦层粉质黏土、黏土。河道左岸第③层细砂和第④、⑥层中粗砂总厚度 19.10 m,层底高程 18.40 m,其下为第⑦层粉质黏土、黏土。河道右岸第①层轻粉质壤土厚度 2.00 m 左右,层底高程 35.56 m;第③、④层砂土厚度 8.00 m,层底高程 27.56 m;第④-1 重、中粉质壤土厚度 1.10 m,层底高程 26.46 m;第⑥中粗砂厚度 4.40 m,层底高程 22.26 m;其下为第⑦层粉质黏土、黏土。

(4) 二期下游围堰:河道内地层上部第①-1 层砂土厚度 1.78～3.47 m,层底高程 22.40～25.49 m;第⑥层中粗砂厚度 1.80～8.90 m,层底高程 15.19～22.09 m;其下为第⑦层粉质黏土、黏土。河道左岸第③层细砂和第④、⑥层中粗砂总厚度 21.20 m,层底高程 18.57 m,其下为第⑦层粉质黏土、黏土;河道右侧第①层轻粉质壤土和第③、⑥层砂土总厚度 15.50 m,层底高程 21.49 m,其下为第⑦层粉质黏土、黏土。

2) 工程地质条件评价

河道内第①-1 层砂土,呈松散状态,土质不均匀,混夹淤泥质土,强度低,围堰高程最大高度约 5.0 m,地基土强度不能满足设计荷载要求,存在沉降变形、抗滑稳定等问题,建议进行加固处理;第③层细砂呈松散状态、第④、⑥层砂土稍密～中密状态,强度基本能满足设计荷载要求。

第①-1、③、④、⑥层砂土属中等～强透水性,存在渗漏、渗透变形问题,建议对砂土进行防渗处理,防渗帷幕深度进入第⑦层粉质黏土、黏土不少于1.0 m。

1.3.5.6 一期纵向围堰

(1) 地质条件

1) 左岸纵向围堰天然地面高程38.8～39.9 m,揭露地层岩性为第①层轻粉质壤土、第③层细砂、第④、⑥层中粗砂和第⑦层粉质黏土、黏土。第①层轻粉质壤土和第③、④、⑥砂土总厚度20.5～23.1 m,层底高程16.64～19.15 m。

2) 右岸纵向围堰天然地面高程37.3～39.9 m,揭露地层岩性为第①层轻粉质壤土,第③层细砂,第④-1层重中粉质壤土,第④、⑥层中粗砂和第⑦层粉质黏土、黏土。第①层轻粉质壤土、第③、④层砂土总厚度7.80～10.50 m,层底高程28.14～30.60 m;第⑥层中粗砂厚度3.70～9.70 m,层底高程18.95～22.34 m。

(2) 工程地质条件评价

第①层轻粉质壤土、第③层细砂属中等透水性,第④-1层重中粉质壤土属弱透水性,第④、⑥层中粗砂属强透水性,第⑦层粉质黏土、黏土属弱～微透水性。第①层轻粉质壤土、第③层细砂和第④、⑥层中粗砂存在渗透变形、渗漏问题,建议对其进行防渗处理,防渗帷幕深度进入第⑦层粉质黏土、黏土不少于1.0 m。

1.3.5.7 上下游连接段

上游防冲槽、护底、铺盖及下游的消力池和海漫均坐落于①-1中粗砂层上,该层为河道内采砂后新近沉积的砂土或已扰动的砂土,上部主要为砂混杂淤泥质土、泥团、泥块,含泥量较高,下部砂含泥量较少,该层岩性不均匀、强度差别较大,且在7度地震条件下具有液化震陷的可能性,存在抗冲刷能力差、不均匀沉降等问题,建议进行地基处理。

1.3.5.8 导流明渠、鱼道

天然地面高程36.5～40.9 m,导流明渠设计河底高程28.0 m、鱼道进口段底板高程为30.0 m、出口段底板高程为38.0 m。开挖最大深度约12.0 m。基坑开挖深度内揭露地层有第①层轻粉质壤土,第③层细砂,第④-1层中、重粉质壤土,第④、⑥层中粗砂、砾砂,第⑦层粉质黏土。

第①层轻粉质壤土和第③、④层砂土呈松散状态,第④-1层中、重粉质壤土呈可塑状态,第⑥层粗砂、砾砂呈中密状态,第⑦层粉质黏土呈硬塑状态。第①层轻粉质壤土和第③、⑥层砂土属中等～强透水性,在地下水作用下,易产生管涌破坏,存在抗冲刷能力差、渗透变形问题,应注意开挖边坡稳定问题。建议开挖边坡1:3。

基坑开挖深度内第③层细砂、第④层中粗砂,属中等～强透水性,水量较丰富,建议基坑开挖时采取降水措施。

根据《水利建筑工程概算定额》中一般工程分类分级表分级,开挖级别:第①层轻粉质壤土和第③、④层砂土为Ⅰ~Ⅱ类,第④-1层重粉质壤土、第⑥层砂土为Ⅱ~Ⅲ类,第⑦层粉质黏土为Ⅲ~Ⅳ类。

1.3.5.9 河岸岸坡

河道岸坡地层上部主要为第①层轻粉质壤土夹粉细砂,下部为细砂、中粗砂层,岸坡地层结构主要为砂土单一结构或上薄少黏性土,下砂土双层结构。轻粉质壤土、砂土黏聚力小,抗冲刷能力差,在地下水作用下,易产生管涌破坏,存在河岸坡稳定问题,建议采取对岸坡采取防护措施。建议河岸边坡1∶3。

1.3.5.10 连接堤防

根据《息县城市总体规划》,息县县城南侧将规划修建南环路,路面高程45.30 m,节制闸左岸距离南环路约1.9 km。节制闸左侧采用堤防连接至南环路,总长约1.9 km,堤顶高程47.30 m,靠近南环路附近堤顶高程渐变至45.30 m。节制闸右侧采用堤防连接至陈庄村南岗地,连接堤长920 m,堤顶高程47.30 m。

(1) 连接闸两侧的堤防建基面位于第①层轻粉质壤土、第②-1层中粉质壤土、第②-2层重粉质壤土、局部第③层细砂。

堤基下第①层轻粉质壤土、第③层细砂呈松散状态,承载力90 kPa~100 kPa,属中等透水性,堤防高度填筑最大约10.0 m,强度不能满足设计荷载要求;第②-1层中粉质壤土呈软可塑状态,承载力110 kPa~120 kPa,属弱透水性,基本能满足设计荷载、防渗要求;第②-2层重粉质壤土呈硬可塑状态,弱透水性,工程地质条件好,能满足设计荷载、防渗要求。

(2) 根据《堤防工程地质勘察规程》(SL 188—2005),堤基地质结构分类分为二个亚类:上薄少黏性土,下砂土双层结构(Ⅱ₁型);上黏性土,下砂双层结构(Ⅱ₂型)。堤基工程地质条件分类分为A、B、C三类,左、右连接堤堤基工程地质条件分类及评价见表1.3-6。

工程地质条件C类段,堤基存在渗漏、渗透变形、抗冲刷能力差、地基变形问题,堤基地质条件差。建议对第①层轻粉质壤土、第③层细砂进行防渗处理。

1.3.5.11 坝址区淹没、浸没问题

闸址区仅闸址上游有河滩地,宽一般70.0~120.0 m,地面高程31.5~35.0 m,其他处无滩地。右岸一级阶地地面高程36.5~41.0 m,团山、伊山等低山丘陵区地面高程43~64 m;左岸一级阶地地面高程37.5~40.0 m,二级阶地地面高程41.5 m以上。

工程蓄水后,坝址区左、右岸一级阶地大部分被淹没,仅小部分未被淹没,未被淹没面积左岸5.95万 m²,右岸6.51万 m²,地面高程39.2~39.8 m,主要农作物为小麦。

表1.3-7　左、右连接堤堤基工程地质条件分类及评价表

分布位置孔号(桩号)	长度(km)	堤基地质特征	地质结构分类	主要地质问题及评价	工程地质条件分类
左岸CZ19~CZ20	0.700	堤基由第②-2层重粉质壤土组成,厚度10.0 m左右,可塑~硬塑,弱透水性。下部为第④层砂土,呈稍密~中密状态,强透水性	Ⅱ₂型	该段堤防填筑高度3.0~5.0 m,地基土承载力中等,满足设计荷载、防渗要求,堤基地质条件好	A类
左岸CZ21~CZ22	0.750	堤基上部为第②-1层中、轻粉质壤土,厚度6.5~6.80 m,可塑状,弱透水性;下部为第③、④、⑥层砂土,呈松散~中密状态,中等~强透水性	Ⅱ₂型	该段堤防填筑高度6.0~7.0 m,地基土承载力低,基本满足设计荷载要求,堤基地质条件一般	B类
左岸CZ23~CZ24	0.450	堤基上部由第①层轻粉质壤土、第③层砂土组成,厚度一般6.8~7.20 m,中透水性,松散,其下砂性土,强透水性,强度中等	Ⅱ₁型	该段堤防填筑高度9.0~10.0 m,地基土承载力低,中等透水性,堤基存在渗漏、渗透变形、抗冲刷能力差、地基沉降变形问题,堤基地质条件差	C类
右岸CZ34~CZ36	0.370	堤基上部由薄层第①层轻粉质壤土、第③层砂土组成,厚度一般7.8~8.60 m,松散,中透水性,其下砂性土,中等透水性	Ⅱ₁型	该段堤防填筑高度9.0~10.0 m,地基土承载力低,中等透水性,堤基存在渗漏、渗透变形、抗冲刷能力差、地基沉降变形问题,堤基地质条件差	C类
右岸CZ36两侧	0.260	堤基上部为第①层中、轻粉质壤土,厚度8.3~9.20 m,中等透水性;下部为第③层砂土,呈松散~稍密状态,中等透水性	Ⅱ₂型	该段堤防填筑高度5.0~6.0 m,地基土承载力低,中等透水性,基本满足设计荷载要求,堤基地质条件一般	B类
右岸CZ37两侧	0.310	堤基上部为第②-1层中、轻粉质壤土,厚度8.3~9.20 m,弱透水性;下部为第③层砂土,呈松散~稍密状态,中等透水性	Ⅱ₂型	该段堤防填筑高度3.0~5.0 m,地基土承载力较低,弱透水性,满足设计荷载、防渗要求,堤基地质较好	A类

该区内地层结构主要为黏、砂双层结构,即上部为轻粉质壤土夹粉细砂(Q_4^{alp}),厚度0.50~1.60 m,具弱~中等透水性;下部一般为深厚的砂土(Q_4^{alp}),厚度一般在8.0 m以上,具中~强透水性。根据地区经验,全新统(Q_4^{alp})的壤土层毛细管上升爬高一般在0.8 m左右,植物根系深度0.4 m左右。枢纽设计正常蓄水位为39.20 m,受蓄水回水顶托,地下水抬升时,未被淹没区内可能发生严重浸没问题,将影响农作物生长。建议利用整治河道边坡弃土回填至高程40.5 m以上。

1.4　蓄水回水区工程地质条件及评价

息县枢纽工程设计正常蓄水位39.20 m,蓄水库容11 995 m³,回水范围为南湾南干

渠渡槽上游至枢纽区，长度约 35.3 km。

1.4.1 地质概况

1.4.1.1 地形地貌

淮河干流上游自孙庙乡南湾南干渠渡槽以上 170 m 处入息县境，曲折东行至城郊乡庞湾村，右岸有竹竿河汇入；折东北行至徐庄村，左岸有清水河汇入；过清水河口，北岸为息县县城，南岸为濮公山，淮河在息县县城段有一较大的心滩（桃花岛）；过桃花岛，又东流至息县枢纽。

工程区南连大别山缓岗丘陵，北属黄淮平原，为丘陵向平原过度地区，淮河以南大部分为波状起伏的缓丘垄岗，淮河以北为广阔的冲积、湖积平原；息县平均地面高程 47 m，其地表形态大体可分为平原、丘陵、洼地三个类型，地貌总的特点是：有山不高，有坡不陡，平原大平小不平。平原主要分布在淮河以北，地势由西北向东南倾斜，地面高程 60～38 m，坡度约 1/3 000～1/6 000，地形平展宽广。丘陵主要分布在淮河以南的八里岔、曹黄林一带，一般地面高程 50～80 m，地势波状起伏，由东北向西南倾斜，息县县城南岸伊山、蒲公山等几处低山，濮公山是全县最高点（高程 149.3 m）。洼地主要在淮河、竹竿河、清水河沿岸，地面高程 32～43 m，平均比降约 1:8 000。桃花岛地面高程 39.10～42.80 m，淮河干流息县段两岸无堤防。

1.4.1.2 地层岩性

在收集、利用了采砂规划工程、息县枢纽工程、城市供水和灌溉工程取水口及泵站的勘探资料基础上，对回水区沿线岸坡进行了地质测绘和勘探。在回水区范围内，勘探深度内地层岩性主要有轻、中、重粉质壤土（Q_4^{alp}），粉细砂，中粗砂（Q_4^{alp}），粉质黏土（Q_3^{alp}），分叙如下。

第①层轻粉质壤土（Q_4^{alp}）：黄、灰黄色，局部灰色，稍湿～湿，呈松散或可塑状，夹粉细砂、中粉质壤土，夹软塑状的淤泥质中粉质壤土透镜体。

第②层中、重粉质壤土（Q_4^{alp}）：黄、灰黄色，局部灰色，稍湿～湿，可塑状，夹粉细砂。

第③-1 层淤泥质中粉质壤土（Q_4^{alp}）：灰、灰黄色，湿，呈软塑状态为主，夹粉细砂。分布在清水河右岸。

第③层粉细砂（Q_4^{alp}）：黄、灰黄、灰色，湿，呈松散～稍密状态。主要矿物成分为石英、长石、云母等，夹淤泥质中粉质壤土。

第④层中粗砂（Q_4^{alp}）：黄、灰色，湿，呈稍密～中密状态。主要矿物成分为石英、长石、云母等，夹淤泥质中粉质壤土。

第⑥层粗砂（Q_4^{alp}）：黄、灰色，湿，呈中密状态。主要矿物成分为石英、长石、云母等。

第⑦层粉质黏土、黏土（Q_3^{alp} 或 Q_3^{eld}）：黄、黄灰、棕黄、灰色，湿，硬塑，低压缩性，含铁锰结核。

1.4.1.3 水文地质条件

工程区地下水按其赋存的类型为孔隙水类。场区潜水主要赋存于第①层轻粉质壤土,第③层粉细砂,第④层和第⑥层中粗砂、砾砂中,部分区域为微承压水,第①层轻粉质壤土和第③、④、⑥层砂土属中等~强透水性;第②层中、重粉质壤土属弱透水性。

地下水主要受大气降水和地表水补给,并向淮河、竹竿河、清水河等河排泄,淮河是地下水的最低排泄基准面,地下水位主要受季节和天气影响,汛期和阴雨期,地下水位较高,旱季和枯水期地下水位较低。

1.4.1.4 不良地质物理现象

回水区不良物理地质现象主要为河岸塌岸问题。据调查,现有河岸存在多处塌岸现象,其塌岸范围较大处淮河左岸有:西石龙闸址上、下游,尹湾公路桥上游的淮河北道,清水河河口左、右岸,竹竿河入淮河口上、下游,齐埠村上、下游段,S337公路淮河大桥上、下游;右岸有尹湾淮河桥上游的淮河南道、淮河埠口桥上游、竹竿河右岸河口等,其他处范围较小。除清水河河口处冲刷塌岸危及民房、桥梁安全外,其余处均为耕地。各塌岸处主要存在岸坡陡立、滩地狭窄或无滩地,主流靠近岸坡、迎流顶冲、采砂等问题,现有塌岸范围有继续扩大趋势。其塌岸范围较大处的分布位置、地层结构见表1.4-1。

表1.4-1 回水区主要塌岸段分布位置、地层结构表

岸别	险工名称	桩号	位置	存在问题	地层结构	工程地质分类
左岸	淮河险工1	1+500~2+100	S337淮河桥上游	滩地狭窄,迎流顶冲,岸坡陡立,已塌岸长约300 m,且有扩大趋势	上部轻、中粉质壤土,下部砂土的黏砂双层结构	稳定差
右岸	淮河险工2	3+000~3+670	S337淮河桥下游	无滩地,主流靠岸,岸坡陡立,坍塌严重	上部中粉质壤土,下部砂土的黏砂双层结构	稳定差
左岸	淮河险工3	5+200~6+900	齐埠村上、下游	迎流顶冲,岸坡陡立,无滩地,局部岸坡已坍塌,影响抽水站的安全运行	上部中粉质壤土,下部砂土的黏砂双层结构	稳定差
右岸	淮河险工4	10+150~11+100	竹竿河口上游	滩地狭窄或无滩地,迎流顶冲,边坡陡立	上部轻粉质壤土,下部砂土的黏砂双层结构	稳定差
左岸	淮河险工5	11+600~12+400	竹竿河入淮河口下游	迎流顶冲,岸坡陡立,无滩地或部分滩地宽40 m左右,岸坡已坍塌	上部轻粉质壤土,下部砂土的黏砂双层结构	稳定差
右岸	淮河险工6	13+950~16+700	埠口桥上游	滩地狭窄或无滩地,边坡陡立,多处岸坡坍塌	主要为砂土单一结构为主(上部轻粉质壤土小于1.0 m)	稳定差
左岸	淮河险工7	14+950~15+980	清水河口上游	迎流顶冲,岸坡陡立,局部岸坡已坍塌	上部中、重粉质壤土,下部砂土的黏砂双层结构	稳定差

续表

岸别	险工名称	桩号	位置	存在问题	地层结构	工程地质分类
左岸	淮河险工8	16+900~19+300	尹湾公路桥上游	滩地狭窄或无滩地,迎流顶冲,边坡陡立,塌岸严重基本连片	上部中粉质壤土或轻粉质壤土、下部砂土的黏砂双层结构	稳定差
左岸	淮河险工9	19+400~22+500	西石龙闸址上、下游	滩地狭窄或无滩地,迎流顶冲,岸坡陡立,部分塌岸严重	上部轻粉质壤土、下部砂土的黏砂双层结构	稳定差
	桃花岛险工		桃花岛周边	岸坡陡立,多处岸坡已坍塌,且塌岸有扩大趋势	上部轻粉质壤土、下部砂土的黏砂双层结构	稳定差
右岸	竹竿河险工		竹竿河右岸	无滩地,主流靠岸,边坡陡立	上部轻、中粉质壤土,下部砂土的黏砂双层结构	稳定差
左岸	清水河险工1		清水河右岸	迎流顶冲,边坡陡立,局部岸坡已坍塌,且塌岸有扩大趋势,威及民房、桥梁安全	上部中、重粉质壤土,中部淤泥质土,下部砂土的黏砂双层结构	稳定差
左岸	清水河险工2		清水河左岸	迎流顶冲,岸坡陡立,局部岸坡已坍塌,且塌岸有扩大趋势,威及民房、桥梁安全	上部中、重粉质壤土,中部淤泥质土,下部砂土的黏砂双层结构	稳定差

1.4.2 工程地质条件评价

1.4.2.1 地震液化问题

根据《中国地震动参数区划图》(GB 18306—2015),本区地震动峰值加速度为 0.10 g,相应地震基本烈度为Ⅶ度。

根据《水利水电工程地质勘察规范》(GB 50487—2008),场区的第四系全新统沉积的第①层轻粉质壤土、第③层粉细砂、第④层中粗砂为可液化的土层。

1.4.2.2 回水区渗漏问题

回水区设计正常蓄水位 39.20 m,回水长度约 35.3 km。工程区淮河以南大部分为波状起伏的缓丘垄岗,地势波状起伏,由东北向西南倾斜,一般地面高程 50 m 以上;淮河以北为广阔的冲积、洪积平原,地势由西北向东南倾斜,二级阶地地面高程一般 45 m 以上。洼地主要分布在淮河、竹竿河、清水河沿岸,回水范围内淮河两岸一级阶地地面高程 38.5~45.0 m。淮河右岸无低邻谷(河流)分布,淮河左岸枢纽区北部有一条从北西往东南流向的澺河(淮河支流),在陈庄闸址下游约 6.0 km 处注入淮河,距陈庄闸址河岸约 2.1 km。澺河河底高程 38.5~35.0 m,在新建淮北灌溉工程穿澺河倒虹吸工程上游有茨林控制闸,其设计洪水位 41.59 m;闸址区淮河河道走向为北西-南东向,至闸轴线下游约 1.3 km 河道折向北东(左岸)向,形成凸向右岸的河湾。

回水沿线淮河河岸地层结构主要为上黏下砂双层结构或砂土单一结构、局部为黏性土单一结构,砂土为中等~强渗水性。

综上所述,回水区淮河右岸远处为丘陵、岗地,无低邻谷(河流)分布,地面高程均高于设计蓄水位,不存在向远处低河谷或沟渠渗漏问题;淮河左岸枢纽区北部有一条从北西往东南流向的浍河(淮河支流),根据地质测绘、工程地质资料可知,两河之间为淮河阶地,从淮河河岸到浍河之间地层结构为上黏下砂双层结构(上部地层从轻粉质壤土过渡到中、重粉质壤土和粉质黏土),在浍河河底及两岸出露地层均为重粉质壤土、粉质黏土,河底厚度 2.0~4.0 m,为弱透水性地层(相对隔水层),且在其上的控制闸设计洪水位高于本工程设计蓄水位,因此不存在向浍河渗漏的可能。

推荐闸址下游约 1.3 km 淮河河道折向左岸,河底高程 22.0~28.8 m,近河岸地层结构为上轻粉质壤土、下砂土的双层结构或砂土单一结构,为中等~强渗水性层,地下水位低于正常蓄水位 29.2 m,存在近闸址左岸向淮河下游渗漏的条件。

渗漏量按 $Q=KB(H_1+H_2)(H_1-H_2)/2L$ 计算,

式中:K——渗透系数;

H_1——正常蓄水位到透水层底板高度;

H_2——闸下游河水位到透水层底板高度。渗漏量计算结果约 574 m³/d。

闸址区地层结构为上黏下砂双层结构、砂土层厚度大,且为中等~强渗水性,地下水位低于设计正常蓄水位,闸址区存在闸基、绕闸渗漏问题。

1.4.2.3 河岸岸坡稳定问题

(1)河岸岸坡地质条件

根据地质测绘、勘探资料,河道岸坡地层上部主要为轻~重粉质壤土,夹粉细砂,下部为细砂、中粗砂层,岸坡地层结构主要为黏、砂双层结构,部分为砂土单一结构。轻粉质壤土、砂土结构松散,抗冲刷能力差。据调查,现有河岸存在多处塌岸现象,各河段地质条件分类见表1.4-2。

表 1.4-2 蓄水回水区各河段地质条件分类表

岸别	位置	河道桩号	岸坡地层结构	地形、地貌
左岸	S213 公路上游至新建陈庄闸	HH38(19+527)~HH64(23+308)	上部为轻粉质壤土(高程 35.0~36.0 m 以上),下部为砂土的黏砂双层结构	滩地宽 30~100.0 m,地面高程 31.5~34.0 m,部分无滩地。一级阶地地面高程 36.5~40.5 m,岸坡一般 32°~39°,靠近 S213 附近岸坡 20°~24°,蓄水后阶地前缘大部分将被淹没。二级阶地地面高程 41.5 m 以上,阶坎 27°~39°

第一章 息县枢纽

续表

岸别	位置	河道桩号	岸坡地层结构	地形、地貌
左岸	尹湾村南至S213公路上游	HH35(18+632)～HH38(19+527)	上部为中、重粉质壤土（高程36.8～37.2 m以上）、下部为砂土的黏砂双层结构	无滩地，迎流顶冲，河岸坡33°～48°。一级阶地地面高程40.0～41.5 m
	段台孜南至尹湾村南	HH33(18+201)～HH36(19+000)	上部为轻、中粉质壤土（高程36.5 m以上），下部为砂土的黏砂双层结构	无滩地，迎流顶冲，河岸坡33°～48°。一级阶地地面高程42.0～44.0 m
	清水河口下游至段台孜南	HH25(16+211)～HH33(18+201)	上部为轻、中粉质壤土（高程35.0～36.5 m以上），下部为砂土的黏砂双层结构	滩地宽一般40～100 m，地面高程34.0～37.3 m。一级阶地地面高程42.2～43.5 m。河岸坡30°～42°
	清水河口下游约200 m	HH25(16+211)上游200 m	上部为中、重粉质壤土（高程35.4 m以上），下部为砂土的黏砂双层结构	无滩地，河岸坡30°左右。一级阶地地面高程42.4～43.2 m
	果子园至清水河口	HH23(15+271)～HH25(16+211)	上部为中、重粉质壤土（高程34.5 m以上），下部为砂土的黏砂双层结构	滩地宽一般60～120 m，地面高程33.5～34.5 m。一级阶地地面高程43.2～44.2 m。岸坡40°～41°
左岸	濯围孜至果子园	HH22(14+897)～HH23(15+271)	上部为中、重粉质壤土（高程34.5 m以上），下部为砂土的黏砂双层结构	无滩地，一级阶地地面高程42.4 m左右。河岸坡36°～40°
	骆庄至濯围孜	HH19(13+397)～HH22(14+897)	上部为轻、中粉质壤土（高程36.5 m以上），下部为砂土的黏砂双层结构	无滩地或狭窄，局部滩地宽40 m左右，地面高程34.5 m左右，河岸坡36°～45°。一级阶地前缘缓倾河床，坡10°～25°，地面高程36.0～41.0 m。阶坎至回水线宽一般20.0～40 m，部分80.0～100 m
	竹竿河口至骆庄	HH16(11+892)～HH19(13+397)	上部为轻粉质壤土（高程36.5 m以上），下部为砂土的黏砂双层结构	滩地宽一般35～60 m，地面高程34.5～36.0 m，河岸坡32°～36°。一级阶地地面高程41.5～42.8 m，岸坡40°～54°
	庞湾村下游	HH16(11+892)上游300 m	上部为轻粉质壤土（高程36.5 m以上），下部为砂土的黏砂双层结构	无滩地或狭窄，岸坡40°；一级阶地地面高程42.5 m左右
	庞湾村	HH13(8+725)～HH16(11+892)	上部为轻粉质壤土（高程36.5 m以上），下部为砂土的黏砂双层结构	滩地宽一般20～40 m，地面高程34.0～37.0 m，河岸坡一般32°～36°，局部无滩地。一级阶地前缘缓向淮河，坡度12°～22°，地面高程39.0～41.0 m
		HH11(7+827)～HH13(8+725)	上部为轻粉质壤土（高程36.5 m以上），下部为砂土的黏砂双层结构	一般无滩地，河岸坡一般35°～63°，局部陡立。一级阶地地面高程39.5～40.5 m

续表

岸别	位置	河道桩号	岸坡地层结构	地形、地貌
左岸	庞湾村	HH10(6+861)～HH11(7+827)	上部为中粉质壤土(高程36.5～38.0 m以上)、下部为砂土的黏砂双层结构	滩地宽一般20～60 m,地面高程36.0～38.0 m,河岸坡一般36°。一级阶地前缘缓缓倾向淮河,坡度15°～22°,地面高程40.0～41.0 m
左岸	周冢至杨埠	HH08(5+068)～HH10(6+861)	上部为中粉质壤土(高程36.5～38.0 m以上)、下部为砂土的黏砂双层结构	一般无滩地,河岸坡40°～50°。一级阶地地面高程43.5～44.5 m
左岸	S337公路桥下游至周冢	HH05(2+972)～HH08(5+068)	上部为轻粉质壤土(高程39.5 m以上)、下部为砂土的黏砂双层结构	滩地宽一般40.0～60.0 m,河底高程33.5～36.5 m,局部无滩地。一级阶地地面高程40.0～41.5 m,河岸坡20°～31°
左岸	小赵庄至S337桥下游	HH02(0+397)～HH05(2+972)	上部为轻、中粉质壤土(高程39.5 m以上)、下部为砂土的黏砂双层结构	一般无滩地,局部滩地狭窄,一级阶地地面高程45.0 m左右,河岸坡30°～35°
左岸	宋楼至小赵庄	HH01(0+000)～HH02(0+397)	上部为轻、中粉质壤土(高程39.0 m左右)、下部为砂土的黏砂双层结构	滩地一般80.0～100.0 m,地面高程35.0～37.5 m,地形复杂。阶地地面高程46.0 m,河岸坡25°左右
左岸		HH01(0+000)～原桩号B3(36+000)	上部轻粉质壤土(高程38.0～39.0 m以上)、下部砂土的黏砂双层结构	一般无滩地或滩地狭窄,河岸坡30°～45°。一级阶地地面高程43.5～47.0 m,HH01～B0,高程40.0～41.5 m
左岸		原桩号B3(36+000)～原桩号B5(34+000)	上部轻粉质壤土(高程36.0～38.5 m以上)、下部砂土的黏砂双层结构	滩地宽50.0～200 m,因乱掘地形复杂,地面高程35.50～38.5 m,坑部位高程33.50～35.5 m。阶地地面高程44.0 m左右。岸坡30°～40°
左岸		原桩号B5(34+000)～原桩号B7(32+000)	上部轻粉质壤土(高程37.0～38.5 m以上)、下部砂土的黏砂双层结构	一般无滩地或滩地狭窄,河岸坡20°～30°。一级阶地前台地面高程37.0～39.0 m,宽15.0～20.0 m,后面地面高程43.5～37.5 m
右岸	陈庄闸与西石龙闸间	HH52(20+813)～HH64(23+308)	上部为轻粉质壤土(高程37.5 m以上)、下部为砂土的黏砂双层结构	西石龙附近滩地宽30～60 m,地面高程33.5～34.0 m,其他处无滩地或狭窄。一级阶地地面高程37.1～39.5 m,宽60～400 m,阶坎较陡,一般37°～54°,蓄水后基本将被淹没。二级阶地地面高程42.0 m以上,阶坎坡一般23°～35°
右岸	S213桥上游至西石龙闸	HH38(19+527)～HH52(20+813)	上部中、重粉质壤土(高程31.6～32.5 m以上)、下部为砂土的黏砂双层结构	滩地宽一般30～60 m,地面高程33.5～35.0 m。阶地前缘高程41.5 m左右,河岸坡20°～26°,局部30°～45°

续表

岸别	位置	河道桩号	岸坡地层结构	地形、地貌
右岸	桃花岛淮河南道	HH34(18+414)～HH38(19+527)	上部为轻粉质壤土(厚度<1.0 m)、下部为砂土的黏砂双层结构或砂土单一结构	无滩地,迎流顶冲,河岸坡较陡,一般30°～50°,塌岸严重。一级阶地地面高程37.8～39.9 m,宽130～260 m,蓄水后基本被淹没;岗地前缘地面高程42.0 m以上,阶坎坡一般30°～35°
右岸	埠口大桥上游至桃花岛淮河南道	HH23(15+271)～HH34(18+414)	上部为轻粉质壤土(厚度<1.0 m)、下部为砂土的黏砂双层结构或砂土单一结构	仅靠近埠口桥附近滩地宽35～90 m外,河岸坡18°～25°;其他无滩地或滩地狭窄处,河岸坡一般较陡。一级阶地前缘缓倾淮河,地面高程37.0～40.0 m
右岸	洪洼至埠口大桥上游	HH20(13+897)～HH23(15+271)	上部轻粉质壤土(厚度<1.0 m)、下部砂土的黏砂双层结构或砂土单一结构	滩地狭窄或无滩地,一级阶地地面高程一般39.5～42.0 m,岸坡较陡,一般37°～45°
右岸	洪洼村两侧	HH19(13+397)～HH20(13+897)	上部为轻粉质壤土(高程39.0 m左右)、下部为砂土的黏砂双层结构	滩地宽一般60～120 m,地面高程33.5～35.5 m;阶地前缘地面高程42.0～43.0 m,岸坡21°～25°
右岸	竹竿河下游至洪洼	HH16(11+892)～HH19(12+397)	上部为轻粉质壤土(高程39.0 m左右)、下部为砂土的黏砂双层结构或砂土单一结构	滩地宽一般40～200 m,地面高程33.0～35.5 m,局部无滩地,河岸坡23°～29°。阶地前缘因采砂地面高程36.5～39.5 m,宽30～130 m,基本被淹没;阶坎以上地面高程42.0 m,坡度23°～30°
右岸	新家湾至竹竿河下游	HH12(8+148)～HH16(11+892)	上部为轻粉质壤土(高程38.0 m左右)、下部为砂土的黏砂双层结构	滩地狭窄或无滩地,一级阶地地面高程42.0～44.0 m,岸坡较陡,岸坡30°～42°
右岸	黄湾至新家湾	HH08(5+068)～HH12(8+148)	上部为轻粉质壤土(高程38.0 m左右)、下部为砂土的黏砂双层结构	滩地一般宽40.0～60.0 m,HH10两侧宽20.0～30.0 m,因采砂地形复杂,地面高程33.5～35.5 m,河岸坡21°～33°。一级阶地前缘因采砂地形复杂,总体缓倾河床,地面高程35.5～40.5 m。坡度12°～22°,后缘地面高程43.0～44.5 m
右岸	新村口至黄湾	HH05(2+972)～HH08(5+068)	上部为轻粉质壤土(高程37.5 m以上)、下部为砂土的黏砂双层结构	一般滩地或局部滩地狭窄,一级阶地地面高程44.0 m左右,河岸坡26°～42°
右岸	祖师庙至新村口	HH03(1+426)～HH05(2+972)	上部为轻粉质壤土(高程37.5 m以上)、下部为砂土的黏砂双层结构	滩地一般宽40.0～120.0 m,局部滩地狭窄,地面高程33.5～36.0 m,一级阶地地面高程40.5～42.5 m,河岸坡26°～32°
右岸	祖师庙	HH01(0+000)～HH03(1+426)	上部为轻粉质壤土(高程37.5 m以上)、下部为砂土的黏砂双层结构	无滩地或滩地狭窄,一级阶地地面高程40.5～42.5 m,河岸坡26°～32°

续表

岸别	位置	河道桩号	岸坡地层结构	地形、地貌
右岸	大宋滩至祖师庙	HH01～原桩号 B1（38+000）	上部为轻粉质壤土（高程37.5 m 以上），下部为砂土的黏砂双层结构	无滩地，阶地前缘因乱掘地形复杂，地面高程一般 36.5～39.0 m，局部 39.0～43.5 m，宽 50.0～150.0 m，河岸坡 30°～40°
右岸	林寨至大宋滩	原桩号 B1（38+000）～原桩号 B6（33+000）	上部为轻粉质壤土（高程37.5 m 以上），下部为砂土的黏砂双层结构	无滩地，阶地前缘地面高程 42.0～44.0 m，岸坡 30°～46°
右岸		原桩号 B6（33+000）～原桩号 B7（32+000）	上部为轻粉质壤土（高程37.5～38.5 m 以上），下部为砂土的黏砂双层结构	滩地因乱掘地形复杂，地面高程一般 34.5～38.0 m，宽 100.0～20.0 m，河岸坡 30°左右。阶地前缘地面高程 45.0～46.0 m
河心滩	桃花岛周边		上部为轻粉质壤土（高程37.0 m 左右以上），下部砂土的黏砂双层结构	滩地狭窄或无滩地，河岸坡较陡，一般 36°～42°，多处岸坡已坍塌，且塌岸有扩大趋势。地面高程 40.2～41.8 m
支流	清水河支流两岸	河口上游 300 m	中、重粉质壤土单一结构或上黏性土、下砂土的黏砂双层结构	无滩地，一级阶地地面高程一般 40.0～42.5 m。岸坡较陡，一般 38°～45°，塌岸较严重
支流	竹竿河	左岸	上部为轻粉质壤土（高程37.5 m 以上），下部为砂土的黏砂双层结构	滩地宽 30.0～60.0 m，地面高程 34.0～36.0 m，河岸坡 20°～32°；部分滩地狭窄或无滩地。一级阶地前缘缓倾河床，地面高程 37.5～41.5 m
支流	竹竿河	右岸	上部为轻、中粉质壤土（高程 38.0 m 左右以上），下部为砂土的黏砂双层结构	无滩地，一级阶地地面高程 42.5 m 左右，河岸坡 38°～45°

(2) 岸坡塌岸预测初步评价

淮河左岸新建陈庄闸与 S213 上游 HH64(23+308)～HH38(19+527)段，滩地宽一般 30～100 m，地面高程 31.5～34.5 m，部分无滩地。一级阶地地面高程 36.5～40.5 m，宽 200～400 m，一级阶地与滩地间河岸坡 32°～39°，坡高 3～6 m。枢纽蓄水后，阶地前缘将被淹没，阶坎边缘至设计正常蓄水位距离 30.0～360.0 m，水位变动带可能产生岸坡再造作用，但塌岸边缘在设计蓄水位以下。

淮河右岸新建陈庄闸与西石龙闸间 HH64(23+308)～HH54(20+818)、桃花岛淮河南道 HH34(18+414)～HH38(19+524)段，仅西石龙附近滩地宽 30～60 m，地面高程 33.0～34.0 m，其他处无滩地或滩地狭窄；一级阶地地面高程 37.1～39.9 m，宽 60～400 m，一级阶地与滩地间河岸坡 30°～54°，蓄水后基本将被淹没；二级阶地地面高程 42.0 m 以上，一级阶地与二级阶地间阶坎坡一般 23°～35°，高度 2～4 m，枢纽蓄水后，靠近阶坎附近水深较浅（一般小于 1.0 m），且植被较好，一般不会产生塌岸现象。

淮河右岸桃花岛与埠口大桥上游间 HH23(15+271)～HH34(18+414)段，仅埠口桥附近滩地宽一般 30～70 m,地面高程 33.5～36.0 m,其他处无滩地或滩地狭窄。一级阶地前缘缓倾向河床,地面高程 37.0～40.0 m,一级阶地与滩地间河岸坡 35°～45°(埠口桥附近河岸坡 18°～25°)。枢纽蓄水后,阶地前缘将被淹没,阶坎边缘至设计正常蓄水位一般距离 30.0～180.0 m,水位变动带会产生岸坡再造作用,但塌岸边缘在设计蓄水位以下。

淮河右岸竹竿河下游至洪洼村 HH16(11+892)～HH19(13+397)段,滩地一般宽 40～120 m,地面高程 33.0～35.5 m;阶地前缘因采砂地面高程 37.0～39.5 m,宽 30～130 m,蓄水后基本将被淹没;阶坎以上地面高程 42.0 m 以上,阶坎坡一般 23°～30°,阶坎高度 2～4 m,枢纽蓄水后,靠近阶坎附近水深较浅(一般小于 1.0 m),一般不会产生塌岸现象。

回水沿线淮河河岸地层结构主要为上黏、下砂双层结构或主要为砂土单一结构、局部为黏性土单一结构。枢纽蓄水后,组成岸坡的轻粉质壤土、砂土由于结构松散、黏粒含量低、抗冲刷能力差,河岸坡在长期浸泡、水流侵蚀、风浪等作用下,未来枢纽蓄水后水位变动带附近会产生岸坡再造作用,岸坡发生塌岸的可能性较大。回水区沿线河岸地层结构主要为上黏、下砂双层结构或砂土单一结构、河岸坡大部分都较陡,根据地形地貌、地层结构等条件分析,回水区发生塌岸型式主要为冲蚀、侵蚀和坍(崩)塌型两种,根据工程地质类比,结合《水利水电工程地质手册》库岸最终塌岸宽度计算公式,选用卡丘金公式计算岸坡塌岸最终宽度:

$$S=N\left[(A+h_p+h_B)\mathrm{ctg}\alpha+(H-h_B)\mathrm{ctg}\beta-(A+hp)\mathrm{ctg}\gamma\right]$$

式中:S——岸坡塌岸最终宽度(m);

A——库水位变化幅度(m),正常蓄水位为 39.20 m,死水位为 33.00 m;

N——与岸坡物质颗粒大小有关的系数,黏土取 1.0,壤土取 0.8,砂壤土取 0.75,砂土、砾砂取 0.5,多种土质岸坡取加权平均值;

h_p——波浪冲刷深度(m),相当于 1～2 倍波浪高度。根据设计提供资料,工程波高为 1.05 m。冲刷深度取 1.575 m;

h_B——浪击高度,相当于 0.1～0.8 倍波浪高度。细粒土取小值,粗粒土取大值。黏土取 0.2 倍波高(0.21)、壤土取 0.4 倍波高(0.42)、砂土取 0.6 倍波高(0.63);

H——设计正常蓄水位以上岸坡的高度(m);

α——为回水区水位变动与波浪影响范围内,形成均一的磨蚀浅滩的坡角(°)。黏土取 8 度,壤土取 13 度,砂取 18 度;

β——为回水区水上岸坡的稳定坡角(°)。黏土取 20 度,壤土取 26 度,砂土取 30 度;

γ——为原岸坡的坡角(°)。

根据地形地貌、地层结构、原始岸坡、水深等情况,估算最终塌岸成果统计见表 1.4-3。

表 1.4-3　回水区塌岸宽度预测表

桩号、编号	位置	与土的颗粒大小有关的系数	库水位变化幅度	浪击高度	波浪冲刷深度	正常蓄水位以上岸坡高度(m)	浅滩冲刷后水下稳定坡角(°)	岸坡水上稳定坡脚	原始岸坡坡角(°)	塌岸带最终宽度(m)
		N	A	h_B	h_p	H	α	β	γ	S_t
19+000～19+527	尹湾村至 S213 上游	0.65	6.2	0.42	1.57	1.8	16	26	40	14.4
18+201～19+000	段台孜南至尹湾村	0.63	6.2	0.42	1.57	2.8	16	26	38	14.8
16+211～18+201	清水河口下游至段台孜南	0.63	3.2	0.42		3.8	16	26	35	9.4
16+211 上游约 200 m	清水河口下游	0.65	6.2	0.42	1.57	3.3	16	26	30	13.7
15+271～16+211	果子园至清水河口	0.80	4.7	0.42		4.0	16	26	40	15.7
14+497～15+271	灌围孜至果子园	0.65	6.2	0.42	1.57	3.2	16	26	38	15.8
13+397～14+897	骆庄至灌围孜	0.63	6.2	0.42	1.57	0.3	16	26	15	−0.4
11+892～13+397	竹竿河口至骆庄	0.75	4.2	0.42		1.8	16	26	45	11.1
11+892 上游 300 m	庞湾村下游	0.63	6.2	0.42	1.57	3.3	16	26	40	15.9
8+725～11+892	庞湾村	0.63	3.7	0.42		0.8	16	26	34	6.1
7+827～8+725		0.63	6.2	0.42	1.57	0.8	16	26	45	13.6
6+861～7+827		0.63	2.2	0.42		0.8	13	26	22	4.2
5+068～6+861	周冢至杨埠	0.65	5.2	0.42	1.57	4.8	16	26	40	16.9
2+972～5+068	S337 公路桥至周冢	0.50	4.7	0.63		1.3	18	26	25	3.8
0+00～2+972	宋小庄至 S337 公路桥	0.50	6.2	0.63	1.57	5.8	18	26	35	12.7
B3～HH1		0.63	6.2	0.63	1.57	5.3	18	26	37	15.8
B5～B3		0.63	4.2	0.63		4.8	16	26	35	12.2
B7～B5		0.63	6.2	0.63	1.57	4.8	16	26	20	10.4
19+527～20+813	S213 桥上游至西石龙闸	0.8	4.7	0.42		2.3	13	26	25	12.8
13+897～15+271	洪洼村至埠口大桥上游	0.50	6.2	0.63	1.57	1.3	18	26	40	9.0
13+397～13+897	洪洼村两侧	0.50	6.2	0.63		3.3	18	26	23	5.9
8+148～11+892	新家湾至竹竿河下游	0.63	6.2	0.42	1.57	3.8	16	26	36	16.5
5+068～8+148	黄湾至新家湾	0.63	4.7	0.42		1.3	16	26	17	2.7
2+972～5+068	新口村至黄湾	0.63	6.2	0.42	1.57	3.8	16	26	34	15.1
1+426～2+972	祖师庙至新口村	0.63	6.2	0.42		1.8	16	26	29	9.3
B1～HH3(1+426)	祖师庙	0.63	6.2	0.42	1.57	1.8	16	26	34	12.5
B6 - B1		0.63	6.2	0.42	1.57	2.8	16	26	34	13.8
B7 - B6		0.63	4.2	0.42		5.8	16	26	30	12.5

左岸：19+000～19+527 至 B7～B5
右岸：19+527～20+813 至 B7 - B6

续表

桩号、编号		位置	与土的颗粒大小有关的系数	库水位变化幅度	浪击高度	波浪冲刷深度	正常蓄水位以上岸坡高度(m)	浅滩冲刷后水下稳定坡角(°)	岸坡水上稳定坡脚	原始岸坡坡角(°)	塌岸带最终宽度(m)
			N	A	h_B	h_p	H	α	β	γ	S_t
河心滩	30+006 左岸	桃花岛	0.65	6.2	0.52	1.57	1.3	16	26	26	9.4
	30+235 右岸	桃花岛	0.65	6.2	0.52	1.57	1.3	16	26	29	10.9
	30+699 右岸	桃花岛	0.65	6.2	0.52	1.57	2.3	16	26	35	14.1
支流	清水河	左、右岸	0.8	6.2	0.42	1.57	2.8	13	26	40	24.9
			0.65	6.2	0.42	1.57	2.8	16	26	40	15.7
	竹竿河口	左岸	0.65	6.2	0.42	1.57	0.8	16	26	20	5.2
		右岸	0.65	6.2	0.42	1.57	3.3	16	26	40	16.4

由表1.4-3可以看出，上述地段在正常蓄水位高程之后预测最终塌岸宽度一般3.8～16.0 m，清水河处24.9 m。回水区内仅清水河左岸赵庄村靠近河岸及淮河沿岸有5座抽水站，塌岸将会影响其建筑物的安全或危及人身财产，其他处塌岸不会对生产设施和生态环境产生影响。

岸坡治理应根据河道水流特性、地形、岸坡岩性及地质结构等因势利导，建议采取以下具体措施：采取混凝土或浆砌石护岸，或抛石、严禁采砂等措施，防止、削减水流对岸坡的冲刷。

1.4.2.4 淹没、浸没问题

(1) 淹没问题

据调查，淹没区主要集中在息县县城及以下的淮河滩地及一级阶地前缘地带，如淮河左岸枢纽与尹湾(S213)公路桥段，右岸枢纽与西石龙段，尹湾(S213)公路桥上游桃花岛对岸段，息县埠口淮河桥上、下游(中渡店村)段；其他处范围较小，如淮河左岸有濩围孜村附近、清水河左岸；右岸竹竿河口下游至桩号HH18间、大宋滩等。

(2) 浸没问题

淮河左岸枢纽与尹湾(S213)公路桥之间(编号QM1)、清水河左岸(入淮河口上游约350 m处，编号QM2)、庞湾村附近(QM3)；淮河右岸中渡店村(编号QM4)、竹竿河入淮河口附近(编号QM5)及桃花岛周边(编号QM6)等处位于淮河Ⅰ阶地上，阶地前缘地势较平缓，倾向淮河，地面高程37.5～42.0 m。主要农作物有小麦、玉米、土豆、树林等，清水河左岸局部有民房、香椿苗圃。

枢纽蓄水回水区范围内，靠近淮河两岸岸边的地层结构主要为黏、砂双层结构，即上部为轻～重粉质壤土夹粉细砂(Q_4^{alp})，厚度0.50～11.40 m，具弱～中等透水性；下部一般为深厚的砂土(Q_4^{alp})，厚度一般在8.0 m以上，具中～强透水性，勘察期间地下水位高程34.45～39.46 m。

根据地区经验，全新统(Q_4^{alp})的壤土层毛细管上升爬高一般在0.8 m左右。植物根

系深度 0.4 m 左右。枢纽设计正常蓄水位为 39.20 m,受蓄水回水顶托,地下水抬升时,初判在地面高程 39.2～40.4 m 范围内可能发生浸没问题。

根据以上各处地形地貌、地质条件,蓄水后以上各处均可能会发生浸没问题,将对农作物生长有一定的影响。编号 QM1—QM6 各处浸没分布面积分别约 82.387 万 m^2、2.178 万 m^2、2.802 万 m^2、86.562 万 m^2、8.886 万 m^2、20.523 万 m^2。建议利用整治河道边坡弃土回填至高程 40.5 m 以上,以减少浸没面积。

1.4.2.5 回水区诱发地震问题

组成库盆土体主要为细砂～中、粗砂,其下为粉质黏土、黏土。回水区内无大断裂通过,且属于槽蓄河道型水库、蓄水范围小,水深浅(最大约 15 m)。因此,枢纽蓄水后产生诱发地震的可能性小。

1.4.2.6 河道淤积问题

工程区以上流域内以山区和丘陵为主,小部分为平原洼地。土壤多为轻粉质壤土、砂壤土和少量粉质黏土。植被较好,侵蚀冲刷不严重。主要农作物为水稻、小麦。

枢纽工程年输沙量为悬移质输沙量与推移质输沙量之和,根据息县站 1951—2013 年实测资料统计,多年平均悬移质输沙为 242.5 万 t,推移质输沙量 48.5 万 t,输沙量为 291.0 万 t。

枢纽蓄水后,随着河水位上升,组成岸坡的轻粉质壤土、下部砂土由于结构松散、黏粒含量低、抗冲刷能力差,尤其息县县城及下游段水位抬升大,河水面宽阔,岸坡在长期浸泡、水流侵蚀、风浪等作用下,极易产生出现发生塌岸现象,会造成少量河道淤积问题。

1.5 息县城市供水工程地质条件及评价

息县城市供水工程取水口位于 337 省道淮河桥下游 2.7 km 齐埠村的淮河左岸。通过管道将淮河水从取水口引至取水泵站,经泵站提水后通过管道将水送至息县规划新建的水厂。引水管道采用双管平行布置,引水管道自取水口至取水泵站呈东北—西南走向,采用钢管,管道直径 DN1 600 mm,管道中心间距取 5.70 m,管道长度 755 m,管道采用顶管施工。输水管道采用双管平行布置,线路自取水泵站至水厂呈东北—西南走向,采用球墨铸铁,管道直径 DN1 000 mm。输水管间中心距为 2.50 m,管线长度 2 400 m,管道平均埋深 1.5～2.0 m。输水管道采用明挖敷设施工。

1.5.1 地形地貌

新建息县城市供水工程位于息县谯楼街道徐庄社区宣庄与金庄村之间,淮河干流左岸。引水口处地面高程44.50 m左右,河底高程29.00～30.73 m,无滩地,河岸岸坡陡立,岸坡高度约14.0 m,存在塌岸不良地质现象;管道沿线及加压泵站处地势平坦,地面高程42.76～45.00 m。工程区地貌单元主要为冲洪积平原(一阶级地)。

1.5.2 地层岩性

根据钻探、试验资料,在勘探深度范围内揭露地层可分为5层,主要岩性为中、重粉质壤土(Q_4^{alp})、中粗砂(Q_4^{alp})、粗砂、砾砂(Q_3^{alp}),现将各地层主要特征分述如下:

第②层中、重粉质壤土(Q_4^{alp}):黄褐、灰黄色,湿,呈可塑状态,引水渠及泵房段下部夹灰色软塑状淤泥质土、稍密的粉细砂透镜体层。厚度7.40～11.70 m,层底高程32.77～37.97 m。

第④层中粗砂(Q_4^{alp}):黄、灰黄色,饱和,呈稍密～中密状态。主要矿物成分为石英、长石、云母等,夹少量砾石和中粉质壤土。厚度2.40～7.40 m,层底高程30.11～31.37 m。

第④-1层中、重粉质壤土(Q_4^{alp}):灰、灰褐色,湿,呈软塑～可塑状态,夹粉细砂层。厚度2.10～5.30 m,层底高程25.81～27.81 m。

第⑥层粗砂、砾砂(Q_3^{alp}):黄、灰黄色,饱和,呈中密～密实状态。主要矿物成分为石英、长石、云母等。未揭穿,揭露最大厚度10.05 m,层底高程17.26 m。

根据室内试验、标贯试验等资料,充分考虑当地已有勘察资料和经验,并结合实际土质条件,提出地基土的物理力学指标地质建议值见表1.5-1。

表 1.5-1　各土层的主要物理力学指标建议值表

层号	岩土名称	含水率(%)	密度(g/cm³) 湿	密度(g/cm³) 干	孔隙比	液性指数	塑性指数	压缩系数(MPa⁻¹)	压缩模量(MPa)	直快 黏聚力(kPa)	直快 内摩擦角(°)	允许承载力(kPa)
②	中、重粉质壤土	28.9	1.93	1.50	0.874	1.01	13.0	0.32	5.30	30.0	6.0	150
④	中粗砂							0.14	10.00	0.0	28.0	180
④-1	中、重粉质壤土							0.40	4.50	20.0	4.0	120
⑥	粗砂、砾砂							0.11	12.00	0.0	30.0	200

1.5.3 水文地质条件

工程区地下水按其赋存的类型分为孔隙水类。场区潜水主要赋存于第②层中、重粉质壤土上部,属弱透水性;第④层、第⑥层中、粗砂、砾砂中,中等～强透水性,为承压性含水层。地下水主要由大气降水、地表水和淮河河水补给,在水平方向上的变化规律受地形和岩性控制,勘察期间河水位31.00 m左右,地下水位高程一般在36.88～37.99 m,地下水补给河水。

根据《水利水电工程地质勘察规范》(GB 50487—2008)中土的渗透变形判别,第②和④-1层中、重粉质壤土渗透变形类型为流土型,第④层和第⑥层中、粗砂、砾砂为管涌型,根据室内渗透试验成果,参考区域经验值,各土层允许水力比降和渗透系数建议值见表1.5-2。

表 1.5-2 各土层的渗透系数及允许水力比降建议值表

地层编号	土层名称	渗透系数(cm/s)	渗透性等级	允许水力比降	渗透变形类型
②	中、重粉质壤土	5.00×10^{-5}	弱透水性	0.38	流土
④	中粗砂	8.00×10^{-2}	强透水	0.18	管涌
④-1	中、重粉质壤土			0.35	流土
⑥	粗砂、砾砂	8.00×10^{-2}	强透水	0.18	管涌

1.5.4 工程地质条件评价

(1) 土的液化判定

根据《中国地震动参数区划图》(GB 18306—2015),本区地震动峰值加速度为0.10 g,相应地震基本烈度为Ⅶ度。

根据《水利水电工程地质勘察规范》(GB 50487—2008)的初判,场区的第四系全新统第④层中、粗砂为可能液化的土层,按标准贯入锤击数法复判,判别结果为非液化层。

根据场地建基面以下15 m深范围内覆盖层土的强度,按《水工建筑物抗震设计标准》(GB 51247—2018)划分标准,场地土类型属中软~中硬场地土,场地类别为Ⅲ类。

(2) 引水管道段

新建引水管道中心线高程31.50 m,管径1 600 mm,天然地面高程44.50 m左右。设计引水管道穿越的地层为第④层砂土和第④-1层中、重粉质壤土,下卧层为第⑥层粗砂。其中第④层砂土抗冲刷能力差,在地下水作用下,易产生管涌破坏,钻进时易造成塌孔;第④-1层中、重粉质壤土呈软塑~可塑状态,工程地质条件一般;下卧层第⑥层粗砂、砾砂,为承压含水层,承压水头7.0 m左右,施工时存在对顶部地层产生顶突破坏可能。

取水口处河岸岸坡陡立,现存在小范围塌岸现象,建议对取水口两侧河岸采取坡面防护措施。

(2) 加压泵站

新建加压泵站工程建基面高程进水池27.93 m、站身28.41 m。建基面位于第④-1层中、重粉质壤土,建基面下剩余厚度0.13~2.12 m,下卧层为第⑥层粗砂、砾砂。

第④-1层中、重粉质壤土呈软塑状态,弱透水性,承载力120 kPa,该层强度低,建基面剩余厚度变化大,存在不均匀沉降变形问题,设计应验算强度能否满足上部设计荷载要求。

下卧层第⑥层粗砂、砾砂呈中密状态,属中等~强透水性,为承压含水层,承压水头

7.0 m 左右,基坑开挖后承压水压力将有对基坑造成突涌的可能。现按压力平衡原理进行简单计算评价:

$$\gamma \times H = \gamma_w \times h$$

式中:H——基坑开挖后不产生基坑突涌时不透水层的最小厚度(m);

　　　γ——不透水层的密度(g/cm³);

　　　γ_w——水的密度(g/cm³);

　　　h——承压水水头高于含水层顶板的高程(m)。

根据勘察资料,第④-1层中,重粉质壤土密度 1.96 g/cm³,承压水头平均值 7.0 m。按上式计算开挖后不产生基坑突涌时不透水层的最小厚度 3.57 m,而建基面下厚度 0.13～2.12 m,因此基坑开挖后存在基坑突涌问题,建议采取降低水位措施,防止基坑突涌。

基坑边坡由第②、④-1层的中、重粉质壤土和第④层砂土组成。第②层下部淤泥质土透镜体呈软塑状态,第④层砂土属中等～强透水性层,抗冲刷能力差;边坡存在抗滑稳定、渗透变形、抗冲刷能力差等问题,建议基坑开挖时采取防护和降水措施。

(3) 供水管道段

新建供水管道段中心线高程 42.00～40.50 m,天然地面高程地面高程 42.76～44.50 m,管道平均埋深 1.5～2.0 m,管道位于第②层中、重粉质壤土中,该层呈可塑状态,弱透水性,工程地质条件一般,建议开挖边坡采用 1∶2.0。

1.6　结论及建议

1.6.1　场地稳定性

工程区位于秦岭纬向构造带与新华夏系第二沉降带的复合地区,区内断裂构造以北西西向及东西向为主,被后期的北东向的构造切割。总体来看,本区地震活动较弱,以小震为主,中、强震较少,震中大多沿区内北西西向和北北东向两组断裂分布,特别是两组断裂交汇处。

根据《中国地震动参数区划图》(GB 18306—2015),工程区内基本地震动峰值加速度息县境内(息县县城、淮河以南乡镇及淮河以北靠近淮河的孙庙、临河乡)、罗山县境内工程区为 0.10 g,相应地震基本烈度为Ⅶ度;息县境内其他乡镇为 0.05 g,相应地震基本烈度为Ⅵ度。

1.6.2　息县枢纽工程

(1) 本阶段选择上、中、下三条闸轴线进行了比选,轴线间距约 400 m 左右。三条闸轴线闸基均位于①-1、④、⑥层砂土上,闸基均存在承载力、抗滑稳定、沉降变形问题和渗漏、渗透稳定问题。从工程地质条件分析，三条闸轴线工程地质条件基本相同，仅各砂土层厚度有所差别，上、中游闸轴线比下游闸轴线砂层厚度小，上游闸轴线下卧层第⑦层粉质黏土、黏土分布高程相对稳定，砂层厚度变化小，中轴线水流条件好。综合考虑工程地质条件、水流等条件，本阶段设计推荐中轴线。

（2）根据《中国地震动参数区划图》(GB 18306—2015)，闸址区地震动峰值加速度为0.10 g，相应地震基本烈度为Ⅶ度。根据《水利水工程电地质勘察规范》(GB 50487—2008)判别，第①层轻粉质壤土和第①-1、③层中细砂为液化土层，第④层中粗砂一般为非液化土层，局部点为临界状态。液化指数 I_{IE} 一般为 7.76～30.51，液化等级为中等～严重，局部液化等级为轻微，属建筑抗震不利地段。场地土类型属中软～中硬场地土，场地类别为Ⅱ类。

（3）推荐闸轴线闸基建基面河槽左、右岸位于第⑥层中粗砂上，河床中建基面位于第①-1层中、粗砂上，局部位于第④层中、粗砂上，河床中因采砂，部分建基面高于河底高程。

第⑥层粗砂、砾砂呈中密状态，允许承载力基本满足上部设计荷载要求；第④层呈稍密状态，第①-1层中细砂为新近沉积砂土夹淤泥质土，呈松散状态，承载力不能满足上部设计荷载要求；河床部位由于采砂局部河底高程低于设计建基面高程，设计建基面高程以下需回填土料。

闸基下的第①-1、④、⑥层土强度差异较大，且厚度不等，闸基存在承载力不足、沉降变形、地震液化等问题，建议对砂层采用振冲法进行加密处理。

闸基下第①-1、④、⑥层砂土，属中等～强透水性层，存在闸基、绕闸渗漏问题，且在渗透水流作用下，易产生渗透变形问题。建议采用防渗帷幕处理，帷幕底界进入下部第⑦层粉质黏土、黏土顶板以下不小于1.0 m，两岸闸肩防渗帷幕边界根据设计渗透稳定计算结果，往两岸延伸适当长度。

基坑开挖涉及第①-1、③、④、⑥层砂土，属中等～强透水性，且与淮河水联系密切，水量丰富，建议基坑开挖时采取降水措施。

（4）左、右岸岸、翼墙揭露地层岩性主要为第①层轻粉质壤土，第③层细砂，第④层中粗砂，第④-1层中、重粉质壤土，第⑥层粗砂和第⑦层粉质黏土、黏土。

第①层轻粉质壤土，第③层细砂，第④、⑥层中粗砂抗冲刷能力差，在地下水作用下，易产生管涌破坏，应注意边坡稳定问题。

两岸岸、翼墙上部第①层轻粉质壤土、第③层细砂呈松散状态，局部夹淤泥质中粉质壤土，允许承载力100 kPa，强度低，需验算强度是否能满足上部设计荷载要求，若强度不能满足上部设计荷载要求，建议采用振冲法加固处理。

（5）上、下游围堰上部主要为砂土层，下部为粉质黏土层。其中河道内第①-1层砂土，呈松散状态，土质不均匀，混夹淤泥质土，强度低，地基土强度不能满足设计荷载要求，存在沉降变形、抗滑稳定等问题，建议进行加固处理；第③层细砂呈松散状态，第④、⑥层砂土稍密～中密状态，强度基本能满足设计荷载要求。

第①-1、③、④、⑥层砂土属中等～强透水性，存在渗漏、渗透变形问题，建议对砂土进行防渗处理，防渗帷幕深度进入第⑦层粉质黏土、黏土不少于1.0 m。

(6) 纵向围堰地层岩性为第①层轻粉质壤土、第③层细砂、第④、⑥层中粗砂、第④-1重中粉质壤土和第⑦层粉质黏土、黏土。

第①层轻粉质壤土、第③层细砂属中等透水性,第④-1重中粉质壤土属弱透水性,第④、⑥层的中、粗砂属强透水性,第⑦层粉质黏土、黏土属弱～微透水性。第①层轻粉质壤土、第③层细砂和第④、⑥层中粗砂存在渗透变形、渗漏问题,建议对其进行防渗处理,防渗帷幕深度进入第⑦层粉质黏土、黏土不少于 1.0 m。

(7) 上游防冲槽、护底、铺盖及下游的消力池和海漫均坐落于①-1中粗砂层上,该层为河道内采砂后新近沉积的砂土或已扰动的砂土,上部主要为砂混杂淤泥质土、泥团、泥块,含泥量较高,下部砂含泥量较少,存在冲刷能力差、不均匀沉降等问题,建议进行地基处理。

(8) 导流明渠、鱼道开挖深度内揭露地层有第①层轻粉质壤土,第③层细砂,第④-1层中、重粉质壤土,第④、⑥层中粗砂、砾砂,第⑦层粉质黏土。

第①层轻粉质壤土和第③、④层砂土呈松散状态,第④-1层中、重粉质壤土呈可塑状态,第⑥层粗砂、砾砂呈中密状态,第⑦层粉质黏土呈硬塑状态。第①层轻粉质壤土和第③、⑥层砂土属中等～强透水性,在地下水作用下,易产生管涌破坏,存在抗冲刷能力差、渗透变形问题,应注意开挖边坡稳定问题。

基坑开挖深度内第③、④层砂土属中等～强透水性,水量较丰富,建议基坑开挖时采取降水措施。区内有一条军用光缆通过,施工时应注意。

(9) 河道岸坡地层上部主要为第①层轻粉质壤土夹粉细砂,下部为细砂、中粗砂层,岸坡地层结构主要为砂土单一结构或上少薄黏性土,下砂土双层结构。轻粉质壤土、砂土结构松散,抗冲刷能力差,在地下水作用下,易产生管涌破坏,存在河岸坡稳定问题,建议采取对岸坡采取防护措施。

(10) 根据《堤防工程地质勘察规程》(SL 188—2005),堤基工程地质条件分类分为A、B、C三类,其中工程地质条件C类段,堤基存在渗漏、渗透变形、抗冲刷能力差、地基变形问题,堤基地质条件差。

(11) 坝址区左、右岸一级阶地大部分被淹没,未被淹没面积左岸 5.95 万 m^2,右岸 6.51 万 m^2,未淹没区内可能发生严重浸没问题。建议利用整治河道边坡弃土回填至高程 40.5 m 以上。

1.6.3 蓄水回水区工程

(1) 渗漏问题

回水区淮河右岸远处为丘陵、岗地,无低邻谷(河流)分布,地面高程均高于设计蓄水位,不存在向远处低河谷或沟渠渗漏问题;淮河左岸枢纽区北部有一条从北西往东南流向的澺河(淮河支流),两河之间为淮河一、二级阶地,地层结构为上黏下砂双层结构(上部地层从轻粉质壤土过渡到中、重粉质壤土再到粉质黏土),在澺河河底及两岸出露地层均为重粉质壤土、粉质黏土,河底厚度2.0～4.0 m,为弱透水性地层(相对隔水层),因此不存在向澺河渗漏的可能。

闸址下游河道折向左岸,地下水位低于正常蓄水位,存在近闸址左岸向淮河下游渗漏的条件。

(2) 岸坡稳定问题

河道岸坡和近岸部位地层上部主要为轻、中、重粉质壤土,夹粉细砂,下部为细砂、中粗砂层。轻粉质壤土、砂土结构松散,抗冲刷能力差,据调查,现有河岸存在多处塌岸现象,造成塌岸主要原因有岸坡陡立、滩地狭窄或无滩地,主流靠近岸坡、迎流顶冲、采砂等。

回水区发生塌岸型式主要为冲蚀、侵蚀和坍(崩)塌型两种。根据工程经验类比及经验公式预测土质岸坡后退宽度一般 3.8～16.0 m,清水河处 24.9 m。回水区内仅清水河左岸赵庄村靠近河岸及淮河沿岸有 5 座抽水站,塌岸将会影响其建筑物的安全或危及人身财产,其他处塌岸不会对生产设施和生态环境产生影响。

(3) 淹没、浸没问题

据调查,淹没区主要集中在息县县城及以下淮河的一级阶地前缘地带,其他处范围小。淮河左岸枢纽与尹湾(S213)公路桥之间(编号 QM1)、清水河左岸(编号 QM2)、右岸中渡店村(编号 QM3)、竹竿河入淮河口附近(编号 QM4)、庞湾村(编号 QM5)、桃花岛(编号 QM6)处位于淮河Ⅰ阶地上,地势缓较倾向淮河,主要农作物有小麦、玉米、土豆、树林等,清水河左岸局部有民房、香椿苗圃。地层结构主要为黏、砂双层结构,即上部为轻～重粉质壤土夹粉细砂,下部一般为深厚的砂土。以上各处蓄水后均可能会发生浸没问题,将对农作物生长有一定的影响。

1.6.4 息县城镇供水工程

(1) 引水管道段

设计引水管道穿越的地层为第④层砂土和第④-1 层中、重粉质壤土,下卧层为第⑥层粗砂。其中第④层砂土抗冲刷能力差,在地下水作用下,易产生管涌破坏,钻进时易造成塌孔;第④-1 层中、重粉质壤土呈软塑～可塑状态,工程地质条件一般;下卧层第⑥层粗砂、砾砂,为承压含水层,承压水头 7.0 m 左右,施工时存在对顶部地层产生顶突破坏可能。

取水口处河岸岸坡陡立,现存在小范围塌岸现象,建议对取水口两侧河岸采取坡面防护措施。

(2) 加压泵站

新建加压泵站工程建基面建基面位于第④-1 层中、重粉质壤土,下卧层为第⑥层粗砂、砾砂。

第④-1 层中、重粉质壤土强度低,建基面剩余厚度变化大,存在不均匀沉降变形问题,设计应验算强度能否满足上部设计荷载要求。

下卧层第⑥层粗砂、砾砂呈中密状态,属中等～强透水性,为承压含水层,承压水头 7.0 m 左右,基坑开挖后存在基坑突涌问题,建议采取降低水位措施,防止基坑突涌。

基坑边坡由第②、④-1 层的中、重粉质壤土和第④层砂土组成。第②层下部淤泥质土透镜体呈软塑状态,第④层砂土属中等～强透水性层,抗冲刷能力差;边坡存在抗滑稳定、渗透变形、抗冲刷能力差等问题,建议基坑开挖时采取防护和降水措施。

(3) 供水管道段

新建供水管道位于第②层中、重粉质壤土中,该层呈可塑状态,工程地质条件一般。

1.6.5　天然建筑材料

枢纽工程拟利用开挖的弃土,不足部分采用拟定料场土料。第①层轻粉质壤土,第②层中、重粉质壤,质量指标基本满足均质坝土料质量技术要求,但轻粉质壤土黏粒含量略低,抗冲刷能力差,应注意冲刷和渗透变形问题。

息县供水工程拟利用开挖的弃土,不足部分采用拟定料场土料。第②层中、重粉质壤,质量指标基本满足均质坝土料质量技术要求。

淮北灌区工程沿线土质主要为粉质黏土、重粉质壤土,除含水率偏高外,其余质量指标基本满足均质坝土料质量技术要求。

淮南西石龙灌区工程沿线土质主要为粉质黏土、黏土,除含水率偏高、黏粒含量略偏高外,其余质量指标基本满足均质坝土料质量技术要求。该土料一般具弱膨胀性,应考虑收缩裂隙对渠堤影响。

因禁采原因,现工程区附近无砂石料,需要外购。据调查,八里岔陈大湾砂场砂料、壮山石及马畈乡周边料场的石料,储量丰富,质量指标基本满足规范要求。

第二章
临淮岗洪水控制工程

2.1 前言

2.1.1 工程概况

2.1.1.1 任务由来

淮河中下游地区是我国重要的农业和能源生产基地,为提高该地区的防洪标准,促进淮河流域中下游地区的国民经济和社会发展,根据水利部、中国国际工程咨询公司的审查与评估意见及淮委《关于对淮河中游临淮岗洪水控制工程初步设计工作大纲的复函》,应及早修建淮河中游临淮岗洪水控制工程,使淮河中游正阳关以下淮北 1 000 万亩耕地,600 多万人口和沿淮重要工矿城市的防洪标准由目前的约 50 年一遇,提高到 100 年一遇。淮委规划设计研究院承担了该项工程的初步设计工作。

根据临淮岗洪水控制工程初步设计要求,需要系统、完整的提供本工程地质勘察资料。本阶段由淮委规划设计研究院勘测队、安徽省水利水电勘测设计院勘测分院、安徽省水利科学研究院、长江勘测技术研究所、安徽省地震工程研究中心等单位分别承担工程各部位的地质勘察和检测试验工作。本报告是由淮委规划设计研究院在综合分析各单位完成的勘察、检测、试验资料的基础上综合编制而成。

2.1.1.2 工程位置及运行方案

淮河发源于桐柏山,全长 1 000 km。淮源—洪河口为上游,比降为万分之五;洪河口—中渡为淮河中游,河长 490 km,比降十万分之三,河流比降小,为平原型河流。临淮岗洪水控制工程坐落在淮河中游上段,是淮河干流上的大型水利枢纽工程。从淮源到临淮岗段河长 490 km，集水面积 42 160 km²，占全淮河流域的 15.8%。坝址以上支流较多，北岸较大支流有洪汝河、谷河、润河，均为平原河道。南岸较大的支流有浉河、竹竿河、潢河、白露河、史灌河及沣河，均发源于桐柏山、大别山，属山溪性河流。该段洪水对淮河水患灾害形成、发展有举足轻重的作用。

临淮岗洪水控制工程为一等大（一）型工程，枢纽工程（主坝）位于淮河中游正阳关以上 25 km，坐落在霍邱、颍上两县交界处，距颍上县城 20 km，距霍邱县城 14 km，按 100 年一遇设计，1 000 年一遇校核。主要建筑物为一等一级，由主坝（均质土坝）、南北副坝（均质土坝）、两座深孔闸、浅孔闸、姜唐湖进洪闸和船闸Ⅳ等（500 t 级）组成；次要建筑物（引河、导堤）为一等三级。围堰工程为一等四级。在主坝南端已建有船闸、十孔深孔闸，十孔深孔闸上下游开挖了引河，在十孔深孔闸以北建有四十九孔浅孔闸。

根据规划，临淮岗为洪水控制工程，它与中游行蓄洪区、淮北大堤及次淮新河、怀洪新河共同构成淮河中游多层次综合防洪体系。工程运用方式为：当淮河上、中游发生洪水时，在沿淮行蓄洪区充分发挥作用后，正阳关水位和流量仍将超过设计值（设计水位 26.40 m，设计流量 10 000 m³/s）时，启用临淮岗工程滞蓄洪水，其他时间，河水从深孔闸、船闸和四十九孔浅孔闸畅泄。

工程滞蓄洪水后（形成水库），库水沿城西湖、濛洼上溯到豫皖两省交界的王家坝附近，并波及史河口、白露河口、洪河口、谷河口及润河口。

2.1.1.3　主要建筑物的布置方案

可研阶段建筑物布置方案为：主坝选用老坝线，封堵淮河主槽，填筑主槽至陈巷孜（村）坝段；对已筑主坝加高加固；对南、北副坝进行加高加固与延伸；对已建船闸按 500 t 级标准改建加固；将已建深、浅孔闸加固改建；在已建十孔深孔闸北侧新建十二孔深孔闸，两闸中心线相距 175 m；深孔闸（已建十孔深孔闸和新建十二孔深孔闸）上、下游引河底宽拓宽到 160 m 作为淮河河槽，在姜家湖坝段中部新建 14 孔姜唐湖进洪闸。工程总体布置见图 2.1-1，工程主要特性指标如表 2.1-1。

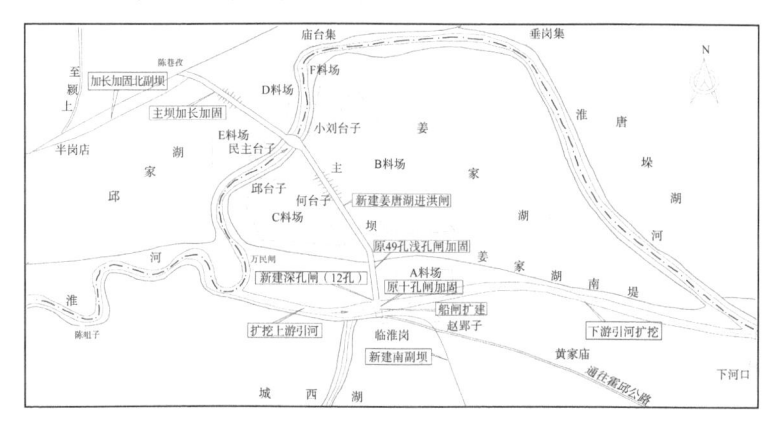

图 2.1-1　临淮岗工程总体布置图

临淮岗洪水控制工程的水库为平原河道的滞洪区。100年一遇洪水时,坝前设计水位28.41 m,相应洪水淹没影响区总面积为1 635 km²(其中淹没水深较小的影响区166 km²)。主要淹没范围由下游至上游包括邱家湖与姜家湖的坝上部分、城西湖、淮河干流临王段、南润段、濛洼、史河洼地和淮河干流陈族湾及大港口等行滞洪区。各处相应洪水淹没水深比无临淮岗工程洪水淹没水深增加0.02~0.48 m,坝前增加1.74 m。

由于兴建临淮岗工程,使淹没影响区退水时间延长。根据计算,回水末端约延长1~3天,史河口延长2~4天,润河集~临淮岗延长2~9天。

表2.1-1 临淮岗洪水控制工程主要特性指标表

名称		单位	数量	备注
控制流域面积		km²	42 160	
100年一遇洪水淹没面积		km²	1 635	蓄洪增淹47 km²
多年平均悬移质输沙量		10⁴ t	769.6	
设计水位28.41 m	相应滞洪量	10⁸ m³	85.6	100年一遇
	相应坝下水位	m	26.75	
校核水位29.49 m	相应滞洪量	10⁸ m³	121.3	1 000年一遇
	相应坝下水位	m	28.91	
主坝	最大坝高	m	18.5	顶高程31.9 m
	坝顶长度	m	7 343	净长度
南副坝	最大坝高	m	11	顶高程31.9~30.6 m
	坝顶长度	km	8.4	
北副坝	最大坝高	m	8.5	顶高程31.9~30.8 m
	坝顶长度	km	60.4	
十孔和十二孔深孔闸	堰顶高程	m	14.9	软基,钢筋混凝土箱式涵洞
	闸孔尺寸(宽×高)	m	5.0×6.5	
四十九孔浅孔闸	堰顶高程	m	20.3	软基,开敞式,弧形钢闸门
	闸孔尺寸(净宽)	m	10.0	
14孔姜唐湖进洪闸	堰顶高程	m	20.2	弧形钢闸门
	闸孔尺寸(净宽)	m	12.0	
船闸	闸室尺寸(长×宽)	m	180×120.4	500 t级

注:本报告采用国家85高程基准。

2.1.1.4 工程概况

主坝从左岸的陈巷孜(村)东侧保庄圩起向南东方向穿过邱家湖,跨过淮河主槽后,折向南沿老坝线至临淮岗老船闸南端,大体呈略凸向东北的弧形,全长约8.5 km(净长7.343 km),坝高10~13 m,最大坝高18.5 m(分布在主河槽)。1958—1962年已填筑了河床南侧坝段,长约4.5 km,坝顶高程在27~32 m不等,现已成为当地群众的生活庄台,密布民房和树木,树木最大直径达 30 cm,树根可深入坝体 3～4 m;淮河主槽北侧邱家湖坝段也略有堆土,后经人工改造由沟渠切割成几段低缓土丘。

北副坝由主坝北端(左岸)陈巷孜(村)起,沿岗地(二级阶地)经半岗、关屯、润河集、南照集延伸至阜南县境内的黄岗、张集闸。陈巷孜—半岗镇段为双坝线供比较,一条沿原围堤,另外一条沿原岗堤;黄岗—张集闸段亦为双坝线可供比较,一条为陶子河左堤,另一条在左堤东 500～600 m 处。勘探线路总长约 76.61 km(含比较坝线 16.21 km)。北副坝设计全长 60.4 km,设计坝顶高程 30.8～31.9 m,最大坝高 8.5 m,顶宽 6.0 m。全程分东西两段。

东段从陈巷孜至南照集,长 32.2 km,已有矮堤,堤高 0.5～6.0 m,堤顶高程 28.5～31.0 m,其中陶坝孜—于庄(长 3.0 km)的封闭围堤已堆高到 6.0 m 以上;关屯—润河集段为公路,高程 27--28 m。

西段由南照集—张集闸,地面高程 27～29 m,拟新建坝长约 28.2 km,设计坝顶高程 30.8～32.0 m。北副坝主要坐落在二级阶地上,只有局部经过河沟、低洼地带。

南副坝由主坝南端临淮岗船闸南侧起,沿二级阶地延伸至霍邱县的大莫店子(村),全长 8.4 km。在北段姜家湖乡开发区附近和中、南段田家洼冲沟处各有一段比较坝线,比较坝线长 1.9 km。坝线经过城东湖和城西湖中间的侵蚀堆积二级阶地前缘半岛状延伸部分,一般地面高程为 26.0～30.0 m,最大坝高 11.0 m(分布在田家洼),坝顶高程 30.6～31.9 m。

新建姜唐湖进洪闸,闸址位于淮河主槽与四十九孔浅孔闸之间的主坝段。设计 14 孔,总宽 198.0 m;闸室建基面高程 17.6 m,底板厚约 2.0 m;下游消力池建基面高程 14.5 m;上游翼墙顶高 31.5 m,下游翼墙顶高 29.2 m。

新建十二孔深孔闸位于原十孔深孔闸北侧约 100 m。设计采用四组三孔一联的钢筋混凝土箱涵,闸室顺水流方向长 37 m,宽 78.26 m,闸室建基面高程约 13.7 m,平均基底应力 266 kPa,设计泄洪流量 1 599 m^3/s,闸轴线沿已有的老土坝轴线布置。初设所定闸中心线比可行性研究阶段的闸中心线沿坝轴线向南移约 50 m。

图 2.1-2　姜唐湖进洪闸

安徽省水利厅建议将原十孔深孔闸改建为船闸,原船闸加固后归城西湖使用;在原十孔深孔闸以北新建一总宽度 120 m 左右的深孔闸代替新建十二孔深孔闸(在上述新建十二孔深孔闸位置北侧),闸底板高程 14.9 m,相应开挖并拓宽上下游引河。

四十九孔浅孔闸位于十二孔深孔闸北侧约 500 m(姜家湖内),该闸初建于 1959 年,设计闸孔 49 个,总宽度 566.8 m,闸室顺水流方向长 17 m,闸室建基面高程 17.9 m,岸墙建基面高程 20.5 m,翼墙建基面高程 18.9～17.9 m。闸门型式为弧形钢闸门,门顶高程 26.4 m。该闸主体工程完工后尚未经受设计洪水考验。

船闸位于临淮岗主坝南侧,与十孔深孔闸以南堤分隔,工程始建于 1958 年 10 月,设计标准为 500 t,闸室长 180 m,宽 12.4 m,上闸首基础底高程 11.7 m,下闸首底高程 11.7 m,闸室及上下游闸首建基面高程 11.7 m。

十孔深孔闸建于 1962 年,为箱形涵洞,位于已有船闸北侧,两闸中心线相距 155 m,闸室长 32.6 m,闸室宽 75.0 m,闸室建基面高程 13.6 m,岸墙建基面高程 14.1 m,翼墙建基面高程 13.3 m。

城西湖船闸设计级别为Ⅵ等(100 t 级),位于十孔闸上游沿岗河与临淮岗船闸上游引航道交汇处右岸,工农兵大站对岸;城西湖蓄洪堤位于城西湖北侧,工农兵大站附近。

此外,南北副坝穿坝建筑物共计 46 座,其中北副坝 43 座,南副坝 3 座。根据防洪排涝和灌溉的要求,建筑物类型主要为排涝、灌溉闸、站、涵,分重建、加固接长或新建三类。

引河工程位于两座深孔闸上下游,分为上游引河和下游引河,是为保证淮河正常径流而开挖的一条河道。它上自陈湖咀村,下至柳林子河口,从十孔深孔闸和十二孔深孔闸处穿过主坝,全长 14.8 km。1958 年至 1962 年在十孔深孔闸上下游已开挖断面指标为:上游引河断面为底宽 45 m,底高程 14.87 m;下游引河断面为底宽 70 m,底高程 14.37 m,现已有部分被淤积。根据本阶段设计方案,上下游引河底宽均为 160 m,边坡为 1∶4。其中上游引河长 3.8 km,底高程 14.87 m;下游引河长 11.0 km,底高程 14.87～14.07 m。上游引河以及下游引河的上段部分向左岸拓宽,下游引河的下段部分向右岸拓宽。

主坝各穿坝建筑物和淮河主槽段分别布置施工围堰。

2.1.2 气象、水文与交通

工程区(包括水库)约在东经 115°35′～116°15′,北纬 32°19′～32°40′区间内。地处我国南北气候过渡带,属暖温带湿润季风气候区。夏热多雨,秋旱少雨,冬寒晴燥。本区夏秋季盛行东南风或东风,冬春季盛行西北或东北风,多年平均风速 3.2 m/s,极端最大风速 16 m/s。多年平均降水 941 mm,6—9 月降水占全年 60%～70%。多年平均气温 15.4℃,极端最高气温 41.2℃,极端最低气温 −16.6℃。一年中气温低于零度的天数平均为 59 天,低于零下 10℃ 的天数平均 1.5 天。多年平均相对湿度为 70%～75%,7—8 月份最高相对湿度在 80% 以上。

年径流的分布与年降水分布大体相似,多年平均天然径流 500～800 mm,王家坝—坝址间沿淮平原区径流最小,为 150～250 mm。坝址以上多年平均天然径流量 153.0×10^9 m³。径流年际间变化大,1956年径流最大达792 mm,1966年最小为58.4 mm。整个地区年径流系数的分布自南向北递减,南部大别山区最大为0.60,北部平原区最小为0.30。

本工程对外交通有公路和水路,交通方便。目前主坝区有简易公路通向霍邱与颍上,可连通合肥、蚌埠、淮南、六安、阜阳等地;淮河水运上游可达河南淮滨,下游可通沿淮各镇,并通过京杭运河与苏、浙、沪相连。

2.2 区域地质环境及场地稳定性

2.2.1 区域地质环境

2.2.1.1 地形地貌

本区地处华北平原南部的淮北平原的南缘。淮河以南是源于大别山北麓各支流形成的堆积-侵蚀二级、三级阶地平原,地面整体倾向北东。由于各支流的切割,河间形成5～60 km长,几至十几千米宽的长垣状岗地,岗地顶面高程由南端60～70 m至北缘的30 m。地面平坦,地貌景观单一,唯霍邱—固始之间的四十里长山有零星残丘分布。

淮河以北为淮北冲积平原,地面高程为30～50 m,受颍河、洪河等河流的切割,形成整体倾向南东,坡降约1:1万的宽阔河间地块(岗地)。地面极平坦,地貌景观单一。

2.2.1.2 地层岩性

本区地处华北坳陷南缘,和整个华北坳陷一样,自燕山运动晚期,出现众多次级坳陷区,地壳处于沉降→间歇上升→沉降的状态,形成巨厚红色碎屑岩沉积。新生代(第三纪和第四纪)以来,基本继承了这种以沉降为主的趋势,继续内陆相松散物沉积。这就形成以阜阳—临泉—沈丘为轴线,上第三系(N)和第四系(Q)沉积厚达800～1 000 m。这些沉积具有由下向上逐渐变细和由北向南不规则逐渐变薄的特点。

整个库区及周边,除皖豫交界处的四十里长山基岩出露(构造线呈南北向,为淮阳"山"字型脊柱出露的一部分)外,均为第四系松散堆积物。

2.2.1.2.1 前第四系

地表出露的主要为青白口系(震旦系)、寒武系的一套以浅海相为主的碎屑碳酸盐沉积建造。岩性主要为白云岩、灰岩、砂页岩等,主要分布在四十里长山一带,呈零星分布。在第四系和新第三系之下分布有白垩系、侏罗系的砂岩及砂砾岩。

2.2.1.2.2 第四系

库区内第四系堆积较厚,分布广泛,四十里长山周围的三级阶地,为中更新统泊岗组的棕红、棕黄色壤土和黏土;库周边为二级阶地,由上更新统粉质黏土组成;库底为一级阶地及河漫滩，由全新统壤土及砂壤土组成。

中更新统泊岗组（Q_2^{dl-pl}）棕红、棕黄色的壤土、黏土、砂壤土及含砾中细砂，黏性土中含钙质结核和铁锰结核，具网纹或似网纹构造。主要分布于潢河、白露河、史灌河两岸较高的岗地上，厚度29～80 m。

上更新统戚嘴组（Q_3^{al-pl}）黄、黄灰色的壤土、黏土、粉细砂及砂壤土，黏性土中含少量钙质及铁锰结核，广泛分布于主、支流两岸，为二级阶地地层，厚7～39 m，据近年勘测资料在濛洼—坝区的一些漫滩和一级阶地中常有岛状（Q_3）残留高地。

全新统（Q_4^{al}）浅黄色粉砂、砂壤土，黄色黏土、壤土。分布于现代河床两侧，构成河漫滩及一级阶地，厚度不超过16 m。

2.2.2 区域地质条件及场地地震烈度

2.2.2.1 地质构造

临淮岗洪水控制工程（包括库区）位于中朝准地台南部的华北坳陷南缘。系新华夏系第二沉降带与秦岭纬（东西）向构造带的复合部位。区内第四系广布，基岩零星出露，大部分构造形迹难以观察。据区域地质资料，下伏不同时代的基岩遭受不同时期的构造运动，最终形成以近东西向构造为主，北北东向构造为辅的总体构造格局。

据区域地质资料，通过库区的有关潜伏断层有。

阜阳断裂①：即王老人集断裂，南北向（新华夏系），自阜阳市以北向南，在张集南东李庄附近通过北副坝，经曹集穿过库区中段向南，活动不明显。

南照集断裂（16#）：北北东向（新华夏系），北自颍上县南照集，向南经霍邱周集穿过库区，侏罗-白垩纪有活动，挽近期活动不明显。

邱家湖断裂⑤：北东向，通过主坝北端近侧，新近活动不明显。

刘集-临淮岗断裂⑥：北东向，在临淮岗船闸东侧通过南副坝，具微弱活动性。

上述断裂均深埋数百米以下，为物探推测断裂，活动性微弱或不明显，对工程无直接影响。

从新构造运动迹象看，上第三系（N）—第四系（Q）厚度整体由南向北逐渐增大。在沉积梯度骤变之处，未发现N—Q地层中有明显断裂的迹象；淮河南岸岗地存在二级和三级阶地，淮河北岸阶地不显，表明南岸受大别山地壳现代相对抬升的影响，淮河及淮河北岸相对稳定。近场范围内唯一的一次破坏性地震发生在颍上县江口集，震级为M_S=4.75，距主坝30～38 km，距副坝最近27 km。20世纪70年代以来记录到的小微震分布零散，部分沿断裂分布，说明断裂具微弱活动性。

2.2.2.2 场地地震基本烈度

根据《中国地震烈度区划图》（1：400万）和安徽省地震工程研究中心完成的《临淮岗水利枢纽工程场地地震安全性评价报告》，本区地震基本烈度（50年内超越概率为10%）为6度，通过对区域和近场地震活动性及地震构造分析研究，认为库区附近较大断裂活动微弱,属稳定区。

2.2.3 区域水文地质条件

2.2.3.1 地下水的赋存条件和含水层划分

根据本区地层分布和地层结构,工程涉及的范围内,地下水类型主要为松散岩类孔隙潜水和孔隙承压水。第四系全新统地层中含水层主要为中轻粉质壤土及粉细砂层,分布在河床、河漫滩等低洼地带,渗透系数为 $A \times 10^{-3} \sim A \times 10^{-5}$ cm/s,为潜水含水层;第四系上更新统含水层主要为砂壤土、粉细砂层,为承压含水层,不同部位,水头差异较大,分布在河床及二级阶地下部,在河床中局部有出露,渗透系数为 $A \times 10^{-2} \sim A \times 10^{-4}$ cm/s,其上一般分布 4~6 m 厚的粉质黏土,隔水性良好。

2.2.3.2 地下水的补给、径流、排泄条件

本区地下水的补给来源主要为大气降水、农业灌溉和地表水。降水和灌溉补给主要受表层岩性、地质构造、地下水埋深和地形特征等因素控制。地表水源主要为淮河,其次为溧河、白露河、史河、颍河、汲河、沣河、洪河等支流。根据实地调绘资料,淮河、溧河、白露河、史河、颍河河床下切至第四系上更新统(Q_3)松散含水层,为地下水主要补给源,其余河流河底及沿淮河岸湖泊的湖底一般为黏性土层,地表水对地下水的补给不明显。

地下水径流主要受地貌形态控制,本区总的地形趋势西部高,东部低。淮河南岸低山丘陵区地形坡度大,其地下水渗流比降相对较大。淮河以北地区,地下水总的流向是自西北流向东南,水力坡度为 1/10 000~3/10 000,径流迟缓。淮河两岸沿岸地区地下水的流向受地貌形态控制,由二级阶地(岗地)流向河谷地区(一级阶地、河漫滩),而在河谷地区一般则向下游径流,总的流向是自西向东。

地下水的排泄主要为蒸发,水平径流,构成渗入-蒸发型特征的循环方式。在近河地段由于河床下切至含水层,枯、平水期地下水位高于河水位,地下水补给河水。

2.3 库区工程地质

2.3.1 库区地形地貌

淮河在王家坝进入库区,沿濛洼蓄洪区南侧向东北,沿途接纳史河、泉河,至南照集与谷河相交汇合,折向东南到润河集、关屯至半岗南侧转向东与主坝相交。淮河自王家坝至主坝段总体呈"N"形分布,河流长约 90 km,河谷一般宽 3~9 km,河道弯曲、平缓。

河流两岸分布一系列湖洼地,如濛洼、城西湖、邱家湖等蓄洪区,在库底的河床漫滩与周边岗地(二级阶地)间普遍存在高差4~7 m不等、坡度30°~40°的陡坎,其上、下形成两个截然不同的地貌单元。河道两岸地势较高,河谷滩地地面平坦开阔,是理想的库区。

河谷在王家坝附近宽约9 km,淮河河床偏行于南岸,北岸为宽阔的濛洼蓄洪区和分洪道,漫滩地面高程约25~26 m,除圈堤和庄台外,为典型的河漫滩地貌。

南照集—润河集—关屯段,河谷稍窄为3~4 km;在城西湖河段,河谷宽9~10 km,河床偏行于北岸,南岸为宽阔的城西湖,湖区地面高程22~23 m。

靠近主坝段河谷宽约8.0 km,北岸二级阶地前缘高程约25 m,南岸二级阶地前缘高程约26~27 m,谷坡高差4~5 m,河谷为现代河床和河漫滩及一级阶地地貌。淮河南侧一级阶地为姜家湖,宽约4.5 km,地面高程20~21 m;北侧滩地为邱家湖,宽约2.5 km,地面高程约19~20.5 m;淮河河床(主槽)宽约200 m,河底高程13.0~14.0 m。南北副坝沿淮河二级阶地分布,地面高程25~29 m。

2.3.2 地层岩性及沉积特性

中晚更新世时,位于黄淮(冲积)平原南缘的淮河已基本形成,河谷基本成型,河谷和谷坡均由中上更新统硬塑黏性土组成。晚更新世中期,河流急剧下切,形成一级阶地与二级阶地之间的陡坎,并在河槽中堆积了一层厚约2~8 m的中细砂层。全新世(1.0~1.2万年)以来,松散沉积物沉积的范围较小,厚度较薄,主要沉积在淮河及各大支流河床和漫滩上部,为黄色或灰黄色壤土和粉细砂,一般6~10 m,最大厚度不超过16 m,多呈二元结构,有时底部有淤泥。

从沉积相分析,全新世早期为曲流河道沉积相,中晚期为泛滥平原沉积相和边滩相,土质成分复杂多变,多呈夹层、互层分布。全新统和中上更新统两者之间为假整合或不整合接触,即在河谷一级阶地及其后缘,全新统或厚或薄的覆盖在更新统黏土之上,两者标志忽明忽暗。全新统在河床底部(下段),往往沉积一层含多量有机质的河床砂,在漫滩则为含有机质的砂壤土或轻粉质壤土夹粉质黏土,这反映出沼泽相或泛滥平原相静水环境低能搬运沉积物的特点。

2.3.3 库区物理地质现象

本区属于平原河道型,库首段河床基本靠近北侧阶地,北侧全新统沉积厚2~8 m,南侧只有1~2 m,说明河流地层南侧侵蚀、北侧堆积。

库区沿岸普遍在岗地和漫滩间存在4~7 m的陡坎,由于坡面过陡,局部会产生塌滑,造成小面积耕地和局部道路受损。

主坝上游河道及滩地,分布因采砂遗留的砂坑,最近距主坝约200 m,沟通河水与砂层承压水。

北副坝局部坝段在坝后分布有沟塘,宽约2~4 m不等,深约1~2 m。

2.3.4 库区工程地质问题评价

2.3.4.1 淹没和浸没

临淮岗水库为平原河道型滞洪水库,当遭遇 100 年一遇洪水时,在干流及各大支流河口因兴建控制工程,增加的淹没水深极为有限,中上段滞洪洪水位升高 0.02~0.48 m,坝前水位抬高也只有 1.74 m,所以因滞洪增加的淹没范围较小,且影响多局限于滞洪区、淮河河道、支流河口等范围,二级阶地淹没范围极小,其淹没影响亦小。

浸没影响亦然,库区周边的陡坎几乎全部由第四系上更新统(Q_3)粉质黏土或重粉质壤土组成,库底普遍分布全新统(Q_4)中轻粉质壤土,详见库区地层结构示意图(图 2.3-1)。坝外地面高程多在 27~29 m,仅陈巷孜—半岗段在 25~26 m,库水位为 28.4 m,最大水头差只有 2.4 m,加之土层渗透系数很小,一般 $K<A\times10^{-6}$ cm/s,副坝坝后地势较高,多为农田,因滞洪增加时间短(2~9 天),不会造成库外大面积地下水位雍高,因此可不考虑浸没影响。

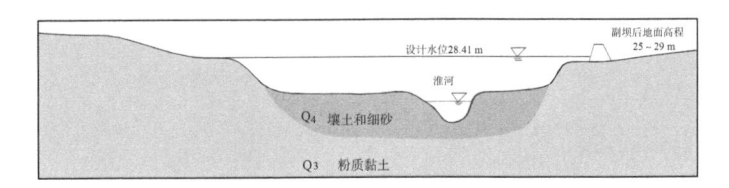

图 2.3-1　库区地层结构示意图

2.3.4.2 渗漏

整个库区周边地势较高,由两侧倾向河岸。北侧高程由黄河南岸 50~60 m 降低到沿副坝线的 25~29 m;南侧类似,但比降远大于北岸。表层岩性均由上更新统黏性土构成,副坝虽局部存在透水砂层,但砂层上部粉质黏土和中轻粉质壤土盖层厚约 10 m 以上(其中仅粉质黏土厚度约 4~8 m),河谷分布全新统中粉质壤土或粉质黏土。坝前后没有砂层出露,不存在渗漏通道。从运行条件看,副坝内外水头差很小,副坝外侧沟塘较浅,且施工时可进行回填处理,坝外围无大型沟渠切割,支流沟口水位接近或高于库水位,因此副坝段不会产生渗漏问题。主坝邱家湖、姜家湖坝段(四十九孔闸以北坝段)下游若不行洪,上下游水头差达 7~8 m 左右,且基础下普遍存在全新统中轻粉质壤土,会产生一定的渗漏,但本工程非蓄水工程,只要渗漏不对坝基稳定产生影响,是不会成为问题的。若该区蓄水,坝上与坝下水头差很小,渗漏影响有限。主槽段坝基砂层在上游已出露于河底,沿该层产生的渗漏将影响坝基稳定,需考虑采取工程措施。

2.3.4.3 其他

由于水库周边存在高度为 4~7 m 陡坎,二级阶地前缘高程为 25~29 m 以下,工程运行时,大部分陡坎边坡已淹没于水下,现状坡面已经受多次历史洪水冲刷,已形成基本稳定的形态,库区形成后,在风浪作用和退水时造成的塌落土方量很少,不存在库岸稳定问题。

本库区虽有隐伏断裂,但活动微弱,且基岩上覆厚百米乃至数百米新生代松散地层,不但可以极大适应深部断裂变形,而且是良好的隔水层,库水很难垂直下渗进入深部岩石断裂,恶化断裂稳定条件。水库容量虽可达 85 亿 m³,但在库首最大水头仅 15 m(淮河主槽),一般为 7~8 m,比 100 年一遇天然洪水位仅增加 1.74 m,再则库水驻留时间较短(长者旬日,短者数日),如此短的时间,难以使库水通过上覆厚百米乃至数百米的新生代松散地层渗入断裂中。从另一角度讲,历史上曾多次发生的 100 年一遇洪水,其洪水规模和水库滞洪条件类似,当时库区均未发生"洪水地震",所以临淮岗控制工程在滞蓄洪水时也不会诱发水库地震。

2.4 挡水建筑物工程地质条件及评价

2.4.1 地形地貌特征

临淮岗洪水控制工程挡水建筑物由主坝和南北副坝组成。

主坝坝址区淮河河谷浅平宽阔,宽约 8.0 km,河谷地面高程为 19~21 m,谷坡与两岸二级阶地浑然一体,北岸二级阶地顶高程约 25~26 m,南岸二级阶地顶高程约 26~27 m,谷坡高度 4~5 m。地势呈南北高中间洼的形态,为黄淮平原与江淮平原夹淮河河谷的地貌景观。河谷为现代河床和河漫滩及一级阶地地貌。

南北副坝沿淮河二级阶地分布,地面高程 25~29 m,自主坝两端起沿淮河二级阶地向库两侧和上游延伸至 30 m 高程线。北副坝陶坝孜段经过小润河漫滩地貌单元,宽约 1.5 km 左右,地面高程 21~23 m;南副坝田家洼段地势较低,为现代冲沟沉积,宽约 0.5 km 左右,地面高程 21~23 m。

2.4.2 地层岩性

整个坝区(包括副坝区)均为第四系全新统和更新统。在勘探深度内整个坝址区地层从上到下按岩性及沉积韵律可分为 12 层:(0)层为人工填土,组成淮河南、北岸主副坝已填筑坝体。(1)层为河道或引河表层新近沉积的冲淤积物(仅局部存在),(2)层为全新世(Q_4 为 1.2 万年以内沉积)形成的冲洪积物,主要分布于淮河两岸滩地表层,北岸一般厚约 2~9 m;南岸姜家湖区厚约 1~2 m;北副坝小润河段 1.0 m 左右;南副坝田家洼段厚约 3~4 m,最厚达 7.0 m。(3)—(7)层为晚更新世(Q_3)形成的冲洪积物,(3)、(4)、(5)

层分布在主坝区;(6)、(7)层主要分布在副坝区。(8)层以下为中更新世(Q_2)沉积物,在坝区及库区普遍分布。现叙述如下。

第(0)层人工填土(Q_4^r):主坝填土主要取自(2-1)层及(3)层,由重粉质壤土、粉质黏土、中粉质壤土等组成,棕黄、黄、灰黄色或灰色,混有黏土及砂壤土,层底高程21~19 m。河北岸填土厚2~5 m,且不连续;南岸坝高8~12 m,坝顶高程28~32 m。标准贯入击数 $N_{63.5}=6$~11击,局部为3~5击。

副坝填土主要取自(6)层,以粉质黏土、重粉质壤土为主,局部夹少量轻粉质壤土,褐、黄褐、灰褐色,呈可塑~硬塑状态,稍湿,结构紊乱,强度不均,局部见少量砖屑、植物根系,底部偶见灰黑色淤泥质土(可能系筑堤时未清淤,本次划入填土层中)。坝底高程23.3~28.0 m,厚2.0~6.0 m,在润河闸附近的G97孔达11.9 m厚。干密度平均1.52 g/cm³,最小1.36 g/cm³,最大孔隙比0.993,标贯击数一般5.2~8.5击。

南副坝大部分和北副坝的南照—黄岗段及黄岗—张集段为新建坝段,无此层。

第(1)层为近代淤积物,按岩性分为二个亚层。

第(1-1)层淤泥或淤泥质壤土(Q_4^{al}):灰至灰黑色,呈软塑至流塑状态,为高压缩性土,主要分布于引河河道中。

第(1-2)层砂壤土(Q_4^{al-pl}):灰至灰黄色或黄褐色,湿,呈松散~稍密状态,夹中轻粉质壤土,偶夹细砂薄层,层底高程18~20 m,层厚一般在1.8~3.4 m。主要分布在引河上段表层。

第(2)层为第四系全新统(Q_4^{al}),主要分布在淮河河谷的滩地和一级阶地,按岩性和力学性质分为三个亚层。

第(2-1)层中粉质壤土(Q_4^{al-pl}):灰、灰黄、浅黄色,夹有黄色轻粉质壤土及砂壤土,河床近侧以轻粉质壤土为主,呈可塑至软塑状态,为中等压缩性土。分布于河谷漫滩及一级阶地的表层。淮河北岸及河床两侧层底高程为13~18 m,层厚2~5 m;河南岸仅分布在漫滩和部分一级阶地及一级阶地后缘地带,层底高程17~20 m,厚度1~2 m;姜唐湖进洪闸—四十九孔闸段缺失。本层标准贯入击数,滩地一般 $N_{63.5}=2.5$~3.0击,一级阶地一般 $N_{63.5}=5.0$~6.0击。根据北岸本层中下部样本的 C^{14} 测年结果,其沉积时间约为2010±620年。

第(2-2)层中粉质壤土夹淤泥质土(Q_4^{al}):灰、灰黑色,局部为黄褐色,湿,一般为软塑状态,局部呈流塑状态。该中粉质壤土与淤泥质土呈互层、夹层分布,局部夹有粉土或砂壤土,可见烂草茎和蚌壳,为高压缩性或中等偏高压缩性土。本层分布于主坝河槽以北地带,局部缺失,层厚约2~4 m,厚度变化较大,在淮河北岸老坝线上游200~400 m、下游300~800 m范围内普遍存在,向坝线下游方向有增厚的趋势。本层标准贯入击数 $N_{63.5}=1.0$~2.5击,局部(左14孔~左17孔坝下)为3.5~4击。根据北岸本层中下部样本的 C^{14} 测年结果,其沉积的时间为3 000~2 700年。

第(2-3)层粉细砂(Q_4^{al}):灰、灰黄色,呈松散状态,砂层中夹有灰至灰黑色的粉质壤土,局部含白色贝壳。层底高程11.7~13.9 m,厚度2~3 m 标准贯入击数 $N_{63.5}=3.5$~7击。本层主要分布于淮河河床及靠近河床北侧的滩地,沿坝线宽200 m左右。

第(3)层重粉质壤土及粉质黏土(Q_3^l):本层主坝区分布广泛,北岸强度较低,南岸强度较高,经年代测试,其形成时间为 1.6~3.5 万年,属上更新统晚期沉积物,有膨胀性。

淮河北岸为灰至青黄色,呈可塑至软塑状态,层底高程 8.8~14.4 m,层厚 1.9~7.5 m,标准贯入击数 $N_{63.5}$=3~5 击。

淮河南岸为灰黑、灰、青黄、灰黄、灰褐色,湿,呈可塑-硬塑状态,局部为软塑~可塑状态,含少量铁锰结核及钙质结核和贝壳。土层中上部分布有裂隙及虫孔,其中充填灰色黏土,层底高程 10.0~15.61 m,层厚 2.0~6.5 m。标准贯入击数 $N_{63.5}$=6~12 击,为中等压缩性土。

第(4)层轻粉质壤土(Q_3^{al}):黄或黄灰色,上部为中粉质壤土,向下渐变为砂壤土、粉砂,层理清晰,湿,呈稍密~中密状态,为中等压缩性土。本层是(3)、(5)层的过渡带,厚薄不均,分布连续,层底高程 9.0~14.5 m,一般层厚约 1.0~2.0 m。标准贯入击数 $N_{63.5}$=7~11 击,主要分布在主坝段。

第(5)层细砂(Q_3^{al}):为灰、灰黄、黄、淡黄色,夹中轻粉质壤土、粉砂,底部有时可见中砂,偶见小砾石,分选性一般,饱和,一般呈稍密~中密状态,局部密实状态,标准贯入击数 $N_{63.5}$=10~20 击;砂层顶部局部 5~6 击,底部最大可达 30 击。本层分布在主坝区,稳定连续,层底高程 5.0~10.6 m,层厚 3.0~5.0 m。本层在主坝上游约 200 m 河底处出露。据砂样热释光测年资料,其沉积年龄约 3.6~6.9 万年,为晚更新世沉积物。

第(6)层粉质黏土、重粉质壤土(Q_3^{al-pl}):为褐、黄褐、灰褐色,呈硬塑状态,稍湿~湿,含有铁锰结核(或铁锰侵染)和少量钙质结核,具网状裂隙,裂隙一般被灰色淤泥质黏土充填,失水后易开裂成蒜瓣状土块。主要分布在二级阶地,层底高程 19.2~23.8 m,最低可达 16.8~17.5 m,厚度 4.0~8.0 m,局部为 10.0 m;南副坝在个别低洼或水沟处缺失。本层标贯击数 6.0~15.0 击,是副坝的主要地基持力层。本层土具有膨胀性。

第(7)层为上更新统(Q_3^{al}),主要分布在南北副坝坝址区,按岩性分为三个亚层。

第(7-1)层中粉质壤土(Q_3^{al}):灰黄至棕黄色,可塑~硬塑状态,局部夹轻粉质壤土或砂壤土。本层主要分布在南副坝坝址区,仅局部地段缺失,层底高程 13.5~20.5 m,层厚 0.5~6.9 m。

第(7-2)层中及轻粉质壤土(Q_3^{al}):本层主要分布在副坝坝址区,稳定连续,上部以轻粉质壤土、中粉质壤土、砂壤土为主;中部为粉质黏土、重粉质壤土夹粉砂、轻粉质壤土薄层或互层,水平层理发育,含砂礓;底部为轻粉质壤土和粉砂或极细砂。本层为红黄、黄、灰黄色,湿,呈稍密~中密状态或可塑~硬塑状态,具铁锰侵染。层底高程 14.5~18.5 m,底部见白灰色小贝壳,局部层底未揭穿,层厚 5.0 m 左右。该层中部间夹红黄色黏土、粉质黏土,红黄色黏土一般孔隙比在 1.0 左右,局部在 16.5~18.0 m 夹一层灰、灰绿色,厚度约 1.0 m 厚的粉质黏土,硬塑。本层一般标贯击数 8.0~12.0 击,最小 4.6 击,最大 18.8 击。

主坝区以轻粉质壤土为主,分布在右岸一级阶地坝段,为稍密~中密或可塑状态,厚度为 2～4 m,中等压缩性土。

第(7-3)层细砂(Q_3^{al}):本层主要分布在南北副坝局部地段。上部以粉细砂为主,局部夹砂壤土、轻粉质壤土,以棕黄、黄色、灰黄为主,稍密～中密状态;向下过渡到中细砂,黄灰、灰色,呈中密～密实状态,标贯击数 18～32 击,含少量钙质结核,底部见蚌壳(B30-1 孔),部分孔(B24～B26 孔)底部为密实的黄色含砾中细砂。本层层底起伏较大,层底高程 9.8～11.5 m,最高 14.3 m,最低 7.7 m(B30 孔),厚度 4.5～7.8 m,最厚可达 8.0～11.0 m。本层平均标贯击数 18～22 击,相对密度 0.6～0.8。

第(8)层粉质黏土(Q_2^{al-pl}):灰黄色或棕黄色,呈硬塑～坚硬状态,含大量铁锰结核和钙质结核,鲕状,直径为 0.5～4 mm,夹螺壳和贝壳,具中低压缩性,含少量砂礓,局部为中粉质壤土和重粉质壤土。本层广布于整个坝址区,大部分未钻穿,揭露厚度 3～5 m,主坝区姜唐湖进洪闸段部分孔揭穿,层底高程-7.6～-8.45 m,厚度 15.0～15.6 m。副坝区标贯击数 7.8～11.2 击,最小 5.4 击;主坝区 10.0～15.0 击。据主坝样本热释光测年结果,本层沉积年龄约 18.0 万年～30 万年。

第(9)层中粉质壤土(Q_2^{al}):浅灰至灰黄色,可塑～硬塑,为中等压缩性土,夹轻、重粉质壤土,含铁锰结核和钙质结核,标准贯入击数 $N_{63.5}$=9.5～11 击。本层仅在主坝南岸四十九孔闸附近揭露,最大揭露厚度为 4.0 m。

第(10)层:黏土和粉质黏土,浅灰到黄色夹有重粉质壤土,呈硬塑状态,含大量铁锰结核和钙质结核,为低压缩性土。仅十二孔深孔闸揭露此层,层底高程-9.6～-8.6 m,厚度为 12.0～13.0 m。

第(11)层:轻中粉质壤土,浅灰到灰黄色呈硬塑状态,为中等压缩性土。仅十二孔深孔闸揭露此层,揭露厚度为 8.5 m。

2.4.3 全新统(Q_4)与上更新统(Q_3)特征

综上所述主坝区全新统(Q_4)主要沉积在淮河主河槽及其附近的漫滩,主河槽及北侧邱家湖一般厚 6～7 m,局部 9 m,漫滩后缘临近二级阶地厚度渐薄至 2 m 并渐尖灭;主河槽以南姜家湖段本层厚度 1～2 m,至四十九孔闸南段尖灭。

全新统主要特征为灰、灰黑、灰黄色的粉质壤土、夹淤泥质壤土、砂壤土和粉细砂,普遍含有机质,沉积不稳定,厚度变化大。

上更新统(Q_3),对工程有直接影响的是(3)、(4)、(5)、(6)层,其中(3)层为粉质黏土或重粉质壤土,分布稳定,厚度 3～6 m,主河槽北侧邱家湖段局部缺失,(4)层轻粉质壤土为(3)与(5)层的过渡层,分布虽薄但却稳定,(6)层主坝段缺失,主要分布在南北副坝地段。其他地层分布稳定。

在强度上全新统总体表现为较松散,强度低,砂层标贯多在 3～6 击,中上更新统则表现为较坚硬、密实,土层中夹有铁锰结核和钙质结核,强度较高;砂层呈稍密至中密状态,标贯击数大多在 12 击以上。

2.4.4 坝址区工程地质条件

2.4.4.1 主坝

2.4.4.1.1 分区与评价原则

主坝总长 8 544 m,净长 7 343 m(不含穿坝建筑物长度),坝高一般 10～12 m,最大坝高 18.5 m(主河槽)。主坝分区与评价按地貌类型、地层岩性的强度和组合特征三个方面考虑。

(1) 工程所在地貌单元:具体划分为淮河左岸冲积滩地,代号为Ⅰ;淮河现代河床及其边滩,代号为Ⅱ;淮河右岸边滩及一级阶地,代号为Ⅲ,再按岩性、强度分为三个亚区;两岸二级阶地,代号为Ⅳ。

(2) 所在地貌单元地层组合情况:在自然地面以下 15 m 深度内全新统和上更新统所占比例(%)。

(3) 所在单元各土层主要工程地质、水文地质条件:各土层的允许承载力标准值(R),主要持力层、含水层埋藏深度(h),相关土层的渗透性(k)。

(4) 根据上述条件判定各单元工程地质条件,可分为良好、基本良好和不良三类。

2.4.4.1.2 各区工程地质条件

根据分区原则共分四区,六个亚区(参见图 2.4-1 主坝工程地质分区图)。

Ⅰ区由淮河左岸滩地组成(横剖面 W4～W10);Ⅱ区由淮河河床组成(含近侧滩地,横剖面 W10～W14);Ⅲ区由右岸滩地和一级阶地组成(可再分为 3 个亚区,W14～W20,W20～W28,W28～W35);Ⅳ区位于主坝两侧的二级阶地(左侧 G0～左 63 孔,右侧老十孔闸以南)。

主坝区涉及地层包括人工填土共十层,土层分布见图 2.4-2。

全新统地层指标较差,而且差异较大;上中更新统地层分布较稳定,力学指标较好,差异较小。

第(2-1)层中粉质壤土、第(3)层重粉质壤土、第(4)层轻粉质壤土在河床左右滩地范围内强度相对较低,右岸一级阶地强度稍高。

第(2-2)层为中粉质壤土与淤泥质土互层,主要分布在河床左岸滩地(详见图 2.4-3)。淤泥质土强度低,中粉质壤土略好,所以统计指标差异较大,各项力学指标一般以淤泥质黏土为控制,力学性质较差。

第(2-3)层粉细砂分布范围较小,各项指标较差,因样本中含中轻粉质壤土及淤质土,标准值中压缩模量偏小,凝聚力偏大,内摩擦角偏小,存在液化问题。第(5)层细砂在主坝区普遍存在,河左岸强度弱于河右岸强度,由于土层中含壤土,标准值中凝聚力偏大,内摩擦角偏小,同时本层上部标贯较小,标准值只反映上部砂层的密实度,中下部砂层标贯一般较大,为 17～30 击(大值均值为 18.9 击)。

第(7-2)层轻粉质壤土基本分布在Ⅲ₂区。第(8)层以下地层分布稳定,强度较高。

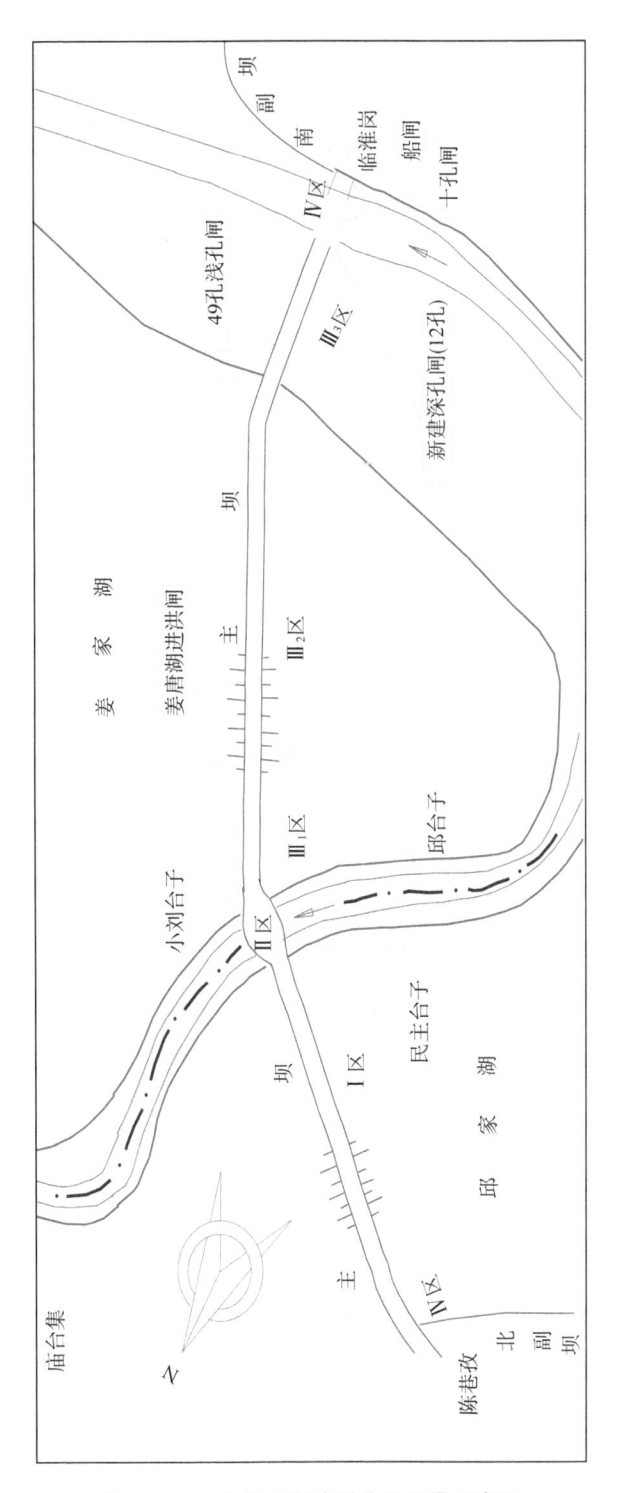

图 2.4-1　主坝工程地质分区位置示意图

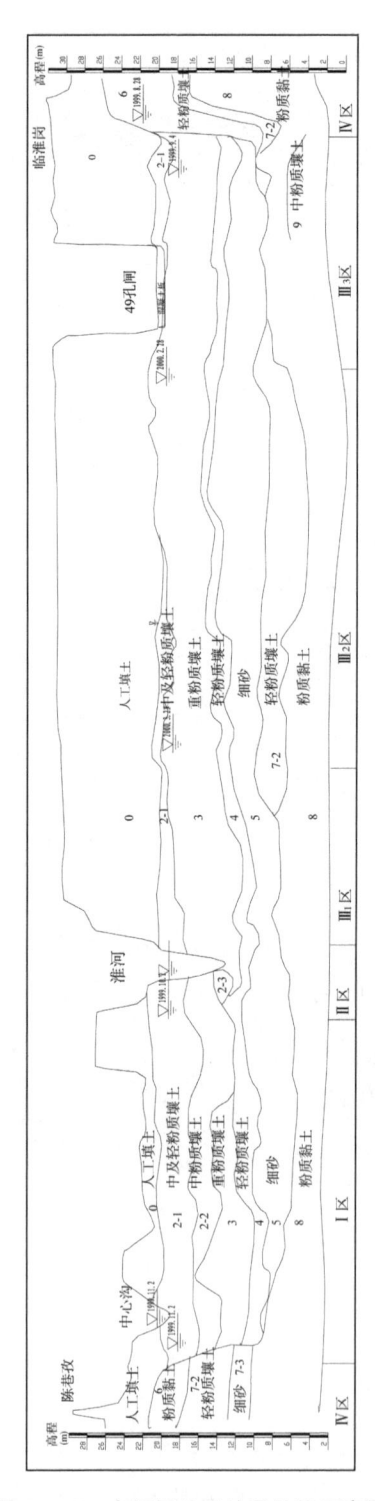

图 2.4-2 主坝坝址区地层结构示意图

2.4.4.2 北副坝

北副坝全长 60.4 km,坝顶高程 30.8~32.0 m,最大坝高 8.5 m,顶宽 6.0 m,比较坝线 16.21 km,坐落在二级阶地上,只有局部处于河沟、低洼地带。根据北副坝土层结构、性质及土工试验统计结果,将整个北副坝地质条件分为四类。

Ⅰ类区:主要分布在陈巷子—半岗(孔号 G1~LB20、B1~B23)、关屯—黄岗(G62~GN155)、黄岗—陶庄(GN155~30)、狗刺园—李庄(41~73),共五段,全长 51.62 km。其特点是坝基为(6)层第四系上更新统土层粉质黏土,含铁锰结核,厚度为 4.0~8.0 m,结构致密,压缩性低,强度高,微透水性,为良好的持力层和隔水层;其下为(7-2)层中、轻粉质壤土夹粉质黏土,可塑~硬塑状态,厚度为 4.5~6.0 m,强度较高,弱透水性,为很好的持力层和隔水层。底部一般揭露厚度不等的中更新统粉质黏土、重粉质壤土,含铁锰结核、钙质结核及砂礓,揭露厚度 0.5~2.6 m,可塑状,中等强度,弱透水性,为很好的持力层和隔水层。该类坝基土层为工程地质条件优良坝段。

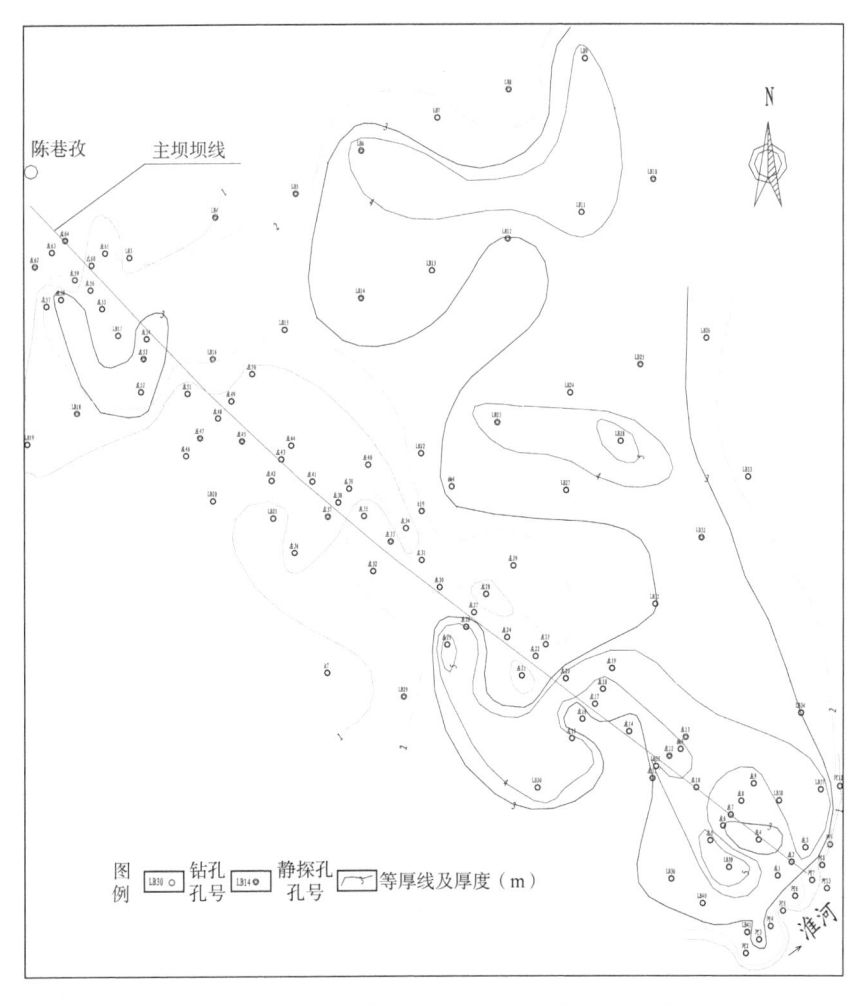

图 2.4-3 主坝左岸软弱层(2-2 层)等厚线示意图

Ⅱ类区:主要分布在半岗—关屯(G20～G62、B23～B34～G36)、陶庄—狗刺园(30#～41#)共三段,全长 15.28 km。其地层与Ⅰ类区相似,不同的是(7-2)层为轻粉质壤土及砂壤土,其下面为厚度 1.2～8.6 m 的(7-3)层粉细砂,中密～密实状态,强度很高,属中等透水性,为较好的持力层,下部亦为(8)层中更新统粉质黏土。该类坝基土层为工程地质条件优良坝段。

Ⅲ类区:本区地层结构与Ⅰ类区类似,区别在于表层粉质黏土(厚度 6.5～8.0 m,可塑状态,中等压缩性,微透水层,为较好的持力层和隔水层)强度稍软,主要分布于陶子河左岸孔号 74～111 之间和陶坝孜坝段;其下与Ⅰ类区基本相同。该类坝基土层为工程地质条件较好坝段。

Ⅳ类区:表层或坝基持力层为含有机质软黏土或淤泥质黏土,零星分布于各坝段支流河谷、沟槽之中(清凉寺、陶坝孜、陶子河等处),各段宽度不等,厚度各异,黏土呈流塑～软塑状,强度较低,属微透水层,为较差的持力层,其下为中、轻粉质壤土夹粉质黏土,力学性质同其他段。该类坝基土层为工程地质条件不良坝段。

Ⅳ类区软弱层主要分布地段和物理力学指标见表 2.4-1。

表 2.4-1　北副坝Ⅳ类区表层土主要指标统计表

位置	G12～G14	陶坝孜 GN39～GN40	陶子河 WN17～19
长度(m)	400	150	700
厚度(m)	4.8	2.5	4.0
含水量(%)	36	38.9～43.3	37.7
孔隙比	0.815	0.857～1.12	1.01
塑性指数	15.4	15.2	15.4
液性指数	0.4	0.85～1.1	0.79
$N_{63.5}$(击)	3.7	1～3.5	1.8～3.7
压缩系数(MPa^{-1})	0.4	0.36～0.85	0.38
压缩模量(MPa)	4.4	2.44～4.9	5.4
凝聚力(kPa)	17.8	17～35	13.3
内摩擦角(°)	11	2.5～3	14
承载力(kPa)	120	80～120	80～120

2.4.4.3　南副坝

南副坝全长 8.4 km,比较坝线长 1.9 km,一般地面高程为 26.0～29.0 m,最大坝高 11.0 m(分布在田家洼),坝顶高程 30.0～31.9 m。根据地形和地层、地貌将坝线分为Ⅰ类与Ⅳ类两区。

Ⅰ类区:工程地质条件较好,地基土层由晚更新世沉积的(6)层粉质黏土和重粉质壤土及(7)层中轻粉质壤土和细砂构成,厚度稳定连续,强度较高,分布在全坝线绝大部分地段。

Ⅳ类区:工程地质条件稍差,地基表层由全新世沉积的中及重粉质壤土构成,强度稍低,仅局限在近期形成的冲沟、洼地内(田家洼 N41、N97 孔一带),范围甚小,宽约 500 m。

(2-1)层孔隙比较小,标贯偏低,可能因土样粉性较大,易受扰动所致,而标贯为原位测试指标,反映的是土层天然状态,各项指标应与标贯指标相协调。(6)层中含中粉质壤土,个别土样的内摩擦角较大,确定标准值时未考虑这种异常值。

2.4.5 水文地质条件

2.4.5.1 含水层条件

坝址区地下水按其埋藏条件主要为浅层潜水和浅层承压水,地下水类型为松散岩类孔隙水,地下水主要受大气降水及河水补给。

第一含水层:主坝区主要由第(2)层中轻粉质壤土及粉细砂组成[含南岸(3)层重粉质壤土表层裂隙发育的约1.5 m部分],为潜水含水层,主要分布在主坝区。枯水期间(一月)静止水位约在高程18.1~18.6 m,雨后明显升高,本层地下水主要接受大气降水入渗补给,枯水期地下水自上游向下游排泄,自滩地向河流排泄;汛期河水位高时,则河水补给地下水。该含水层底板高程在14~18 m左右,厚度与地下水位有关,一般厚度2~4 m。

南北副坝坝基下以粉质黏土为主,地下水赋存条件较差,主要为孔隙潜水或上层滞水,地下水位规律性较差,总的趋势由两岸流向河谷,由上游流向下游,地下水补给河水。地下水埋深明显受周围地形影响,随地面高程的高低而升降,同时受地表水位影响。勘察期间北副坝沿线地下水位为22.8~26.5 m,个别低洼地段为19.5~24.4 m;南副坝沿线地下水位为21.3~26.4 m,个别低洼、新近沉积的地段为19.6~21.5 m。

第二含水层:为承压水,主坝区普遍分布,北副坝主要分布在半岗—关屯及陶子河坝段,南副坝主要分布在田家洼坝段,含水层主要为细砂层。各段承压含水层分布指标见表2.4-2。表中埋深为自然地面以下,南北副坝承压水位为混合水位。

表2.4-2 承压含水层分布指标一览表 单位:m

位置	层号	顶高程	埋深	底高程	厚度	水位	水头
主坝	(5)	7~14	5~9	5~10.5	4~8	18~18.5	4.5~7
北副坝	(7-3)	15~18	8~10	12~13	4~8	19~23	4~5
南副坝	(7-3)	16~18	6~8	9~12	3~5	20~21	3~4

2.4.5.2 渗透性评价

根据室内外渗透试验结果,统计出各坝区各层土的渗透系数如表2.4-3至表2.4-5所示。

表2.4-3 主坝坝基土层渗透试验成果表

层号	土类	抽水试验 (cm/s)	室内渗透(cm/s) 水平	室内渗透(cm/s) 垂直	渗透系数建议值(cm/s)	透水等级综合评价
(0)	坝身填土	☆0.5~46×10^{-5}			i×10^{-5}	弱透水

续表

层号	土类	抽水试验 (cm/s)	室内渗透(cm/s) 水平	室内渗透(cm/s) 垂直	渗透系数建议值(cm/s)	透水等级综合评价
(2-1)	中粉质壤土	1.9~4.7×10^{-4}	1.0~1.3×10^{-7}	1.0~8.7×10^{-7}	8.0~10×10^{-5}	弱透水
(2-2)	中粉质壤土		3.0~5.0×10^{-6}	1.4~2.0×10^{-6}	1.0×10^{-5}	弱透水
(2-3)	细砂				△5×10^{-3}	中等透水
(3)	重粉质壤土		1.3~1.9×10^{-6}	3.6~3.9×10^{-6}	2.0~10×10^{-6}	微透水
(4)	砂壤土		4.8×10^{-4}		△2×10^{-4}	中等透水
(5)	细砂	1.6~1.9×10^{-2}		1.8~2.0×10^{-4}	1.0×10^{-2}	强透水
(7-2)	轻粉质壤土				△5×10^{-5}	弱透水
(8)	粉质黏土		4.0~6.4×10^{-7}	1.7~3.7×10^{-7}	1.0×10^{-6}	微透水
(9)	中粉质壤土		6.4×10^{-8}	3.7×10^{-8}	1.0×10^{-6}	微透水

注：(3)层上部具弱透水性。带☆为注水试验值，带△为经验值。

表 2.4-4 北副坝坝基土层渗透试验成果表

层号	土层名称	渗透系数(cm/s) 垂直	渗透系数(cm/s) 水平	建议值(cm/s) 垂直	建议值(cm/s) 水平	渗透等级
(0)	人工填土	1.1×10^{-5}	1.4×10^{-5}	2.4×10^{-5}	3.5×10^{-5}	弱透水
(6)	粉质黏土	5.8×10^{-6}	9.3×10^{-6}	1.2×10^{-6}	4.5×10^{-6}	微透水
(7-2)	轻粉质壤土	1.3×10^{-4}	2.9×10^{-5}	1.3×10^{-4}	2.9×10^{-5}	弱透水
(7-3)	粉细砂	1.6×10^{-3}	2.1×10^{-3}	1.6×10^{-3}	2.5×10^{-3}	中等透水
(8)	粉质黏土	2.0×10^{-5}		5.0×0^{-6}		微透水
(9)	轻粉质壤土	2.25×10^{-5}		2.25×10^{-5}		弱透水

表 2.4-5 南副坝坝基土层渗透试验成果表

层号	土名	渗透系数(cm/s) 垂直(cm/s)	渗透系数(cm/s) 水平(cm/s)	建议值(cm/s) 垂直(cm/s)	建议值(cm/s) 水平(cm/s)	透水等级
(2-1)	中粉质壤土	1.86×10^{-6}		2.0×10^{-6}		微透水
(6)	粉质黏土	1.65×10^{-7}	1.52×10^{-7}	2.0×10^{-7}	2.0×10^{-6}	微透水
(7-1)	中粉质壤土	2.91×10^{-7}	2.45×10^{-6}	2.5×10^{-6}	5.0×10^{-6}	微透水
(7-2)	轻粉质壤土	3.32×10^{-6}	7.93×10^{-6}	1.0×10^{-5}	5.0×10^{-5}	弱透水
(7-3)	极细砂	5.81×10^{-4}	8.51×10^{-5}	8.0×10^{-4}	1.0×10^{-3}	中等透水
(8)	粉质黏土	3.28×10^{-6}	1.33×10^{-6}	4.0×10^{-6}	5.0×10^{-6}	微透水

从表 2.4-3 中可以看出，主坝坝身渗透系数变化较大，反映坝身质量的差异性；野外试验的渗透系数均比室内试验大，其原因是因为野外试验范围较大，是对整个含水层而作，土样不限于一等；而室内试验所取土样较小，特别是细砂层中能取到的土样一般含有一定的黏性土，所以渗透系数较小。在判断其透水性时以野外试验为主要标准，兼顾室

内试验指标。

(2-1)层中粉质壤土在河床部分(Ⅱ区)夹砂壤土较多,渗透系数取大值;(3)层重粉质壤土在河床南侧一级阶地局部出露于地表,表层裂隙发育,透水性较大,表层1.5 m左右宜取大值。

南北副坝未做现场抽水试验,仅对部分试样进行室内渗透试验,由表2.4-4、表2.4-5可见,南副坝渗透系数普遍比北副坝低,渗透性弱。

2.4.5.3 水质分析

勘察期间对主坝地下水、地表水进行取样化验分析。地下水分别按潜水和砂层承压水提取,地表水按丰水期、枯水期提取,试验成果表明,地下潜水的水化学类型为 $HCO_3^- \longrightarrow Ca^{2+} \cdot Na^+ \cdot Mg^{2+}$ 型,砂层承压水的水化学类型为 $HCO_3^- \longrightarrow Ca^{2+} \cdot Na^+$ 型,3月份河水的水化学类型为 $HCO_3^- \cdot SO_4^{2-} \longrightarrow Ca^{2+} \cdot Na^+$ 型,6月份河水的水化学类型为 $HCO_3^- \longrightarrow Ca^{2+} \cdot Na^+$ 型,除6月份河水对混凝土有弱碳酸型侵蚀外,其余均无腐蚀性,评价结果见表2.4-6。

表 2.4-6 主坝水质评价表

序号	位置	pH 值	侵蚀性 CO_2(mg/L)	重碳酸根 (mmol/L)	镁离子 (mg/L)	硫酸根 (mg/L)
1	潜水	7.7~7.8	1.34~9.6	6.81~7.23	5.59~24.79	11.53~30.26
2	砂层承压水	7.9~8.0	0	8.02~8.37	19.57~20.05	0.01~3.36
3	3月份河水	7.5~7.6	0	6.81~7.25	7.29~9.6	36.98~46.59
4	6月份河水	7.0~7.2	18.1~28.3	2.20~2.23	3.16~4.18	24.12~36.50
无侵蚀标准		>6.5	<15	>1.07	<1 000	<250
评价结论		无	15~30 弱侵蚀	无	无	无

注:混凝土抗渗标号不应小于S_4,水灰比不应大于0.6。

北副坝沿线地表水、地下水主要为 $HCO_3^- \longrightarrow Ca^{2+} \cdot Na^+$ 型,主要测试指标见表2.4-7。

表 2.4-7 北副坝水质评价表

序号	位置	pH 值	游离 CO_2 (mg/L)	侵蚀性 CO_2 (mg/L)	重碳酸根 (mmol/L)	镁离子 (mg/L)	硫酸根 (mg/L)
1	小润河地表水	8.30	0	0	2.05	14.4	50.7
2	蒙河地表水	7.44	0	0	3.39	16.23	47.5
3	陶子河地表水	7.2	2.55	1.28	2.55	13.58	26.6
4	后拐弯地下水	7.17	10.85	10.69	3.11	13.25	9.1
5	G5 南地表水	7.19	0	0	2.22	13.51	18.9
6	陶29 地下水	7.18	15.57	5.88	4.11	12.62	4.4
7	GN123 地下水	6.66	11.23	3.21	4.50	15.55	22.7

续表

序号	位置	pH 值	游离 CO_2 (mg/L)	侵蚀性 CO_2 (mg/L)	重碳酸根 (mmol/L)	镁离子 (mg/L)	硫酸根 (mg/L)
8	黄连沟小学地下水	6.60	28.07	22.45	4.23	13.12	4.2
9	GN69 地下水	7.34	6.38	4.81	3.53	10.66	5.9
10	GN27 地下水	8.21	18.4	10.2	12.05	46.18	137.27
无侵蚀标准		>6.5		<15	>1.07	<1 000	<250
评价结论		无		15-30 弱侵蚀	无	无	无

除黄连沟小学地下水对混凝土具弱碳酸型侵蚀,其余均无任何类型侵蚀性。表 2.4-7 中 1、2、3、5 号为地表水,4、8 号为承压水,其余为潜水。

2.4.6 主要工程地质问题

2.4.6.1 膨胀土问题

工程区膨胀土主要为主坝区的(3)层粉质黏土及重粉质壤土(沿河谷分布)和南北副坝的(6)层粉质黏土及重粉质壤土(沿二级阶地分布)。本阶段针对主坝区膨胀土进行重点详细研究,南北副坝依其膨胀指标,进行类比确定其工程地质特性。

按《水利水电工程天然建筑材料勘察规程》(SL 251—2000)中膨胀土的膨胀潜势分类标准。强膨胀:自由膨胀率 $\delta \geqslant 90\%$。中等膨胀:$90\% > \delta \geqslant 65\%$。弱膨胀:$65\% > \delta \geqslant 40\%$。确定坝区膨胀土为弱膨胀土。

2.4.6.1.1 膨胀土特性

南副坝持力层为上更新统(Q_3)(6)层重粉质壤土及粉质黏土,自由膨胀率平均值最高,为 59.4%;主坝(3)层重粉质壤土及粉质黏土,自由膨胀率平均为 54%;北副坝(6)层自由膨胀率平均值最低,为 47%。膨胀土的特征指标见表 2.4-8。

表 2.4-8 主副坝特征指标

位置	类别	结构特征	自由膨胀率(%)	液限(%)	塑限(%)	塑性指数	颗粒组成(%) >50 μm	50-5 μm	<5 μm	<2 μm
A	R	有微结构面	53	48	22	26	9	51	40	29
B	R	较多微结构面,干裂明显	56	47	21	26	7	50	43	31
C	R	有微结构面,干裂	53	45	20	25	9	49	42	30
平均			54	47	21	26	8	50	42	30
ZT	R	干裂明显	55	46	20	26	8	50	42	30
BF	R		47	41	24.5	17.5	14	48	38	
NF	R		59.4	40	23.6	16.4	10.3	60.7	29	

注:A、B、C 为主坝料场,ZT 为主坝老坝身土体,BF 为北副坝区,NF 为南副坝区,R 为弱膨胀。

主坝(3)层粉质黏土中膨胀土矿物成分包括粒状(碎屑)矿物(含量40%～50%)和黏土矿物(含量50%～65%),黏土矿物中各种成分见表2.4-9。

据膨胀土的膨胀率试验资料,无荷载膨胀率随含水量的减小而略有增大,同一含水量时,则随密度减小而略有增大。在相同压力作用下,起始含水量低的膨胀率大,反之则小。压力加到50 kPa时,膨胀率显著减弱,一般膨胀率小于1.0%,因此在50 kPa压力条件下,土的膨胀力不会引起土的力学指标明显的变化。

表2.4-9 膨胀土矿物成分

位置	层号	石英(%)	钾长石(%)	钠长石(%)	蒙脱石(%)	伊利石(%)	高岭石(%)
主坝	(3)	30.1	5.7	6.5	30.7	18.7	8.4
主坝	坝身	30	3	8	30	18	11
北副坝	(6)	28			22	7	13～14

膨胀土的膨胀力的变化主要受含水量及密度控制;收缩指标变化主要受初始含水量和失水情况控制,不同状态膨胀力和收缩试验指标见表2.4-10。

表2.4-10 姜家湖灰褐色膨胀土的膨胀收缩指标特性

状态		干密度(g/cm^3)	试前含水量(%)	试后含水量(%)	膨胀力(kPa)	收缩后含水量(%)	竖向线缩率(%)	横向线缩率(%)	体缩率(%)
击实样		1.65	21.3	24.1	64	6.16	3.52	6.27	15.18
		1.60	21.3	24.3	49	6.67	3.62	6.15	15.34
		1.55	21.3	24.7	44	6.09	3.78	5.62	16.0
		1.52	23.3	24.9	40	5.23	3.95	7.09	17.83
		1.52	19.3	24.1	85		2.98	4.49	11.43
		1.50	17.3	26.1	97	6.60	2.42	3.76	9.61
原状样	主坝	1.57	21.8	23.7	14	5.81	2.50	2.75	8.14
	北副坝	1.56	24.2		20		4.98		15.5
	南副坝	1.60	24.4		25.8				

由表2.4-10可见击实土样膨胀力比天然状态大;相同含水量击实土干密度愈大膨胀力愈大。(竖向)线缩率天然状态与击实状态差异较小;击实土样以横向收缩为主,为竖向收缩的1.5～2.0倍;天然土样竖向收缩与横向收缩基本相近。

从大试样(直径15.2 cm,高4.6 cm,含水量21.3%,干密度1.65 g/cm^3)收缩试验可以观察到:风干3小时发现有闭合状微裂隙,长约2 cm,高1 cm;4小时张开1 mm;6小时张开2 mm,径向5 cm;15小时后裂缝4 mm,径向5.5 mm,深4.6 cm;24小时后裂缝宽6.5 mm,径向长7.0 cm。

由以上研究分析可见:主坝膨胀土黏粒含量较高,为42%,南北副坝较低;自由膨胀率47%～60%,为弱膨胀或弱偏中膨胀土,细粒成分以蒙脱石为主,为22%～30%。50 kPa压力条件下膨胀率均小于1.0%,膨胀力较小;主坝击实土以横向收缩为主,横向收缩为竖向的1.5～2.0倍。原状土含水量大于击实土试前含水量,饱和度也大,因此原状土膨胀力小于击实土。击实土在相同干密度条件下,试验前含水量愈低,膨胀力愈大;在相同含水量条件下,干密度愈高,击实土膨胀力愈大;含水量愈大,收缩率(竖向、横向)愈大。

根据击实土膨胀强度试验,试样的破坏是因膨胀土层的鼓胀而引起破坏,由于深层土体不会产生膨胀,因此,为了防止浅层膨胀土胀缩而导致坝体产生裂缝,坝壳外层土可用非膨胀土包盖。关于包盖厚度,根据试验结果,在50 kPa压力下(相当于2.5 m土层)的膨胀将不会引起土的力学性质明显的变化,同时考虑到该地区大气影响的急剧带深度为1.0~2.0 m左右,因此包盖的厚度以2.5 m为宜。

从本区膨胀土的强度特性与胀缩性分析,该类土可以用来填筑土坝。填筑的标准,可用最优含水量(约为21%,该值接近塑限与埋深2.0 m以上土层的天然含水量)和最大干密度,或采用最优含水量与最大干密度乘以0.94~0.97的压实系数。同时,坝顶部位结合筑路工程采用灰土填筑也是一种很好的处理措施。

2.4.6.1.2 膨胀土作为填筑土料对工程的影响

主副坝普遍分布有膨胀土,一般要采用部分膨胀土作为筑坝土料,由于膨胀土含有较多亲水黏土矿物,具有遇水膨胀和失水收缩的特点,因而在含水量与地温变化带内,强度变化尤为明显。同时膨胀土强度参数因膨胀受压力的控制,在很大程度上取决于上部的压力。土坝在不同部位所受自重压力有很大的差异,因而其强度指标是不同的,即抗剪强度取值要从影响强度的主要指标、试验强度、工程边界条件以及稳定计算方法等综合考虑。根据坝体不同部位、不同状态,分低压、高压及非饱和、饱和和膨胀后不同状态进行直剪试验,结果见表2.4-11。

表2.4-11 姜家湖灰褐色膨胀土(击实样)剪切强度试验

序号	含水量(%)	干密度(g/cm³)	非饱和固结快剪				饱和固结快剪				膨胀后快剪	
			C(kPa)	ϕ(°)	C(kPa)	ϕ(°)	C(kPa)	ϕ(°)	C(kPa)	ϕ(°)	C(kPa)	ϕ(°)
			低压力状态		高压力状态		低压力状态		高压力状态		低压力状态	
1	21.3	1.65	51	25.2	80	14.0	43	16.2	60	13.5	18	15.0
			50	23.2	74	15.2	40	16.8	55	14.4	15	15.5
2	21.3	1.55	34	21.0	65	14.0	22	15.5	31	13.2	16	13.5
			37	20.4	60	14.8	32	14.7	34	13.0	17	11.0
3	23.3	1.52	34	20.0	57	12.2	23	15.0	28	13.2	19	9.4
			36	19.5							16	9.5
4	19.3	1.53	40	20.5	75	20.5	25	18.5	32	14.2	14	9.5
			38	21.6							15	9.6
5	21.8	1.57					24	25.0	27	22.0	原状土	
	21.0	1.56					25	18.9	32	17.5		
	24.1	1.56					36	22.0	40	19.5		

注:(1)低压力为25、50、75、100 kPa;(2)高压力为100、200、300、400 kPa。表中数据为平行试验平均值。

由表 2.4-11 可见高压时饱和状态比非饱和状态凝聚力降低 22%,摩擦角减小 5%~8%;低压状态饱和后比非饱和状态凝聚力降低 20%~35%,摩擦角降低 30%~35%。低压状态膨胀后比非饱和状态凝聚力降低 54%~70%,比饱和固结低 45%~60%;比相应低压状态摩擦角(非饱和状态)降低 40%~50%,与饱和固结快剪摩擦角接近。原状土压状态平均凝聚力 29 kPa,摩擦角 20°,常压状态平均凝聚力 37 kPa,摩擦角为 18.5°。

根据室内试验及规范剪切指标取值原则,本区膨胀土为弱膨胀或弱偏中膨胀土,可采用峰值强度折减与分区取值相结合的方法,即离坝面 3.0 m 范围内取低压力下饱和快剪峰值折减;3.0 m 以下取常规压力下非饱和固结快剪与饱和固结快剪峰值折减,即凝聚力折减约 50%,摩擦角折减 10%。剪切强度建议值见表 2.4-12。

表 2.4-12　膨胀土剪切强度建议值

	W (%)	ρ_d (g/cm³)	三轴剪切试验				直剪试验				
			饱和固结不排水		饱和固结排水		3.0 m 范围以内		3.0 m 以上 浸润线以下		3.0 m 以上 浸润线以上	
			C(kPa)	φ(°)	C(kPa)	φ(°)	C(kPa)	φ(°)	C(kPa)	φ(°)	C(kPa)	φ(°)
击实膨胀土	21.3	1.65	49	18	24	22.7	13	13.6	20	15.3	25	20
	21.3	1.55	7	16	21	20	10	12.6	14	13.6	20	16.8
老坝身	22.2	1.58	36	17	13	24	16	14.5	16	14.5	22	18

根据南北副坝天然状态指标,建议其抗剪强度也可参照表 2.4-12 选用。

根据对坝体开挖探坑观察和分析,土坝中开裂的有两种裂缝,一种是土坝体受力和变形等原因引起的应力缝,一般为纵向(沿轴线)分布,长度较大,可以产生在表层和较深的内部;另一种是因失水引起的干燥裂缝,方向不定,有纵、横和斜向的,长度较短,都在坝表面首先裂开,一般深度在 0.5~1.0 m 以内。

根据主副坝人工填土中不同深度含水量试验统计资料,地下水位以上 3.0 m(毛细水影响带按 3.0 m 计)与坝顶面 2.0 m 以下含水量为 21%~23%;坝顶面以下 2.0 m 以内,主坝为 20%~21%,副坝为 18%~21%,埋深 0.7~0.8 m 处 19.6%~20.5%,由此可见风干失水影响范围有限,也就是说风干产生的裂隙深度应在 1.0 m 左右。

根据上述不同状态下膨胀土与强度特性分析,土坝填筑土料含水量宜采用膨胀土的塑限(21%~22%),该含水量接近坝体 2.0 m 以内的天然含水量,干密度可采用 1.55~1.60 g/cm³,该状态下膨胀、收缩指标变化范围均可达到较小。

对风干形成许多裂隙的试样(直径 15.2 cm,高 4.6 cm)进行两组渗透破坏试验,破坏比降 $J=6.84$,$k_J=4.0\times10^{-5}$ cm,$J=7.08$,$k_J=8.0\times10^{-4}$ cm,两试样均属管涌-流土型。

2.4.6.1.3　对建筑物的影响

根据膨胀试验,坝基原状土样膨胀力为 15~25 kPa,50 kPa 压力条件下,膨胀率小于 1.0%,主坝高 8~11 m,副坝高 3 m 以上,荷载均大于地基土膨胀力,因而膨胀变形不会产生影响,仅在坝坡脚荷载较小,因膨胀会产生一定的变形,应采取相应措施。同时主坝建筑物基坑开挖时可能会遇到(3)层土,但该层一般常年在地下水位以下,或在水位以上附近地带,含水量变化较小,不会恶化该层地质条件。

2.4.6.2 持力层问题

2.4.6.2.1 持力层

根据土层的标贯击数、物理指标、力学指标,结合现场勘探情况综合分析确定主副坝各区土层的承载力及物理力学指标建议值。土层物理性指标采用删除不合理值后总体样本的平均值;力学指标以标准值(依据各土层试验资料的平均值、均方差、变异系数等综合分析确定,若离散性大,则采用小值平均值确定)为基础,结合土层结构及其他指标加以综合分析确定;承载力采用室内试验资料和野外现场测试资料,按规范并结合经验公式,综合分析确定。副坝固结不排水剪根据岩性、物理力学指标,分别参照主坝(2-1)、(2-2)、(3)层相应指标确定。

主坝区(2-1)层允许承载力标准值为100~140 kPa,强度一般;(2-2)层在Ⅰ、Ⅱ区基本连续分布,允许承载力标准值为70~85 kPa,构成该段坝基软弱下卧层;(3)层基本普遍分布,总体强度较高,允许承载力标准值为150~190 kPa,是主坝区的主要持力层,局部在Ⅰ区左41~左20孔、Ⅲ₁区的右14~右27孔一带,标贯击数 $N_{63.5}=3\sim4$ 击,强度稍低,在Ⅲ₂区出露于地表。南北副坝区(6)层普遍分布,强度较高,允许承载力标准值为160~220 kPa,为副坝区主要持力层,仅在部分冲沟等低洼地带,坝基表层分布(2-1)层。

2.4.6.2.2 软土工程地质特性

坝址区的软土层主要是分布在主坝Ⅰ区、Ⅱ区,为(2-2)层和(2-3)层。

(2-2)层为中粉质壤土与淤泥质土互层或夹层,埋深2~5 m,厚度2~4 m,允许承载力标准值为70~85 kPa,不能满足上部坝体荷载对地基强度的要求,会产生较大沉降变形。由于本层距坝基较近,是控制主坝稳定的关键层位,剪切破坏主要是沿软弱层的滑动破坏,所以剪切强度应采用淤泥质土指标。本层采用直剪和静三轴剪两种方法,分不固结不排水和固结不排水两种状态进行试验,取得了各种状态剪切指标,设计可按施工期、运行期使用相应指标。

(2-3)层细砂厚度2~3 m,埋深一般5~6 m,浅处仅2.5 m左右,主要分布于Ⅱ区河床左侧边滩,局部深入到淮河主槽下部。其黏粒含量小于3%,粉粒含量10%左右,砂粒含量占87%左右,不均匀系数为7~10,孔隙比为0.88,标贯多为5击左右,相对密度约为0.35~0.40,允许承载力标准值为80 kPa。多项指标表明,本层砂土易产生渗透变形和震动液化。

2.4.6.2.3 坝线比较

(1) 主坝左岸坝线比较

Ⅰ区坝基下分布的(2-2)层淤泥质软弱土层厚度在坝线两侧各200~400 m范围内厚度变化不大,且有向坝线下游增厚的趋势。如现坝线向上游移动,则与Ⅱ区坝线的转折角变大,且坝体长度需要增加;而老坝线下大部分软弱土层强度因堆土预压而有一定程度的增加。因此建议在Ⅰ区仍采用原坝线方案。

(2) 北副坝坝线比较

陈巷孜—半岗段主要为孔 G1～G36 段与孔 B1～B34～G36 段的比较。二坝线都位于工程地质条件优良地段,地质条件无明显差异,不同的是如采用 B 孔号坝线,可以增加库容,但横穿半岗镇,对城镇区规划发展有影响;而 G 孔号坝线分布在城镇、村庄的南侧,可增加保护范围。综合分析,在不影响防洪库容的前提下,建议采用孔 G1～G36 段坝线。

黄岗—张集闸段主要为 GN155～W68～70# 段(陶子河左堤)与 GN155～70# 段(外坝线)的比较。左堤砂层分布范围大,地势低,筑坝用土料多,堤身质量较差,且筑坝取土区在左堤背水坡,取土后对渗透稳定不利;相反,外坝线地势高,不存在上述问题,但外坝线局部穿过村庄,由于坝线附近地质条件相似,地层分布稳定,坝线可做适当调整。建议采用外坝线。

(3) 南副坝坝线比较

北部比较坝线段(N76～N85 孔)和南部比较坝线段(N86～N110 孔),其工程、水文地质条件与其相应的坝段(北部 N9～N22 孔、南部 N34～N68 孔)大致类似,无明显的优劣区别,南部比较坝线经过冲沟的部位略长,地势较低,但坝线长度稍短。设计上可根据技术经济比较结果取舍。

2.4.6.3 现有坝体质量问题

2.4.6.3.1 现有坝体存在的问题

已筑主坝施工时,采用多种施工方法:人工堆土、石磙夯实、拖拉机碾压,姜家湖坝段还使用了水中倒土法和水力冲填法。由于施工条件和方法的限制,坝型设计由均质土坝改为心墙坝,坝身填筑干密度由最初的 1.65 g/cm³(均质土坝),调整到 1.60 g/cm³(心墙)和 1.50 g/cm³(坝壳)。填筑土料取自坝线上、下游附近的料场,主坝临淮岗船闸至四十九孔闸的连接段以重和中粉质壤土为主,姜家湖南段(自四十九孔闸北端起长约 2 km)以重粉质壤土和粉质黏土为主,姜家湖北段以轻及中粉质壤土夹重粉质壤土为主。

北副坝陶坝孜至大姚岗段由人工挑抬填筑,土质以中和重粉质壤土为主。

本阶段通过瞬态多道瑞雷波、高密度多波列地震影像、静力触探、钻探、坑探及开挖竖井等多种方法对已有坝体的填筑质量进行综合判断,各部位坝身填土干密度检测成果见表 2.4-13。

主坝连接段(临淮岗船闸至四十九孔闸)坝身外观基本完好,填筑质量较高,坝基清基彻底,坝身内部局部有软弱带、疏松带,局部坝段发育有裂缝(竖井开挖 1～2 小时后出现),填土层间结合不好。坝、闸结合部位填筑不密实。

表 2.4-13 坝身填土干密度检测成果表

位置	干密度(g/cm³) 平均值	干密度(g/cm³) 合格率为 90%时	备注
连接段	1.62	1.58	重及中粉质壤土
	1.44	1.41	粉质黏土和重粉质壤土

续表

位置	干密度(g/cm³) 平均值	干密度(g/cm³) 合格率为90%时	备注
姜家湖南段	1.59	1.56	
姜家湖北段	1.61	1.55	
十孔闸北岸墙后	1.57	1.53	
四十九孔闸南岸墙后	1.53	1.51	
四十九孔闸北岸墙后	1.48	1.44	
陶坝孜—大姚岗	1.52	1.48	
	1.55	1.49	

注：本表干密度值据静探数据拟合。

姜家湖南段（自四十九孔闸北端起长约 2 km）坝身内部裂缝发育，局部存在疏松带，当姜家湖下游进洪时，局部坝段上游出现渗水（如四十九孔闸以北约 190 m 处），经开挖竖井及探槽观测，坝身裂缝最大缝宽达 6 cm，最深延长 9.5 m（约至 21.5 m 高程），裂缝自南向北有减少趋势。坝身外观严重破坏。

姜家湖北段坝体未发现裂缝，其质量隐患主要是坝身局部存在软弱疏松带，部分坝段下部填土层间接合不好，当姜家湖下游进洪时，局部坝段上游出现渗水。坝身外形严重破坏。

北副坝在陶坝孜至大姚岗段发现坝基清基不彻底，坝身填筑不密实，局部土质软弱（含水量较大），干密度较小，平均干密度 1.52 g/cm³，最小 1.22 g/cm³，最大孔隙比 1.232。

2.4.6.3.2　坝体局部存在软弱疏松带的原因

坝体局部存在软弱疏松带，主要有如下原因：

（1）施工方式多变，坝体干密度差异大，设计标准难以保证，不同施工方式连接部位容易产生质量隐患。产生的裂缝主要为这种因填筑质量差异而产生的应力缝，基本沿坝轴线分布，规模较大，分布在坝体深部。坝体因失水收缩产生的干缩裂缝居其次，一般方向不定，规模较小。

（2）坝体填筑时使用了一部分具有膨胀性重粉质壤土和粉质黏土，其自由膨胀率在 50% 左右，促进了坝身裂缝的发展。

（3）后期人为因素的影响，如坝身植树（树根向坝体内延伸，吸收仅有的水分或树根枯死）；坝上居户家家打井，影响坝身的完整性，并导致坝体土料含水量的差异等。

为了提高坝身的完整性和密实性，建议清除坝体表层树根、房基、红芋窖等障碍物，厚度可根据清除对象的范围确定，对余下部分进行加固处理。

2.4.6.4　砂土震动液化问题

主副坝工程属一等一级，场地地震基本烈度为 6 度，根据《水工建筑物抗震设计规范》(DL 5073—1997)的规定,工程抗震设防类别为甲类,设计烈度为7度。现依据《水利水电工程地质勘察规范》(GB 50287—2016)的要求,对分布在场区内冲积形成的饱和粉细砂按7度地震条件进行液化评价。

a. 初判:主坝下伏饱和砂层为(2-3)层、(5)层,副坝下伏砂层为(7-3)层,其黏粒含量均小于3%。经初步分析,主坝坝基下分布的全新统(2-3)层饱和粉细砂在7度地震时具有液化可能性。(5)层、(7-3)层细砂及(4)层、(7-2)轻粉质壤土根据坝基土层年代测定成果,均为晚更新世沉积物,按规范规定,可判为不液化。另根据(5)层细砂人工制备试样(干密度 1.61~1.66 g/cm³,相对密度 0.65~0.68)振动三轴试验,中细砂在7度地震条件下的抗剪切强度为 15.5~24.7 kPa,7度地震条件产生的平均剪应力为 9.6~14 kPa,即该层砂抗液化剪切强度大于地震时的等效平均剪应力,不具有液化可能性。

b. 复判:采用标贯击数法,进行计算,再参照《岩土工程手册》计算各孔的液化指数列。可以看出,在7度地震条件下(近震),第(2-3)层饱和粉细砂有液化可能性,液化指数为 8~10,液化等级为中等。

上更新统(4)层、(7-2)层轻粉质壤土和(5)层、(7-3)层细砂,虽然局部位置砂层密实性稍差,如北副坝黄岗—张集闸段 56 孔、主坝Ⅰ区局部钻孔(砂层上部),根据标准贯入击数法判别,属于液化或临界液化状态。因液化点分布不集中,且上覆粉质黏土在 5.0~10 m,所以为不液化层。

根据以上分析除主坝Ⅱ区的(2-3)层细砂为液化砂层,存在液化问题,其余主坝及南北副坝坝址区基本不存在液化问题。

2.4.6.5 抗滑稳定问题

主坝北侧Ⅰ区坝基分布(2-2)层软土层,承载能力低,抗剪强度差,该处坝高 10 m 左右,会产生较大的沉降,可能会产生滑动破坏,设计应采取措施进行加固处理。

南北副坝基础坐落在第四系上更新统粉质黏土上。粉质黏土厚度 4~7 m,凝聚力 $C=37.1~50.0$ kPa,内摩擦角 $\phi=13°~14°$,抗剪强度高,允许承载力标准值在 160~200 kPa 以上,一般坝高 3~5 m,地基能够满足荷载的要求。

北副坝陶坝孜段等局部地段地质条件较差,其坝基表层土 $C=17.8~33$ kPa,$\phi=3~11°$,允许承载力标准值为 100~130 kPa,强度较低,但经过数十年压载,沉降基本结束,地基不存在促使滑动的软弱层。南照集以上大部分坝高较低,荷载较小,坝址基本不存在坝身与坝基共同滑动的问题。

南副坝田家洼段最大坝高 11 m,坝基下为(2-1)中粉质壤土,强度低于两侧(6)层粉质黏土,会产生不均匀沉降问题,对抗滑稳定不利。

2.4.6.6 地基渗漏及其渗透稳定问题

2.4.6.6.1 坝基渗漏问题

主坝Ⅰ、Ⅱ、Ⅲ₁、Ⅲ₂区,即四十九孔闸以北的姜家湖、邱家湖坝区,坝下地面高程 20 m 左右,滞洪时上游水头为 28.41 m,按运行方案,在姜家湖、邱家湖进洪前,上下游会产生约7.0m左右的水头差,坝基下(2)层壤土及细砂为弱～中等透水性,在Ⅰ、Ⅱ区厚度2～8m,Ⅲ₁区主要为(2-1)层,厚度1～2m。在上述全新统地层中,会产生一定的渗漏。若该行蓄洪区滞洪,则坝上下游水位差为1.7m,渗漏影响减小。只要不影响坝基稳定,产生的渗漏影响不大。

南北副坝坝址区基础及库底为粉质黏土和重粉质壤土,为微透水层,隔水条件良好,部分地段下伏的(7-3)层粉细砂层,属中等透水性,但结构稍密～密实,坝后埋藏深度8～10m,上覆粉质黏土盖层可达4～8m,隔水作用很大,而且在库区没有出露,砂层不直接构成渗漏通道;上游黄岗—张集闸段河床虽已切穿覆盖层,但坝外侧覆盖层较厚,不构成坝基渗透稳定的不利因素,且水库行洪运行时间较短,不存在渗漏问题。

2.4.6.6.2 渗透稳定问题

主坝坝址区中的Ⅰ区(左岸滩地)、Ⅱ区(淮河河床)坝下普遍存在(2-1)和(2-2)层中粉质壤土及轻粉质壤土、砂壤土,Ⅱ区坝下还存在第(2-3)层细砂层;在Ⅲ区(右岸漫滩及一级阶地后缘)坝下分布有厚薄不等的(2-1)层中粉质壤土;主副坝下分布(4)层、(5)层、(7)层无黏性或少黏性土。根据土层颗粒分析成果,按照《水利水电工程地质勘察规范》(GB 50287—2016)判别,主要渗透变形形式为管涌-流土型,取安全系数为1.5～2.0,建议各类土的允许水力比降见表2.4-14、2.4-15。

表2.4-14 主坝坝基渗透变形判别计算成果表

层号	土类	不均匀系数	破坏类型	允许水力比降建议值
(2-1)	轻粉质砂壤土	4.1～9.7	管涌	0.20
	中粉质壤土	4.5～8.6	流土	0.50～0.65
(2-2)	中粉质壤土	5.1～7.8	流土	0.50～0.65
(2-3)	细砂	4.6～11.6	管涌	0.15
(3)	重粉质壤土	4.5～9.6	流土	0.65
(4)	轻粉质壤土	2.9～11.7	管涌	0.20
(5)	中细砂	5.5～13.5	管涌	0.25

表2.4-15 副坝坝基渗透变形判别计算成果表

层号	土类	不均匀系数	主要破坏类型	允许水力比降建议值
7-2	中粉质壤土	3～6	流土	0.55
	轻粉质壤土	3～10	管涌	0.25
	砂壤土	3～9	管涌	0.22
7-3	极细砂	3～5	管涌	0.22
	细砂	2～8	管涌	0.20
	中砂	2～4	管涌	0.20

据《临淮岗洪水控制工程原土坝质量检测报告》,姜家湖坝段坝基下(5)层中细砂的室内渗透变形试验表明其渗透破坏形式为流土,其临界坡降为0.519～0.833,允许比降

为 0.259~0.416,下限接近表中允许值。

上述表中建议值为结合计算结果、地层结构,对各土层总体的评价值,未考虑土的凝聚力和反滤措施的影响,设计使用时应考虑上覆土层结构,合理选用。

主坝各土层的平均特征粒径如表 2.4-16。对主坝和北副坝(G23~G62 孔段、B23~B34~G36 孔段、WN14~WN54 孔段、30~41 孔段)和南副坝(田家洼冲沟段)存在的二元双层结构地段,不均匀系数小于 10,D10/d10<10,不存在接触冲刷和接触流失问题。

表 2.4-16 坝基各土层特征粒径平均值

层号	土类	d10	d15	d20	d70	d85	C_u
(2-1)	中、轻粉质壤土	0.005	0.006	0.008	0.028	0.063	5.5
(2-2)	中粉质壤土	0.003	0.007	0.008	0.030	0.058	10.0
(2-3)	粉细砂	0.020	0.028	0.036	0.109	0.159	5.6
(3)	重粉质壤土	0.003	0.005	0.007	0.024	0.057	9.6
(4)	轻、中粉质砂壤土	0.015	0.025	0.037	0.161	0.249	11.7
(5)	细砂	0.042	0.061	0.099	0.242	0.260	6.7

2.4.7 工程地质条件评价

(1) 本坝区分布的第(3)层、第(6)层上更新统(Q_3)地层中的重粉质壤土或粉质黏土,具有弱膨胀性和一定的收缩性,以此土填筑的土坝裂隙多为因填筑质量不均匀造成的应力缝。弱膨胀土膨胀力较小,但作为坝基应注意膨胀变形对坝坡脚稳定的影响。该土层可以作为筑坝土料,含水量可选择 20%~21%,外部应覆盖 1.0 m 的土层,防止坝体因失水而影响坝身质量。

(2) 现有坝身局部存在软弱带、疏松带和裂缝,填土层间接合不好,坝身裂缝发育,坝体外型不完整,需对整个坝体进行加固处理。

北副坝各坝段平均干密度 1.52~1.54 g/cm³,陶坝孜坝段存在软弱带,达不到均质坝设计要求,应进行加固处理。

(3) 主坝Ⅰ区、Ⅱ区(2-2)层,厚度大,分布广,该层强度甚低,压缩性较大,抗剪强度低,设计应进行坝基稳定验算;(2-1)层在Ⅱ区为中等透水性,应防止其产生渗透破坏。

北副坝清凉寺涵东侧、陶坝孜(孔 GN41~GN28)段及南副坝田家洼等坝段,分布有淤质土或沉积时间较晚(Q_4)的中及重粉质壤土夹轻粉质壤土,与两侧地基土相比,强度较低,上述软弱段存在压缩变形上的差异,宜酌情采取处理措施。

(4) Ⅱ区坝基下分布的(2-3)层饱和粉细砂,在 7 度地震条件下,具有中等液化可能性。建议采用振冲法加固处理,回填中粗砂,以增加其密实度。

(5) 在原淮河河床中,上游砂层出露,没有黏性土层覆盖,应考虑坝下渗流与承压水产生扬压力对坝身稳定的影响。筑坝时,应采取防渗措施,可设置水平铺盖或进行垂直防渗处理。不同坝段下的(2-1)层、(2-2)层为弱至中等透水层,(2-3)层为中等透水层,为确保工程安全,建议在Ⅰ区及Ⅱ区附近设置防渗措施。

对主副坝基上下游附近的取土坑塘进行回填,保证防渗铺盖的完整性。

(5) 筑坝前对左岸穿过坝线的中心沟和截岗沟及鱼塘中的淤泥质土应予以清除。

(6) 修筑淮河主槽段围堰时,需考虑基坑排水和承压水顶托对坑底的影响。

(7) 北副坝的Ⅰ、Ⅱ、Ⅲ区及南副坝Ⅰ区坝基持力层为第四系上更新统粉质黏土地层,分布连续,沉积厚度稳定,厚度 4.0~8.0 m,强度高,压缩性低,是较理想的持力层。

(8) 对北副坝、南副坝Ⅳ类地区(软弱土层),因钻孔少,试验数据有限,对其沿轴线方向的厚度及强度变化情况,可在施工阶段进一步补做工作。

施工时对冲沟和渠道中的软土层,应予以清除。

(9) 坝基下分布的(4)层砂壤土和(5)层细砂为晚更新世沉积物,在 7 度地震条件下不具有液化可能性。

2.5 泄水建筑物工程地质条件与评价

2.5.1 姜唐湖进洪闸

2.5.1.1 工程概况

拟建姜唐湖进洪闸闸址位于淮河主槽南岸与四十九孔浅孔闸北翼墙之间的主坝段。设计总宽 198.0 m,14 孔;闸底板设计底高程 17.6 m;下游消力池底高程 14.5 m;上游翼墙顶高 32 m,下游翼墙顶高 29.2 m,施工围堰布置成 360 m×420 m 的长方形,其中上游长 200 m,下游 220 m。闸址区地形平坦,属淮河一级阶地,地面高程 19.1~20.8 m,位于主坝工程地质分区的Ⅲ$_2$区。沿闸轴线为 20 世纪 50 年代人工堆填土坝,现已成为条形庄台,台面高程约 27.5~28.6 m,庄台两侧多有取土形成的坑塘,形成微小的地形起伏。

2.5.1.2 工程地质条件

在勘探深度内,闸址区地层主要为第四系冲、洪积地层,自上而下可分为 8 层。土层分布参见图 2.5-1。

姜唐湖进洪闸建基面高程(设计垫层底高层,下同)17.6 m,基底最大应力 120 kPa。闸室底板置于(3)层粉质黏土之中,(3)层粉质黏土为褐黄至黄灰色,硬塑~坚硬,局部可塑,中等压缩性,含有钙质结核及铁锰质结核。该层土层底高程 14.0~13.4 m,闸右首高程为 16.4 m,层厚 2.2~5.3 m,在闸址区分布稳定连续。闸底板以下一般厚度 1.3~3.2 m,强度较高,压缩性中等,具弱至微透水性,是良好的地基持力层。(4)层轻粉质壤

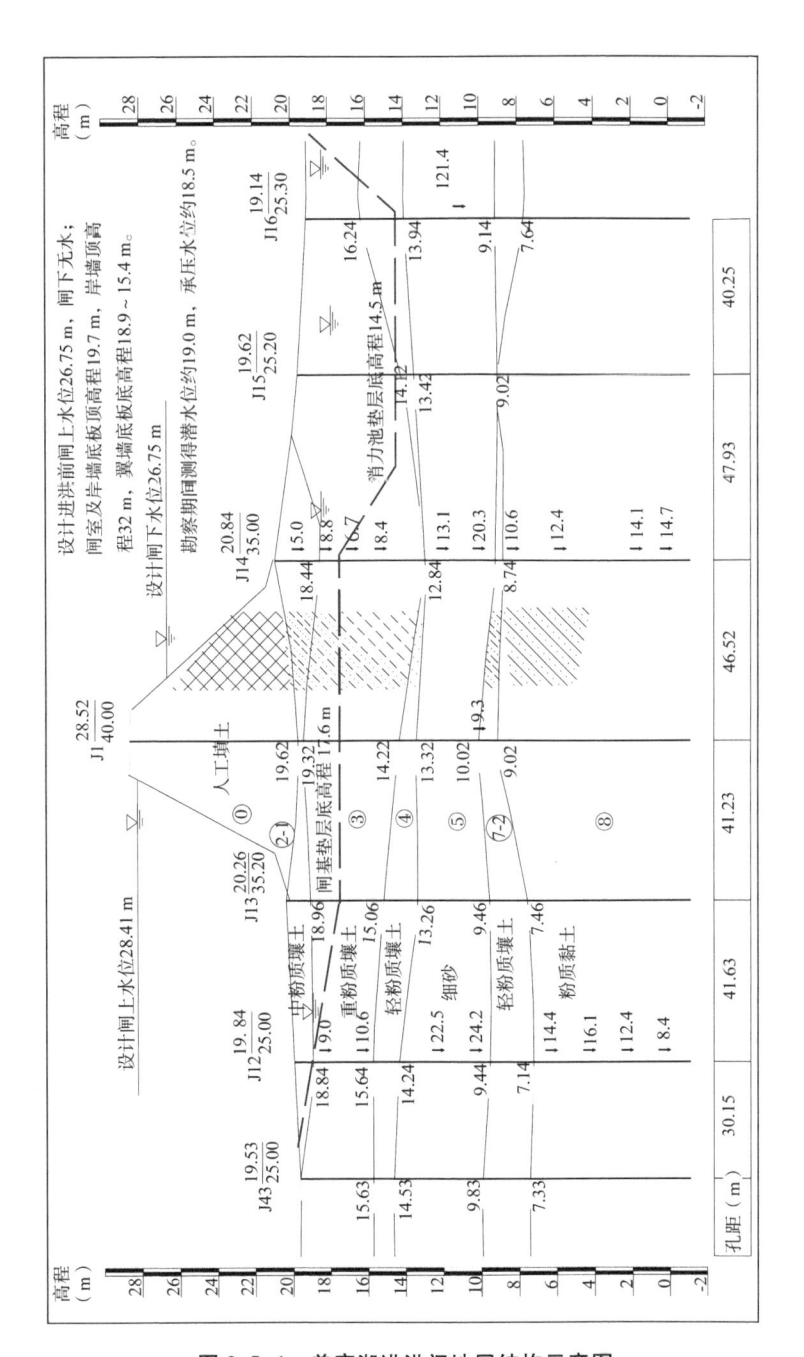

图 2.5-1 姜唐湖进洪闸地层结构示意图

土夹砂壤土,层底高程 13.2~15.6 m,层厚 0.7~0.8 m。(5)层细砂层,中密,具低压缩性。底高程 9.0~10.0 m,层厚 2.8~6.2 m,埋深(闸底板以下)2.0~4.3 m。(7-2)层轻粉质壤土层底高程 6.9~9.0 m,层厚 1.1~1.4 m。(8)层粉质黏土厚度大于 10 m。

岸墙建基面高程为 18.8 m,持力层主要为(3)层,比闸室部位增厚,左岸墙该层厚为

5.8 m,；右岸墙该层厚为 2.5 m,上部有 0.3 m 左右的(2-1)层中粉质壤土,其下各层与闸室相似。

消力池建基面高程约 14.5 m,接近于(3)、(4)层的交界面,土层分布见姜 8 剖面图。

(4)层轻粉质壤土、砂壤土层顶高程 13.2～14.0 m,层底高程 13.4～12.6 m,层厚 0.6～1.0 m,建基面以下(3)、(4)层合计厚度 1.1～1.9 m。(5)层细砂底高程 9.0～10.5 m,层厚 3.2～4.7 m,底板以下埋深 1.1～1.9 m,其下与闸室相似。

上游翼墙建基面高程 19.0 m,土层分布见姜 1(左岸)、姜 5(右岸)剖面图。

上游左岸翼墙位于(2-1)层中,建基面以下厚度 0.8～1.8 m；(3)层厚度 3.0～4.1 m；(5)层细砂顶高程 13.5 m 左右,厚度 4.5 m,埋藏深度为 5.5 m。

上游右岸翼墙位于(3)层重粉质壤土中。该层底高程 15.2～16.8 m,建基面以下层厚 2.2～4.8 m,(5)层细砂顶高程 12.6～15.5 m,厚度 2.2～6.1 m,埋深 6.4～3.5 m。其下与闸室相似。

下游翼墙建基面高程 15.4 m,底板位于(3)层粉质黏土中。左岸(3)层层底高程为 15.0～14.7 m,建基面以下厚度 0.4～0.7 m；(5)层细砂顶高程 13.6～14.0,厚度 3.9～4.5 m,埋藏深度为 1.8～1.4 m。右岸(3)层层底高程为 13.0～14.4 m,建基面以下厚度 2.4～1.0 m；(5)层细砂顶高程 12.6～13.1 m,厚度 2.7～3.8 m,埋藏深度为 1.8～1.3 m,其下与闸室相似。

2.5.1.3 水文地质条件

闸址区地下水主要为赋存于(5)层细砂中的承压水和(2-1)层中粉质壤土夹轻粉质壤土中的潜水。勘察期间测得闸址区的地下潜水位高程为 19.0 m 左右,承压水位高程在 18.5 m 左右。闸址各部位承压含水层建基面以下埋深为 1.1～4.3 m。各土层渗透试验成果见表 2.5-1。

表 2.5-1 姜唐湖进洪闸土层渗透试验成果表

层号	土类	抽水试验 (cm/s)	室内试验 垂直(cm/s)	室内试验 水平(cm/s)	建议值 (cm/s)	透水等级 综合评价
(2-1)	中粉质壤土夹轻粉质壤土	1.91×10^{-4}	1.29×10^{-6}	8.77×10^{-7}	$2 \sim 8 \times 10^{-5}$	弱透水
(3)	重粉质壤土		5.00×10^{-7}	1.40×10^{-7}	$1 \sim 5 \times 10^{-6}$	微透水
(4)	轻粉质壤土和砂壤土		8.29×10^{-5}	3.30×10^{-5}	1.0×10^{-4}	中等透水
(5)	细砂	1.23×10^{-2}			$1 \sim 2 \times 10^{-2}$	强透水
(7-2)	轻粉质壤土和砂壤土				8.0×10^{-5}	弱透水
(8)	粉质黏土		1.41×10^{-7}	2.79×10^{-6}	1.0×10^{-6}	微透水
(9)	中粉质壤土		3.92×10^{-7}	5.31×10^{-6}	1.0×10^{-5}	弱透水

注:本表参考坝区土层渗透试验成果;(3)层上部也具有弱透水性。

渗透稳定计算时可取大值,基坑排水设计时可取小值。

2.5.1.4 主要工程地质问题

2.5.1.4.1 边坡稳定

闸室建基面高程为17.6 m,现有坝顶高程28.5 m,边坡最大高度10.9 m,涉及土层为(0)、(2-1)及(3)层;消力池建基面高程为14.5 m,边坡最大高度5.0 m,涉及土层为(3)、(4)层。(2-1)、(4)层粉性较大,抗冲能力差,在水头作用下易产生破坏,应注意边坡稳定。(3)层土具有弱膨胀性,清基挖土时,要注意保护其天然结构不受破坏。

在保证地下水位降低到建基面以下的条件时,建议基坑开挖边坡(0)层1:2,(2-1)、(4)层1:3,(3)层1:2。

2.5.1.4.2 渗透稳定

消力池底板设计底高程约14.5 m,相当于(3)、(4)层的交界面附近,细砂层埋藏深度仅为1.1~1.9 m,上覆盖层主要为轻粉质壤土及砂壤土,由于基坑开挖,砂层上部盖层已遭削弱,且砂层在坝上游河床处已被切穿,承压水头为4~5 m,可能会产生渗透破坏。同时设计应对顶托破坏可能性进行验算,以采取必要的预防措施。基坑开挖前,应设置井点降水,以降低砂层承压水的影响,排除基坑积水。

下游翼墙建基面以下承压含水层局部埋深为1.3~1.8 m,砂层顶板为13.1~12.6 m,应注意渗透破坏问题。

2.5.1.5 工程地质评价

(1)闸基础处于(3)层粉质黏土中,分布连续稳定,下伏地层强度满足要求,工程地质条件良好。

(2)消力池底板设计底高程约14.5 m,相当于(3)、(4)层的交界面附近,建基面以下(5)层细砂埋深1.1~1.9 m;下游翼墙建基面15.4 m,建基面以下(5)层细砂埋深1.3~1.8 m,下伏砂层水头较高,对建筑物不利,工程地质条件较差。根据《水利水电工程地质勘察规范》(GB 50287—2016),计算(3)、(4)、(5)层土的临界水力比降,考虑1.5的安全系数后,提出各土层允许渗透比降建议值。

(3)上游翼墙建基面高程19.0 m,建基面下局部存在(2-1)层中粉质壤土,厚度0.8~1.8 m,开挖时应予以清除。

(4)据有关规程规范,确定闸底板混凝土与地基土间摩擦系数如表2.5-2:

表2.5-2 闸底板混凝土与地基间摩擦系数推荐值表

层号	土类	摩擦系数 f
(2-1)	中、重粉质壤土	0.30
(3)	粉质黏土、重粉质壤土	0.35
(4)	轻粉质壤土砂壤土	0.35
(5)	细砂	0.45

(5)建议适当抬高消力池和岸翼墙基础底板高程,以充分利用强度较高土层,减少施

工难度。

2.5.2 四十九孔浅孔闸

2.5.2.1 工程概况

四十九孔浅孔闸位于姜家湖湖区内,距十二孔深孔闸约500 m,该闸初建于1959年,设计闸孔49个,总宽度566.8 m,闸室顺流方向长17 m,闸底板建基面高程17.9 m,岸墙建基面20.5 m,翼墙建基面18.9～17.9 m,防冲槽建基面13.4 m。闸门型式为弧形钢闸门,门顶高程26.4 m。该闸主体工程完工后,尚未经受设计洪水考验。

现阶段设计加固改造的主要措施有:将闸底板加厚20 cm,公路桥下闸墩增高,重建公路桥、工作桥和检修桥等。因建闸时的勘察资料已散失,本阶段勘察工作按初设要求重新进行。

闸址位于淮河右岸主坝Ⅲ₃区内,属淮河一级阶地地貌类型,地形平坦,地面高程为19.45～21.68 m,闸两端现有堤顶高程为31.0～28.0 m。

2.5.2.2 工程地质条件

闸址区的地层属湖相沉积和河流相冲洪积形成的土层,在勘探深度内自上而下可分为7层,地层分布参见图2.5-2(即四十九孔四3剖面)。

闸室建基面高程为17.9 m,持力层为(3)层重粉质壤土和粉质黏土。(3)层底高程为13.0～14.5 m,建基面以下厚度3.3～4.9 m。

下卧层(4)层厚度0.5～1.0 m,局部缺失,(5)层细砂顶高程12.0～14.4 m,建基面以下埋深4.1～5.9 m;层底高程8.3～10.0 m,砂层厚度2.6～5.0 m 不均匀系数$C_u=$2.65～13.6,平均值为5.86。

(8)层粉质黏土,层底高程为6.5～-4.0 m,层厚13.5～3.0 m。

(9)层中、重粉质壤土层底高程-1.34～-13.04 m,层厚3.6～11.2 m。

(10)层粉质黏土夹中粉质壤土,最大揭露厚度为8.5 m。

岸墙位于闸室两侧,建基面高程20.5 m,左岸坐落在(3)层重粉质壤土中,厚度4.0 m,右岸分布在(2-1)层中粉质壤土,厚度1.2 m,下部同闸室地层分布情况。

翼墙建基面高程17.9～18.9 m,由闸室岸墙向两侧渐升高。持力层主要为(3)层重粉质壤土,厚度2.1～4.2 m,下卧层同闸室地层分布情况。

2.5.2.3 水文地质条件

闸址区地层中的含水层主要为上部潜水含水层和下部砂层承压含水层,为松散岩类孔隙水。潜水含水层由(2-1)层及(3)层上部组成,(3)层上部虫孔较多、裂隙发育,连通性较好,地下水位18.5～18.8 m,由大气降水入渗补给及附近沟渠或河水补给。承压含水层主要由(4)层砂壤土和(5)层细砂组成,顶板高程12.0～14.4 m,建基面以下埋深4.1～6.5 m,承压含水层地下水位18.3～18.7 m,承压水头6.15 m。

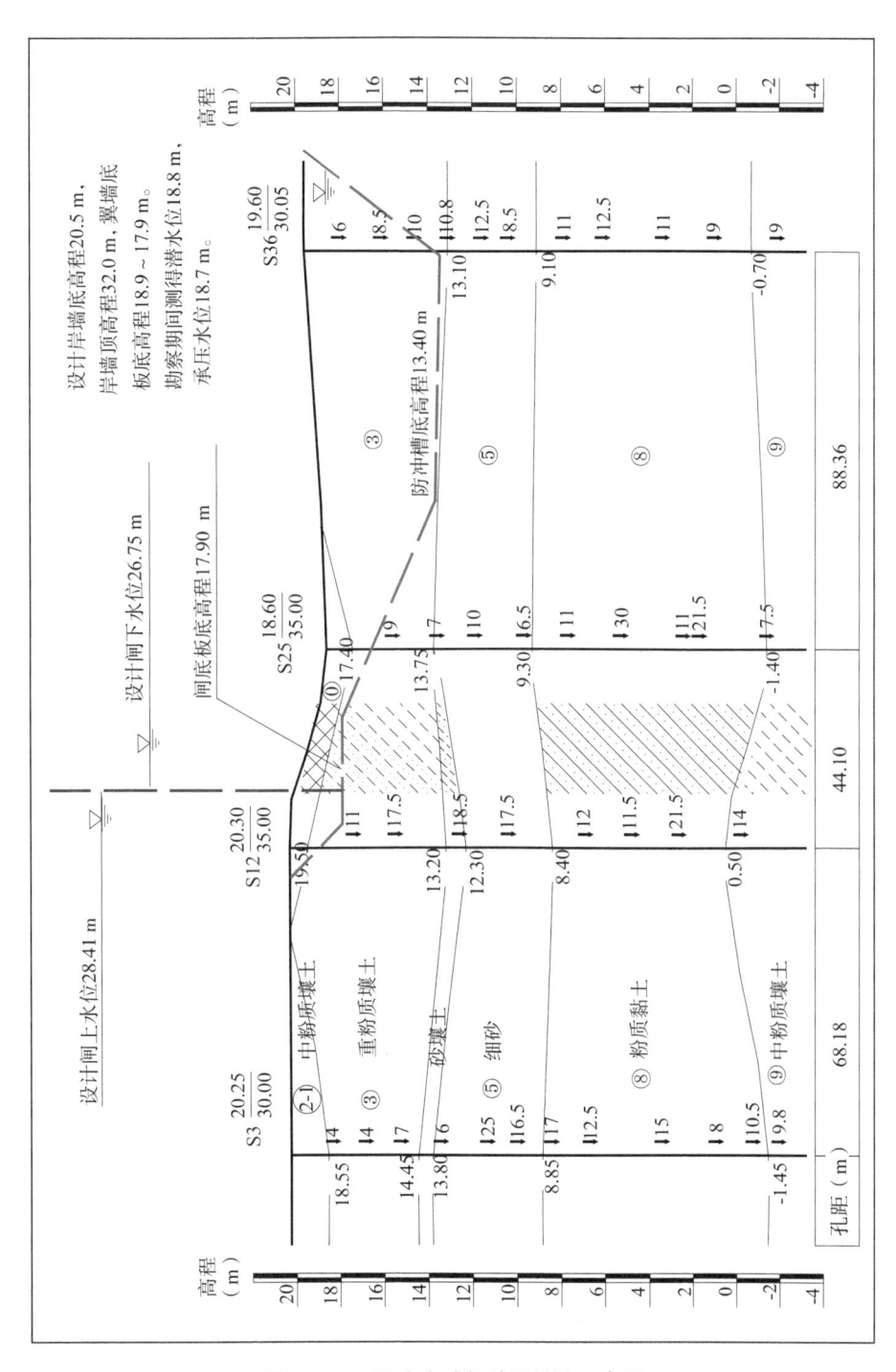

图 2.5-2 四十九孔闸地层结构示意图

根据室内外渗透试验,确定各土层的渗透系数见表 2.5-3。

表 2.5-3 四十九孔闸址土层渗透试验成果表

层号	岩性	抽水试验(cm/s)	室内渗透(cm/s) 水平	室内渗透(cm/s) 垂直	建议值(cm/s)	透水等级综合评价
(2-1)	中粉质壤土及砂壤土	1.45×10^{-3}			2.0×10^{-4}	弱至中等透水
(3)	重粉质壤土		9.0×10^{-5}	9.4×10^{-5}	上部 5.0×10^{-5}	弱透水
					下部 1.0×10^{-6}	微透水
(4)	砂壤土	2.57×10^{-2}		6.2×10^{-4}	2.0×10^{-2}	强透水
(5)	细砂					
(8)	粉质黏土		4.0×10^{-7}	1.7×10^{-6}	2.0×10^{-6}	微透水
(9)	中粉质壤土		1.0×10^{-8}	1.0×10^{-7}	5.0×10^{-6}	微透水
(10)	粉质黏土		7.0×10^{-7}	2.3×10^{-7}	2.0×10^{-7}	极微透水

水质分析成果表明,上层潜水的水化学类型为 $HCO_3^- \longrightarrow Ca^{2+} \cdot Na^+ \cdot Mg^{2+}$ 型,砂层承压水的水化学类型为 $HCO_3^- \longrightarrow Ca^{2+} \cdot Na^+$ 型,河水的水化学类型为 $HCO_3^- \cdot SO_4^{2-} - Ca^{2+} \cdot Na^+$ 型,各类水对混凝土均无腐蚀性。

2.5.2.4 工程地质问题

2.5.2.4.1 地基承载力

闸址处各土层工程地质条件总体较好,且闸已建成多年,闸基下土层已有所固结。根据室内土工试验和现场测试成果,结合各土层的结构特征,提出各土层主要地质参数建议值。

2.5.2.4.2 渗透稳定性

根据细砂层 38 组颗粒分析试验资料统计,闸址地层细砂层的不均匀系数 $C_u=2.65\sim 13.6$,平均值为 5.86,允许水力比降为 0.25 左右。

该闸在启运时,其上、下游最大水位差约 3.0 m,闸室长为 17 m,最大水力比降为 0.15,小于允许水力比降,因此,在一般情况下,地基中的细砂层不会出现渗透变形。

2.5.2.5 工程地质评价

(1) 第(4)层饱和砂壤土和第(5)层细砂层顶部结构较松散,承载力较小(110~120 kPa),建议设计时进行稳定验算。

(2) 该闸建基面在第(3)层粉质黏土上,根据地质资料分析,闸基础混凝土与地基土之间的摩擦系数地质建议值为 0.33。

2.5.3 十二孔深孔闸

2.5.3.1 工程概况

临淮岗洪水控制工程十二孔深孔闸为新建工程,闸中心线位于十孔闸以北约 180 m。

设计采用四组三孔一联的钢筋混凝土箱涵,闸室顺水流方向长 37 m,宽 78.26 m,深孔闸闸室建基面高程约 13.7 m,岸墙建基面高程 14.1 m,翼墙建基面高程 13.3 m。设计泄洪流量 1 599 m³/s,闸轴线沿已有的临淮岗洪水控制工程老土坝线布置。初设所定闸中心线比可行性研究阶段的闸中心线沿坝轴线向南移约 50 m。

闸址区在地貌上属于淮河一级阶地后缘,分布在主坝的工程地质Ⅲ₃区。由于施工取土筑坝,地形稍有起伏,地面高程为 20.4～22.0 m 左右,已有土坝顶高程为 31.3～31.6 m。

2.5.3.2 工程地质条件

在钻探范围内,地层分为 9 层,参见图 2.5-3(最下部两层对工程影响甚微,未绘出)。

闸室建基面为 13.7 m,基本位于(3)、(4)层交界面,土层分布详见深 3 剖面。

建基面以上土层为三层:(0)层老坝体人工填土;(2-1)层中粉质壤土,原天然地面高程 20.3～21.7 m,底高程 18.3～18.9 m,厚度 1.6～2.4 m;(3)层重粉质壤土,层底高程 13.5～14.0 m,厚度 4.3～5.4 m。临时边坡最大开挖高差 17.5 m。

主要持力层为(3)层重粉质壤土和(4)层中轻粉质壤土,(4)层底高程 10.6～10.9 m,层厚 2.8～3.1 m。

下卧层为(5)层粉细砂,层底高程 9.4～9.7 m,层厚 1.0～1.3 m,建基面以下埋藏深度 2.8～3.1 m。(8)层粉质黏土,层底高程 5.5～6.4 m,层厚 3.1～3.6 m。(9)层中粉质壤土,层底高程 3.8～4.4 m,厚度 2.1～2.5 m。(10)层粉质黏土、重粉质壤土,层厚大于 8.0 m。

岸墙建基面高程为 14.1 m,持力层为(3)层重粉质壤土,比闸室增加 0.4 m,其余同闸室地质条件。

翼墙建基面高程为 13.3 m,持力层为(4)层中粉质壤土。右岸翼墙位于(3)、(4)层交界处,(3)层底高程 12.6～14.2 m,(4)层中轻粉质壤土层底高程 10.9～12.2 m,厚度 1.5～2.9 m,建基面以下(3)、(4)层合计厚度 1.1～2.1 m;左岸翼墙位于(3)、(4)层交界处,(3)、(4)层合计厚度为 1.1～2.6 m。(5)细砂顶板高程 10.7～12.2 m,厚度 1.3～2.5 m,建基面以下厚度埋深 1.1～2.6 m。其余下部地层同闸室地质条件。

2.5.3.3 水文地质条件

闸址区地下水主要为松散土层孔隙潜水和(5)层细砂中的承压水。潜水含水层由(2-1)层中粉质壤土夹轻粉质壤土和砂壤土与(3)层重粉质壤土上部(厚约 1.5 m 左右,该范围分布有细孔和小裂隙)组成,受降水补给。因闸址区距十孔闸约 100 m,与已有引河河水联系较密切。勘察期间坝上、下游潜水位约 18.4 m,雨后可升到 18.8 m。下部为砂层承压水,与河水联系不明显。承压水位 18.0 m,闸址各部位承压含水层埋藏深度(建基面以下)为 1.3(翼墙)～2.8(闸室)m。根据现场抽水试验和室内渗透试验,确定各土层的渗透系数,详见表 2.5-4。

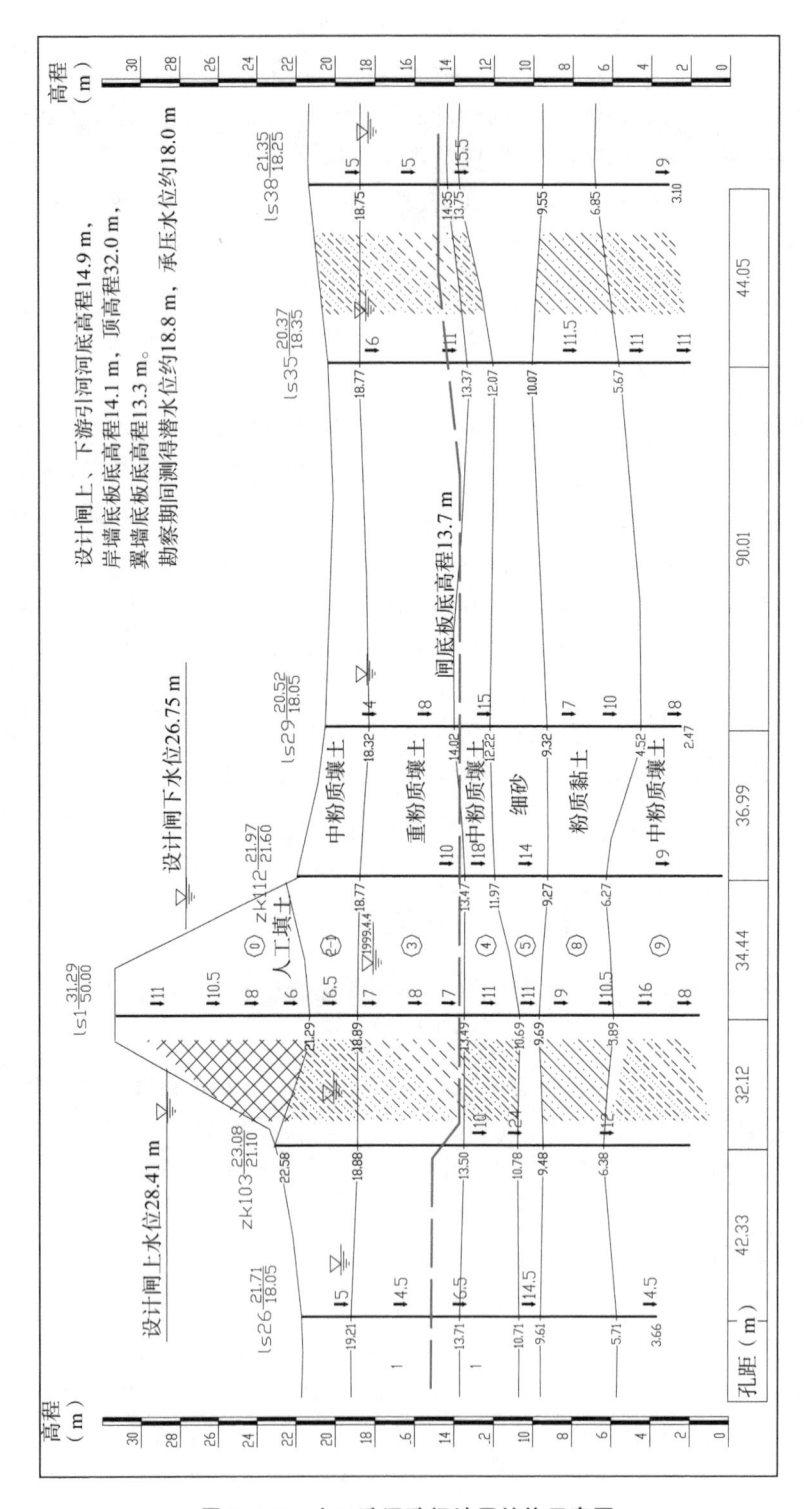

图 2.5-3 十二孔深孔闸地层结构示意图

表 2.5-4 十二孔闸址土层渗透试验成果表

层号	岩性	抽水试验 (cm/s)	室内渗透(cm/s) 水平	室内渗透(cm/s) 垂直	建议值 (cm/s)	透水等级综合评价	备注
(0)	人工填土		1.0×10^{-7}	1.2×10^{-6}	5.0×10^{-6}	微透水	
(2-1)	中粉质壤土		9.0×10^{-5}	9.4×10^{-5}	9.0×10^{-5}	弱透水	
(3)	重粉质壤土	7.44×10^{-4}			2.0×10^{-4}	中等透水	上部
(3)	重粉质壤土		5.0×10^{-7}	1.4×10^{-7}	1.0×10^{-6}	微透水	下部
(4)	中粉质壤土		3.0×10^{-7}	5.1×10^{-7}	$2\sim10\times10^{-5}$	弱-中透水	
(5)	粉细砂	1.89×10^{-3}			6.0×10^{-3}	中等透水	
(8)	粉质黏土		4.0×10^{-7}	1.7×10^{-6}	2.0×10^{-6}	微透水	
(9)	粉土夹粉质黏土		3.0×10^{-6}	2.6×10^{-6}	5.0×10^{-6}	微透水	
(10)	粉质黏土		1.0×10^{-8}	1.0×10^{-7}	2.0×10^{-7}	极微透水	
(11)	中粉质壤土		7.0×10^{-7}	2.3×10^{-7}	5.0×10^{-7}	微透水	
(12)	粉质黏土			2.4×10^{-7}	5.0×10^{-7}	极微透水	

注:(3)层土上部赋存裂隙水,所以室内试验和野外抽水试验值相差较大。

1986年曾在 ls29 孔附近布置一组多孔抽水试验,求出砂层渗透系数 $K=1.95\times10^{-2}$ cm/s,影响半径 $R=36.3$ m,综合两次试验资料,建议取 $K=6.0\times10^{-3}$ cm/s,$R=28$ m。

闸址地下水化学类型为 $HCO_3^-\longrightarrow Ca^{2+}\cdot Na^+\cdot Mg^{2+}$ 型(地下潜水)及 $HCO_3^-\longrightarrow Ca^{2+}\cdot Na^+$ 型(砂层承压水、引河河水),除六月份水样对混凝土有弱碳酸型侵蚀,其余均无腐蚀性。

2.5.3.4 主要工程地质问题

2.5.3.4.1 桩基设计参数

闸基础底板置于(3)层底部和(4)层,基底平均应力 266 kPa,而持力层地基承载力 150~160 kPa,故地基承载力不能满足设计要求,需考虑加固处理,建议采用桩基或对地基土进行加固处理。如采用桩基,闸基下(8)层承载力较高,层厚约 3 m,可作为桩端持力层,桩长可考虑进入第(8)层不少于二倍桩径,桩长 5~6 m。根据《岩土工程手册》确定有关桩基设计参数见表 2.5-5。

表 2.5-5 估算单桩竖向极限承载力标准值 R_{uk} 参数表

计算公式 $R_{uk}=u\times\sum q_{ski}\times L_i+q_{pk}\times A_p$ 根据土的物理指标			
层号	极限侧阻力标准值 q_{ski}(kPa)		极限端阻力标准值 q_{pk}(kPa)	
	预制桩	钻孔桩	预制桩	钻孔桩
(3)	70	68	1 600	450
(4)	50	48	840	200
(5)	25	22	1 000	250

续表

	计算公式 $R_{uk}=u\times\sum q_{ski}\times L_i+q_{pk}\times A_p$		根据土的物理指标	
(8)	80	75	2 300	550
	计算公式 $R_{uk}=u\times\sum L_i\times\beta_i\times f_{si}+a\times q_c\times A_p$		根据土的双桥静探指标	
层号	q_c(桩径 0.5 m)	β_i	a	f_{si}(kPa)
(3)		1.05	2/3	60
(4)		0.96	2/3	71
(5)		0.93	1/2	75
(8)	4 100(kPa)	0.75	2/3	110

注：q_c——桩端上下土层探头阻力(kPa)；f_{si}——第 i 层土的探头侧摩阻力(kPa)；u——桩身周长(m)；L_i——桩穿越第 i 层土的厚度(m)；A_p——桩身横截面积(m^2)。

2.5.3.4.2 边坡稳定

深孔闸建基面为 13.7 m，基本位于(3)、(4)层交界面，临时边坡最大开挖高差 17.5 m，其中(0)层人工填土高度 11 m，(2-1)层高度 1.6~2.4 m。(2-1)层为中粉质壤土，抗冲能力弱，部分位于地下水位以下，应注意渗透变形对边坡稳定的影响。由于边坡较高，应分级开挖，根据土质确定边坡坡度。在保证地下水位降低到建基面以下的条件时，可参照姜唐湖进洪闸相应土层开挖边坡值。

2.5.3.4.3 渗透稳定

闸室建基面高程 13.7 m，翼墙建基面最低为 13.3 m，砂层在开挖面以下埋藏深度 1.3~2.8 m(承压水位 18.0 m)。基坑上部开挖时，由于上部潜水层贮水量较小，渗透较慢，可在基坑内设置集水井和垄沟，以利于基坑排水。建基面以下、砂层顶板以上的土层为(4)层中粉质壤土，向下渐含轻粉质壤土和砂壤土，弱至中等透水性。在上述隔水层较薄时，若上覆土重小于下部承压水的浮托力，在承压水头的作用下，基坑底部的隔水层将会被顶裂或冲毁。故基坑开挖前，应采取降水措施，降低地下水位(承压水)到开挖面以下。

根据颗粒分析资料和不均匀系数，闸基下(5)层粉细砂层的允许水力比降为 0.25，(4)层为 0.3~0.4。

2.5.3.5 工程地质评价

（1）闸室、翼墙建基面较低，持力层主要为(4)、(5)层，闸室地基不能满足上部结构要求，需采用桩基，翼墙部分根据各部位荷载确定处理措施。岸墙建基面略高，但(3)层重粉质壤土厚度为 1.2 m，稍薄，地基强度应根据(4)层确定。也可考虑将闸底板高程适当抬高，以增加闸底板下(3)层重粉质壤土的抗渗厚度。

（2）基坑开挖前应设置井点降水，防止基坑底部发生渗透变形。

（3）闸室建基面位于(3)、(4)层交界部位，闸基础混凝土与地基土之间的摩擦系数建议值为 0.35。闸室基坑边坡最高 11 m，在保证地下水位降低到建基面以下的条件时，建议基坑开挖边坡比为：(0)层人工填土 1∶2.5；(2-1)层中粉质壤土 1∶3；(3)层重粉质壤土1:2。

(4) 场区地下水、3月份引河河水(闸下引河)对混凝土无侵蚀性,但引河水质不稳定,丰水期(6月份)对混凝土有弱碳酸侵蚀,不同时间河水质量受周围环境影响。建议施工阶段注意河水质量。

2.5.4 新建深孔闸

2.5.4.1 工程概况

根据《临淮岗洪水控制工程可行性研究报告》,对现有十孔闸和船闸进行加固改建,拟定在现有十孔深孔闸以北180 m的主坝上新建十二孔深孔闸。而安徽省水利厅建议改在十孔深孔闸以北280 m处新建一深孔闸(含十二孔深孔闸),闸总宽度120 m左右,闸室建基面高程14.5 m。同时将十孔深孔闸改建为船闸;将原船闸加固后归城西湖使用。此方案为十二孔深孔闸的比选方案。

闸址区在地貌上属于淮河一级阶地后缘,分布在主坝勘探划分的工程地质Ⅲ$_3$区。由于施工取土筑坝,地形稍有起伏,地面高程为20.4～22.0 m左右,已有土坝顶高程为31.3～31.6 m。

2.5.4.2 工程地质条件

在勘探深度范围内,除人工填土层外,其余均为第四系冲洪积物,自上而下共分9层。

本方案闸室建基面为14.5 m,主要位于(3)层中。开挖土层为三层:(0)层老坝体人工填土;(2-1)层中粉质壤土,顶高程23.5～23.7 m(天然地面),底高程17.4～19.0 m,厚度4.6～4.7 m;(3)层重粉质壤土,层底高程11.0～11.9 m,厚度7.4～8.0 m,开挖厚度4.5 m。临时边坡最大开挖高差16.0 m。

主要持力层为(3)层重粉质壤土,其有效厚度为2.6～3.5 m,(4)层轻粉质壤土仅局部分布,(5)层粉细砂层顶高程11.0～11.9 m,层底高程9.4～9.5 m,层厚1.4～2.4 m,埋藏深度2.6～3.5 m。其下与十二孔深孔闸地质条件相似。

2.5.4.3 水文地质条件

闸址区地下水主要为松散土层孔隙潜水和承压水。潜水含水层由第(2-1)层中粉质壤土夹轻粉质壤土和砂壤土与(3)层重粉质壤土上部(约1.5 m左右厚,该范围分布有细孔和小裂隙)组成,受降水补给,因距十孔闸较近,与已有引河河水联系密切。勘察期间坝上、下游潜水位约18.4 m,雨后可升到18.8 m。下部为承压含水层,由(5)层细砂组成,与河水联系不明显。承压水位18.0 m,闸址各部位承压含水层埋藏深度(建基面以下)为2.6～3.5 m。

2.5.4.4 工程地质问题

2.5.4.4.1 边坡稳定

本方案闸室建基面为 14.5 m，位于（3）层重粉质壤土中，场地天然地面高程 22.0 m 左右，闸基开挖深度一般都大于 6.5 m；在现有土坝部位，最大开挖边坡高差 16.5 m，其中（2-1）层为中粉质壤土，高度 4.6 m 左右，抗冲能力弱，部分位于地下水位以下，应注意渗透变形对边坡稳定的影响。由于边坡较高，应分级开挖，根据土质确定边坡。在保证地下水位降低到建基面以下的条件时，可参照姜唐湖进洪闸相应土层开挖边坡值，对开挖边坡高度大于 15 m 的，除采用放坡外或采取必要的支护措施。

2.5.4.4.2 渗透稳定

基坑上部开挖时，由于上部潜水层贮水量较小，渗透较慢，可在基坑内设置集水井和垄沟，以利于基坑排水。砂层承压水位 18.0 m。建基面以下埋藏深度 2.6~3.5 m，在隔水层较薄的条件下，上覆土重小于下部承压水的浮托力，在承压水头的作用下，基坑底部的隔水层将会被顶裂或冲毁。故基坑开挖前，应采取降水措施，降低地下水位（承压水）到开挖面以下。

根据颗粒分析资料和不均匀系数，闸基下（5）层粉细砂层允许水力比降为 0.25，（4）层为 0.20。

2.5.4.5 工程地质评价

（1）本方案闸基持力层为（3）层重粉质壤土，剩余厚度较薄，为 2.6~3.5 m，下部（5）层细砂属中等透水层，渗透性较强，且为承压含水层，因此施工阶段要考虑渗透稳定问题。也可考虑将闸底板高程适当抬高，以增加闸底板下（3）层重粉质壤土的抗渗厚度。

（2）对开挖边坡高度大于 15 m 的，除采用放坡外，建议采取必要的支护措施。

2.5.5 船闸及十孔深孔闸

2.5.5.1 工程概况

根据《临淮岗洪水控制工程可行性研究报告》，对现有十孔深孔闸（简称十孔闸，下同）和船闸进行加固改建，均按 1 级建筑物设计。

十孔闸闸室建基面 13.6 m，岸墙建基面高程 14.1 m，翼墙建基面高程 13.3 m。

船闸Ⅳ等（500 t 级）闸室及上下游闸首建基面高程 11.7 m。

两闸址均位于二级阶地地貌单元，且相邻，共用上下游引河。坝顶高程 32.0 m，两侧地面因挖河筑堤，高程变化较大，局部已成为庄台，台面高程 28.0 m 左右。

2.5.5.2 工程地质条件

十孔闸、船闸闸址均属主坝工程地质分区的Ⅳ区，基础下均无（5）层细砂，仅在十孔闸北岸下游翼墙附近分布薄砂层。地层主要为第四系上更新统地层，自上而下分为6层。

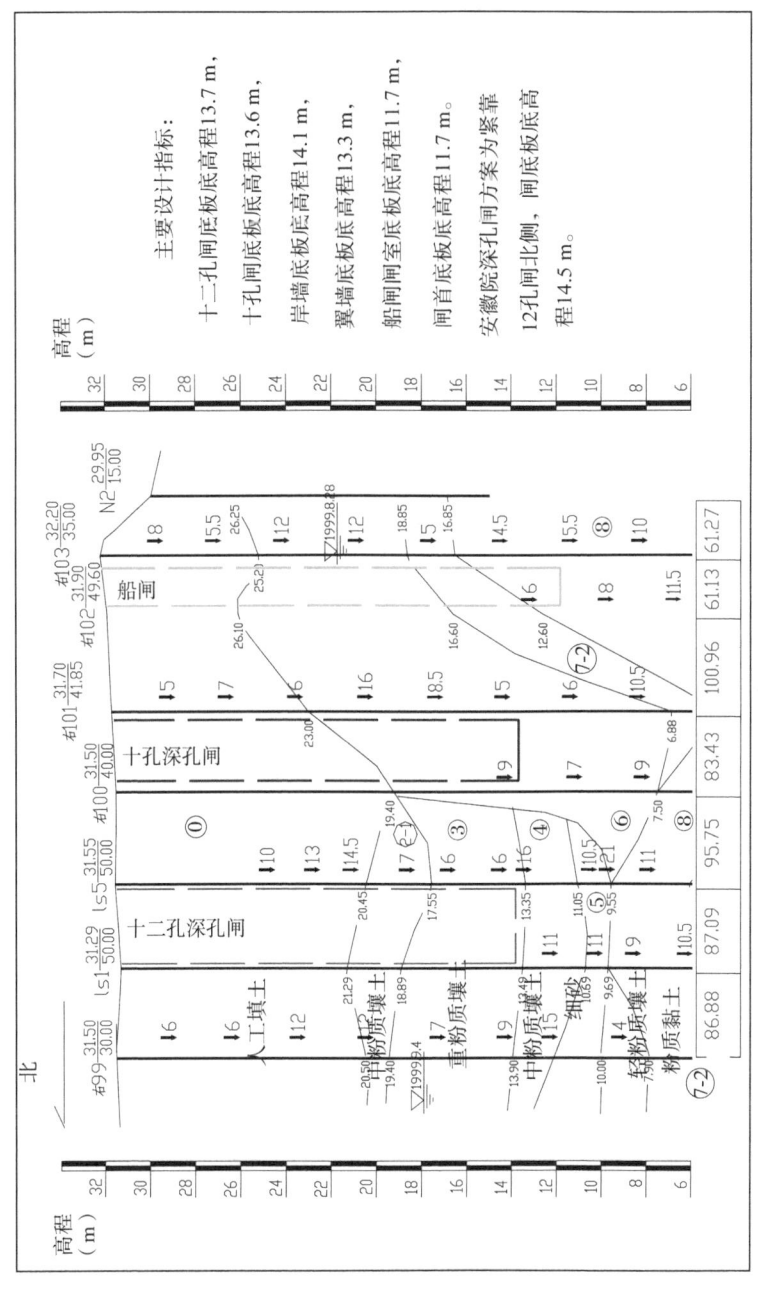

图 2.5-3 深孔闸及船闸区地层结构示意图

十孔闸闸室建基面13.6 m,闸室底板位于(6)层重粉质壤土及粉质黏土中,底板高程6.8 m,建基面以下(6)层厚度6.8 m;(7-2)层轻粉质壤土夹砂壤土,层底高程4.6 m,厚度0~2.2 m;(8)层粉质黏土夹重~中粉质壤土,层底高程0.1~0.5 m,厚度4.5 m。

翼墙建基面高程14.3 m,依据右100及右101孔地质资料,翼墙建基面以下持力层为(6)层重粉质壤土及粉质黏土,厚度7.5 m。其余同闸室地质条件。船闸闸室及上下游闸首建基面高程11.7 m,持力层为(8)层粉质黏土夹中粉质壤土~轻粉质壤土,层顶高程12.6~16.5 m,层底高程0.47~-1.5 m,层厚12.0~18 m,建基面以下厚度11.2~12.2 m。

2.5.5.3 水文地质条件

工程区内地下水主要为赋存于粉质壤土、粉质黏土中的孔隙潜水,含水性较差。区内地下水主要靠大气降水和河、塘等地表水补给。勘察期间地下水稳定水位为:十孔闸上游处18.25~20.99 m,下游17.75~19.55 m;船闸处19.49~23.63 m。地下水位均在建基面以上。

2.5.5.4 工程地质问题

十孔闸、船闸为加固工程,若上部荷载不增加,现有地基强度较高,允许承载力标准值为200 kPa,建筑物已建成数十年,运行良好,基础可不变;若荷载增加,应根据现有地质资料、加固设计要求,复核地基强度是否满足要求。如不满足要求,可能会改变基础,则涉及边坡稳定问题(十孔闸边坡高17.9 m,船闸高20.2 m)。组成边坡土层主要为人工填土和(6)层的重粉质壤土及粉质黏土,开挖边坡可参照姜唐湖进洪闸相应土层开挖边坡值。

2.5.5.5 工程地质评价

建筑物持力层为(6)层、(8)层的重粉质壤土、粉质黏土,厚度较大,强度较高,属微透水地层,地质条件良好,一般承载力能满足十孔闸、船闸加固的要求。

2.5.6 城西湖船闸及封闭堤

2.5.6.1 工程概况

新建城西湖船闸和封闭堤位于临淮岗西侧的城西湖内,西隔沿岗河与工农兵大站相望。工程区地面高程19.0~22.0 m,沿岗河堤顶高程24.0~28.5 m左右。设计船闸等级为Ⅵ等(100 t级),闸底板高程15.9 m,封闭堤堤顶高程28.5 m。

2.5.6.2 工程地质条件

新建城西湖船闸、封闭堤处地层和新建深孔闸闸址处基本相似,但城西湖船闸闸址区河槽内分布有厚 0.30~1.90 m 的(1-1)层淤泥质重粉质壤土。地层自上而下可分为。

(0)层人工填土(Q^r):成分主要为重粉质壤土夹粉质黏土和中粉质壤土,黄、褐黄夹灰色,可塑状态,中压缩性;沿堤线呈条带状分布,厚度 3.60~5.10 m,底高程 20.22~24.60 m。

(1-1)层(Q_4^{al})淤泥质重粉质壤土:灰、灰黑色,流塑~软塑状,高压缩性。仅分布于河槽内,层厚一般为 0.30~1.90 m,层底高程 13.26~18.44 m。

(2-1)层(Q_4^{al-pl})中及重粉质壤土:灰、黄灰色,可塑状态,中压缩性,无侧限抗压强度 q_u=97.0~113.0 kPa,平均 105.0 kPa。层厚 2.40~6.30 m,层底高程 12.25~20.02 m。

(3)层(Q_3^l)重粉质壤土夹粉质黏土:棕黄、棕褐夹灰色,局部灰褐色,可塑~硬塑状态,中压缩性,含铁锰结核,局部夹轻粉质壤土。无侧限抗压强度 q_u=172.0~176.0 kPa,平均 174.0 kPa。层厚 1.50~8.90 m,层底高程 9.27~12.30 m。

(5)层(Q_3^{al})细砂:灰、黄灰色,稍密~中密,中压缩性,夹轻~中粉质壤土和砂壤土。层厚 0.30~2.10 m,层底高程 8.37~11.10 m。

(8)层(Q_2^{al-pl})重粉质壤土夹薄层粉土:棕黄、褐黄色,可塑-硬塑状态,中压缩性,含铁锰结核。在封闭堤处该层厚度稍大,为 8.40~11.40 m,层底高程 -1.75~-0.03 m;在新建城西湖船闸闸址处该层较薄,为 2.00~3.90 m,层底高程 6.64~8.90 m。

(9)层(Q_2^{al})轻粉质壤土夹壤土:黄、棕黄色,可塑状态,中压缩性。

(10)层(Q_2^{al-pl})重粉质壤土及粉质黏土夹中粉质壤土:褐红、棕黄色,可塑~硬塑状态,中压缩性,含铁锰结核。

(11)层(Q_2^{al})中粉质壤土、重粉质壤土:灰、黄灰色,可塑状态,中压缩性,含少量铁锰结核。该层未钻穿,已揭露最大厚度 14.0 m。

2.5.6.3 水文地质条件

工程区内地下水主要为赋存于(5)层细砂中的孔隙承压水,其次为赋存于粉质壤土、粉质黏土中的孔隙潜水。区内地下水主要依靠大气降水和河、塘等地表水补给。勘察期间测量的地下稳定水位为:新建城西湖船闸处 19.04~20.20 m;封闭堤处 19.80~20.62 m。

2.5.6.4 工程地质问题

城西湖船闸闸室建基面为 15.9 m,持力层为(3)层重粉质壤土夹粉质黏土,该层底高程 12.9~13.4 m,建基面以下厚度 2.5~3.0 m,(4)层缺失,其下为(5)层细砂,层底高程 10.0~11.0 m,厚度 1.2~1.3 m,建基面以下埋深 2.5~3.0 m。地质条件较好,但承压水层埋藏较浅,施工时应注意顶托破坏问题。

建基面以上地层为(0)层人工填土,厚度3.7 m,(2-1)层中重粉质壤土,厚度2.4～2.9 m及部分(3)层重粉质壤土,开挖高度一般为4.3～4.6 m,封闭堤处坡高最大为9 m左右,应注意边坡稳定问题。

封闭堤堤顶高程28.5 m,沿岗河河底高程15.0～15.25 m,最大堤高13.25 m。河底有一层厚0.30～0.8 m的淤泥质重粉质壤土,强度较差,影响地基稳定,筑堤时应予以清除。

2.5.6.5 工程地质评价

(1) 设计闸底板高程为15.9 m,位于(3)层,若扣除底板厚度,闸底板下的(3)层重粉质壤土厚约2.5～3.0 m;其下的(5)层细砂属中等透水层,渗透性较强,建基面以下埋深2.5～3.0 m,因此应注意渗透破坏问题。

(2) 闸室建基面高程为15.9 m,场地地面高程均超过21.0 m,闸基开挖深度一般都大于5 m;在闸轴线堤顶处边坡高度则大于8 m。建议设计时对开挖边坡稳定性进行计算,确定合适的放坡度。

(3) 在闸基坑开挖时,建议采取排水措施,以保证工程顺利施工。

(4) 封闭堤施工时应清除河槽内的(1-1)层淤泥质重粉质壤土。

2.5.7 副坝穿坝建筑物

2.5.7.1 工程概况

临淮岗洪水控制工程建成后,根据防洪排涝和灌溉的要求,需重建、加固接长或新建穿坝(南北副坝)建筑物共计46座,其中北副坝43座,南副坝3座。

2.5.7.2 工程地质条件

勘探的15座站涵均分布在北副坝区。综合各站涵勘探资料,所及者共分5层。

(0)层为人工填土(Q_4^r):土质较杂,主要为粉质黏土、重粉质壤土及轻粉质壤土,呈可塑～硬塑状态,结构紊乱,强度不均,具中等压缩性。闸涵底板较高的穿坝建筑物,多以此层为持力层。

(2-1)层中及重粉质壤土(Q_4^{al-pl}):灰至灰黄色,软塑状态,标贯2击左右,静力触探平均0.8～1.0 MPa,具高压缩性,厚度1～2 m,一般分布在沟谷或低洼坑塘中。部分站涵址分布在沟谷及低洼坑塘处,以此层为持力层,承载力较差。

(6)层粉质黏土(Q_3^{al-pl}):黄、褐黄色,含铁锰结核及少量钙质结核,湿,呈可塑-硬塑状态,具网状裂隙,裂隙一般被灰色泥质土充填,中低压缩性,强度较高,微透水性。此层分布稳定,厚度一般大于5.0 m,为很好的持力层,大部分穿坝建筑物底板坐落在此层,工程地质条件良好。个别涵址本层夹软弱黏土。

(7-2)层轻粉质壤土夹砂壤土(Q_3^{al}):黄、棕黄、灰黄色,夹黏土、粉质黏土,层理发育,含少量砂礓,中密状态,弱透水层,厚度一般大于 3.5 m,少数底板较低的穿坝建筑物,以此层为持力层。闸址勘探时分项报告对本层划分较细,一般分为 2 至 3 层。

(7-3)层粉细砂(Q_3^{al}):黄色,呈中密~密实状态,含少量钙质结核,中等透水性,仅分布在半岗和姜庄排涝涵。

(8)层粉质黏土夹重粉质壤土(Q_2^{al+pl}):棕黄、褐黄色,呈硬塑状态,中部夹轻粉质壤土,含铁锰结核及砂礓,偶见小贝壳,微透水性。

北副坝其余 28 座站涵地质条件基本类似。

南副坝中的 3 座站涵可参照南副坝工程地质条件,其基础下持力层和可能影响土层层号为(2-1)层的中夹轻粉质壤土和(6)层的粉质黏土、重粉质壤土。

2.5.7.3 水文地质条件

根据北副坝沿线地表水、地下水样化验分析,地表水、地下水主要为重碳酸钙钠水类型,依据《水利水电工程地质勘察规范》中环境水对混凝土侵蚀标准,无侵蚀性。

2.5.7.4 工程地质问题

46 座穿坝建筑物大部分基础底板高程为 22~25 m,基础位于(6)粉质黏土层中,工程地质条件很好;少部分站涵址底板位于上部软土层中,或闸底板较低(13.3~14.5 m),位于比较松散的(7-2)层轻粉质壤土层中,工程地质条件较差。对于表层存在软土层的站涵地基,因软土层较薄,可采取清除、换土或进行软基加固措施,对于底板较低的站涵,荷载较大,持力层较松散,应采取加固处理措施,同时注意渗透变形问题。

建筑物中腰庄站涵、陶坝仔站涵、陶坝孜闸、润河集电灌站底板高程在 19.0 m 以下,最低为 13.3 m,其开挖边坡高度可达 4~6 m,建议临时边坡按 1∶2.5~1∶3.0 开挖。

本阶段仅对穿坝建筑物中 15 座有代表性的站涵进行钻探,其中陶坝孜闸为利用原有资料,数据不全,个别涵址钻孔较少,其余 31 座仅结合副坝沿线勘察资料进行评价,钻孔距站涵址 40~100 m,且难以确定建筑物荷载,地质条件评价结论供设计参考。

2.5.7.5 工程地质评价

副坝建筑物处地质条件总体较好,大多数可采用天然地基,但穿坝建筑物多位于沟谷地带,局部分布淤质土,但厚度不大,可以清除。

个别闸基础下分布轻粉质壤土,应注意渗透变形问题。允许水力比降可结合副坝建议值选取。

涵址附近应注意暗沟、暗塘的存在,开挖边坡高度个别较高,应注意支护、排水。

穿坝建筑物点多、面广,规模较小,布置勘探钻孔少,建议下阶段结合施工地质做补充工作。

2.6 引河

2.6.1 工程概况

临淮岗洪水控制工程建成后主河槽已被封堵，正常淮河径流将从十孔闸和十二孔闸穿过主坝下泄。为此，从上游陈湖咀村，至下游柳林子河口，开挖引河，全长 14.8 km。

1958 年至 1962 年已开挖断面为：上游引河底宽 45 m，底高程 14.87 m；下游引河底宽 70 m，底高程 14.37 m。本阶段设计方案，上下游引河底宽均为 160 m，边坡为 1∶4。其中上游引河长 3.8 km，底高程 14.87 m；下游引河长 11.0 km，底高程 14.87~14.07 m。上游引河以及下游引河的上段部分向左岸（即向十二孔闸位置）拓宽，下游引河的下段部分向右岸拓宽。

2.6.2 工程地质条件

引河大部分在主坝工程地质分区的Ⅲ₃区，其地面高程为 18.5~22.7 m，所遇土层主要为全新统（Q_4）和上更新统（Q_3）沉积物，局部表层为人工填土。自上而下可分为 6 层，现分述如下。

第（0）层人工填土（Q_4^r）：以中及重粉质壤土为主，夹轻粉质壤土，棕褐至棕黄色，呈可塑至硬可塑状态。主要分布在 ZK15~ZK18 孔及十孔闸一带。在 ZK17~ZK18 孔处，本层下部含大量碎石和混凝土板等杂物。

第（1-2）层砂壤土夹壤土（Q_4^{al}）：以重及轻粉质砂壤土为主，夹中及轻粉质壤土，偶夹细砂薄层，棕黄至棕褐色，局部夹灰及黄灰色，呈软塑或松软状态，具中等压缩性。分布在上游引河（ZK1~ZK12 孔）及下游引河上段（ZK19、ZK27 孔），层厚一般在 1.8~3.4 m，层底高程 18.41~20.34 m。

第（2-1）层中粉质壤土及重粉质壤土（Q_4^{al+pl}）：灰黄至灰色，软塑~可塑状，局部夹轻粉质壤土。本层沿河线普遍分布，上游与淮河相接处与下游入淮河处稍厚，一般层厚 3.1~8.2 m，在 ZK2~ZK4 孔之间层厚较大，在 ZK3 孔处该层未揭穿，层底高程在 11.35~17.04 m；中游（ZK7~ZK51 孔）部位稍薄，厚约 0.5~5.3 m，层底高程 14.48~18.62 m。

第（2-2）层中粉质壤土夹淤泥质重粉质壤土（Q_4^{al}）：灰色，流塑至软塑状态，中至高压缩性，分布范围较小，仅出现在 ZK11~ZK13 孔之间，厚约 0.8~2.3 m，层底高程 14.26~18.11 m。

第（3）层重粉质壤土和粉质黏土（Q_3^{al}）：黄褐至棕黄夹灰色，可塑~硬塑，中等压缩性。该层在全线除 ZK1~ZK4 孔段外基本连续分布，但层厚变化较大，一般在 1.3~7.7 m，层底高程 9.05～14.50 m。

第(4)层轻粉质壤土和砂壤土（Q_3^{al}）：棕褐至灰色，松软状态，具中等压缩性，局部夹薄层细砂和中粉质壤土透镜体。本层为(3)层与(5)层的过渡层，分布不连续，一般层厚 0.5～2.9 m，层底高程 10.07～12.9 m。

第(5)层细砂（Q_3^{al}）：灰色，稍密至中密，局部松散，中等偏低压缩性，局部夹砂壤土及重粉质壤土透镜体。引河上段仅在 ZK13 孔中揭露，厚约 1.4 m；下段普遍分布，层厚 1.0～5.4 m，层底高程 6.52～10.12 m。

第(8)层重粉质壤土夹中粉质壤土（Q_2^{al-pl}）：灰至灰黄色，可塑～硬塑，局部坚硬，中压缩性，该层未钻穿，层厚大于 2 m。

2.6.3　水文地质条件

引河沿线地区地下水主要为松散岩类孔隙水，上部为(1-2)层砂壤土和(2-1层)轻粉质壤土中所含的潜水；下部为(5)层细砂中含有承压水。由于勘探区临近河道，地下水位与河水位联系密切。受河水位变动影响，勘察期间场地潜水位在 18.19～21.04 m，承压水水位在 18.39～18.97 m。根据室内外渗透试验成果，得出各土层渗透系数如表 2.5-6：

表 2.5-6　临淮岗引河土层渗透试验成果表

层号	土名	抽注水试验(cm/s)	垂直(cm/s)	水平(cm/s)	建议值(cm/s) 垂直	建议值(cm/s) 水平	透水等级
(1-2)	砂壤土		$8.49×10^{-6}$	$2.01×10^{-4}$	$2.0×10^{-5}$	$2.0×10^{-4}$	中等透水
(2-1)	中粉质壤土	★$7.55×10^{-5}$	$1.90×10^{-5}$	$2.33×10^{-5}$	$2.0×10^{-5}$	$5.0×10^{-5}$	弱透水
(3)	重粉质壤土		$3.54×10^{-5}$	$7.60×10^{-5}$	$4.0×10^{-5}$	$8.0×10^{-5}$	弱透水
(4)	轻粉质壤土	★$1.74×10^{-4}$	$5.94×10^{-5}$	$7.93×10^{-6}$	$6.0×10^{-5}$	$8.0×10^{-5}$	中等透水
(5)	极细砂	$5.67×10^{-3}$	$5.81×10^{-4}$	$8.51×10^{-5}$	$5.0×10^{-3}$	$8.0×10^{-3}$	中等透水

注：带"★"的数字为注水试验值。

2.6.4　工程地质条件评价

(1) 引河开挖底高程为 14.87～14.07 m，边坡高度为 5～7 m。

左岸开挖部分，全新统地层较厚，由(1-2)、(2-1)、(2-2)层组成。(2-1)层中粉质壤土普遍存在，局部分布有(1-2)层和(2-2)层。全新统地层总厚度 3～5 m，ZK7 孔以上边坡均由全新统地层组成。右岸全新统开挖部分为(2-1)层，厚度为 2.0～5.8 m，向下游有变厚的趋势。

全新统地层渗透性较强，抗冲刷能力差，其抗剪强度低，分布在河底高程以上，对边坡稳定不利，建议在该层中适当放缓边坡。

(2)(3)层重粉质壤土及粉质黏土强度较高,抗冲刷能力强,由于该层在引河沿线普遍存在,层位相对稳定,河底大部分位于该层中,对河道边坡稳定和防冲有利;本层基本处于河水位变动带,或毛细水影响带范围内,含水量变化幅度有限,故土的胀缩作用对边坡稳定影响不大。

(3)(4)层轻粉质壤土和砂壤土渗透性较强,(5)层细砂夹砂壤土为中等透水层。沿河线大部分不会揭露这两层,但在 ZK20~ZK30 孔之间,这两层埋藏较浅,层顶高程可达14.5 m,直接暴露于引河河底,设计时应考虑其对引河的影响。

2.7 结论与建议

2.7.1 结论

(1) 本区地处地质构造基本稳定区,地震基本烈度为 6 度。

(2) 工程在滞洪时所形成的水库无明显渗漏、库岸稳定及诱发地震问题;水库在运行期间,滞洪时间短,副坝坝基及坝后土层渗透性弱,地势高,浸没影响较小。

(3) 主坝Ⅱ区坝基下分布的(2-3)层饱和粉细砂在 7 度地震时具中等液化可能性。

(4) 淮河河床边滩(Ⅱ区局部)及其以北岸滩地段(Ⅰ区)坝基下分布的全新统地层(2-2)层,力学指标低,压缩系数大,设计时需考虑坝基沉降和变形稳定问题。Ⅲ区、Ⅳ区持力层为(2-1)层中轻粉质壤土和(3)层重粉质壤土,承载条件良好。

(5) 主坝区普遍分布承压水,在淮河主槽、枢纽建筑物基坑开挖施工时应注意地下水的顶托作用,个别建筑物已挖穿盖层,或上覆有效盖层薄,应降低承压水位。

(6) 姜唐湖进洪闸、深孔闸等建基面较低,需考虑基坑降水和高边坡开挖稳定问题;新建深孔闸地基承载力不能满足设计要求,需进行地基加固处理。

(7) 副坝坝基地质条件总体较好,但北副坝、南副坝Ⅳ类区坝基上部土质条件较差,且坝体相对较高,设计需考虑不均匀沉降的影响。

(8) 主坝土料场非膨胀土储量和质量基本满足设计要求;副坝附近土料储量丰富,但80%具有弱膨胀性,以此土料作为筑坝土料,含水量可选择 21%~22%,外部应覆盖1.0 m 的土层,防止坝体因失水影响坝身质量,保证坝体有效挡水断面,注意表层稳定。

(9) 已填筑老坝坝身局部存在软弱带、疏松带和裂缝,填土层间接合不好。由于膨胀土干缩,坝身裂缝发育,坝体破碎。需对整个坝体进行灌浆加固和截渗处理。根据水质分析资料,本区地表及地下水对混凝土不具有侵蚀性。

(10) 砂石料需由外地购进,本阶段调查的砂料、石料储量和质量能基本满足设计要求。下阶段需根据设计需要量和供应强度进一步优选砂石料料场。

2.7.2 建议

（1）副坝穿坝建筑物点多面广，规模较小，大多分布于沟口洼地，本阶段只选择代表性建筑物进行勘察，下阶段应结合施工地质资料及时调整设计方案。

（2）本阶段闸基与地基摩擦系数为经验值，施工阶段应结合现场开挖，对有关土层进行拖板试验。

（3）施工过程应进行弱膨胀土筑坝对坝体稳定的影响观测，确定合理的施工工艺、方法。

（4）主坝上下游布设观测孔，观测(5)层承压水不同时期的变化规律。

第三章
蚌埠闸扩建工程

3.1 工程概况

蚌埠闸扩建工程位于蚌埠市西郊许庄，淮河干流涡河口下游，原蚌埠闸北侧。蚌埠闸枢纽承担蓄水灌溉、航运、发电和供水等作用，是一座综合性的水利枢纽。蚌埠闸闸上近期水位 17.384～17.884 m，远景蓄水位 18.384 m(1956 年黄海高程系，下同)。该枢纽目前由节制闸、船闸、电站和分洪道等建筑物组成。设计控制总泄量为 13 000 m³/s，其中节制闸共 28 孔，每孔净宽 10 m，位于淮河主槽内，轴线与河槽垂直，闸底板高程 9.868 m。

蚌埠闸扩建工程位于节制闸北端与淮北大堤之间的北岸淮河滩地内，设计流量 3 320 m³/s，共计 12 孔，每孔净宽 10 m，底板顶高程 9.0 m，闸上水位 23.088 m，闸下水位 22.968 m，落差 0.12 m。该工程属大(1)型工程，主体建筑物为Ⅰ级建筑物，临时建筑物为Ⅳ级建筑物。

图 3.1-1　蚌埠闸

3.2 区域地质概况

3.2.1 地形地貌

淮河自西向东流经蚌埠闸,河道比较顺直。闸址区位于江淮丘陵与淮北平原接壤地区,大体以淮河为界,淮河以南(右岸)为江淮丘陵,地形坡状起伏,地面高程一般为20～35 m,最高点位于工程区南岸的黑虎山,海拔190.5 m;淮河以北(左岸)为淮河漫滩,地形平坦,除北部吴郢一带地面高程大于20 m外,其余均小于20 m。枢纽区自南向北依次分布黑虎山前一级阶地、南岸滩地、淮河河槽和北岸滩地。除南岸残丘出露基岩外,其余均为第四系上更新统、全新统沉积地层。

扩建蚌埠闸即在淮河北岸的漫滩地貌单元上,位于现状蚌埠闸北端与淮北大堤之间的低洼地带,中部分布有水塘,地形高低不平,起伏较大,大体为两边高中间水塘低,漫滩地面高程在17.0～19.0 m,局部高地在20.0 m以上,塘底高程为10.0 m左右。

3.2.2 地质构造与地震

工程区位于中朝准地台南东部的淮河台坳蚌埠台拱的东侧。台拱由基底岩系构成。五河群出露较为广泛,凤阳群仅限于南缘。该台拱主要由蚌埠复背斜组成,在现蚌埠以南低山丘陵地区有出露,岩性主要为混合花岗岩,该背斜轴向280°左右,有向SEE倾伏的趋势,卷入该期褶皱的地层为下元古界五河群。蚌埠地区附近断裂构造发育,大多活动于印支-燕山早期。主干断裂有EW向的新集-双庙断层(7#)、怀远-黄家湾断层(16#)、马头城-临淮关断层(17#);NNE向的刘集-西泉街断层(4#)、张集-龙子河断层(5#)。东西向与褶皱轴大致平行,主干断层分布在蚌埠复背斜中,规模大,延伸较远。NNE向断层为平移断层,均切割蚌埠期褶皱,时代比较新,从燕山期、喜山期至今仍有活动。

蚌埠地区曾发生多次地震,较大震级的有1829年五河县的5.5级地震、1976年怀远县的2.2级地震、1977年固镇新马桥的2.4级地震等,其中影响最大的是1979年3月在固镇县新马桥发生的5级地震,震中为新集-双庙断层(7#)与刘集-西泉街断层(4#)交汇处,余震沿刘集-西泉街断层(4#)向NNE迁移,震级大小不等,达数十次。蚌埠地区EW向和NNE向主干断裂都有孕震的可能,尤其是二者交汇处具有较大活动性。根据1990年出版的《中国地震烈度区划图》可知,蚌埠闸扩建工程闸址区的地震基本烈度为Ⅶ度。

3.3 扩建闸址区工程地质条件

3.3.1 场区地质概况

扩建闸址区位于淮河北岸滩地上,地质条件较为复杂,岩性变化较大,透镜体、夹层、互层现象较多,为第四系全新统(Q_4)河漫滩相冲积、淤积层。根据前期可研勘察成果,闸址区依其地层结构及其工程地质特性,将滩地分为 A、B、C 三区。三个区表层全新统厚度 2.0～10.0 m,岩性差别不大,一般以松软的淤泥、壤土和粉土互层为主。三个区全新统以下的上更新统岩性略有差异,其中 A 区上更新统地层为棕黄色粉质黏土和重粉质壤土,呈可塑状,分布层顶高程 8.4～6.2 m,层底高程 0.0～4.0 m,并在 B 区尖灭,从高程 1.2～－4.1 m 以下为黄色细砂及中砂;B 区表层全新统以下主要分布上更新统细砂,夹淤泥质壤土,局部细砂与上部全新统极细砂接触;C 区表层以下从高程 8.0 m 至－2.0 m 为全新统淤泥质中粉质壤土或重粉质壤土,高程－2.0 m 以下为上更新统细砂。本阶段主要研究 A 区工程地质条件。

3.3.2 闸址区工程地质条件

根据工程区地层结构、工程性质,初设阶段主要对 A 区地质条件进行详细勘察,A 区勘探深度范围内的地层分为 7 层,自上而下叙述如下。

第(1)层中、轻粉质壤土(Q_4^{al}):黄、棕黄、黄灰及浅灰色,松散～稍密,层理发育,饱和,层底高程 8.1～13.0 m,本层厚度 2.1～4.5 m。本层以中、轻粉质壤土为主,局部分布一层棕红色黏土,厚度 0.8～1.0 m,黏土层中夹薄层轻粉质壤土、粉细砂,厚度约 1～3 cm 不等,黏土单层厚度 15～20 cm,可塑状态。标贯击数 2～3 击。

塘底高程 8.5～9.0 m,表层土厚 1.5～2.0 m,为近期沉积的淤泥、细砂及粉土互层。

第(2)层轻粉质壤土夹淤泥质黏土(Q_4^{al}):灰、深灰色,在 10.0 m 高程左右存在 0.8 m 左右灰色的粉细砂层,中间夹轻粉质壤土、淤质黏土,粉细砂单层厚度 10～20 cm,砂层以上南侧以淤质黏土为主,夹轻粉质壤土、中粉质壤土,流塑状,标贯击数 1 击;砂层以下以中、轻粉质壤土为主,松散～稍密状态,夹淤泥质黏土,标贯击数 2～4 击,局部达 6～7 击。本层层底高程 6.5～8.3 m,层厚 1.1～6.6 m,底部一般存在 0.8～1.0 m 左右的可塑状粉质黏土。

第(3)层粉质黏土(Q_3^{al}):灰黄、褐黄色,可塑～硬塑状态,中等偏低压缩性,湿,含铁锰结核,结构致密,多分布裂隙,其内充填灰白色软塑状黏土,标贯击数 7～13 击。本层层底高程 2.4～5.9 m,层厚 1.7～4.1 m。

第(4)层黏土(Q_3^{al}):灰、浅灰色,可塑~硬塑状态,中等偏高压缩性,一般为非饱和土,含有机质,土质细腻,有铁质浸染现象。层底高程0.0~3.7 m,厚度1.2~4.5 m,标贯击数10~11击。

第(5)层重粉质壤土及中粉质壤土(Q_3^{al}):浅灰、灰色,硬塑状态,湿,中等偏低压缩性,层底高程-2.9~1.2 m,层厚1.0~3.2 m,局部层底最低高程-4.1 m,最厚5.4 m。平均标贯击数10.2击,最小9.1击。

第(6)层细砂(Q_3^{al}):褐黄色,中密状态,饱和,砂较纯,分选良好,层底高程-13.5~-8.2 m,厚度6.0~11.9 m,标贯击数11~30击。该层上部0.5~1.5 m为淤泥质壤土与细砂或极细砂互层,呈软塑状态,标贯击数8~9击,其中在16、17号孔附近含淤泥质壤土较多,本层上部颗粒较细,向下逐渐变粗。

第(7)层中砂(Q_3^{al}):黄、灰黄色,密实状态,夹重粉质壤土和轻粉质壤土,标贯击数19~40击。该层顶部与第(6)层底部为渐变过程,过渡带厚度2~3 m,在5#孔附近,在高程-17~-19 m处夹灰色软弱淤泥层,20#孔高程-14 m处夹淤泥薄层。未揭穿,最大揭露厚度为12.35 m。

B、C区地质情况与A区差异较大,主要分为5层,分述如下。

第(1)层轻粉质壤土、砂壤土(Q_4^{al}):黄、灰色,局部为淤泥质土透镜体。层底高程10.0~13.0 m,厚度2~5.9 m,湿,饱和状态,高压缩性土。

第(2)层极细砂(Q_4^{al}):夹淤泥透镜体,层底高程0.0 m左右,饱和,松散状态。

第(3)层淤泥质中、重粉质壤土(Q_4^{al}):仅分布在C区,层顶高程8.0 m,层底高程-2.0 m,软塑~流塑状态,抗剪强度较低。

第(4)层细砂(Q_3^{al}):灰白、灰色,松散~中密状态,层底高程-8.0 m左右,厚度6.0 m左右。

第(5)层中砂(Q_3^{al}):上部为中砂,下部为砂砾石,中密~密实状态。

其中因第(2)层土层复杂,物理力学指标相差较大,将淤泥质黏土物理力学指标单独统计,并非表示该层中存在一层淤质黏土,仅代表此类土的物理力学性质。

3.3.3 地层物理力学指标确定

根据枢纽区工程地质条件、室内外试验资料,结合地层结构,确定土层的物理力学指标。

确定方法:土层物理指标采用删除不合理值后总体样本的平均值;力学指标采用小值均值;土层承载力采用室内试验资料和野外现场测试资料,按规范并结合经验公式综合分析确定。

确定地基承载力主要采用如下方法。

物理指标法:黏性土采用孔隙比与液性指数确定承载力;中、轻粉质壤土用孔隙比与含水量确定承载力。

力学指标法:采用抗剪强度指标及压缩模量确定承载力。

现场试验指标:采用标贯击数($N_{63.5}$)确定承载力。

A区各土层物理力学指标建议值见表3.3-1。

表3.3-1 蚌埠闸扩建工程(A区)各土层主要工程地质参数建议值

地层	岩性	压缩系数(MPa^{-1})	压缩模量(MPa)	泊桑比	直接快剪 黏聚力(kPa)	直接快剪 内摩擦角(°)	固结快剪 黏聚力(kPa)	固结快剪 内摩擦角(°)	饱和快剪 黏聚力(kPa)	饱和快剪 内摩擦角(°)	标贯击数	允许承载力(kPa)
(1)	中粉质壤土	0.51	3.69	0.42	10	3					1.5	40
(2)	轻粉质壤土夹淤泥质黏土	0.67	2.95	0.30	13	12	18	15			3	60
(3)	粉质黏土	0.25	6.83	0.25	50	7	52	16	40	6.5	10	200
(4)	粉质黏土	0.28	6.32	0.25	58	8	62	16	45	13	11	220
(5)	重粉质壤土	0.54	3.66	0.42	37	4	46	11	35	3	5	120
(5)	中粉质壤土	0.28	6.18	0.35	32	12	38	17	30	7	7	140
(6)	细砂	0.12	13.53	0.25	4	30					17	180
(7)	中砂	0.08	36.00	0.26							25	250

勘察工作中对场地进行了静力触探及十字板剪切试验。由于闸址区土层分布复杂,土质不均,夹层互层较多,静力触探曲线变化较大;十字板剪切试验主要测定软黏土的不排水剪强度,如遇硬土层大部分采用钻机钻穿,进入软土层后再进行十字板剪切试验,各土层静力触探测及十字板试结果见表3.3-2。

表3.3-2 蚌埠闸扩建工程(A区)静力触探、十字板剪切试验成果表

层号	岩性	静力触探试验(kPa) 锥尖阻力q_c	静力触探试验(kPa) 侧壁阻力f_s	十字板剪切试验(kPa) 原状土C_u	十字板剪切试验(kPa) 重塑土C_u'	灵敏度
	淤泥	560	16	5.5	3.1	1.8
(1)	中、轻粉质壤土	561	20	9.9	3.4	2.9
(2)	淤泥质黏土	854	16	5	2.0	2.5
(3)	粉质黏土	1 658	64			
(4)	粉质黏土	1 316	53			
(5)	重粉质壤土	921	28	10.4	2.9	3.6
(5)	中粉质壤土	1 390	27			
(6)	细砂	9 141	68			

3.4　导堤工程地质条件

导堤位于老闸北堤下游，现状堤顶高程23.5 m左右。根据钻探资料，揭露地层共分七层，分述如下。

A层填土：以中粉质壤土、轻粉质壤土为主，夹重粉质壤土及粉质黏土，黄、灰黄及棕黄色，结构松散，强度不均，岩性变化大，局部夹黏土块，层底高程15.8~16.9 m，层厚2.3~6.8 m。本层主要分布在老闸北堤，为堤身土，干密度1.36~1.59 g/cm³，孔隙比0.717~0.942，平均标贯击数为10.0击，最小4击。

第(1)层中、轻粉质壤土：黄、棕黄、黄灰及浅灰色，松散~稍密，层理发育，饱和，层底高程12.7~13.9 m，本层厚度2.1~4.3 m。本层以中、轻粉质壤土为主，14.0 m左右分布一层棕红色黏土，厚度0.8~1.0 m，黏土层中夹薄层轻粉质壤土、粉细砂，厚度约1~3 cm不等，黏土单层厚度15~20 cm，可塑状态。平均标贯击数：堤脚孔2.9击，堤顶孔6.2击；最小值堤脚孔2.9击，堤顶孔4.7击。

第(2)层轻粉质壤土夹淤泥质黏土：灰、深灰色，在10.0 m高程附近存在0.8 m左右灰色的粉细砂层，单层厚度10~20 cm，中间夹轻粉质壤土、淤质黏土。砂层以上以淤质黏土为主，流塑状，夹轻粉质壤土、中粉质壤土；砂层以下以中、轻粉质壤土为主，松散~稍密状态，夹淤泥质黏土。本层层底高程7.2~7.7 m，层厚5.3~6.6 m，底部一般存在0.8~1.0 m左右的可塑状粉质黏土。平均标贯击数：堤脚孔4.6击，堤顶孔8.7击；最小值堤脚孔1.9击，堤顶孔6.0击。

以上均为第四系全新统地层，以下为上更新统地层。

第(3)层粉质黏土：灰黄、褐黄色，可塑~硬塑状态，中等偏低压缩性，湿，含铁锰结核，结构致密，多分布裂隙，其内充填灰白色软塑状黏土。本层层底高程2.4~4.1 m，层厚3.1~4.8 m。平均标贯击数10.2击，最小5击。

第(4)层黏土：灰、浅灰色，软可塑~可塑状态，中等偏高压缩性，本层孔隙比1.0左右，液性指数很低，一般为非饱和土，含有机质，土质细腻，有铁质浸染现象。层底高程0.4~1.3 m，厚度1.6~2.0 m，平均标贯击数为6.4击，最小6.3击。

第(5)层重粉质壤土及中粉质壤土：浅灰、灰色，硬塑状态，湿，中等偏低压缩性，层底高程-1.6~-2.6 m，层厚2.0~3.2 m，G28、G27、G26孔未揭穿。平均标贯击数10.2击，最小9.1击。

第(6)层细砂：褐黄色，中密状态，饱和，质地较纯，分选良好，最大揭露厚度为0.75 m。平均标贯击数15.2击。

各土层物理力学指标统计值见表3.4-2，建议值表见表3.4-1，其中因(2)层中土层复杂，物理力学指标相差较大，将淤泥质黏土物理力学指标单独统计，并非表示该层中存在一层淤质黏土，仅代表此类土的物理力学性质。

表 3.4-1　蚌埠闸扩建工程导堤各土层物理力学指标建议值表

层号	土类	含水量(%)	湿密度(g/cm³)	干密度(g/cm³)	孔隙比	液性指数	黏聚力(kPa)	内摩擦角(°)	压缩系数(MPa⁻¹)	压缩模量(MPa)	承载力(kPa)
	填土	20.4	1.85	1.52	0.767	0.63	27.2	1 535	0.30	5.9	
(1)	中、轻粉质壤土	27.8	1.92	1.50	0.809	0.86	16.4/26.0	12.0/12.0	0.26	6.5	90～100
(2)	淤泥质黏土	35.8	1.84	1.36	1.023	1.02	10.2/15.3	6.4/8.5	0.72	3.0	60～80
	轻粉质壤土	24.8	1.94	1.56	0.738	0.96	12.8	24.5	0.22	11.5	110～130
(3)	粉质黏土	25.9	1.96	1.56	0.761	0.22	42.0/47.1	11.3/13.3	0.26	6.5	180～220
(4)	黏土	33.3	1.84	1.38	0.995	0.56	23.6	9.0	0.42	4.8	150
(5)	重粉质壤土	24.9	1.95	1.56	0.743	0.55	39.6/39.6	12.2/12.2	0.27	6.5	220
(6)	细砂	23.5	1.90	1.54	0.740		0	30.0	0.10	15.0	180

注："黏聚力"中部分数据表示"直剪/固结快剪"情况。

第三章 蚌埠闸扩建工程

表 3.4-2 蚌埠闸扩建工程堤身堤土层物理力学指标统计值表

层号	土层名称	统计项目	含水率(%)	湿密度(g/cm³)	干密度(g/cm³)	孔隙比	饱和度	土粒比重	液限(%)	塑限(%)	塑性指数(%)	液性指数	压缩系数(MPa⁻¹)	压缩模量(MPa)	直快 粘聚力(kPa)	直快 内摩擦角(°)	固快 粘聚力(kPa)	固快 内摩擦角(°)	渗透系数(cm/s)
(1)	填土	计数	9	9	9	9	9	9	9	9	9	9	9	9	9	9			
		最大值	26.8	1.98	1.59	0.942	97.5	2.73	34.5	21.0	13.5	1.03	0.38	8.60	42.5	29.0			
		最小值	12.0	1.56	1.36	0.717	34.4	2.71	26.5	17.6	9.3	−0.48	0.15	4.50	20.6	13.5			
		大、小值均值	24.6	1.73	1.43	0.827			29.3	1.9		0.63	0.30	5.90	27.2	15.5			
		平均值	20.4	1.85	1.52	0.767	75.6	2.72			10.8	0.31	0.25	7.60	33.0	19.3			
(2)	中、轻粉质壤土	计数	9	9	9	9	9	9	9	9	9	9	9	9	9	9	9	9	3
		最大值	30.9	2.00	1.59	0.863	98.7	2.72	32.8	20.4	12.8	1.04	0.31	10.80	35.6	12.0	39.2	22.0	3.43×10⁻⁴
		最小值	25.4	1.89	1.46	0.711	88.6	2.71	25.1	16.6	8.5	0.45	0.16	5.50	11.8	6.5	25.5	10.0	8.32×10⁻⁵
		大、小值均值	29.7	1.91	1.48	0.835			29.4	18.6		0.95	0.28	6.30	16.4	11.6	26.8	11.5	
		平均值	27.8	1.82	1.50	0.809	93.3	2.72			10.8	0.86	0.24	7.50	21.2	15.6	29.9	14.1	2.13×10⁻⁴
	淤泥或淤泥质黏土	计数	11	11	11	11	11	11	11	11	11	11	11	11	11	11	5	5	2
		最大值	45.7	1.96	1.49	1.333	100.0	2.75	45.6	26.2	19.4	1.72	0.96	5.30	24.5	15.5	39.5	17.0	9.78×10⁻⁶
		最小值	29.0	1.68	1.17	0.832	90.1	2.72	30.7	19.2	11.5	0.75	0.33	2.20	5.9	5.0	9.8	6.5	1.12×10⁻⁶
		大、小值均值	39.7	1.77	1.26	1.174				1.40		10.20	0.72	3.0	10.2	6.4	15.3	7.0	
		平均值	35.8	1.84	1.36	1.023	95.0	2.73	35.8	21.6	14.2	1.02	0.51	4.10	16.6	8.3	23.1	11.10	4.22×10⁻⁶
(3)	轻粉质壤土或粉细砂	计数	7	7	7	7	7	7	7	7	7	7	7	7	7	7			3
		最大值	29.1	1.99	1.66	0.876	94.5	2.71	29.9	18.8	11.1	0.99	0.30	23.10	18.6	33.5			5.48×10⁻⁴
		最小值	19.6	1.87	1.45	0.614	85.5	2.68	26.8	17.3	9.4	0.89	0.07	10.90	11.8	16.0			6.19×10⁻⁵
		大、小值均值	27.2	1.91	1.46	0.832						0.99	0.22	13.90	12.8	24.5			
		平均值	24.5	1.94	1.56	0.738	89.6	2.70	28.6	18.2	10.4	0.96	0.14	17.90	15.3	29.7			3.04×10⁻⁴

115

续表

层号	土层名称	统计项目	含水率(%)	湿密度(g/cm³)	干密度(g/cm³)	孔隙比	饱和度	土粒比重	液限(%)	塑限(%)	塑性指数(%)	液性指数	压缩系数(MPa⁻¹)	压缩模量(MPa)	直快黏聚力(kPa)	直快内摩擦角(°)	固快黏聚力(kPa)	固快内摩擦角(°)	渗透系数(cm/s)
(4)	粉质黏土	计数	13	13	13	13	13	13	13	13	13	13	13	13	13	13	2	2	3
		最大值	29.7	2.04	1.65	0.897	100.0	2.75	47.8	26.9	20.6	0.54	0.29	9.50	56.6	18.0	47.4	14.0	1.35×10⁻⁵
		最小值	23.0	1.86	1.45	0.648	88.9	2.73	29.7	18.7	11.0	0.08	0.18	5.90	33.3	10.0	47.1	12.0	6.82×10⁻⁶
		大/小值均值	27.7	1.92	1.52	0.819		2.74				0.41	0.26	6.50	42.0	11.3			
		平均值	25.9	1.96	1.56	0.761	93.1	2.74	38.4	22.8	15.6	0.22	0.24	7.30	44.9	13.6	47.1	13.3	1.02×10⁻⁵
(5)	黏土	计数	7	7	7	7	7	7	7	7	7	7	7	7	7	7			
		最大值	36.8	1.90	1.47	1.099	93.4	2.75	52.2	29.3	22.9	0.81	0.43	6.50	47.1	15.0			
		最小值	29.2	1.78	1.31	0.850	88.0	2.72	31.4	19.5	18.4	0.17	0.29	4.50	15.7	7.0			
		大/小值均值	35.5	1.81	1.33	1.064						0.56	0.42	4.80	23.6	9.0			
		平均值	33.3	1.84	1.38	0.995	91.9	2.75	45.0	25.9	19.1	0.42	0.36	5.50	34.1	11.4			
(6)	重粉质壤土	计数	7	7	7	7	7	7	7	7	7	7	7	7	7	7	3	3	1
		最大值	27.1	2.00	1.62	0.820	91.3	2.73	34.0	21.8	14.4	0.61	0.29	8.70	49.0	18.5	54.7	14.5	
		最小值	22.8	1.90	1.50	0.679	87.6	2.72	29.3	18.5	10.8	0.26	0.19	6.00	39.2	11.5	45.1	14.0	
		大/小值均值	35.5	1.81	1.33	1.064						0.56	0.42	4.80	23.6	9.0			
		平均值	33.3	1.84	1.38	0.995	91.8	2.75	45.0	25.9	19.1	0.42	0.36	5.50	34.1	11.4	49.0	14.2	2.48×10⁻⁵
(7)	粉、细砂	计数	3	3	3	3	3	3					3	3	3	3			1
		最大值	25.2	1.94	1.55	0.729	92.6	2.68					0.11	15.20	13.7	35.0			
		最小值	21.8	1.86	1.53	0.752	77.7	2.68					0.09	19.80	13.7	35.0			
		平均值	23.5	1.90	1.54	0.740	85.2	2.68					0.10	17.50	13.7	35.0			6.81×10⁻⁴

注：大(小)均值栏含水率、液性指数、压缩系数为大值均值，其他为小值均值。

3.5 水文地质条件

3.5.1 含水层及特性

根据地层结构、含水层性质及含水层水力特征,地下水主要为第四系松散岩类孔隙潜水和孔隙承压水。潜水主要分布在第(1)、(2)层由轻粉质壤土及淤泥质黏土中,地下水位埋深浅,据勘探期间观测,地下水位高程在16.0～16.6 m,潜水流向为南南东至北北西,主要接受大气降水及河流的侧向补给。承压水主要分布在第(6)层粉细砂、第(7)层中砂层中,承压水头高程为15.9～16.0 m,承压水头14.8～18.9 m,承压水流向与潜水流向相反,补给来源主要来自淮北地下水,水量丰富。上部潜水与承压水无水力联系,无越流补给现象。

3.5.2 渗透试验及指标选取

本章节主要在闸轴线上下游各布2组抽水试验,一组为潜水含水层,一组为承压水含水层,共4组试验。每组抽水试验布主抽水孔1个,水位观测孔2个。上下游性质相同的两组试验孔若1组与闸轴线平行,则另1组与闸轴线垂直,上下游试验群之间相距110 m。

砂层承压水抽水试验孔深度30.10～32.80 m,一般在高程−2.0～−3.0 m揭露砂层,主抽水孔及观测孔过滤器长度自砂层顶板开始设置,观测孔过滤器长度8.0 m,抽水孔9.2 m,两者基本处于同一高程面。观测孔使用包网过滤器,主抽水孔由水泥花管外填砾料组成过滤器。在黏土和砂性土之间,采用海带、黄豆、黏土球分层埋置隔水,在各孔底均设有2～4 m沉淀管,主抽水孔直径为500 mm,过滤器直径为360 mm,四周填砾料70 mm。砾料选用磨圆度较好的粗砾砂。

上部潜水抽水试验孔深度为16.10～17.24 m。上部含水层为由(2)层淤泥质粉质黏土中夹粉土、粉细砂层构成的弱孔隙含水层,厚约14.5 m。试验孔均在4.0～14.0 m设置包网过滤器,抽水孔采用包网外填砾料组成过滤器,孔径250 mm,过滤器底部接有2～3 m沉淀管。

每组抽水试验均进行了三次降深,根据含水层厚度、性质,确定上部潜水三次降深大致为1.50 m、3.00 m、4.50 m,砂层承压水三次降深大致为2.00 m、4.00 m、6.00 m。三次降深的次序均为从小到大循序渐进。

水位观测使用电测水位计,动水位稳定标准、涌水量稳定标准、各次降深稳定时间测定均严格按《水利水电工程钻孔抽水试验规程》(SL 320—2005)进行。

根据抽水试验资料和室内渗透试验资料,并结合已有的工程经验分析得出,第(1)、(2)层由轻粉质壤土及淤质黏土组成,局部夹薄层砂层,属潜水含水层,本层富水性较差,中、轻粉质壤土渗透系数为 $3.43\times10^{-4}\sim8.3\times10^{-5}$ cm/s,为弱～中等透水层;淤泥或淤泥质黏土渗透系数为 $1.12\times10^{-6}\sim9.78\times10^{-6}$ cm/s,为微透水层。第(6)层细砂现场抽水试验测得渗透系数为 1.49×10^{-2} cm/s,室内试验渗透系数为 $7.3\times10^{-3}\sim6.81\times10^{-4}$ cm/s,为中等透水层。第(3)、(4)层为黏土、粉质黏土,渗透系数为 1.02×10^{-6} cm/s,微透水性。第(5)层重粉质壤土渗透系数为 2.48×10^{-5} cm/s,弱透水层。上述各层为隔水层。

3.5.3 水腐蚀性评价

根据勘测区河水、上层潜水、砂层承压水的水质分析资料,勘察区内的河水、上层潜水和承压水对钢筋混凝土均无腐蚀性;对钢结构具有弱腐蚀性。综全评定等级为弱腐蚀。

3.6 主要工程地质问题

3.6.1 地震液化

根据《中国地震烈度区划图》(1990 年出版),蚌埠闸扩建工程闸址区地震基本烈度为Ⅶ度。根据本次地质勘察资料,依据《水利水电工程地质勘察规范》(GB 50487—2008),扩建闸址区在地面以下 15 m 范围内的地层中分布有(1)层中粉质壤土、轻粉质壤土与(2)层轻粉质壤土、粉细砂,存在液化条件。

评价方法按液化层位置、深度主要采用标准贯入法:实际击数小于临界击数为液化点,根据液化点位置、厚度、液化程度计算液化指数,根据液化指数判断场地液化程度。

标准贯入锤击数法:当实测标准贯入锤击数小于液化化判别标准贯入锤击数临界值,即符合 $N_{63.5}<N_{cr}$ 时应判为液化土。

式中:$N_{63.5}$——工程正常运行时,标准贯入点在当时地面以下 ds(m)深度处的标准贯入锤击数;

N_{cr}——液化判别标准贯入击数临界值,根据下式计算:

$$N_{cr}=N_0[0.9+0.1(d_s-d_w)]\sqrt{\frac{3}{\rho_c}}$$

N_0——液化判别标准贯入锤击数基准值,Ⅶ度近震时取 6,远震时取 8 击;

ρ_c——黏粒含量(%),当<3%时,取 $\rho_c=3$;

d_s——贯入点深度(m);当 $ds<5$ m 时,取 $d_s=5$;

d_w——地下水位(m)。

计算结果见表 3.6-1,表 3.6-2。

场地液化评价按近震、远震两种条件计算评价,近震仅在个别部位存在液化点,场地液化指数小于 3.0,属轻微液化,局部液化指数大于 8.0,为中等~严重液化;远震状态存在液化点较多,场地液化指数为 7.07~13.6,整个场地远震状态为中等液化,局部存在严重液化,经综合判别场地液化程度为中等液化。

表 3.6-1　地震液化评价表

孔号	岩性	贯入点高程(m)	d_m	d_w	d_m'	d_w'	$N_{63.5}'$（击）	$N_{63.5}$（击）	ρ_c	近震情况下N_{cr}（击）	近震情况下液化可能性	远震情况下N_{cr}（击）	远震情况下液化可能性
1	粉土	8.35	5.15	0	4.15	0	4	4.82	3	8.49	液化	11.32	液化
9	粉土	9.80	3.70	0	4.95	0	8	6.23	3	7.62	不液化	10.16	液化
10	粉土	10.35	3.15	0	4.55	0	5	3.67	3	7.29	液化	9.72	液化
11	粉土	10.55	2.95	0	6.95	0	4	1.91	3	7.17	液化	9.56	液化
12	粉土	9.95	3.55	0	6.95	0	5	2.78	3	7.53	液化	10.04	液化
12	粉砂	6.75	6.75	0	9.15	0	5	3.78	3	9.45	液化	12.60	液化
14	粉土	9.55	3.95	0	7.95	0	7	3.76	3	7.77	液化	10.36	液化
3	中细砂	−1.55	10.55	0	13.6	0	12	9.41	3	11.73	液化	15.64	液化
5	细砂	2.20	6.80	0	8.35	0	12	9.94	3	9.48	不液化	12.64	液化
5	细砂	0.10	8.90	0	10.45	0	11	9.47	3	10.74	液化	14.32	液化
5	极细砂	−3.00	12.0	0	13.55	0	22	19.61	3	12.60	不液化	16.80	不液化
6	细砂	1.45	7.5	0	7.55	0	10	8.92	3	9.93	液化	13.24	液化
6	细砂	0.35	8.65	0	9.65	0	23	20.78	3	10.59	不液化	14.12	不液化
6	细砂	−2.85	11.85	0	12.85	0	19	17.60	3	12.51	不液化	16.68	不液化
7	中砂	−0.40	9.40	0	11.65	0	11	9.00	3	11.04	液化	14.72	液化
15	轻砂壤土	0.15	8.85	0	13.55	0	17	11.39	3	10.71	不液化	14.28	液化
17	粉细砂	−0.05	9.05	0	10.55	0	12	10.40	3	10.83	液化	14.44	液化
17	细砂	−3.05	12.05	0	13.55	0	23	20.58	3	12.63	不液化	16.84	不液化
20	轻砂壤土	1.85	6.15	0	8.15	0	12	9.29	3	9.09	不液化	12.12	液化
20	细砂	−1.05	9.05	0	11.05	0	15	12.45	3	10.83	不液化	14.44	液化
20	粉砂	−1.35	12.35	0	14.35	0	15	13.01	3	12.81	不液化	17.08	液化

续表

孔号	岩性	贯入点高程(m)	d_m	d_w	d_m'	d_w'	$N_{63.5}'$（击）	$N_{63.5}$（击）	ρ_c	近震情况下N_{cr}（击）	近震情况下液化可能性	远震情况下N_{cr}（击）	远震情况下液化可能性
	细砂	−0.35	8.35	0	10.25	0	13	10.74	3	10.41	不液化	13.88	液化
21	细砂	−2.15	10.15	0	12.05	0	30	25.53	3	11.49	不液化	15.32	不液化
	细砂	−4.45	12.45	0	14.05	0	14	12.48	3	12.87	液化	17.16	液化
22	轻砂壤土	−0.95	9.95	0	14.35	0	10	7.08	3	11.37	液化	15.16	液化

表3.6-2 地震液化等级计算表

孔号	岩性	分布高程(m)	n	N_i	近震情况下N_{cr}	远震情况下N_{cr}	d_i(m)	w_i(m^{-1})	近震情况下I_{ie}	液化等级	远震情况下I_{ie}	液化等级
1	粉土	10.9~7.20	1	4.82	8.49	11.32	1.85	10.0	8	中等	10.62	中等
9	粉土	12.15~7.85	1	6.23	7.62	10.16	2.15	10.0	3.92	轻微	8.32	中等
10	粉土	10.80~8.60	1	3.67	7.29	9.72	1.10	10.0	5.46	中等	6.85	中等
11	粉土	11.0~7.60	1	1.91	7.17	9.56	1.70	10.0	12.47	中等	13.60	中等
12	粉土	11.0~7.80	2	2.78	7.53	10.04	1.83	10.0	18.32	严重	21.14	严重
	粉砂			3.78	9.45	12.60	1.13	8.3				
14	粉土	13.0~9.50	1	3.76	7.77	10.36	1.75	10.0	9.03	中等	11.15	中等
3	中细砂	−0.50~−2.90	1	9.41	11.73	15.64	1.20	1.2	0.28	轻微	0.57	轻微
5	细砂	2.40~−3.45	3	9.94	9.48	12.64	1.37	7.6	1.63	轻微	7.27	中等
	细砂			9.47	10.74	14.32	2.60	5.3				
	极细砂			19.61	12.60	16.80	2.27	2.9				
6	细砂	2.20~0.45	3	8.92	9.93	13.24	0.92	7.7	0.72	轻微	2.31	轻微
	细砂			20.78	10.59	14.12	2.15	6.2				
	细砂			17.0	12.51	16.68	3.17	3.5				
7	中砂	0.35~−3.75	1	9.0	11.04	14.72	2.67	3.0	1.48	轻微	3.11	轻微
15	轻砂壤土	0.3~−1.30	1	11.39	10.71	14.28	3.15	4.7	0		3.0	轻微
17	细砂	0.80~−3.50	2	10.40	10.83	14.44	3.95	4.8	0.75	轻微	5.30	中等
	细砂			20.58	12.63	16.84	2.47	2.4				
20	轻砂壤土	0.60~−5.00	3	9.29	9.09	12.12	1.62	8.4	0		8.86	中等
	细砂			12.45	10.83	14.44	3.10	6.0				
	粉砂			13.01	12.81	17.08	2.97	3.0				
21	细砂	0.80~−5.10	3	10.74	10.41	13.88	1.48	7.0	0.23	轻微	4.41	轻微
	细砂			25.53	11.49	15.32	2.05	5.3				
	细砂			12.48	12.87	17.16	2.45	3.1				
22	轻砂壤土	−1.0~−1.60	1	7.08	11.37	15.16	2.50	3.7	3.49	轻微	4.93	轻微

3.6.2 基坑突涌

建基面高程(闸底板底高程)7.0 m,齿墙底高程 6.0 m,持力层为第(3)层、(4)层、(5)层可塑~硬塑状粉质黏土与黏土,分布稳定,强度较高,建基面以下厚度 7.4~8.6 m,工程地质条件良好。其下为第(6)、(7)层中密细砂与中砂承压含水层,承压水位为 15.9~16.0 m,承压含水层顶板高程为 1.2~-2.9 m,局部为-4.1 m。承压水头一般 14.8~18.9 m,局部近 20.0 m。基坑开挖后承压水压力将对基坑有造成突涌的可能,现按压力平衡原理进行简单计算评价:

$$\gamma \times H = \gamma_w \times h$$

式中:H——基坑开挖后不产生基坑突涌时不透水层的最小厚度(m);

γ——不透水层土的密度(g/cm³);

γ_w——水的密度(g/cm³);

h——承压水水头高于含水层顶板的高度(m)。

根据地质资料,第(6)层细砂上覆土层为粉质黏土和黏土,第(3)、(4)层粉质黏土的密度取 1.97 g/cm³,第(5)层黏土的密度取 1.85 g/cm³,加权平均取 1.90 g/cm³,承压水头平均取 16.0 m。按上式计算,基坑开挖后不透水层的临界厚度为 8.4 m,而闸底板建基面高程以下不透水层厚度最薄处仅 5.8 m,因此基坑开挖存在基坑突涌问题,建议采取措施,降低承压水头,防止基坑突涌。

3.6.3 基坑排水

第(6)、(7)层的中、细砂层为承压含水层,厚度大,水量丰富,承压水头在汛期为 18.0 m 左右,非汛期 16.5 m 左右,而建基面高程 7.0 m,承压水头 14.8~18.9 m,建基面以下黏土最薄,仅 5.8 m,加之基坑处有历史上未封闭的钻孔,随时会出现喷水冒砂现象,对基坑稳定不利,必须进行施工降水,但新闸紧邻老闸,抽降承压水势必因承压水头的变化对老闸产生沉降变形影响。经过理论计算,水位降至高程 11.0 m,基坑开挖时,基坑是安全的,同时对老闸、老堤也不会产生明显影响。

根据承压水非完整井计算公式:

$$Q = \frac{2.73KMs}{\lg[(R+r_0)/r_0] + (M+l)/l \times \lg(1+0.2h/r_0)}$$

式中:Q——基坑涌水量(m³/d);

K——渗透系数(m/d),取 12.87 m/d;

M——含水层厚度(m),取 26.4 m;

s——水位降深值(m)取 10 m;

r_0——基坑等效半径(m),按矩形基坑,$r_0=0.29(L+B)=118$ m;

R——由公式计算的影响半径(m)，$R=10s\sqrt{K}=359$ m；

L——基坑长度(m)；

B——基坑宽度(m)；

l——滤水管工作部分长度，取 $l=8.0$ m。

计算得 $Q=14\,300$ m^3/d。

建议基坑开挖时考虑承压水流向，应先运行来水方向的井，截断承压水源，不断增加抽水数量，每天观测孔内地下水位，确定抽水井数，以便有效地控制承压水位，确保新闸基坑安全，降低对老闸、老堤不利影响。

3.6.4　基坑边坡稳定

闸基以上土层主要为第(1)、(2)层，岩性由中、轻粉质壤土、淤泥质黏土组成，夹砂壤土、少量细砂薄层，岩性变化大，夹层、互层较多，层理发育，土质松软，抗剪强度低，且基坑距老堤较近，场地狭窄，开挖深度达 10 m 左右，开挖土层临时天然边坡比不宜超过 1∶1.5。由于新老闸距离较近，按上述边坡开挖会涉及老堤，若边坡开挖过陡会对基坑边坡稳定及老堤安全极其不利。为确保老堤安全，靠近老堤侧采用 1∶3 边坡开挖到 12.0 m 高程，12.0 m 高程以下应采取支护措施。

3.6.5　渗透变形

根据土层的物理指标、颗分曲线分析，渗透变形主要发生在第(1)、(2)层无黏性土或少黏性土，按《水利水电工程地质勘察规范》(GB 50487—2008)判别，主要渗透变形为流土和管涌型，安全系数取 2，计算结果见表 3.6-3。

表 3.6-3　土层允许水力比降计算成果表

层次	土质	不均匀系数	破坏类型	允许比降 计算值	允许比降 建议值
②	中、轻粉质壤土	7～11.5	流土	0.25～0.38	0.25
②	重粉质砂壤土	5.9	管涌	0.099	0.10
③	中、轻粉质壤土	3.5～5	流土	0.13～0.24	0.15
③	砂壤土	2.0～10	管涌	0.09～0.12	0.10
③	粉细砂	1.7～2.6	管涌	0.12～0.38	0.16
⑦	细砂	1.6～3.6	管涌	0.15～0.39	0.22

因各层土质较复杂，允许水力比降按土层类别计算、确定。

3.6.6 钻孔灌注桩地质参数确定

根据扩建闸址的地质条件,建议基础处理采用灌注桩基础,现根据勘测成果,结合钻孔灌注桩特征,确定灌注桩设计参数如表3.6-4。

表3.6-4 钻孔灌注桩设计参数建议值

地层	岩性	侧壁摩阻力 极限值(kPa)	安全系数	允许值(kPa)	桩端土承载力计算值[R](kPa)	桩端土承载力允许值(kPa)
(1)	中粉质壤土	25	2	12.5	40	
(2)	轻粉质壤土夹淤泥质黏土	20	2	10	60	
(3)	粉质黏土	50	2	25	200	200
(4)	粉质黏土	60	2	30	220	260
(5)	重粗质壤土	40	2	20	120	167
(5)	中粉质壤土	35	2	17.5	140	180
(6)	细砂	50	2	25	180	270
(7)	中砂	60	2	30	250	360

3.6.7 导堤堤基稳定问题

拟建新闸上游封闭堤及下游北导堤长880 m,堤顶高程25.668 m,落在原老闸建设时开挖的导流明渠内,部分新堤位于历史上黑牛嘴决口处,渠底分布有淤泥。

地基土为第(2)、(3)层土。第(2)层中、轻粉质壤土夹粉质黏土,为中等透水性,孔隙比较大,中等偏高压缩性,堤顶钻孔地质条件比堤脚钻孔略好,标贯击数比堤脚孔高3击左右;第(3)层轻粉质壤土夹淤质黏土及粉细砂,土质复杂,层理发育,为中等透水性,中等偏高压缩性,堤顶钻孔地质条件比堤脚钻孔略好,标贯击数比堤脚孔高4~5击,土质松软,不宜作为堤基,存在渗透变形、沉降变形问题。

3.7 结论与建议

(1)闸址区地震基本烈度为Ⅶ度,远震条件下场地为中等液化程度,闸室持力层为可塑~硬塑状粉质黏土,不存在液化问题,但在其他以全新统地层为持力层的建筑物应采取消除液化措施。

(2)闸址区的第(1)、(2)层土主要为中粉质壤土、轻粉质壤土、淤泥质黏土,呈软塑~

流塑状态,应予以清除;第(2)层夹粉细砂层。透水性较强,存在渗透变形问题,应注意渗透变形对基坑边坡稳定的影响。

(3) 扩建闸址区的第(3)、(4)层为粉质黏土,强度较高,平均厚度4.0 m左右,为较好的持力层,第(5)层上部分布1.5～2.0 m的软塑～可塑状粉质黏土,含水量高,孔隙比大,应注意对建筑物沉降的影响。

(4) 扩建闸址区承压含水层水头较大,基坑开挖时应采取降水措施,防止基坑突涌。从地质条件分析,扩建闸址愈靠近老闸,则现状地面愈高,(3)、(4)层粉质黏土顶面高程也相对较高(6.90～7.60 m),承压含水层顶面略低,上覆盖层相对较厚,对增加建筑物的抗震性能、减少地基不均匀沉降有利。但应注意避免新闸施工降水对老闸影响。

勘探区场区地下水对混凝土无侵蚀性。

(5) 导堤现状堤身填筑压实不均,局部最小干密度为1.36 g/cm^3,为保证工程安全,应考虑加固处理。

(6) 导堤堤基第(3)层中存在的淤泥质黏土,微透水性,高压缩性,呈夹层、互层分布,力学性质很差,设计时应注意对堤身稳定及不均匀沉降的影响。

(7) 土料料区:第(1)、(2)层中淤泥质黏土,黏粒含量37%～52%以上,富含有机质,含水率高,不宜作为工程填筑土料,中、轻粉质壤土,黏粒含量为10%～19%,其质量满足规范要求。因本层中夹层互层现象较多,淤泥质黏土难以清除,使用时应考虑与轻粉质壤土混合使用,同时应控制上堤土料的含水量。

砂石料:本闸址砂石料均需外购,石料可由江西省上饶石料购买,砂料可从河南省淮宾砂料场购买。

(8) 施工时应将闸基下承压水水位降至11.0 m,施工降水将对老闸产生不利影响,施工阶段应对该问题进行专门研究。

第四章
花园湖进、通洪闸

4.1 工程概况

花园湖行洪区位于淮河右岸,总面积为218.3 km²,耕地1.04×10⁴ hm²,人口8.9×10⁴人,分属凤阳、明光、五河5个乡镇的47个行政村。

淮河流经花园湖行洪区河段上起下徐庄(河道断面桩号HD292),下至小溪镇附近(河道断面桩号HD462),河道长度约31.9 km,现状淮河河口宽度约400~800 m,两岸堤距约600~1 200 m,河底高程-1.7~8.0 m(85国家高程基准,下同),河内有两处心滩,分别位于桩号HD296~HD302和HD441~HD451,上游心滩高程14.6 m左右,下游心滩高程17.6 m左右,沿河滩地高程14.3~18.5 m,滩地宽度为80~200 m,局部不足50 m。淮河在行洪区段蜿蜒曲折,从HD286~HD302段河道顺直,自南向北流,HD302~HD428段,河槽弯曲如"m"状,自桩号HD428处变为由西向东流,河道基本顺直。

图4.1-1 花园湖行洪区

工程建设主要内容为：

1) 对下徐庄～小溪镇附近段（HD297～HD487(BT925)）河道疏浚。疏浚段河道长29.32 km，设计河底高程为6.9～6.0 m，底宽320 m，边坡比1∶4。

2) 行洪堤防退建。退建堤共分二段，其退建桩号为HY31(0+212)～HY64(9+010)和HY71(0+000)～HY110(7+805)，最大退堤宽度约600 m，退堤新建堤防长约11.98 km左右。

3) 行洪区堤防加固。本次加固分3段，分别为堤防桩号HY11(1+116)～HY31(4+122)、HY64(9+010)～HY71(10+420)、HY110(7+805)～ HY178(26+558)，加固堤线总长约15.76 km。

4) 老堤铲除。铲除段与退堤段位置对应，堤防退建后，相应段老堤均需铲除，铲除老堤总长约14.52 km。

5) 新建保庄圩堤长16.81 km。

6) 新建花园湖进、退洪闸，分别位于HY08(0+830)、HY167(25+458)处。

7) 新建或拆除重建穿堤建筑物15座。其中花园湖行洪堤泵站、涵闸5座，新建保庄圩穿堤涵洞10座。

8) 布置8个排泥区，每个排泥区均填筑围堰。

9) 布置5个移民点，其中对黄湾吴窑、牛王、老巨安置点进行了勘察。

10) 淮河上布置4处护岸工程。

11) 土料场。本次土料场可分为三类，①退堤段铲除，弃土作为土料；②淮河右岸滩地料场，现状河水面至设计河口线范围内，河道疏浚时水上方弃土作为填筑土料；③排泥场内土料场，先取可筑堤土料，后进行排泥，共有7块（即3♯、4♯、4－1♯、5♯、6♯、7♯、8♯）。

4.2　区域地质概况

4.2.1　地形地貌

工程位于淮河中游下段，属淮河中、下游冲积平原区，地势较开阔平缓，地形较为平坦。淮河在本区受构造和地貌等因素的影响，流向变化较大。淮河左岸支流受淮北平原地势及黄泛的影响，基本上呈西北～东南向分布，经常受淮河洪水顶托倒灌作用，在河水漫滩后，水浅流缓，造成各支流两岸泥沙大量沉积，逐年淤高，沿岸形成约2 km宽的天然堤，向两岸腹地形成倒比降。淮河右岸一般为江淮丘陵，区内基本为海拔20～40 m的河流相堆积平原，在滁州、明光境内有零星山地。本工程区河谷地貌形态主要为河床、河漫滩、河心洲等，此外两岸冲沟、洼地等微地貌局部较发育。支流两侧还分布有许多羽状沟河等小支流,其他还存在一些人工地貌等。黄湾至枣巷镇段淮河呈"m"形流经本区,自枣巷镇以下,淮河变为近东西向,至小溪段较顺直,淮河两岸滩地宽窄不一。花园湖行洪区属淮河右岸漫滩地貌,地面高程在 16.4～17.2 m 左右,上部全新统厚 10～18 m,主要以黏土、轻粉质壤土、砂壤土为主。本段淮河主槽深切,河底高程一般为-3.1～7.2 m,淮河左堤为淮北大堤,堤顶高程 22.5～23.7 m,堤顶宽 5～9 m,堤防一般高出地面 4～7 m;右堤为花园湖行洪堤,堤顶高程 20.6～21.7 m,堤顶宽 5 m 左右,堤防一般高出地面 4～7 m,沿堤内有树木和村民住房分布。

4.2.2 地层岩性

工程区处于华北地层区的南缘,第四系地层发育,河湖相沉积较为普遍,厚度不等,绝大部分地区大于 50 m。

第四系全新统(Q_4^{al}):主要分布在淮河干流及支流河谷范围,是组成河漫滩的主要地层,有不太明显的韵律层,局部韵律明显,是淮河及其支流的近期冲积物,土质为灰黄、棕灰、黄褐色粉质壤土夹粉细砂或粉细砂夹粉质壤土等,局部含有淤泥质土,分布较广,厚度不等,变化较大,一般厚度 10～16 m。堤防工程和建筑物基础主要位于全新统地层上。

第四系上更新统(Q_3^{al+l}):主要出露在花园湖进出口、黄枣保庄圩堤基大部分及花园湖南的丘岗区,凤阳县上徐家至高圩子一带、牌坊-梁家-后陈至小溪一带的二级阶地,有比较明显的韵律层,含铁锰结核和钙质结核,由粉质黏土、粉质壤土和砂土组成,具二元结构,分布广泛。

第四系中更新统(Q_2^{al}):以灰绿色中细砂及灰绿、赭红色粉质黏土为主,结构致密,承载力较高,为该区较好的持力层。

勘探区揭露的下伏基岩为下元古界(Pt1)的蚌埠期混合花岗岩,在花园湖进洪闸处(下徐家),基岩埋深 8～10 m,在小溪集处(104 公路以东)有基岩出露。

4.2.3 地质构造及区域稳定性

勘探区属淮河中、下游冲积平原区,郯庐断裂在场区以东以 NE5°～10°走向穿越,受断裂控制,地质构造复杂多变,第四纪以来,构造活动仍较频繁。

勘察区下段处于营口～郯城地震带南缘,与北西向的长江口～五河～开封地震带交会,地震活动频繁。文献显示早在 1668 年 7 月 25 日,郯庐大断裂带区域就发生了以山东莒南为中心的 8.5 级地震,影响范围波及南京以远。1642 年在盱眙县发生 5 级地震、1829 年 11 月 18 日发生了以安徽五河为中心的 5.5 级地震,影响范围波及徐淮以远。有感地震自 1481 年 3 月 9 日至 1937 年 8 月 1 日有 19 次以上,仅 1974 年～1975 年两年内泗洪县测得有感地震四次,说明本区晚近构造活动仍在继续发展。

依据《中国地震动参数区划图》(GB 18306—2015),工程区地震动峰值加速度上徐庄至枣巷镇西 1.5 km[堤防桩号:HY118(16+430)]为 0.10 g,枣巷镇西 1.5 km[堤防桩号:HY118(16+430)]至小溪集为 0.15 g,相应地震基本烈度均为Ⅶ度。

4.2.4 水文地质条件

根据地层分布和地层结构,工程涉及的范围内,地下水类型主要为松散岩类孔隙潜水和孔隙承压水。孔隙潜水主要分布于上部的轻粉质壤土、砂壤土、极细砂层(Q_4^{al})中,为区内主要含水层,分布在河床、河漫滩等低洼地带,渗透系数为 $A×10^{-3}$～$A×10^{-5}$ cm/s,其富水程度受土性变化而有所区别,主要接受大气降水和地表水补给,潜水与地表水有着密切的水力联系,地下水位随季节变化,雨季水位较高,旱季埋藏较深,并和地面高低有关。孔隙承压水主要赋存于黏性土隔水层以下的砂壤土、粉、细砂层(Q_3^{al})中,在河床中局部地段因采砂已揭穿该层含水层,地下水具微承压性,渗透系数为 $A×10^{-2}$ cm/s～$A×10^{-4}$ cm/s。地下水的补给来源主要为大气降水、农业灌溉和地表水。降水和灌溉补给主要受表层岩性、地质构造、地下水埋深和地形特征等因素控制,地表水源主要为淮河。

地下水的排泄主要为蒸发,水平径流,构成渗入-蒸发型特征的循环方式。地下水类型主要有 HCO_3—Ca·Na 型、HCO_3·Cl—Ca·Mg 型、HCO_3·Cl—Ca 型。根据花园湖进、退洪闸水质分析结果,工程区环境水对混凝土无腐蚀性。

4.3 河道疏浚工程地质条件与评价

根据设计方案,本次对花园湖行洪区进口(河道桩号 HD297)至桩号 HD487 段进行疏浚,疏浚段总长约 29.95 km,设计疏浚河底高程 6.5～7.0 m,河底宽 310 m 左右。疏浚基本顺现状河势进行,在花园湖行洪堤退堤段,疏浚后河道中心向右岸偏移,本次疏浚以右岸为主,桩号 HD468 以后段疏浚以左岸为主,左岸主要为水下方疏浚,并与上、下河段平顺连接。

4.3.1 地形地貌

淮河由西南流入花园湖区,至该区内邢台子村转为东南向,至段张村处转为东北向,至欧台子再次转向东南,至枣巷敬老院处转向近东向,至花园湖出口处(小溪集)转为向北流。工程区内河道除局部河段较顺直外,河道在区内呈"m"型。拟在"m"顶部两处河曲内进行退堤切滩,疏浚河道。淮河右岸一般为河槽与湖地或岗地之间的冲洪积、漫滩相平地,宽度不等,区内地面高程 15.3～17.3 m。淮河左岸为淮北平原的前缘,为冲洪积形成的漫滩地形,地势平坦开阔,地面高程一般为 15.3～17.5 m。该段河道河底高程约为－3.1～7.2 m。

4.3.2　河道及岸坡工程地质条件

本段河道沿线揭露主要地层岩性为：

第(1-2)层重粉质壤土(Q_4^{al})，黄色，软可塑状态，仅零星分布于表层，层底高程10.60～13.90 m，厚2.0 m左右。

第(2)层轻粉质壤土夹砂壤土(Q_4^{al})：黄色，地下水位以上，干至稍湿，呈松散状态；地下水位以下，湿至饱和，呈松散或流塑状态。该层上部1.5 m左右以轻粉质壤土为主，夹砂壤土、黏土或中粉质壤土薄层，向下渐变为砂壤土夹细砂，局部为粉砂，摇振反应强烈，层底高程5.60～16.60 m，层厚3.0～6.0 m。

第(2-1)层砂壤土(Q_4^{al})：黄色，湿，呈松散状态，局部为粉砂，摇振反应强烈，层底高程5.70～10.90 m，层厚8.80 m左右，该层仅分布于FK40～FK44孔范围内。

第(3-0)层淤泥质黏土(Q_4^{al})：灰色，饱和，软塑状态。局部分布，层底高程5.8～9.0 m，揭露厚度5 m左右，其黏聚力8.0 kPa，内摩擦角4.0度。

第(3)层轻粉质壤土夹砂壤土(Q_4^{al})：灰色，湿至饱和，软塑至流塑状态，层底高程-0.40～15.0 m，层厚1～7 m。该层夹淤泥层或淤泥透镜体。

第(3-1)层淤泥质黏土(Q_4^{al})：灰色，饱和，软塑状态。局部分布，且不连续。层底高程1.30～11.0 m，厚度3～5 m。

第(4)层细砂或砂壤土(Q_4^{al})：灰色，饱和，呈松散至稍密状态，夹轻粉质壤土或淤泥，土质不均匀，含砂壤土较多，厚度变化较大。该层土的平均颗粒组成：砂粒、粉粒、黏粒，占比分别为68.2%、30.1%、1.7%。层底高程-1.10～15.80 m，层厚1～5 m。

第(5)层中、重粉质壤土：黄、褐黄色，湿，硬塑状态，含有铁锰结核和砂礓，主要为淮河右岸揭露，层底高程-0.40～12.40 m，多数孔未揭穿该层，揭露厚度最大10 m。

第(6-1)层中、轻粉质壤土(Q_3^{al})：灰色，湿，软至可塑状态，夹细砂层或透镜体，土质不均匀，该层土至高程4.15 m未揭穿(局部孔已揭穿，层底高程-2.70～7.40 m，层厚1.7～3.5 m)。

第(6-2)层细砂及砂壤土(Q_3^{al})：灰、灰黄色，饱和，呈稍密至中密状态，该层土至高程4.5～5.3 m未揭穿。

第(7)层粉质黏土(Q_3^{al})：黄、褐黄色，硬至坚硬，仅在FK55和FK56孔处揭露，层顶高程1.80～5.30 m，层底未揭穿，由于埋藏深，本次河道疏浚挖不到该层。

第(10)层壤土夹砾石，仅分布在FK96孔左右。

各土层物理力学指标建议值如表4.3-1。

表 4.3-1 河道疏浚段各层土物理力学指标建议值表

层号	土层名称	含水率	湿密度	干密度	孔隙比	液性指数	压缩系数	压缩模量	直快黏聚力	直快内摩擦角	固快黏聚力	固快内摩擦角
		%	g/cm³				MPa⁻¹	MPa	kPa	°	kPa	°
(1-2)	重粉质壤土	34.6	1.85	1.38	0.986	0.81	0.62	3.32	13.8	3.0		
(2)	轻粉质壤土夹砂壤土	26.5	1.92	1.52	0.767	0.69	0.37	6.61	11.2	11.1	11.7	23.5
(3-0)	淤泥质黏土	42.2	1.76	1.20	1.289	1.27	1.00	2.00	6	3		
(3)	轻粉质壤土夹砂壤土	28.2	1.93	1.51	0.777	0.89	0.41	5.98	9.3	6.5	8.5	13.8
(3-1)	淤泥质黏土	41.1	1.83	1.32	1.105	1.00	0.92	2.68	8	3.5	7	7
(4)	细砂及砂壤土	23.2	1.95	1.56	0.727		0.41	7.73	5	20		
(5)	中、重粉质壤土	26.3	1.97	1.55	0.751	0.39	0.32	6.05	25.2	8.0	22.5	10
(6-1)	中、轻粉质壤土	28.9	1.93	1.50	0.785	0.89	0.40	5.14	10.8	7	11.1	9
(6-2)	细砂及砂壤土	22.9	2.01	1.63	0.645		0.20	9.11	8.5	21		

4.3.3 水文地质条件

根据本次勘探资料，在勘察深度内地下水类型为松散岩类孔隙水，地下水由大气降水和河水补给。

勘探区地层中潜水含水层主要由第(2)、(3)、(4)层组成的，上述土层结构松散；局部微承压含水层由第(6-2)层砂土构成，由于(6-2)层在河槽中局部出露，含水层具有微承压性。地下水水位受气候影响较大，干旱条件下表层土地下水位迅速降低，汛期会升至地表。含水层中的地下水主要由大气降水入渗补给或河水补给。原状土渗透系数的室内试验值多为 $n \times 10^{-4 \sim -5}$ cm/s，为弱～中等透水层。勘探期间为淮河枯水期，淮河水位在 12.5～13.0 m 左右，钻孔中地下水水位一般在 12.5～13.5 m，河水与地下水位接近。

综合分析勘探试验资料基础上，结合已有工程经验，提出工程区内各层土的渗透系数建议值见表 4.3-2。

表 4.3-2 疏浚河道段各层土渗透系数建议值表

地层编号	土层名称	室内渗透试验值(cm/s)	建议值(cm/s)	渗透性等级
(1-2)	重粉质壤土	$1.9 \times 10^{-7} \sim 3.0 \times 10^{-6}$	1.0×10^{-6}	微透水
(2)	轻粉质壤土夹砂壤土	$3.4 \times 10^{-5} \sim 1.0 \times 10^{-3}$	8.0×10^{-4}	中等透水
(3)	轻粉质壤土与砂壤土互层	$1.6 \times 10^{-4} \sim 7.0 \times 10^{-4}$	7.0×10^{-4}	中等透水
(3-1)	淤泥质黏土		1.45×10^{-7}	极微透水
(4)	粉细砂或砂壤土	$1.9 \times 10^{-4} \sim 5.0 \times 10^{-4}$	5.0×10^{-4}	中等透水
(5)	重粉质壤土	$1.7 \times 10^{-6} \sim 1.5 \times 10^{-5}$	2.0×10^{-7}	极微透水

续表

地层编号	土层名称	室内渗透试验值(cm/s)	建议值(cm/s)	渗透性等级
(6-1)	中、轻粉质壤土		5.0×10^{-5}	弱透水
(6-2)	细砂或砂壤土	$9.6\times10^{-6}\sim1.6\times10^{-4}$	$A\times10^{-4}$	中等透水

4.3.4 工程地质评价

4.3.4.1 河道边坡

该段河道边坡主要由(2)、(3)、(3-1)、(4)层的轻粉质壤土、砂壤土及粉细砂等组成,土层结构松散,透水性较好,呈松散状态。抗冲刷能力差,受来水冲刷和侧蚀作用时易发生塌岸,上述各层土不冲刷流速分别为:(2)、(3)层土为 0.4 m/s~0.5 m/s,(4)层砂壤土及粉细砂为 0.35 m/s 左右,水下休止角 10 度~14 度。根据沿线河道土质及现状河道边坡情况,建议河道边坡比采用 1:4。局部河段边坡揭露(5)层重粉质壤土,该段河坡抗冲刷能力一般。

4.3.4.2 渗透稳定性评价

沿线以轻粉质壤土、砂壤土和细砂地层居多,渗透稳定性较差,根据土层组成情况,按《水利水电工程地质勘察规范》(GB 50487—2008)的规定进行土的渗透变形判别。取 1.8 的安全系数时,第(1-2)层土为流土,允许水力比降建议值为 0.50;第(2)、(3)层土为流土,允许水力比降建议值为 0.30;第(3-1)层土为流土,允许比降建议值为 0.35;第(4)层土为管涌型土,允许水力比降建议值为 0.18~0.20;第(5)、(6-1)层土为流土,允许水力比降建议值分别为 0.55、0.35。

4.3.4.3 土质开挖分级评价

河道疏浚深度至高程 7.0~6.5 m,根据勘探结果,在疏浚深度内分布地层以第(1-2)、(2)、(3)、(3-1)、(4)层为主,局部河段开挖时可接触到第(6-1)、(5)、(6-2)、(10)层土,在(5)层土中含有砂礓,经现场调查,局部含有砂礓盘(本次勘探未揭示)。开挖级别根据《水利水电建筑工程概算定额》的要求进行分级。各层土的开挖级别见表 4.3-3。

表 4.3-3 河道疏浚段土类分级及河道边坡建议值表

层号	土类分级 一般工程	土类分级 疏浚工程	层号	土类分级 一般工程	土类分级 疏浚工程
(1-2)	Ⅱ~Ⅲ	Ⅲ	(4)	Ⅱ	Ⅲ
(2)	Ⅱ	Ⅲ	(5)	Ⅳ	Ⅴ~Ⅵ
(3-0)	Ⅱ	Ⅲ	(6-1)	Ⅲ	Ⅴ

续表

层号	土类分级		层号	土类分级	
	一般工程	疏浚工程		一般工程	疏浚工程
（3）	Ⅱ	Ⅲ	（6-2）	Ⅱ	Ⅵ
（3-1）	Ⅱ	Ⅲ	（7）	Ⅳ	Ⅴ~Ⅵ

4.4 堤防加固及退堤段工程地质条件与评价

根据淮河行洪区调整和建设规划方案，上自凤阳县的下徐庄，下至五河县的小溪集（镇）附近，河道全长 29.95 km，其中退堤 2 段，需新筑堤防长 11.98 km，堤防加固 3 段，长约 15.54 km。设计堤顶高程为 22~23 m，堤顶宽度 6 m，边坡比为 1:3。另对退建处老行洪堤铲除，铲除行洪堤总长约 14.52 km。

4.4.1 地形地貌

场区属河漫滩地貌类型，地势较平坦，地面高程 15.5~17.5 m，堤顶高程 20.0~21.0 m，本段河道河曲发育，滩地宽 50~350 m，淮河河底高程-3.1~7.3 m。部分地段属岗地地貌。

4.4.2 现状堤防险情调查及分析

花园湖行洪区现状堤防全长 29.95 km，堤顶高程 20.0~21.0 m，顶宽约 3.0~4.0 m，堤防高度约 3.0~4.0 m，流经行洪区的淮河河道两岸堤距一般为 700~1 000 m。本河段堤距宽窄不一，弯道处水流贴岸，崩岸现象严重，堤防两侧坑塘较多，每到汛期堤防背水坡经常出现渗水现象。据现场查勘和调查，有以下险工险情：

① 沈赵洼险工段 HY27(3+315)~HY31(4+122)，迎流顶冲，堤后沟塘较多，2008 年曾进行了 1 000 m 迎水面混凝土护坡。

② 后黄险工段 HY36(5+135)~HY42(6+325)，坐弯迎流，滩地少，护岸崩塌严重，堤身需恢复。该段属退堤范围。

③ 老观集险工段 HY73(12+638)~HY75(13+043)，无滩地。该段本次属退堤范围。

④ 某狗冲险工段 HY85(15+043)~HY90(16+043)，岸滩崩塌严重。该段属退堤范围。

⑤ 老巨闸险工段 HY107(19+443)~HY108(19+643)，堤后低洼，渗水。该段属退堤范围。

⑥ 黄泥段险工段 HY122(22+178)～HY124(22+578),坐弯迎流,滩地狭窄。

⑦ 烟堆子险工段 HY132(24+378)～HY134(24+778),堤身地质条件差,汛期高水位堤身有散浸、渗水现象。

⑧ 申家湖险工段 HY168(30+706)～HY169(30+806),堤身地质条件差,加之申家湖站洞身开裂,汛期漏水。

经查,堤身填土以轻粉质壤土夹砂壤土为主的堤段,汛期背水坡有渗水或窨潮现象,另现状堤顶高程、堤防断面和堤防边坡均不满足设计要求,需加高培厚和修坡处理。

4.4.3 加固段堤身填筑质量评价

4.4.3.1 堤身填土组成

本次加固堤防共有3段,即 HY01(0+000)～HY31(4+122),长约 4.2 km;HY64(9+010)～HY69(10+025),长约 1.1 km;HY110(20+043)～HY178(26+558),长 10.24 km。下面分段叙述:

第一段 HY01(0+000)～HY31(4+122)(JH1～JH6):该段堤防堤身填土的岩性主要为轻粉质壤土,夹砂壤土,干密度在 1.37 g/cm³～1.73 g/cm³,平均值为 1.49 g/cm³,其中 JH4、JH6 孔处干密度为 1.37 g/cm³～1.38 g/cm³,密实度较低,堤顶高程 20.80～21.70 m,顶宽 4～6 m 不等,除局部地段在上下堤路处稍有缺口外,堤防比较完整,该段堤防未发现不良地质现象,也未见人工护坡等设施。

第二段 HY64(9+010)～HY69(10+025)(JH7～JH9):该段堤防堤身填土主要为黏土或重粉质壤土,干密度在 1.37 g/cm³～1.59 g/cm³,局部填筑不密实(如 JH7 孔处),孔隙比为 1.007。堤防顶高程 20.3～21.6 m,顶宽 4～6 m 不等。该段堤防两端处有上下堤道路,经调查该段堤防无不良物理地质现象,也无人工护坡等设施。

第三段 HY110(20+043)～HY178(26+558)(JH10～JH32):该段堤防堤身填土在 JH11～JH15 孔、JH23 孔附近、JH31～JH32 孔附近,以黏土或粉质黏土为主,夹少量中、轻粉质壤土。其余各段以轻粉质壤土或中粉质壤土为主,夹少量砂壤土。干密度在 1.37 g/cm³～1.67 g/cm³,局部为 1.37 g/cm³～1.39 g/cm³(如 JH17、JH18、JH26 孔附近),填筑不密实,堤顶高程 20.3～20.8 m,顶宽 4～6 m,除局部地段由于人类活动稍有破坏外,堤防整体比较完好。

经调查加固段堤防在以(2)层轻粉质壤土为堤基段(JH1～JH6,JH16～JH22,JH24～JH30),汛期背水坡有少量渗水或窨潮现象,其中,在 JH19 孔附近约 400 m 范围,堤基渗水严重。

本次在堤防加固段布置了4组注水试验(第一段1组、第二段1组、第三段2组)和相应的室内渗透试验,经统计分析可得堤身土的渗透系数为 1.80×10^{-5}～3.59×10^{-6} cm/s,为弱～微透水性。

4.4.3.2 堤身填筑质量评价

勘探过程中堤身取人工填土层的混合土料进行了4组击实试验,其中轻粉质壤土击实后最优含水率为15.9%,最大干密度为1.77 g/cm³,相应4级堤防(压实度按0.90计)设计干密度为1.59 g/cm³;中、重粉质壤土击实后最优含水率为20.5%,最大干密度为1.65 g/cm³,相应4级堤防设计干密度为1.49 g/cm³;黏土击实后最优含水率为25.9%,最大干密度为1.54 g/cm³。

根据勘探试验资料,第一加固段,堤身土共取9组试验样,平均孔隙比为0.820,干密度为1.37 g/cm³～1.73 g/cm³,平均值1.49 g/cm³,同轻粉质壤土击实后的最大干密度相比,该段现状堤身土的压实度约为0.77～0.97,平均0.84,其中不满足4级堤防设计干密度要求的样本数为6组,占67%;第二加固段,堤身土共取5组试验,平均孔隙比为0.807,干密度为1.37 g/cm³～1.59 g/cm³,平均值1.53 g/cm³,同黏土击实后的最大干密度相比,该段现状堤身土的压实度为0.89～1.0,平均0.99,其中不满足4级堤防设计干密度要求的样本数为1组,占20%;第三加固段,堤身土共取29组试验样,孔隙比为0.629～1.007,干密度为1.37 g/cm³～1.67 g/cm³,平均值1.52 g/cm³,其中不满足4级堤防设计干密度要求的样本数为4组,占37%,可见堤身土孔隙比和干密度差别较大,填筑的均匀度较差。

综上分析,第一加固段堤身土主要由轻粉质壤土组成,堤身填土普遍碾压不实,堤身土质不均,压实度不满足规范要求,土的整体抗渗能力较差、堤身与堤基接触带处理效果较差,现状堤顶高程、堤顶宽度、堤身断面和堤坡均不能满足设计要求,汛期堤身背水坡出逸点偏高,局部有散浸、渗水现象,堤防背水坡护堤地低洼,堤后坑塘较多,该段堤需采取加高培厚和防渗处理措施,并对距堤脚近的洼地和深塘进行固基填平处理,对坡比不足处需进行修坡处理。第二加固段、第三加固段局部堤身压实度总体能满足要求,局部压实不均匀,现状堤顶高程、堤顶宽度、堤身断面和堤坡均不满足设计要求,需对上述堤防采取加高培厚处理措施,对坡比不足处需进行修坡处理。

4.4.3.3 铲堤段堤身状况

现状老堤为淮河右岸花园湖行洪堤,共分两段,HY31(0+212)～HY64(6+918);HY71(0+000)～HY110(7+805)。两段堤防沿淮河弯曲分布,铲除长度约14.52 km。根据勘探资料,现状老堤堤身土岩性与(2)层土岩性基本相同,以轻粉质壤土为主,局部为中粉质壤土,堤身土平均含水率为14.8%,干密度1.51 g/cm³,直剪黏聚力13.2 kPa,内摩擦角25度,现场标贯试验平均为7.6击,堤高5～7 m,层底高程14.70～17.30 m,根据《水利建筑工程预算定额》中一般工程土类开挖级别分类,该堤身土的开挖级别为Ⅱ～Ⅲ级。

4.4.4 堤基工程地质条件

4.4.4.1 地层岩性

根据本次勘探资料,沿线堤基地层上部主要为第四系全新统地层,下伏上更新统、中更新统等地层,岩性较杂,夹层、互层及透镜体较多,现分层描述如下:

第(1-2)层粉质黏土(Q_4^{al}):黄色,稍湿至湿,可塑状态,多为耕植土,表层局部夹少量轻粉质壤土,夹砂壤土层。

第(2)层轻粉质壤土(Q_4^{al}):黄色,地下水位以上稍湿,呈松散状态;地下水位以下湿,呈软至流塑状态,夹砂壤土和细砂层,土质极不均匀,摇振反应强烈。含细砂及砂壤土多时,标准贯入击数一般较高,造成同层标贯试验数据离散性较大。

第(2-1)层砂壤土(Q_4^{al}):黄色,结构松散,局部表现为粉细砂,摇振反应强烈,地下水位以下,扰动后呈流动状态。该层土主要分布于(钻孔 JH1~BH13 段)桩号 HY10(1+030)~HY31(4+122)~TA3(0+600)。

第(3)层轻粉质壤土和砂壤土互层(Q_4^{al}):灰、灰黑色,湿至饱和,呈松散或软至流塑状态。BH61~BH67 段分布有淤泥质透镜体,厚 1.8 m 左右,标贯击数 1 击左右,强度很低。

第(4)层粉细砂或砂壤土(Q_4^{al}):灰色夹少量黄色,松散,有时夹有淤泥质土层,摇振反应强烈,其颗粒组成,砂、粉、黏含量分别为 63.9%、33.8%、2.3%,不均系数 3.1,曲率系数 1.2,分布间断不连续。

第(5)层重粉质壤土(Q_3^{al}):黄色,可至硬塑状态,夹黏土,含有铁锰结核,主要分布在 BH12~BH52 段范围内,不连续,土质不均匀,另外分布在 JH12、JH16~JH18、JH25~JH30 段的重粉质壤土为灰色,可塑状态,少量为软塑。

第(6-1)层中粉质壤土(Q_3^{al}):灰色,湿,软至软可塑状态,局部夹轻粉质壤土和黏土。

第(6-2)层细砂或砂壤土(Q_3^{al}):灰、灰黄色,湿,呈稍密至中密状态,局部为松散状态,密实度不均匀,砂层中夹有中、轻粉质壤土层,其颗粒组成,砂、粉、黏含量分别为 74.2%、22.3%、3.5%,不均系数 4.5,曲率系数 1.5。

第(7)层粉质黏土(Q_3^{al}):黄、褐黄或蜡黄色,稍湿,硬至坚硬状态,含有铁锰结核和砂礓,局部夹砂壤土或粉砂透镜体。

第(8)层轻粉质壤土夹轻粉质砂壤土(Q_2^{al}):黄、灰黄色,湿,呈可塑状态或稍密状态,局部分布。

第(9)层粉质黏土(Q_2^{al}):黄、褐黄或蜡黄色,稍湿,硬至坚硬状态,局部分布。

4.4.4.2 堤基地质结构分类

在勘探深度范围内,根据地层分布特征和空间组合,本段堤防堤基地质结构类型如表 4.4-2。

表 4.4-1　花园湖行洪区各加固段人工填筑土物理力学指标统计表

加固地段	填筑土主要岩性	高程(m) 层顶/层底	统计项目	含水率 %	密度 g/cm³ 湿	密度 g/cm³ 干	孔隙比	液限 %	塑限 %	塑性指数	压缩系数 MPa⁻¹	压缩模量 MPa	直剪 黏聚力 kPa	直剪 内摩擦角 °	标贯击数
1段	以轻粉质壤土为主段	20.80~21.70 / 16.15~17.10	计数	9	9	9	9	5	5	5	9	9	9	9	7
			最大值	29.2	2.02	1.73	0.971	27.4	17.6	9.8	0.34	11.53	23.5	27.0	15.0
			最小值	10.8	1.53	1.37	0.566	23.3	15.7	7.6	0.16	5.69	8.8	21.0	6.0
			大值均值	21.4	1.92	1.63	0.910	26.5	17.2	9.3	0.31	10.01	19.1	26.1	13.0
			小值均值	13.8	1.62	1.43	0.707	23.3	15.7	7.6	0.20	6.87	11.2	22.5	7.6
			平均值	17.2	1.75	1.49	0.820	25.9	16.9	9.0	0.22	8.62	14.7	24.1	9.9
			变异系数	0.318	0.100	0.082	0.168	0.059	0.042	0.091	0.244	0.229	0.340	0.095	0.321
2段	以黏土为主段	20.30~20.65 / 16.65~17.20	计数	5	5	5	5	5	5	5	5	5	5	4	5
			最大值	32.1	1.96	1.59	1.007	52.8	29.6	23.2	0.33	10.31	67.7	18.7	9.0
			最小值	23.6	1.81	1.37	0.734	42.5	22.2	18.3	0.17	5.95	41.2	14.0	6.0
			大值均值	32.1	1.96	1.57	1.007	52.8	27.8	22.2	0.31	9.87	67.7	18.3	8.3
			小值均值	24.3	1.86	1.37	0.757	43.8	23.5	19.2	0.18	6.01	45.0	14.0	6.5
			平均值	25.9	1.92	1.53	0.807	45.6	25.2	20.4	0.23	8.33	50.6	17.2	7.6
			变异系数	0.137	0.033	0.058	0.141	0.090	0.114	0.093	0.322	0.257	0.231	0.126	0.150
3段	以中、重粉质壤土为主段	20.60~20.80 / 13.30~16.60	计数	28[30]	28[30]	29[30]	29[30]	26[28]	26[28]	26[28]	29[30]	29[30]	13[14]	13[14]	28
			最大值	32.1	2.00	1.67	1.007	45.0	25.9	19.1	0.37	15.15	52.0	23.0	12.0
			最小值	10.4	1.63	1.37	0.629	24.5	16.3	8.2	0.08	4.27	5.9	11.0	4.0
			大值均值	25.4	1.93	1.59	0.881	39.9	23.5	16.4	0.30	10.79	41.2	20.6	10.3
			小值均值	16.2	1.74	1.45	0.719	27.5	17.7	9.8	0.17	6.22	17.7	14.0	7.0
			平均值	21.1	1.86	1.52	0.797	32.3	19.9	12.3	0.23	8.43	30.3	16.5	8.4
			变异系数	0.276	0.060	0.054	0.123	0.212	0.161	0.295	0.343	0.333	0.495	0.229	0.237

表 4.4-2 各堤基段地质结构及结构类型表

地质结构类型	分布范围（钻孔号）	长度（km）	工程地质段编号
砂性土单一结构（I_3）	JH1～BH25 JH16～JH18 JH24～JH31 JH12 BH52～BH61	7.026 1.524 3.530 0.517 3.965	1 4 4 4 3
黏性土单一结构（I_2）	JH11～JH15（除JH12）、 JH31～JH32	2.413 0.653	4 4
砂黏双层结构（II_4）	JH18～JH24	2.902	4
黏砂双层结构（II_2）	BH26～BH52	2.669	2
黏砂黏多层结构（III_2）	BH61～JH10	2.323	3

4.4.4.3 工程地质分段

根据地层岩性、地貌等分布特征，工程沿线可分为 4 个地质段，各段位置及堤基分布地层如表 4.4-3。

表 4.4-3 加固、退建堤基各地质段主要地层分布情况表

地质分段	分布位置	揭露地层
一段	JH1～BH25	（1-2）、（2）、（2-1）、（3）、（4）、（5）、（6-1）、（6-2）
二段	BH25～BH52	（5）、（6-2）、（7）
三段	BH52～JH10	（1-2）、（2）、（3）、（4）、（6-1）、（6-2）、（7）
四段	JH11～JH32	（2）、（5）、（7）、（8）

根据勘探资料，一、三段地基透水性大，二、四段为岗地，其中四段局部表层分布有软弱土层。各段地层分布高程如表 4.4-4。

表 4.4-4 花园湖加固、退堤各地质段地层分布特征表

地层编号	一段 层顶/层底（m）	二段 层顶/层底（m）	三段 层顶/层底（m）	四段 层顶/层底（m）
（1-2）	15.60～15.60 11.80～11.80	—	15.80～17.30 14.50～16.30	—
（2）	15.70～18.00 9.70～16.70	—	14.70～17.50 9.00～15.00	15.30～17.45 7.90～16.25
（2-1）	11.00～17.80 8.40～11.60	—	—	—
（3）	8.40～13.70 5.70～10.80	—	9.00～15.00 3.20～12.20	—
（4）	7.50～10.80 2.90～8.40	—	3.20～12.20 未揭穿	—

续表

地层编号	一段 层顶/层底(m)	二段 层顶/层底(m)	三段 层顶/层底(m)	四段 层顶/层底(m)
(5)	2.90~7.40 0.60~2.40	16.10~18.50 10.60~12.10	—	7.90~16.50 3.05~12.15
(6-1)	0.60~8.40 −2.80~−0.90	—	4.10~7.80 0.9~1.8	—
(6-2)	−2.80~2.80 未揭穿	10.60~12.10 5.55~10.55	0.90~11.10 4.20~4.70	—
(7)		5.55~10.55 未揭穿	4.26~6.50 未揭穿	4.10~17.00 2.70~13.70
(8)				2.70~13.70 未揭穿
(9)				

注：一段中(1-2)层土、二段中(2)土表层分布较少，统计和建议值成果中未列出。

上述各工程地质段各层土的物理力学性质指标建议值见表4.4-5（表中括号内指标为经验值）。

4.4.5 水文地质条件

根据本次试验资料和钻探资料，在地面以下15 m勘探深度范围内，地下水为浅层松散岩类孔隙水。含水类型为潜水～微承压含水层，其中第(2)、(3)、(4)层为潜水含水层，第(6-2)层为微承压～承压含水层，上述各含水层土为中等透水性，区域内广泛分布。

勘探区内，表层分布第(1-2)层粉质黏土，弱透水性，大部分分布在地下水位以上，(5)、(7)、(8)层土为该区相对不透水层，且局部分布；(6-2)层中的水局部与(3)、(4)层含水层相通。

勘探期间，潜水水位为12.5~14.0 m。潜水主要接受大气降水、农田灌溉及淮河、沟渠等侧渗补给，排泄以自然蒸发及向淮河、沟渠等侧排为主，上部孔隙潜水与地表水、河水联系密切。

该区地势平坦且高程低，易形成内涝，地下水位受枯水期和丰水期影响较大，本次勘察期间为枯水季节。据调查，丰水期地下水位有明显回升。据室内渗透试验、现场勘探资料和已有工程经验分析，各土层渗透系数建议值如表4.4-6。

表 4.4-5 花园湖行洪区加固、退堤各段各土层物理力学指标建议值表

工程地质段	层号	土类	含水率 %	湿密度 g/cm³	干密度 g/cm³	孔隙比	塑性指数	液性指数	压缩系数 MPa⁻¹	压缩模量 MPa	直剪 黏聚力 kPa	直剪 内摩擦角 °	固剪 黏聚力 kPa	固剪 内摩擦角 °	慢剪 黏聚力 kPa	慢剪 内摩擦角 °	允许承载力 kPa
第1段	2	轻粉质壤土	25.6	1.91	1.52	0.754	8.3	0.72	0.31	8.46	13.0	8.0	10	18.0	8	21.0	120
	2-1	砂壤土	23.2	1.96	1.57	0.724	8.0	0.79	0.14	10.00	8.0	12.0	6.0	16.0	3	20.0	100
	3	轻粉质砂壤土与砂壤土互层	29.3	1.91	1.48	0.825	9.0	1.07	0.40	6.00	8.0	11.0	7	14	6	16	80
	4	粉细砂或砂壤土	25.9	1.95	1.55	0.729			0.23	10.45	9.0	25.1	5.0	27.0	0.0	27.0	100
	5	重粉质壤土	26.8	1.95	1.54	0.760	12.9	0.61	0.32	6.39	30.0	11.0	29.0	17.0	20.0	20.0	160
	6-1	中、轻粉质砂壤土	29.5	1.92	1.48	0.823	10.3	0.85	0.37	5.66	10.5	7.0	11.0	13.0	(10)	(15)	120
	6-2	轻粉质砂壤土	23.8	1.95	1.56	0.713					6.0	16.0	6.0	20.0			110
第2段	5	重粉质壤土	25.4	1.99	1.59	0.725	16.0	0.26	0.33	6.67	29	11	27	17	23.8	19	180
	6-2	粉砂壤土或砂壤土	24.0	1.97	1.58	0.696			0.23	10.40	8.0	17.0	4	20.0	0	22.0	120
	7	粉质黏土	26.0	1.97	1.57	0.746	16.6	0.23	0.23	9.46	48.3	16.0	44.0	18.0	42.0	20.0	240
	1-2	粉质壤土	34.6	1.84	1.37	1.002	23.4	0.23	0.35	5.74	11.5	6.0	9.0	13	8.0	15	100
	2	轻粉质壤土	27.5	1.93	1.51	0.778	8.8		0.35	7.25	12.0	8.0	8	14	6	16	120
第3段	3	轻粉质壤土与砂壤土互层	27.6	1.93	1.51	0.774	8.7	0.81	0.29	8.53	9.0	10.0	12.0	20.0	14.0	21.0	90
	6-1	中砂或砂壤土	27.6	1.93	1.52	0.784	10.9	0.77	0.39	5.45	10.0	9.0	12.0	15.0	(10)	(15)	120
	6-2	轻粉质砂壤土	21.9	1.97	1.59	0.677			0.24	9.85	7.0	14.0	4	20.0	0	22.0	120
第4段	2	轻粉质壤土	24.1	1.94	1.55	0.753	10.1	0.58	0.26	7.96	18.4	20.9					140
	5	重粉质壤土	33.2	1.90	1.43	0.931	15.5	0.67	0.56	3.66	11.4	8.8					130
	7	粉质黏土	26.3	1.96	1.55	0.767	16.1	0.21	0.29	7.07	26.1	13.0	26.1	14			200
	8	轻粉质壤土	26.7	1.96	1.55	0.751	11.7	0.63	0.30	6.35	17.3	12.6					180
	9	粉质黏土	28.4	1.94	1.52	0.812	16.7	0.33	0.25	8.79	22.5	11.4					260

注：括号内为经验值。

表 4.4-6 加固、退堤段各层土的渗透系数建议值表

地层编号	地层名称	试验值(cm/s)	建议值(cm/s)	透水性等级
(1-2)	粉质黏土	$3.4\times10^{-7}\sim4.01\times10^{-7}$	5.8×10^{-5}	弱透水
(2)	轻粉质壤土	$1.1\times10^{-4}\sim1.1\times10^{-5}$	3.0×10^{-4}	中等透水
(2-1)	砂壤土		6.0×10^{-4}	中等透水
(3)	轻粉质壤土与砂壤土互层	$5.2\times10^{-4}\sim3.6\times10^{-5}$	5.2×10^{-4}	中等透水
(4)	粉细砂或砂壤土	$1.9\times10^{-4}\sim7.6\times10^{-4}$	6.5×10^{-4}	中等透水
(5)	重粉质壤土		5.0×10^{-6}	微透水
(6-1)	中粉质壤土	$1.6\times10^{-5}\sim9.6\times10^{-5}$	9.6×10^{-5}	弱透水
(6-2)	细砂及砂壤土		8×10^{-4}	中等透水
(7)	粉质黏土		1.5×10^{-7}	极微透水
(8)	轻粉质壤土		1.0×10^{-5}	弱透水

4.4.6 工程地质评价

① 据《中国地震动参数区划图》(GB 18306—2015),本工程区地震动峰值加速度上徐庄至枣巷乡西1.5 km[堤防桩号:HY118(16+430)]为0.10 g,枣巷乡西1.5 km[堤防桩号:HY118(16+430)]至小溪集镇为0.15 g,相应地震基本烈度均为Ⅶ度。堤基下存在(2)、(2-1)、(3)、(4)、(6-2)层饱和砂土和少黏性土,按《水利水电工程地质勘察规范》(GB 50487—2008)中土的液化判别方法,初判(6-2)层土为不液化土层,(2)、(2-1)、(3)、(4)层土为可能液化土层,进一步按标贯法复判,(2)、(2-1)、(3)、(4)层土在Ⅶ度地震条件下为可液化土层,液化等级为轻微至中等。

② 经调查现状堤防存在多处险工段,沈赵洼险工段HY27(3+315)~HY31(4+122)、黄泥段险工段HY122(22+178)~HY124(22+578)、烟堆子险工段HY132(24+378)~HY134(24+778)、申家湖险工段HY168(30+706)~HY169(30+806),不同程度存在堤身地质条件差或汛期高水位堤身有散浸、渗水现象或迎流顶冲或堤后沟塘较多等问题。根据勘探和试验结果分析,第一段堤身土普遍碾压不实,土的整体抗渗能力较差、堤身与堤基接触带处理效果较差,现状堤顶高程、堤顶宽度、堤身断面和堤坡均不能满足设计要求,汛期堤身背水坡出逸点偏高,局部有散浸、渗水现象,堤防背水坡护堤地低洼,堤后坑塘较多,该段堤需采取加高培厚和防渗处理措施,并对距堤脚近的洼地和深塘进行固基填平处理,对坡比不足处需进行修坡处理。第二加固段、第三加固段堤身局部压实不均匀,现状堤顶高程、堤顶宽度、堤身断面和堤坡均不满足设计要求,需对上述堤防采取加高培厚处理措施,对坡比不足处需进行修坡处理。

③ 堤基工程地质条件分类见表4.4-7。

表 4.4-7　加固、退堤段堤基工程地质条件分类及评价表

工程地质条件分类	地质结构分类	分布位置	长度(km)	工程地质特征及评价
A类	II_2、I_2型	BH26～BH52 JH11～JH15 JH31～JH32	2.669 2.413 0.653	土层承载力较高，低压缩性土，渗透等级为微透水性，地质条件较好，黏性土结构或黏砂土结构，黏性土厚度大于 5 m
B类	II_2型	BH25附近 BH55附近	1.1 0.100	表层粉质黏土，厚度一般 2～3.5 m，下伏轻粉质壤土，渗透性弱至中等，且为液化土层。需进行抗渗验算
D类	II_1、I_1、III_1型	JH1～BH25 BH52～JH10 JH12 JH16～JH31	7.026 6.288 0.517 7.716	堤基主要为轻粉质壤土、砂壤土组成，或上部为轻粉质壤土，下部为黏性土组成，轻粉质壤土及砂壤土，结构相对松散，具中等透水性，在洪水期易产生堤基渗透稳定问题，且存在液化问题。BH61～BH67段堤基下有淤泥层，存在抗滑稳定和沉降变形等地质问题

其中 A 类堤基长约 5.735 km，占治理段堤防长 20.2%，工程地质条件较好；B 类堤基长约 1.1 km，占总堤防长 3.9%，工程地质条件一般，设计时需进行抗渗验算；D 类堤基长约 21.55 km，占治理段堤防长 75.9%，工程地质条件差。该类堤基表层主要为渗透性中等的轻粉质壤土或砂壤土组成，结构松散，汛期易产生渗水或渗透变形，受震后易产生液化，局部段存有淤泥层，厚 1～2.0 m，对堤防抗滑和沉降不利。堤基存在渗透变形、地震液化、抗滑稳定、不均匀沉降等工程地质问题，建议采取工程处理措施。

④ 根据土层情况，按《堤防工程地质勘察规程》(SL 188—2005)的规定进行土的渗透变形判别，结合经验提出允许水力比降建议值如表 4.4-8。

表 4.4-8　加固、退堤段堤基各层土允许水力比降建议值表

地层编号	地层名称	破坏类型	允许比降
(1-2)	粉质黏土	流土	0.50
(2)	轻粉质壤土	流土	0.32
(2-1)	砂壤土	管涌	0.20
(3)	轻粉质壤土与砂壤土互层	流土	0.25
(3-2)	重粉质壤土	流土	0.50
(4)	粉细砂或砂壤土	管涌	0.22
(5)	重粉质壤土	流土	0.55
(6-1)	中粉质壤土	流土	0.40
(6-2)	细砂及砂壤土	流土或管涌	0.20
(7)	粉质黏土	流土	0.55
(8)	轻粉质壤土	流土	0.45

4.4.7 护岸工程地质条件及评价

根据设计方案,拟对花园湖区淮河岸坡进行防护处理,防护段分别为前沈台(淮河左岸)桩号147+072~147+935段;小李台(淮河左岸)桩号150+581~151+319段;枣巷段(淮河右岸)桩号153+236~154+018段;黄咀段桩号158+742~161+116段。其中前沈台段和小李台段位于淮河左岸淮河拐弯处凹岸的两侧,前沈台段存在侧蚀,现状无护岸设施,小李台段存在迎流顶冲,现状已有块石护坡;枣巷段位于淮河右岸,存在迎流顶冲,现状无护岸设施,黄咀段存在侧蚀,现状无护岸设施。

4.4.7.1 前沈台段工程地质条件

根据本次勘探资料揭露地层如下:

第(2)层轻粉质壤土(Q_4^{al}):黄色,稍湿至湿,呈松散状态,夹砂壤土和细砂层,土质极不均匀,摇振反应强烈。层底高程11.60~14.40 m,厚度1~3.1 m。

第(3)层轻粉质壤土和砂壤土互层(Q_4^{al}):灰、灰黑色,湿至饱和,呈松散或软至流塑状态,层底高程13.40~13.90 m,厚度0.3~1.0 m。

第(3-1)层淤泥质黏土(Q_4^{al}):灰色,湿至饱和,流至软塑状态。层底高程3.60~11.70 m,层厚1.7~8.5 m。

第(4)层粉细砂或砂壤土(Q_4^{al}):灰色,夹少量黄色,松散,有时夹有淤泥质土层,摇振反应强烈,分布不连续。层底高程6.90~10.00 m,层厚1.7~3.2 m。

第(5)层重粉质壤土(Q_3^{al}):黄色,可至硬塑状态,夹黏土,含有铁锰结核,土质不均匀。层底高程1.00~5.60 m,层厚2.5~4.4 m。

第(6-1)层中粉质壤土(Q_3^{al}):灰色,湿,软至软可塑状态,层底高程-1.80~未见底。

以上各土层物理力学指标建议值表见表4.4-9。

表4.4-9 前沈台护岸段各层土物理力学指标建议值表

层号	土层名称	含水率 %	湿密度 g/cm³	干密度 g/cm³	孔隙比	液性指数	压缩系数 MPa⁻¹	压缩模量 MPa	直快 黏聚力 kPa	直快 内摩擦角 °	固快 黏聚力 kPa	固快 内摩擦角 °
(2)	轻粉质壤土夹砂壤土	26.9	1.96	1.54	0.753	0.38	0.37	4.83	18	20	12	22
(3)	轻粉质壤土和砂壤土互层	28.0	1.95	1.53	0.763	0.68	0.35	6.05	9	16	12	20
(3-1)	淤泥质黏土	33.6	1.89	1.42	1.057	1.08	0.64	4.21	7	4	8.5	10
(4)	细砂或砂壤土											
(5)	重粉质壤土	24.5	2.09	1.62	0.672	0.33	0.33	6.60			27	11
(6-1)	中粉质壤土	27.2	1.97	1.55	0.740	0.77	0.27	6.15			21	13

4.4.7.2 小李台段工程地质条件

根据本次勘探资料揭露地层如下：

第(2)层轻粉质壤土(Q_4^{al})：黄色，稍湿至湿，呈松散状态，夹砂壤土和细砂层，土质极不均匀，摇振反应强烈。层底高程10.80～12.50 m，厚度4.1～5.0 m。

第(3)层轻粉质壤土和砂壤土互层(Q_4^{al})：灰、灰黑色，湿至饱和，呈松散或软至流塑状态，层底高程5.20～6.80 m，厚度4.1～6.0 m。

第(5)层重粉质壤土(Q_3^{al})：黄色，可至硬塑状态，夹黏土，含有铁锰结核，土质不均匀。层底高程0.80～2.20 m，层厚3.6～4.1 m。

第(6-1)层中粉质壤土(Q_3^{al})：灰色，湿，软至软可塑状态，层底未见底。

以上各土层物理力学指标建议值表见表4.4-10。

表4.4-10 小李台护岸段各层土物理力学指标建议值表

层号	土层名称	含水率 %	湿密度 g/cm³	干密度 g/cm³	孔隙比	压缩系数 MPa⁻¹	压缩模量 MPa	固快 黏聚力 kPa	固快 内摩擦角 °
(2)	轻粉质壤土夹砂壤土	20.5	1.87	1.55	0.725	0.31	5.71	8	22
(3)	轻粉质壤土与砂壤土互层夹淤泥	29.8	1.94	1.51	0.788	0.39	6.05	9	10
(5)	重粉质壤土	26.1	1.99	1.58	0.706	0.25	7.21	23	12
(6-1)	轻粉质壤土	29.5	1.94	1.50	0.798	0.30	6.10	17.4	10

4.4.7.3 枣巷段工程地质条件

根据本次勘探资料揭露地层如下：

第(1-2)层粉质黏土(Q_4^{al})：黄色，稍湿至湿，可塑状态，多为耕植土，表层局部夹少量轻粉质壤土，夹砂壤土层。层底高程10.50～13.00 m，层厚2.6～4.6 m。

第(2)层轻粉质壤土(Q_4^{al})：黄色，呈松散状态，局部呈软至流塑状态，夹砂壤土和细砂层，土质极不均匀，摇振反应强烈。层底高程8.20～10.60 m，层厚1.8～2.4 m。

第(5)层重粉质壤土(Q_3^{al})：黄色，可至硬塑状态，夹黏土，含有铁锰结核，层底高程－3.90～2.30 m，层厚7.0～13.6 m。

第(7)层粉质黏土(Q_3^{al})：黄、褐黄或蜡黄色，稍湿，硬至坚硬状态，含有铁锰结核和砂礓，层底未揭穿。

以上各土层物理力学指标建议值表见表4.4-11。

4.4.7.4 黄咀段工程地质条件

根据本次勘探资料揭露地层如下：

第(2)层轻粉质壤土(Q_4^{al})：黄色，呈松散状态，局部呈软至流塑状态，夹砂壤土和细砂层，土质极不均匀，摇振反应强烈。层底高程7.10～12.00 m，层厚3.4～9.3 m。

表 4.4-11 枣巷护岸段各层土物理力学指标建议值表

层号	土层名称	含水率 %	湿密度 g/cm³	干密度	孔隙比	压缩系数 MPa⁻¹	压缩模量 MPa	直快 黏聚力 kPa	直快 内摩擦角 °	固快 黏聚力 kPa	固快 内摩擦角 °
(1-2)	粉质黏土	25.7	1.98	1.58	0.738	0.33	7.55	68	10	60	11
(2)	轻粉质壤土夹砂壤土	28.3	1.93	1.51	0.787	0.33	6.46	17	13	11	16
(5)	重粉质壤土	25.4	1.97	1.59	0.721	0.28	6.79	46	9	45	13
(7)	粉质黏土	30.0	1.94	1.49	0.841	0.26	7.40	42	6	35	9

第(3)层轻粉质壤土和砂壤土互层（Q_4^{al}）：灰、灰黑色，湿至饱和，呈松散或软至流塑状态，层底高程7.00～9.40 m，厚度1.4～2.1 m。

第(3-1)层淤泥质黏土（Q_4^{al}）：灰色，局部分布，层底高程5.70 m，层厚1.4 m。

第(5)层重粉质壤土（Q_3^{al}）：黄色，可至硬塑状态，夹黏土，含有铁锰结核，层底高程0.30～1.90 m，层厚4.0～5.8 m。

第(6-1)层中粉质壤土（Q_3^{al}）：灰色，湿，软至软可塑状态，局部夹轻粉质壤土和黏土，层底未揭穿。

第(6-2)层细砂或砂壤土（Q_3^{al}）：灰、灰黄色，湿，呈稍密至中密状态，层底未揭穿。

以上各土层物理力学指标建议值表见表4.4-12。

表 4.4-12 黄咀护岸段各层土物理力学指标建议值表

层号	土层名称	含水率 %	湿密度 g/cm³	干密度	孔隙比	压缩系数 MPa⁻¹	压缩模量 MPa	直快 黏聚力 kPa	直快 内摩擦角 °
(2)	轻粉质壤土夹砂壤土	26.2	1.97	1.56	0.711	0.27	7.25	15	18
(3)	轻粉质壤土与砂壤土互层夹淤泥	24.4	2.00	1.61	0.660	0.35	6.05	10	16
(3-1)	淤泥质黏土	33.2	1.87	1.41	1.00	0.66	3.96	8	6
(5)	重粉质壤土	26.6	1.99	1.57	0.728	0.28	6.32	28	8
(6-1)	中粉质壤土	28.8	1.96	1.53	0.792	0.34	5.77	17	8

4.4.7.5 护岸工程地质条件评价

(1) 护岸段边坡主要由(1-2)、(2)、(3)、(3-1)、(5)组成，局部为(6-1)层土，其中(2)、(3)层土为潜水含水层，渗透性中等。各土层水力比降允许值如表4.4-13。

表 4.4-13 各层土允许水力比降建议值表

地层编号	地层名称	破坏类型	允许比降
(1-2)	粉质黏土	流土	0.50

续表

地层编号	地层名称	破坏类型	允许比降
(2)	轻粉质壤土	流土	0.30
(3)	轻粉质壤土与砂壤土互层	流土	0.25
(3-1)	淤泥质黏土	流土	0.42
(4)	粉细砂或砂壤土	管涌	0.18
(5)	重粉质壤土	流土	0.55
(6-1)	中粉质壤土	流土	0.40
(6-2)	细砂及砂壤土	管涌	0.20

(2) 前沈台段：该岸坡为多层结构，揭露地层为(2)、(3)、(3-1)、(4)层土，其中(2)、(3)、(4)层土中等透水性，土体抗冲能力差，受河水侧蚀冲刷作用，易发生崩岸等地质现象，(3-1)层淤泥质黏土，流塑~软塑状态，为软弱土层，存在抗滑稳定问题，易沿软土层面发生滑坡，根据《堤防工程地质勘察规程》(SL 188—2005)中堤岸工程地质条件分类原则，属稳定性较差岸坡。

(3) 小李台段：该岸坡主要由(2)、(3)层土组成，上述两层土抗冲能力差，且存在迎流顶冲，受河水冲刷作用，易发生崩岸等地质现象，根据《堤防工程地质勘察规程》(SL 188—2005)中堤岸工程地质条件分类原则，属稳定性较差岸坡。

(4) 枣巷段：该岸坡主要由(1-2)、(2)层土组成，其中(2)层土抗冲能力差，易被冲刷掏空，且存在迎流顶冲，受河水冲刷作用，易发生崩岸等地质现象，根据《堤防工程地质勘察规程》(SL 188—2005)中堤岸工程地质条件分类原则，属稳定性较差岸坡。

(5) 黄咀段：该岸坡揭露地层为(2)、(3)、(3-1)、(5)层土，其中(2)、(3)层土中等透水性，土体抗冲能力差，受河水侧蚀冲刷作用，易发生崩岸等地质现象，(3-1)层淤泥质黏土，流塑~软塑状态，为软弱土层，存在抗滑稳定问题，易沿软土结构面发生滑坡，局部为(5)层土，边坡稳定一般。根据《堤防工程地质勘察规程》(SL 188—2005)中堤岸工程地质条件分类原则，综合分析，岸坡属稳定性较差岸坡。

4.5 黄枣保庄圩堤工程地质条件与评价

4.5.1 地形地貌

花园湖行洪区堤防退建后，为进一步保障花园湖区人民生命和财产安全，防治内涝，需建设黄枣保庄圩堤，保庄圩堤长度约16.58 km，圩堤位于花园湖西北部，圩堤两端局部为淮河河漫滩地形地貌，一般地形平坦，地面高程一般在15.0~15.7 m，中间大部分为岗地(淮河一级阶地)地段，地形稍有起伏，地面高程一般为16.4~17.8 m。

4.5.2 堤基工程地质条件

4.5.2.1 地层岩性

勘探深度内沿线地层为第四系冲洪积、淤积地层,根据土层岩性分布特征和物理力学性质,可划分为若干层。现分层叙述如下:

第(1-1)层轻粉质壤土(Q_4^{al}):黄色,多为耕植土,结构松散,局部分布,仅见钻孔TH1~BH109段,分布高程层顶16.10~16.90 m,层底14.95~16.05 m,层厚约0.85~1.40 m。

第(1-2)层粉质黏土(Q_4^{al}):黄色,局部分布,分布于钻孔TH1~BH109段,层底高程11.8~13.4 m,层厚2.1~3.9 m。

第(2)层轻粉质壤土(Q_4^{al}):黄色,仅揭露于钻孔BH166、SH70等处,分布高程层顶16.4 m,层底13.3 m,层厚3.1 m。

第(2-1)层砂壤土(Q_4^{al}):黄色,局部分布,仅揭露于钻孔TH1~BH109段,层底高程8.40~11.00 m,层厚1.15~4.75 m。

第(3)层轻粉质壤土(Q_4^{al}):灰色,局部分布,仅分布在钻孔TH1~BH105之间和BH166孔处。其中在BH105孔10.90~8.30 m高程处夹淤泥透镜体(表中未标出)。层底高程为3.1~9.3 m,层厚1.0~5.2 m。

第(3-1)层淤泥质黏土(Q_4^{al}):灰色,局部分布,仅揭露于钻孔BH101~BH105段,长约850 m范围内,层底高程-0.55~10.60 m,层厚2.1~3.7 m。

第(4)层粉细砂或砂壤土(Q_4^{al}):黄色,结构松散,局部分布,仅分布在钻孔TH1~BH105之间,沿线长约1.32 km,埋深在7.0 m以下,至-1.05 m高程未揭穿。

第(5)层黏土(Q_3^{al}):灰色、灰黄、黄色,含有铁锰结核,表层局部为耕植土,广泛分布,层顶高程13.2~17.9 m,层底高程14.10~16.65 m,层厚1.3~1.5 m左右。

第(7)层粉质黏土(Q_3^{al}):黄色,含铁锰结核和砂礓,广泛分布,层底高程2.25~13.10 m,厚0.5~8.7 m。

第(8)层轻粉质壤土(Q_2^{al}):黄、蜡黄色,含有砂礓,分布广泛,揭露层底高程1.20~12.50 m,厚0.5~3.4 m。

第(9)层粉质黏土(Q_2^{al}):黄、灰黄、灰白等杂色,分布广泛,层底高程-7.10~-5.70 m,部分孔底未揭穿,揭露厚度3.5~7.5 m。

第(10)层粉土或砂夹砾石(Q_2^{al}):黄色,密实,分布于钻孔BH107~BH110和BH117~BH119段,埋深在10.0 m以下。

各层土的主要物理力学指标建议值见表4.5-1。

表 4.5-1　花园湖行洪区黄、枣保庄圩堤各土层主要物理力学指标建议值表

层号	土类	含水率 %	湿密度 g/cm³	干密度 g/cm³	孔隙比	液限 %	塑限 %	塑性指数	液性指数	压缩系数 MPa⁻¹	压缩模量 MPa	直剪 黏聚力 kPa	直剪 内摩擦角 °	固剪 黏聚力 kPa	固剪 内摩擦角 °	慢剪 黏聚力 kPa	慢剪 内摩擦角 °	允许承载力 kPa
1-1	轻粉质壤土	22.8	1.83	1.49	0.798	27.8	19.9	7.8	0.33	0.43	6.95	10.0	15.0	8.1	17.0	7.0	20.0	120
1-2	粉质黏土	36.9	1.81	1.33	1.072	44.7	26.2	18.5	0.58	0.62	4.00	15.0	4.0	12.9	12.9	10.0	14.0	100
2	轻粉质壤土	30.5	1.85	1.42	0.896	30.2	21.0	9.2	0.97	0.35	7.6	10.0	10.0	8	17.0	6	20.0	110
2-1	砂壤土	24.5	1.96	1.57	0.892	27.1	20.5	6.6	0.61	0.11	9.50	10.0	18	0.0	23.0	0.0	25.0	80
3	轻粉质壤土	26.9	1.96	1.55	0.900	29.2	20.0	9.2	0.75	0.35	10.15	9.0	11.0	8.0	19.0	8.0	21.0	110
3-1	淤泥质黏土	32.8	1.88	1.42	1.050	35.4	21.4	13.9	1.10	0.96	4.30	8.0	4.0	6	7.0	7.0	10	80
4	粉细砂或砂壤土	21.2	1.98	1.62	0.948					0.15	10.12	9.0	23.0					100
5	黏土	29.7	1.91	1.48	0.865	47.6	25.3	22.2	0.19	0.37	5.46	27.2	8.5	26.8	13.8	19.8	16.9	170
7	粉质黏土	26.1	1.98	1.57	0.743	39.2	22.5	16.7	0.24	0.26	7.91	36.0	15.0	36.0	21.2	36.0	23.6	240
8	轻粉质壤土	28.0	1.94	1.52	0.772	29.2	20.2	9.4	0.79	0.20	10.40	20.0	11.9	19.0	20.0			180
9	粉质黏土	27.0	1.96	1.55	0.766	39.1	23.2	15.9	0.27	0.24	8.04	39.0	16.0	38.8	21.0			240

4.5.2.2 堤基地质结构分类

在勘探深度范围内,根据地层分布特征和空间组合,黄枣保庄圩堤防堤基地质结构分类如表 4.5-2。

表 4.5-2　黄枣保庄圩堤基地质结构分类表

地质结构类型	分布范围（钻孔号）
黏性土单一结构（Ⅰ$_2$）	BZ2+540～BZ15+034（BH110～BH148）
砂黏双层结构（Ⅱ$_1$）	SH70 附近，BH166 附近
砂黏砂多层结构（Ⅲ$_1$）	HY(4+166)～BZ(2+157)（TH1～BH109）

4.5.3　水文地质条件

根据本次试验资料和钻探资料,在 15 m 勘探深度范围内,地下水为浅层松散岩类孔隙水。在勘区内揭露多个含水层,3 个相对隔水层:

第一含水层:由(1-1)层土组成,轻粉质壤土,结构松散,具有中等透水性,一般位于地下水位以上,但在汛期地下水位升高时,该层土含水类型为潜水。第二含水层:由(2-1)、(3)、(4)层构成,中等透水性,在勘探范围内为弱承压含水层。第三含水层由(10)层粉土或砂夹砾石土组成,为承压含水层,该含水层埋藏较深,对本工程影响很小,可忽略不计。

第一隔水层:由(1-2)层构成,弱至微透水性,为该区相对隔水层,厚 3.0 m 左右。该层构成了第一含水层的隔水底板,同时也构成了第二含水层的隔水顶板。

第二隔水层由(5)、(7)、(8)、(9)层黏性土组成,厚度较大,弱至极微渗透性。

勘探期间,测得潜水水位为 14.10～14.80 m。测得(10)层承压水水位为 11.8～13.2 m 左右。潜水主要接受大气降水、农田灌溉及沟渠等侧渗补给,排泄以自然蒸发及向沟渠排泄为主,上部孔隙潜水与地表水和河水联系密切。承压含水层主要由上部含水层入渗补给。该区为行洪区,地势平坦且高程低,易形成内涝,丰水期地下水可升至地表。

根据现场注水和室内渗透试验资料,并结合现场勘探情况和已有工程经验,提出堤基各土层渗透系数建议值见表 4.5-3。

据调查,工程区周围环境无明显有害环境对地表水或地下水产生污染。根据区域水质分析资料,地表水(河水)为 $HCO_3 \cdot SO_4 - Ca \cdot Mg$ 型,地下水为 $HCO_3 - Na \cdot Ca$ 型。场区地下水、河水对混凝土均无腐蚀性。

表 4.5-3　黄枣保庄圩堤基各层土渗透系数建议值表

地层编号	土层名称	室内试验渗透系数范围值（cm/s）	渗透系数建议值（cm/s）	透水性等级
(1-1)	轻粉质壤土	$2.87 \times 10^{-6} \sim 1.74 \times 10^{-5}$	7×10^{-5}	弱透水

续表

地层编号	土层名称	室内试验渗透系数范围值(cm/s)	渗透系数建议值(cm/s)	透水性等级
(1-2)	粉质黏土	$1.95\times10^{-7}\sim3.01\times10^{-6}$	3×10^{-6}	微透水
(2)	轻粉质壤土	$5.87\times10^{-6}\sim1.084\times10^{-4}$	1.1×10^{-4}	中等透水
(2-1)	砂壤土		8×10^{-4}	中等透水
(3)	轻粉质壤土与砂壤土互层	$7.25\times10^{-5}\sim5.23\times10^{-4}$	5.00×10^{-4}	中等透水
(3-1)	淤泥质黏土	$1.96\times10^{-5}\sim1.56\times10^{-7}$	2×10^{-5}	弱透水
(4)	粉细砂或砂壤土		2×10^{-4}	中等透水
(5)	黏土	$1.44\times10^{-6}\sim1.73\times10^{-5}$	1.5×10^{-5}	弱透水
(7)	粉质黏土	$2.0\times10^{-8}\sim3.19\times10^{-5}$	3.2×10^{-5}	弱透水
(8)	轻粉质壤土	$1.0\times10^{-5}\sim2.3\times10^{-5}$	1.0×10^{-5}	弱透水
(9)	粉质黏土	$1.60\times10^{-8}\sim1.65\times10^{-7}$	2×10^{-7}	极微透水

4.5.4 工程地质评价

① 据《中国地震动参数区划图》(GB 18306—2015)，本工程区地震动峰值加速度上徐庄至枣巷乡西1.5 km[堤防桩号：HY118(16+430)]为0.10 g，枣巷乡西1.5 km[堤防桩号：HY118(16+430)]至小溪集镇为0.15 g，相应地震基本烈度均为Ⅶ度。堤基下存在(1-1)、(2)、(2-1)、(3)、(4)、(8)层饱和砂土和少黏性土，按《水利水电工程地质勘察规范》(GB 50487—2008)中土的液化判别方法，初判(8)层土为不液化土层，(2)、(2-1)、(3)、(4)层土为可能液化土层，根据本区堤防加固和新建堤防段的计算结果，经对比分析可知(2)、(2-1)、(3)、(4)层土在Ⅶ度地震条件下为可液化土层。

局部存有(3-1)层淤泥质黏土，标准贯入击数为1击~4.9击，平均值为2击，在Ⅶ度地震条件下存在震陷可能性。

② 保庄圩堤基表层分布有(1-1)、(2)层轻粉质壤土，渗透性中等，该类堤基长2.138 km，存在渗透稳定问题；局部存有(3-1)层淤泥质土(BH166孔)，属高压缩性低强度软弱土层，存在不均匀沉降和抗滑稳定等问题，建议设计对(3-1)层分布段进行抗滑稳定和沉降验算；第(5)层黏土，弱透水性，强度较高，压缩性小，防渗性能较好，工程地质条件良好。

根据《堤防工程地质勘察规程》(SL 188—2005)中堤基工程地质条件分类原则，保庄圩堤基可分为C、A类，分布位置见表4.5-4。根据勘探资料，A类堤基长约12.802 km，占新建保庄圩总长85.11%，工程地质条件较好；C类堤基长2.138 km，占新建保庄圩总长14.89%，工程地质条件差，存在渗透稳定、不均匀沉降和抗滑稳定等工程地质问题。建议设计对C类工程段应采取适当的工程处理措施。

③ 根据《水利水电工程地质勘察规范》(GB 50487—2008)中的规定，经计算分析，建议各层土的允许水力比降值见表4.5-5，安全系数取2.0。

表 4.5-4　黄枣保庄圩堤基土工程地质分类及评价表

工程地质条件分类	地质结构分类	分布孔号	长度(km)	工程地质特征及评价
C类	III₁型 II₁型	TH1~BH109 BH166附近 SH70附近	1.506 0.632 0.456	堤基表层由(1-1)或(2)层轻粉质壤土组成，厚度0.90~3.0 m。弱至中等透水性，下伏(1-2)层粉质黏土或(3-1)层淤泥质黏土。堤基存在渗透稳定问题，需进行抗渗验算。下卧(3-1)层淤泥质土，存在不均匀沉降、抗滑稳定问题，需进行稳定验算。建议对分布(3-1)层土段进行地基处理
A类	I₂型	BH110~BH148	12.802	堤基主要由(1-2)、(5)层粉质黏土、黏土组成，弱至微透水性，厚度一般5~7 m，工程地质条件较好

表 4.5-5　堤基主要土层的允许渗透比降建议值表

土层编号	土层名称	渗透变形类型	允许比降建议值
(1-1)	轻粉质壤土	流土	0.30
(1-2)	粉质黏土	流土	0.50
(2)	轻粉质壤土	流土	0.25
(2-1)	砂壤土	管涌为主	0.18~0.20
(3)	轻粉质壤土与砂壤土互层	流土	0.30
(3-1)	淤泥质黏土	流土	0.35
(4)	粉细砂或砂壤土	管涌为主	0.18~0.20
(5)	黏土	流土	0.50
(7)	粉质黏土	流土	0.50
(8)	轻粉质壤土	流土	0.30
(9)	粉质黏土	流土	0.55

4.6　新建进、退洪闸工程地质条件与评价

4.6.1　花园湖进洪闸工程

花园湖进洪闸工程位于安徽省凤阳县下徐庄以东，该闸设计进洪流量为3 500 m³/s，工程为II等大(2)型，闸室及岸、翼墙等主要建筑物级别为2级，次要建筑物级别为3级，临时建筑物级别为4级。闸底板顶高程14.50 m，闸墩顶高程22.50 m，中墩厚1.80 m，边墩(岸墙)厚1.5 m，大底板厚2.0 m，宽9.8 m，小底板厚1.2 m，宽4.0 m。闸室总宽度370.8 m，顺水流方向长18.00 m。闸底板建基面高程约12.5~13.3 m左右。

4.6.1.1 地形地貌

闸址区位于淮河一级阶地与河漫滩的过渡带上,地面高程一般在 19.1~15.5 m,地势稍有起伏,地形较开阔。此处淮河右堤堤顶高程 20.8 m 左右,闸址区内有一条排水沟通过,沟底高程 14.7 m 左右,宽 8~10 m。

4.6.1.2 地层岩性

拟建花园湖进洪闸闸址区揭露的地层主要由第四系全新统冲、洪积形成的地层和更新统冲、洪积形成的地层组成,闸址区位于一级阶地的前缘向河漫滩的过渡带上,地层岩性复杂多变,地层中夹层、互层及透镜体较多,底部揭露基岩为混合花岗岩,基岩面的起伏很大。根据勘探资料,在勘探深度内揭露地层划分为 10 层,现分层叙述如下:

(0)层人工填土(Q^s):主要分布于淮河右堤,以黄色重、中粉质壤土为主,夹少量轻粉质壤土,自上而下渐变为以黄色轻粉质壤土和砂壤土为主,夹少量中粉质壤土,干至稍湿,呈硬塑或中密状态,分布高程:层顶 20.63~21.63 m;层底 14.23~17.96 m。

(1-2)层黏土(Q_4^{al}):黄色,可塑~硬塑状态,层底高程 10.50~16.90 m,层厚 0.9~4.3 m。

(2)层轻粉质壤土(Q_4^{al}):黄色,湿,呈软可塑状态,局部分布。层底高程 8.48~14.20 m,层厚 0.9~3.0 m。

(3)层轻粉质壤土与砂壤土互层(Q_4^{al}):灰色,湿,软塑或松散状态,局部为流塑状态。主要分布在管理房及连接堤处,土质极不均匀,层中夹有淤泥和软黏土薄层或透镜体,具有细层理结构。该层厚度变化较大,层底高程-0.37~8.59 m,层厚 2~14 m。

(3-1)层淤泥质黏土(Q_4^{al}):灰色,软塑状态,层底高程 4.39~10.08 m,厚度为 3.5 m 左右。

(4)层粉细砂或砂壤土(Q_4^{al}):灰色,结构松散,湿,局部分布,层中夹有中粉质壤土和淤泥透镜体,层底高程-7.07~5.16 m,层厚 1.8~14 m。

(5)层重粉质壤土(Q_3^{al}),黄、褐黄色,稍湿~湿,硬塑状态,含有铁锰结核和小砂礓颗粒。层底分布高程 0.70~15.64 m,层厚 1.8~9.0 m。

(5-1)层轻粉质壤土(Q_3^{al}):黄色,硬塑状态,局部分布,层底高程 4.70~13.84 m。层厚 1.7~10 m。

(6-2)层细砂或砂壤土(Q_3^{al}):灰色,饱和,中密状态,该层仅在 HSZ16 孔揭露。层底高程-6.01~-6.01 m,层厚 6.5 m。

(6-3)层重粉质壤土(Q_3^{al}):灰色,可塑状态,局部分布。层底高程-8.51~-8.51 m,层厚 1.5~3.6 m。仅分布在管理房和连接堤处。

(7)层黏土(Q_3^{al}):黄、黄褐或蜡黄色,稍湿,硬至坚硬状态,含有铁锰结核和砂礓,局部夹有轻粉质砂壤土和轻粉质壤土透镜体,层底高程-2.90~11.36 m,层厚 2.0~10.0 m,部分钻孔未揭穿。

(8)层轻粉质壤土(Q_2^{al}):灰、灰黄色,湿,可塑状态,局部为黏土,含少量砂粒局部分布。层底高程 4.36 m,仅 JZ45 孔揭露,层厚 7 m。

(9)层黏土(高岭土)(Q_2^{al}):灰白、灰白绿或白绿色,湿,硬至坚硬状态,含少量砂粒,黏性很大,钻进过程中回水中的泥浆水比膨润土浆还稠。该层厚度较大,层底高程−14.00～4.80 m,层厚 2～15 m。

(10)层全～强风化花岗岩(Q_2^{al}):块石夹砂,密实至紧密,局部钻孔揭露为中粉质壤土夹块石层,层底高程−11.17～−7.57 m,部分孔未揭穿,最大揭露厚度 5.1 m。

(11)层花岗岩(Pt1):上部为全风化白色、乳白色风化砂夹黏土,紧密状态,砂主要以中粗粒为主,成分为石英、长石,下为强至弱风化肉红色花岗岩,裂隙发育,且岩质较脆,采用合金钻头钻进,钻进困难,钻进速度为 20 cm/h～50 cm/h。

根据勘探资料,闸址区分布地层为(1-2)、(2)、(5)、(5-1)、(7)、(9)、(10)、(11)层,闸底板下均为老性土,无软弱层。勘探区内(3)、(3-1)、(6-2)、(6-3)层主要分布在连接堤和管理房处。

结合现场勘探情况和已有工程经验值,提出各土层物理力学指标建议值如表 4.6-1。

4.6.1.3 水文地质条件

根据钻探资料和室内试验资料,在勘探深度范围内,地下水主要为浅层松散岩类孔隙水,场区揭露地下含水层主要有两个,即上部潜水含水层和砂层承压含水层,现分述如下:

第一含水层由(2)、(3)、(4)层土共同组成,透水性为弱～中等,含水类型为潜水,为该区主要含水层;第二含水层由(10)层中粉质壤土夹块石,局部为中砂夹块石,其中中砂夹块石和基岩表层的风化砂组成,透水性中等,含水量一般,含水类型为承压水。(7)、(8)层土的渗透性弱至极微,在局部地区构成第二含水层的隔水顶板,使得第二含水层中的水具有承压性。

闸址区距淮河约 200～400 m,孔隙潜水与沟渠、淮河中水联系密切,地下水主要由大气降水和沟渠、淮河水侧向补给,排泄方式主要为蒸发和向沟渠、淮河内侧排。

勘探期间,测得地下水位为 14.0 m 左右。承压水位和潜水位持平,承压水头高 3.7 m 左右。据调查,闸址区的地下水位受季节影响较大,枯水期地下水埋藏较深,丰水期,地下水可升至地表。本次勘探期间为枯水季节。根据室内渗透试验和已有的工程经验,综合分析后,提出各主要土层渗透系数建议值如表 4.6-2。

根据对工程区及周围环境调查表明,工程区周围环境无明显有害环境对地表水或地下水产生污染。在勘探期间取地下水和河水进行水化学分析,由试验结果可得:地表水(河水)为 $HCO_3-Ca·Mg$ 型;地下水为 $HCO_3-Ca·Na$ 型。环境水对混凝土的腐蚀性评价成果见表 4.6-3。

按《水利水电工程地质勘察规范》(GB 50487—2008)中,"环境水对混凝土腐蚀性评价"标准分析判断,认为河水和地下水对混凝土均无腐蚀性。对钢结构有弱腐蚀性。

表4.6-1 花园湖进洪闸闸址各土层物理力学性质指标建议值表

层号	土类	含水率 %	湿密度 g/cm³	干密度 g/cm³	孔隙比	液限 %	塑限 %	塑性指数	液性指数	压缩系数 MPa⁻¹	压缩模量 MPa	直快 黏聚力 kPa	直快 内摩擦角 °	饱快 黏聚力 kPa	饱快 内摩擦角 °	允许承载力 kPa
(0)	人工填土	22.0	1.94	1.59	0.709	33.8	20.4	13.4	0.18	0.40	6.25	25.0	17.1	28.5	13.4	
(1-2)	黏土	28.3	1.96	1.54	0.804	43.4	24.9	18.50	0.19	0.42	5.67	30	10	32	8	120
(2)	轻粉质壤土	26.2	1.96	1.56	0.733	32.6	21.5	11.1	0.47	0.26	7.08	25	18	20.3	20	120
(3)	轻粉质壤土与砂壤土互层	29.7	1.93	1.49	0.811	31.3	21.8	9.5	0.77	0.36	5.67	17.0	15.0	20.0	15.0	100～110
(3-1)	淤泥质黏土	41.1	1.82	1.29	1.132	51.2	30.9	20.3	0.90	0.63	3.40	10.0	5.0			110
(4)	细砂或砂壤土	27.0	1.94	1.53	0.753					0.15	11.30	2	21.1	5	20.0	130
(5)	重粉质壤土	25.1	2.00	1.60	0.713	39.3	23.0	16.1	0.14	0.27	7.10	33	11	52	10	180
(5-1)	轻粉质壤土	26.4	1.97	1.56	0.724	29.7	20.2	9.8	0.65	0.28	6.68	18	18			170～180
(6-2)	细砂或砂壤土	22.4	1.99	1.63								8.0	26.0			150
(6-3)	重粉质壤土	29.0	1.94	1.51	0.801	38.8	23.0	15.8	0.46	0.29	6.20	16.5	13			160
(7)	黏土	23.0	2.04	1.66	0.656	42.7	24.5	19.1	-0.08	0.16	10.27	67.9	12.9	63.7	10	240
(8)	轻粉质壤土	26.8	1.97	1.56	0.737	31.1	19.3	11.9	0.44	0.30	5.80	21.7	6.6	22.0	6.0	180
(9)	黏土	25.0	1.97	1.58	0.745	47.7	28.9	18.9	-0.24	0.19	10.15	33.7	18			260
(10)	砂夹块石,局部为中粉质壤土夹块石	20.4	2.02	1.68	0.615	40.6	26.7	13.9	-0.45	0.16	10.26	37	27			280
(11)	全风化花岗岩															300

表 4.6-2　花园湖进洪闸各土层的渗透系数建议值表

地层编号	土层名称	渗透系数 cm/s	渗透性等级	地层编号	土层名称	渗透系数 cm/s	渗透性等级
(2)	轻粉质壤土	$1.2×10^{-4}$	中等	(6-2)	细砂	$8.5×10^{-4}$	中等
(3)	轻粉质壤土与砂壤土互层	$2.8×10^{-4}$	中等	(6-3)	重粉质壤土	$1.1×10^{-5}$	弱
(3-1)	淤泥质黏土	$3.0×10^{-6}$	微	(7)	黏土	$A×10^{-8}$	极微
(4)	粉细砂或砂壤土	$2.6×10^{-4}$	中等	(8)	轻粉质壤土	$5.0×10^{-5}$	弱
(5)	重粉质壤土	$1.0×10^{-8}$	极微	(9)	黏土	$A×10^{-8}$	极微
(5-1)	轻粉质壤土	$A×10^{-5}$	弱	(10)	砂夹块石部分	$3.9×10^{-3}$	中等

表 4.6-3　环境水对混凝土腐蚀性评价成果表

腐蚀类型	判定依据	无腐蚀界限指标	水样试验结果 河水	水样试验结果 地下水
重碳酸型	HCO_3^-（mmol/L）	>1.07	2.32	4.76
一般酸性型	pH 值	>6.5	7.98	7.07
碳酸型	侵蚀性 CO_2 含量(mg/L)	<15	1.32	0
镁离子型	Mg^{2+} 含量(mg/L)	<1 000	10.94	15.68
硫酸盐型	SO_4^{2-} 含量(mg/L)	<250	46.59	50.43
评价结论			无腐蚀	无腐蚀

表 4.6-4　环境水对钢筋混凝土中钢筋结构腐蚀性评价成果表

判定依据		无腐蚀界限指标	水样试验结果 河水	水样试验结果 地下水
CL^- 含量(mg/L)	弱腐蚀	100~500	60.5	114
	中等腐蚀	500~5 000		
	强腐蚀	>5 000		
评价结论			无腐蚀	弱腐蚀

根据"环境水对钢筋混凝土结构中钢筋的腐蚀性评价"标准分析判断,认为河水对钢筋混凝土结构中钢筋无腐蚀,地下水对钢筋混凝土结构中钢筋存在弱腐蚀。

4.6.1.4　工程地质评价

4.6.1.4.1　场地及地基土液化评价

据《中国地震动参数区划图》(GB 18306—2015)可知:闸址区地震动峰值加速度为 0.10 g,相应地震基本烈度为Ⅶ度。根据场地建基面以下 15 m 深范围内覆盖层土的强度,按《水工建筑物抗震设计规范》(SL 203—97)划分标准,闸址区为抗震一般地段,管理房及连接堤为抗震不利地段,场地土类型为中硬场地土,场地类别为Ⅱ类。

根据勘探资料,勘探区内(4)、(6-2)层为饱和砂土,(2)、(3)层为少黏性土,按《水利水电工程地质勘察规范》(GB 50487—2008)中土的判别标准可初步判别(2)、(3)、(4)层为可液化土层,(6-2)层为不液化土层。根据可研阶段同层土液化判别计算结果,可知勘探区内(2)、(3)、(4)层饱和砂土或少黏性土,在Ⅶ度地震时为可液化土层。

4.6.1.4.2 闸基工程地质条件

(1) 闸室:由设计资料可知,闸室建基面高程约12.5 m。由勘探资料可知,闸室位于(5)层重粉质壤土中,承载力180 kPa,其下伏地层承载力均在180 kPa以上,工程地质条件较好,可采用天然地基。

(2) 中墩、边墩(岸墙):由设计资料可知,中墩、边墩建基面高程约12.5 m,基础位于(5)层重粉质壤土中,承载力180 kPa,其下伏地层承载力均在180 kPa以上,工程地质条件较好。设计需根据上覆荷载验算结果确定是否采用天然地基。

(3) 右岸翼墙:由设计资料可知,右岸翼墙建基面高程约12.5 m。根据勘探资料(J4-J4′地质剖面图),基础位于(5)层重粉质壤土中,承载力180 kPa,其下伏(7)、(9)层黏性土,承载力均在180 kPa以上,工程地质条件较好。设计需根据上覆荷载验算结果确定是否采用天然地基。

(4) 左岸翼墙:由设计资料可知,左岸翼墙建基面高程约12.5 m。根据勘探资料(J8-J8′地质剖面图 HSZ9~JZ36段),基础主要位于(5)层重粉质壤土中,承载力180 kPa,其下伏(5-1)、(7)层土和(11)层基岩,承载力在180 kPa以上,工程地质条件较好。局部位于(3)层轻粉质壤土中,基础下该层土厚约12.6 m,承载力110 kPa,该段翼墙后填土局部位于软弱土层中,工程地质条件差。综上所述,左岸翼墙地层位于上更新统(Q_3)和全新统(Q_4)地层陡降变化带。基础位于不均匀地层上,存在沉降不均匀地质问题,建议设计对对软弱土部分进行适当的补强措施。

上述各建筑物基坑开挖时,地基局部可能残留少量(2)层轻粉质壤土,建议对残留土进行挖除处理。

(5) 消力池:消力池位于闸下游,距闸轴线约45 m,建基面高程9.7 m。根据勘探资料,消力基础位于(5)层重粉质壤土顶部,该层土承载力180 kPa,硬可塑状态,弱渗透性,工程地质条件较好。消力池的下游侧局部可能残留少量(3-1)层淤泥,应挖除。基坑边坡局部为淤泥质土,边坡稳定性差,应采用缓边坡。

(6) 防冲槽:防冲槽位于闸上游侧,建基面高程约13.9 m,基底地层为(5)层重粉质壤土,工程地质条件较好,局部可能为(2)层轻粉质壤土,该类土承载力120 kPa,中等渗透性,抗冲能力差,建议采用挖除处理。

(7) 铺盖:铺盖基础主要位于(1-2)层土粉质黏土中,可塑状态,抗冲能力一般,下伏(3-1)层淤泥质黏土,软塑,高压缩性,工程特性差。存在沉降不均匀工程地质问题。

4.6.1.4.3 稳定分析

① 边坡稳定

闸室建基面高程12.5 m,基坑开挖深度一般为3~7 m,边坡揭露地层为(1-2)层黏土、(2)层轻粉质壤土和(5)层重粉质壤土,边坡稳定一般,建议边坡比1∶2。

② 渗透稳定

根据勘探试验资料和《水利水电工程地质勘察规范》(GB 50487—2008),并结合过去的工程经验,综合分析后,各层土的允许水力比降建议值如表4.6-5。

表4.6-5 进洪闸各层土允许水力比降建议值表

层号	地层岩性	类型	允许比降
(1-2)	黏土	流土	0.50
(2)	轻粉质壤土	流土	0.30
(3)	轻粉质壤土与砂壤土互层	流土	0.20~0.25
(4)	粉细砂或砂壤土	管涌	0.18~0.20
(5)	重粉质壤土	流土	0.55
(5-1)	轻粉质壤土	流土	0.45
(6-2)	细砂或砂壤土	流土或管涌	0.20
(6-3)	重粉质壤土	流土	0.50
(7)	黏土	流土	0.55
(8)	轻粉质壤土	流土	0.35~0.40

闸址处勘探期间地下水埋深3.0 m左右,基坑坑底位于地下水位以下,施工时需考虑降排水措施。

③ 抗滑稳定

闸基大部分位于硬塑状态的(5)层重粉质壤土中,抗滑稳定性较好,混凝土与(5)层土之间的摩擦系数建议采用0.35。

4.6.1.4.4 管理房和边接堤地基承载力

管理房和连接堤段,地基为(2)、(3)层软弱性土,主要分布JZ13~JZ15孔段,承载力低、厚度变化大,夹淤泥质透镜体,且存在液化问题,工程地质条件差,建议进行处理。如采用搅拌桩处理,设计参数值如表4.6-6。

表4.6-6 搅拌桩的侧摩阻力和端阻力特征值

层号	搅拌桩侧摩阻力 q_{ki}^s(kPa)	搅拌桩桩端土承载力 p_{sk}(kPa)
(2)	13	
(3)	12	
(4)	15	
(6-2)	16	150
(6-3)	14	160

4.6.1.4.5 土料

工程连接堤及翼墙后填土需要一定的土料。本次工程拟采用闸室基坑开挖弃土作为土料。本次料场利用闸址区勘探资料,在闸址区共布4个探坑,取4组击实试验样进行击实试验。试验成果(击实时为混合土料)如表4.6-7。由试验成果分析可知,该土料除含水率稍偏高外,其他指标基本能满足均质坝土料填筑要求,开挖土料主要有(1-2)、(2)、(5)、(5-1)层土,上述土层均为较好的填筑土料,其开挖级别分别为Ⅲ、Ⅱ、Ⅳ、Ⅳ。

表 4.6-7　进洪闸土料试验成果与质量技术要求对照表

项目	重粉质壤土	土料质量技术要求
黏粒含量	26.3%	10%～30%为宜
塑性指数	15.8	7～17
渗透系数(cm/s)	2.45×10^{-7}	碾压后$<1 \times 10^{-4}$ cm/s
天然含水率	26.8%	天然含水率最好与最优含水率或塑限相近似
最优含水率	20.5%	
塑限	23.4	
最大干密度	1.64 g/cm³	最大干密度应大于天然干密度
天然干密度	1.54 g/cm³	

4.6.2　花园湖退洪闸工程

花园湖退洪闸工程位于安徽省五河县小溪集镇以西约 3 km 的申家湖排灌站附近，拟建退洪闸设计流量为 3 500 m³/s，工程为Ⅱ等大(2)型，闸室及岸、翼墙等主要建筑物级别为 2 级，次要建筑物级别为 3 级，临时建筑物级别为 4 级，闸室每孔净宽 12 m，共 27 孔，总净宽 324 m，闸底板顶高程 14 m，闸墩顶高程 22 m，闸室顺水流方向长 18 m，大底板宽 5.0 m，小底板宽 8.46 m，大小底板厚分别为 1.6 m 和 1.1 m；墩厚 1.8 m，边墩与岸墙结合布置。

4.6.2.1　地形地貌

工程区位于河漫滩上，地面高程一般在 16.05～15.50 m，地势平坦开阔，均为耕地。此处堤顶高程 20.8 m 左右。

4.6.2.2　地层岩性

拟建花园湖退水闸闸址区揭露的地层主要由第四系冲、洪积形成的地层，地层中夹层、互层及透镜体较多，下部为第四系更新统地层，底部为花岗岩。现分层叙述如下：

根据勘探资料，在勘探深度内揭露地层为：

(0)层人工填土(Q^s)：由黄色、浅黄色的重粉质壤土、中粉质壤土夹少量轻粉质砂壤土组成，干至稍湿，呈硬塑或中密状态。堤顶高程 20.6 m，层底高程 13.55～16.66 m。

(1-2)层粉质黏土(Q_4^{al})：黄色，可塑状态，夹轻粉质土层，层底高程 10.77～15.55 m，厚 1～6 m 左右。

(2)层轻粉质壤土夹砂壤土(Q_4^{al})：黄色，稍湿，呈软可塑状态或稍密状态，夹中粉质壤土层，区内广泛分布，层底高程 5.35～12.08 m，层厚 3 m 左右。

(3)层轻粉质壤土夹砂壤土(Q_4^{al})：灰色，湿，软塑或松散状态，局部为流塑状态，夹有淤泥或淤泥透镜体，细层理构造清晰，岩性较杂，夹层、互层及层厚无规律，同层现场标贯试验离散性较大。层底高程为 1.85～8.40 m，层厚为 4.5 m。

(3-1)淤泥质重粉质壤土(Q_4^{al})：灰、灰褐色，软至流塑状态，夹有轻粉质壤土、粉土薄层,层底高程-3.26~7.69 m,层厚3~5 m。

（5）粉质黏土(Q_3^{al}):灰色,呈可塑状态,局部夹有轻粉质壤土层。层底高程-8.15~4.20 m,闸址区分布广泛,层厚1~2 m。

(6-1)层中粉质壤土(Q_3^{al}):灰色,软塑状态,夹轻粉质粉土,该层为(5)层重粉质壤土渐变为砂壤土或细砂层的过渡层,自上而下,粉土、砂土的含量渐增多。层底高程-9.70~0.44 m,厚度为3~7 m。

(6-2)层细砂或砂壤土(Q_3^{al}):灰色,饱和,稍密至中密状态,局部夹有轻粉质砂壤土,层底高程-10.88~-2.55 m。

(6-3)层重粉质壤土(Q_3^{al}):灰色,饱和,软至可塑状态,层底高程-10.50~-7.05 m。

(8)层中粉质壤土(Q_2^{al}):黄色,夹粗砂、粉土层,局部分布,层厚较薄,层底高程-10.30~6.20 m。

(10)层全~强花岗岩风化层(Q_2^{al}):以中粗砂为主,局部为细砂和碎石,白色、乳白色风化砂夹黏土,砂主要以中粗粒为主,成分为石英、长石,中密至密实状态,饱和无侧限抗压强度为21.1 MPa,层底高程-13.18~-10.27 m,层厚0.9~4 m。

(11) 花岗岩(Pt1):弱风化花岗岩,裂隙发育,且岩质较脆,采用合金钻头钻进,钻进困难,钻进速度为30 cm/h~40 cm/h,饱和无侧限抗压强度平均34.2 MPa。

在统计结果的基础上,结合现场勘探情况和已有工程经验值,提出各土层物理力学指标建议值如表4.6-8。

4.6.2.3 水文地质条件

根据本次试验资料和钻探资料,在地面以下30 m勘探深度范围内,地下水主要为浅层松散岩类孔隙水,场区揭露地下含水层主要有二个,即上部潜水含水层和砂层承压含水层,隔水层二个,现分述如下:

第一含水层:由(2)、(3)层轻粉质壤土组成,透水性中等,地下水类型为潜水;第二含水层:由(6-2)、(10)层砂组成,中等透水性,含水量丰富,含水类型为承压含水层。

第一隔水层:(3-1)、(5)、(6-1)层共同组成本区相对隔水层,渗透性弱至微,勘区内分布较厚,一般9~14 m左右,该隔水层为第一含水层的隔水底板,第二含水层的隔水顶板;第二层隔水层:(11)层全风化花岗岩为该区第二隔水层,是第二含水层的隔水底板。

另外,(1-2)层为粉质黏土,表层为耕植土,结构疏松,地下水位高时或雨季为含水层。

闸址区距淮河约200~300 m左右,上部孔隙潜水与河水联系密切,地下水主要有大气降水和淮河水、沟渠水侧向补给;淮河内有采砂船采砂,据此分析认为,第二层承压水与淮河水也有联系,承压水水源可能由淮河补给。地下潜水主要排泄方式为蒸发和向淮河、沟渠内排泄。

勘探期间,测得地下潜水水位为11.8~12.5 m左右。承压水水位12.3 m,承压水头高约15 m左右。经调查,闸址区地下水位随季节的变化而变化,枯水期,地下水埋藏较深,丰水期,闸址区常有内涝发生,地下水可升至地表。本次勘探期间为枯水期。现根据室内渗透试验测得各土层渗透系数和已有的工程经验,建议本闸址土层渗透系数采用值如表4.6-9。

表 4.6-8　花园湖退洪闸闸址各土层物理力学性质指标建议值表

层号	土层名称	含水率 %	湿密度 g/cm³	干密度 g/cm³	孔隙比	液限 %	塑限 %	塑性指数	液性指数	压缩系数 MPa⁻¹	压缩模量 MPa	直快 黏聚力 kPa	直快 内摩擦角 °	固快 黏聚力 kPa	固快 内摩擦角 °	慢剪 黏聚力 kPa	慢剪 内摩擦角 °	允许承载力 kPa
(1-2)	粉质黏土	34.4	1.84	1.37	1.006	41.6	24.9	16.7	0.58	0.41	4.9	18.1	3.8	15.6	8.7	12	14	120
(2)	轻粉质壤土	28.5	1.93	1.51	0.789	30.4	20.8	9.7	0.78	0.29	6.2	14.2	9.1	11.9	16.5	8.4	19	125
(3)	轻粉质壤土夹砂壤土	29.5	1.91	1.48	0.825	31.6	21.0	10.7	0.86	0.31	5.9	13.1	8.1	8.4	12.5	9.6	14	110
(3-1)	淤泥质重粉质壤土	35.0	1.85	1.38	0.989	39.5	23.8	15.4	0.72	0.64	3.3	12.0	4.0	11.9	5.2	10.7	12	100
(5)	粉质黏土	28.5	1.93	1.51	0.816	38.9	22.8	16.2	0.37	0.31	6.0	28.9	6.2	27.5	7.0	14	8.8	150
(6-1)	中粉质壤土	30.1	1.91	1.47	0.849	34.9	21.2	13.7	0.70	0.43	4.5	16.9	3.8	12.2	5.0	8.5	11.8	110
(6-2)	细砂	15.4	1.99	1.70	0.564							6	24			0	26	140
(6-3)	重粉质壤土	28.7	1.94	1.50	0.820	36.5	21.2	15.3	0.54			18.9	5.0	15.0	11	11.5	16	140
(8)	中粉质壤土	18.3	1.97	1.58	0.718	32.7	19.6	13.1	0.42					18	16	16	19	160
(10)	全~强花岗岩风化层																	200
(11)	全风化花岗岩																	300

表 4.6-9　各土层的渗透系数建议值表

地层编号	土层名称	渗透系数 cm/s	渗透性等级	地层编号	土层名称	渗透系数 cm/s	渗透性等级
(1-2)	黏土	5.8×10^{-6}	微	(6-2)	细砂	$A\times10^{-4}$	中等
(2)	轻粉质壤土	2.20×10^{-4}	中等	(6-3)	重粉质壤土	3.36×10^{-7}	极微
(3)	轻粉质壤土夹砂壤土	1.60×10^{-4}	中等	(8)	轻粉质壤土	$A\times10^{-4}$	中等
(3-1)	淤泥质重粉质壤土	5.14×10^{-5}	弱透水	(10)	含砾中粗砂	$A\times10^{-2}$	强透水
(5)	重粉质壤土	3.03×10^{-7}	极微	(11)	全风化花岗岩		
(6-1)	中粉质壤土	3.36×10^{-7}	极微				

根据对工程区及周围环境调查表明，工程区周围环境无明显有害环境对地表水或地下水产生污染。在勘探期间取地下水和河水进行水化学分析，由试验结果可得：地表水（河水）为 $HCO_3-Ca\cdot Mg$ 型；地下水为 $HCO_3-Ca\cdot Na$ 型。环境水对混凝土的腐蚀性评价成果见表 4.6-10。按《水利水电工程地质勘察规范》(GB 50487—2008) 中"环境水对混凝土腐蚀性评价"标准分析判断，认为河水和地下水对混凝土均无腐蚀性。

表 4.6-10　环境水对混凝土腐蚀性评价成果表

腐蚀类型	判定依据	无腐蚀界限指标	水样试验结果 河水	水样试验结果 地下水
重碳酸型	HCO_3^- (mmol/L)	>1.07	5.06	7.0
一般酸性型	pH 值	>6.5	7.87	7.64
碳酸型	侵蚀性 CO_2 含量(mg/L)	<15	0	0
镁离子型	Mg^{2+} 含量(mg/L)	<1 000	28.07	28.32
硫酸盐型	SO_4^{2-} 含量(mg/L)	<250	58.60	88.86
评价结论			无腐蚀	无腐蚀

按"环境水对钢筋混凝土结构中钢筋的腐蚀性评价"标准分析判断，认为河水对钢筋混凝土结构中钢筋无腐蚀，地下水对钢筋混凝土结构中钢筋存在弱腐蚀。

表 4.6-11　环境水对钢筋混凝土中钢筋结构腐蚀性评价成果表

判定依据		无腐蚀界限指标	水样试验结果 河水	水样试验结果 地下水
CL^- 含量(mg/L)	弱腐蚀	100～500	64.99	114.4
	中等腐蚀	500～5 000		
	强腐蚀	>5 000		
评价结论			无腐蚀	弱腐蚀

4.6.2.4 工程地质评价

4.6.2.4.1 场地及地基土液化评价

据《中国地震动参数区划图》(GB 18306—2015)可知:本闸址区地震动峰值加速度为0.15 g,相应地震基本烈度为Ⅶ度,本次经安徽地震局复核,闸址区地震动峰值加速度仍为0.15 g,相应地震基本烈度仍为Ⅶ度。由区域地质资料可知,郯庐断裂带从闸址区附近通过,场区为抗震不利地段,根据场地建基面以下15 m深范围内覆盖层土的强度,按《水工建筑物抗震设计规范》(SL 203—1997)划分标准,场地土类型为软弱场地土,场地类别为Ⅲ类。

根据勘探资料,按《水利水电工程地质勘察规范》(GB 50487—2008)可初步判别,闸址区内(2)、(3)层为可能液化土层,(6-2)、(10)层为不液化土层。根据标贯锤击法复判,在地面以下分布的(2)、(3)层轻粉质壤土,在Ⅶ度近震条件下有液化可能性,经计算其平均液化指数为6.3~19,属中等~严重液化,如果考虑远震情况,则液化指数将变大,建议按严重液化考虑,计算如表4.6-12。另外,(3-1)层淤泥质壤土 $I_P=1.0>0.75$, $N_{63.5}=2.3 \leqslant 4$ 击,有震陷的可能性。

表 4.6-12 花园湖退洪闸液化评价表

孔号	贯入深度(m)	$N_{63.5}$(击)	$\rho(\%)$	N_{cr}(击)	评价	$1-N_{63.5}/N_{cr}$	w_i	d_i	I_{ie}	I_{lE}
HXZ5	4.05	7	3	8.0	液化	0.13	10.0	1.53	2.0	13
	6.05	6	3	9.6	液化	0.38	9.0	2.00	6.8	
	8.05	2	30		不液化				0.0	
	10.05	3	10	7.0	液化	0.57	5.0	1.48	4.2	
HXZ7	4.05	2	12	4.0	液化	0.50	10.0	1.53	7.7	9.9
	6.05	8	3	9.6	液化	0.17	9.0	1.48	2.2	
HXZ12	3.75	3	3	7.8	液化	0.62	10.0	1.53	9.4	9.4
HXZ20	4.05	2	22	3.0	不液化					12.4
	6.05	4	10	5.3	液化	0.24	9.0	2.00	4.3	
	8.05	1	9	4.9	液化	0.79	7.0	1.48	8.1	
HXZ21	4.05	3	10	4.4	液化	0.32	10.0	1.53	4.9	19
	6.05	2	4.5	7.9	液化	0.75	9.0	2.00	13.4	
	8.05	9	14.2	5.2	不液化					
	10.05	11	15	5.7	不液化					
	12.05	12	3	14.4	液化	0.17	3.0	1.48	0.7	

4.6.2.4.2 闸基地质条件分析

(1) 地层条件:闸基主要位于(2)层轻粉质壤土中,承载力约125 kPa,局部为(3-0)层淤泥质黏土顶部,承载能力低,下伏(3)轻粉质壤土夹砂壤土,(3-1)层淤泥质重粉质壤土,承载力为100 kPa~110 kPa,上述土层属软弱土层,承载能力低,压缩性高,渗透稳定性差,地层分布厚度不均匀,土质不均匀,且(2)、(3)层土属中等至强液化土层,(3-1)层土有震陷可能。综上所述闸区地基工程地质条件差。下伏(5)、(6-1)、(6-2)层土为上更新统地层,(5)层承载力为150 kPa,层厚1~2 m,厚度较薄,下伏(6-1)层土为软弱土层,且层厚变化较大,(5)层土作为持力层对建筑物沉降不利;(6-2)层厚度局部变化较大,且密实相差较大;花岗岩全~强风层和弱风化层,为该区较好持力层。综上分析,闸址区存在承载力低、沉降不均匀、渗透变形、土层液化、软黏土性震陷、抗冲能力差等工程地质问题。

(2) 基岩条件:勘探区内全~强风化岩(10)层埋深一般24~27 m,闸轴线方向总体向西倾,(如T1~T1'剖面中TZ5~TZ14孔),勘探孔孔距40 m左右,孔间地层差小于2.0 m,全~强风化岩渐变至弱风化岩,全~强风化岩厚度变化较大,即弱风化岩面起伏较大。闸中心线方向(顺水流方向),孔间距地层(10)层顶面起伏差小于2.0 m。弱风岩顶面起伏差也小于2.0 m。(10)层全~强风化岩承载力200 kPa~220 kPa,基本能满足设计承载力的要求,建议采用该层及以下弱风化岩作为持力层。

(3) 闸室:由设计资料可知,闸室建基面高程约12.2 m。由勘探资料可知,闸室位于(2)层轻粉质壤土中,承载力125 kPa,局部为(3-0)层淤泥质黏土顶部,承载能力低,下伏(3)、(3-1)地层承载力均在100 kPa~110 kPa,地基存在渗透变形、液化、沉降不均和震陷等工程地质问题。工程地质条件差,地基需处理。

(4) 中墩、边墩(岸墙):由设计资料可知,中墩、边墩建基面高程约12.4 m,基础位于(2)层轻粉质壤土中,承载力125 kPa,局部为(3-0)层淤泥质黏土顶部,承载能力低,下伏(3)、(3-1)地层承载力均在100 kPa~110 kPa,地基存在渗透变形、液化、沉降不均匀和震陷等工程地质问题。工程地质条件差,地基需处理。

(5) 左、右岸翼墙:由设计资料可知,右岸翼建基面高程约12.4 m。根据勘探资料(T4-T4'和T8-T8'地质剖面图),基础位于(2)层轻粉质壤土中,承载力125 kPa,局部为(3-0)层淤泥质黏土顶部,承载能力低,下伏(3)、(3-1)地层承载力均在100 kPa~110 kPa,地基存在渗透变形、液化、沉降不均匀和震陷等工程地质问题。工程地质条件差,地基需处理。

(6) 消力池:闸上游消力池(湖内侧)距闸轴线约39 m,建基面高程10.4 m。根据勘探资料,基础位于(2)层轻粉质壤土中,该层土承载力125 kPa,软塑或松散状态,抗渗抗冲能力差,下伏(3)、(3-1)层土软弱土层,渗透变形、液化、沉降不均和震陷,工程地质条件差。闸下游消力池(淮河侧)距闸轴线约29 m,建基面高程12.10 m。根据勘探资料,基础位于(2)层轻粉质壤土中,该层土承载力125 kPa,软塑或松散状态,抗渗抗冲能力差,下伏(3)、(3-1)层土软弱土层,存在渗透变形、液化、沉降不均匀和震陷等工程地质问题,工程地质条件差。

(7) 防冲槽:闸上下游均设置了防冲槽,上游防冲槽建基面高程约10.0 m,下游防冲槽建基面高程为11.5 m。上述两防冲槽底均位于(2)层轻粉质壤土中,该层土承载力125 kPa,软塑或松散状态,抗渗抗冲能力差,下伏(3)、(3-1)层土软弱土层,存在渗透变形、液化、沉降不均匀和震陷等工程地质问题,工程地质条件差。

(8) 铺盖:铺盖基础主要位于(1-2)层土粉质黏土中,可塑状态,抗冲能力一般,局部揭露(2)层轻粉质壤土,抗冲能力差。下伏(2)、(3)、(3-1)层土,属软弱土层,存在渗透变形、液化、沉降不均匀和震陷等工程地质问题,工程地质条件差。

综上分析,闸址区地基土存在承载力低、沉降量大、沉降不均匀、渗透稳定差、液化、震陷、土质不均匀等工程地质问题。天然地基不能满足闸基应力的需求,闸基需进行处理。建议采用复合地基或桩基础(钻孔灌注桩)进行处理,持力层可采用(10)层全~强花岗岩或(11)层弱风化花岗岩。

现根据揭露的地层岩性,本报告建议采用水泥土搅拌桩复合地基或钻孔灌注桩基础的各类土有关设计参数如表4.6-13。

表4.6-13 有关桩的设计参数建议值

地层编号	水泥土搅拌桩 侧摩阻力 q_i^s (kPa)特征值	水泥土搅拌桩 桩端土承载力 q_p (kPa)特征值	钻孔灌注桩 极限侧阻力标准值 q_{sik}^s (kPa)	钻孔灌注桩 极限端阻力标准值 q_{pk} (kPa)
(1-2)	10		50	
(2)	13		36	
(3)	12		34	
(3-1)	8		18	
(5)	12	150	68	1 200
(6-1)	15	110	53	650
(6-2)	16	140	46	1 200
(6-3)	10	145	58	650
(8)	15	160	68	1 000
(10)		200~220	90	2 500
(11)			125	2 600

(9)复合地基形式较多,如采用水泥土搅拌桩,有关桩的设计参数建议值见表4.6-13,如采用水泥粉煤灰碎石桩,该闸址区存在(3-0)、(3-1)层淤泥质土,呈软至流塑状态,下伏(6-1)层呈软塑状态,对成桩的质量不利。施工时应充分考虑上述各土层的不利影响,成桩前应通过现场试验确定其适用性。如采用钻孔灌注桩处理,仍需考虑上述各层产生的不利影响。

4.6.2.4.3 稳定分析

(1)边坡稳定

闸址区内地面高程16.05~15.50 m,拟设计基坑底高程为12.4 m,故闸址基坑开挖深度小于4 m,边坡为(1-2)层黏土,(2)层轻粉质壤土,且基坑开挖深度在地下水位以下,地下水对基坑边坡有一定的影响,边坡稳定性一般,建议边坡采用1∶2~1∶2.5。

(2)渗透稳定

根据勘探试验资料,并结合过去的工程经验,综合分析,建议各层土的允许水力比降值如表4.6-14。

表 4.6-14 各层土允许水力比降

层号	地层岩性	类型	允许比降
(1-2)	黏土	流土	0.65
(2)	轻粉质壤土	流土	0.3~0.35
(3)	轻粉质壤土砂壤土与淤泥互层	流土	0.20~0.25
(3-1)	淤泥质重粉质壤土	流土	0.45
(5)	重粉质壤土	流土	0.55
(6-1)	中粉质壤土	流土	0.45
(6-2)	细砂	管涌	0.20
(6-3)	重粉质壤土	流土	0.45

该区地下水位高程一般在11~12 m,基坑开挖底高程约12.4 m,承压水水位位于基坑底部。本次水位为枯水季节水位,汛期地下水受淮河水位的影响会升高,对坑底的稳定有一定的影响。综上分析,建议基坑开挖时需采取降、排水措施。

闸基下(2)、(3)层土中等渗透性,且渗透比降较小,汛期闸上下游高水位时易产生渗透变形,(5)层土以上各层土,抗冲性能较差。故闸基应采取防渗防冲措施。

(3) 抗滑稳定

闸基大部分位于(2)层轻粉质壤土中,抗滑稳定性一般,混凝土与现状(2)层土之间的摩擦系数为0.22,设计需进行复核;局部位于(1-2)层黏土中,抗滑稳定性一般,混凝土与(1-2)层之间的摩擦系数为0.25,局部位于(3-0)层淤泥质黏土上,混凝土与(3-0)层土之间的摩擦系数为0.18。另外,闸址区局部在(3-0)层顶部,该层属高压缩、低强度土,对建筑物的抗滑不利。

4.6.2.4.4 其他建筑物

(1) 跨申家湖排涝站进水渠桥:本次根据设计要求,在跨渠处布置2个钻孔,揭露地层和闸址区相同,仅是厚度有差异,工程地质条件差,建议采用桩基础或箱涵,如采用钻孔灌注桩基础,建议(10)层全~强风化花岗岩作为持力层。根据《公路桥涵地基与基础设计规范》(JTG 3363—2019),钻孔灌注桩设计参数见表4.6-15。

表 4.6-15 钻孔桩桩侧土的摩阻力和桩端土的承载力基本允许值

地层编号	桩侧土的摩阻力标准值 q_{ik}(kPa)	承载力基本容许值 f_{a0}(kPa)
(1-2)	55	110
(2)	35	120
(3)	34	100
(3-1)	20	100
(5)	68	200
(6-1)	50	160
(6-2)	35	140
(6-3)	60	130

续表

地层编号	桩侧土的摩阻力标准值 q_{ik}(kPa)	承载力基本容许值 f_{a0}(kPa)
(8)	70	170
(10)	80	200
(11)		300

(2) 连接堤:堤基下为(2)、(3)、(3-1)层软弱土,承载力低,高压缩性,抗滑能力低,存在不均匀沉降、液化和变形等工程地质问题。建议对连接堤堤基、路基进行处理,如采用复合地基(水泥土搅拌桩)。

(3) 管理区:该区需填筑至 21.0 m 高程,填筑高度约 5.0 m 后建管理房。该处地层分布为(2)、(3)、(3-1)层软弱土,存在不均匀沉降、液化和变形等工程地质问题,建议对该地基采取适当处理措施。

4.7 穿堤建筑物工程地质条件及评价

花园湖行洪区调整和建设工程实施后,需在行洪堤、保庄圩堤上新建和拆除重建站、涵共 15 座,各闸涵、泵站位置及参数情况如表 4.7-1。

表 4.7-1 花园湖行洪区调整与建设工程闸涵、泵站情况一览表

序号	工程名称	工程位置	断面号	建设性质	建基面高程(m)	设计流量(m³/s)
1	丁张排灌站	花园湖行洪堤	HD332.5	拆除重建	6.60	23.2
2	枣巷排灌站	花园湖行洪堤	HD425	拆除重建	7.50	8.9
3	申家湖排涝站	花园湖行洪堤	HD469	拆除重建	9.70	7.98
4	枣巷机灌站	花园湖行洪堤	TC4	拆除重建	9.40	1.0
5	小岗坝涵	花园湖行洪堤	HD285	拆除重建	11.90	1.50
6	柳沟涵	新建保庄圩堤	BZ8	新建	11.80	7.77
7	牛王沟涵	新建保庄圩堤	BZ21	新建	11.40	5.15
8	韩巷涵	新建保庄圩堤	BZ25	新建	16.90	0.50
9	大刘涵	新建保庄圩堤	BZ33	新建	17.00	0.50
10	小巨沟涵	新建保庄圩堤	BZ37	新建	11.90	3.83
11	观音堂涵	新建保庄圩堤	BZ41	新建	16.90	0.50
12	新湖沟涵	新建保庄圩堤	BZ49	新建	11.90	5.09
13	张王涵	新建保庄圩堤	BZ56	新建	16.90	0.50
14	花园涵	新建保庄圩堤	BZ65	新建	16.90	0.50
15	车扬涵	新建保庄圩堤	BZ73	新建	11.90	2.89

注:涵底板厚不等,本次均按 0.6 m 计。

上述站涵除申家湖排涝站在五河县境内,其他站涵均位于凤阳县境内。根据各站涵特点。小岗坝涵、丁张排灌站、枣巷排灌站、枣巷机灌站、申家湖排涝站为穿行洪堤建筑物;其他站涵为新建保庄圩穿堤涵。

4.7.1 小岗坝涵

该涵位于花园湖进洪闸右前侧行洪堤上,河道桩号 HD285 处,涵址处地形比周边稍低,一条排水沟自南向北穿过该涵,后转向西流入淮河,地面高程 16.5～17.2 m。

(一)工程地质条件

该站址揭露地层岩性共 6 层,现描述如下:

(1-2)层粉质黏土(Q_4^{al}):黄、灰黄色,稍湿至湿,软至可塑状态。层顶高程 16.10～16.30 m,层底高程 10.50～14.00 m,层厚 2.2～4.6 m。

(2)层轻粉质壤土(Q_4^{al}):黄色,稍湿,呈软塑状态,夹中粉质壤土层,局部分布,层底高程 11.00～12.90 m,层厚 1.1～1.6 m。

(3-1)层淤泥质黏土(Q_4^{al}):灰色,湿,流至软塑状态,属高压缩性、低强度土层。层底高程 5.10～5.70 m,层厚 5.4～7.3 m。

(5)层粉质黏土(Q_3^{al}):黄色,可塑至硬塑状态,含有铁锰结核。层底高程 0.70～3.10 m,厚 2.5～4.4 m。

(7)层黏土(Q_3^{al}):黄色,可至硬塑状态,含铁锰结核和砂礓,层底—1.0 m,厚 4.2 m 左右。

(10)层重粉质壤土夹碎块石:该层未揭穿,最大揭露厚度约 0.45 m。

小岗坝涵位于花园湖进洪闸附近。

(二)水文地质条件

根据钻探资料,在勘探深度范围内,地下水类型为浅层松散岩类孔隙水。根据揭露地层,站址区(2)层为含水层,为潜水含水层。勘探期间内测得地下水位约 13.8 m。

(三)工程地质评价

① 据《中国地震动参数区划图》(GB 18306—2015),工程区地震动峰值加速度为 0.10 g,相应地震基本烈度为Ⅶ度。

根据勘探资料,勘探区内(2)层为少黏性土,按《水利水电工程地质勘察规范》(GB 50487—2008)中土的判别标准可初步判别(2)层为可液化土层。根据可研阶段同层土液化判别结果,可知勘探区内(2)层饱和砂土或少黏性土,在Ⅶ度地震时为可液化土层。

② 据设计资料,小岗坝涵建基面高程为 11.90 m,建筑物基础位于(2)层土中,局部为(1-2)层土;下伏(3-1)层淤泥质黏土为软弱下卧层,厚 5.4～7.3 m,该层土孔隙比大,压缩性高,强度低,允许承载力 100 kPa。场区存在不均匀沉降、承载力偏低等工程地质问题。建议采用搅拌桩复合地基。(2)、(3-1)、(5)层桩周土平均摩阻力取 10 kPa、8 kPa、18 kPa,并以(5)层土为持力层。

③ 场区地下水(潜水位)埋深较浅(主要受淮河水位控制),基坑边坡主要地层为(1-2)、(2)、(3-1)层土,基坑稳定性差;基坑开挖后,地下水和雨水对基坑有一定的影

响。应采取排水措施。

④ 建议混凝土与(1-2)、(2)层土摩擦系数采用0.20、0.20。

4.7.2 丁张排灌站

该排涝站址位于黄湾至段张之间的退堤上,位于段张家西560 m,现有一抽水站位于退堤桩号TA26(5+233)处,退堤后,站址区地形平坦,一条排水大沟自南向北流经站址区,堤外为淮河滩地,站址区地面高程16.1 m,堤外滩地地面高程16.2~18.6 m。

花园湖行洪堤堤线调整以后,原丁张排灌站拆除,在新堤线处重建丁张排灌站。该站为闸站结合,采用堤后式布置形式。主要建筑物由引水渠、清污机闸、进水池、前池、主泵房、压力水箱、穿堤箱涵、防洪闸、副厂房和变电所等组成。清污机闸位于站身上游引渠26.0 m处,总净宽9.0 m,闸底板建基面高程8.8 m,泵室底板建基面高程7.4 m,泵房出水侧设压力水箱,压力水箱控制段以后接穿堤涵洞,涵洞总长33.00 m,分3节布置,底板建基面高程8.4 m,淮河侧布置防洪控制闸,底板建基面高程8.0 m。

(一)工程地质条件

该站址揭露地层岩性共3层,现分述如下:

第(5)层重粉质壤土(Q_3^{al}),黄色,可塑至硬塑状态,含有铁锰结核,平均标贯击数7.3击,允许承载力160 kPa。分布高程:层顶15.56~16.60 m,层底9.63~12.36 m。

第(6-1)层轻粉质壤土夹砂壤土(Q_3^{al}),黄或黄灰色,软可塑状态或松散状态。该层为重粉质壤土渐变为砂的渐变带,自上而下土层含砂率增加,层底为砂。层底高程8.30~10.24 m,厚度约2.0 m。

第(6-2)层砂夹砂壤土(Q_3^{al}),黄色,稍密至中密,含有小砂礓,其颗粒组成:砂粒92.3%,粉粒5.3%,黏粒2.4%,不均系数2.3,曲率系数1.2,平均标准贯入击数15.5击,允许承载力180 kPa。其层底分布高程3.93~6.20 m。

第(7)层粉质黏土或黏土(Q_3^{al}),黄色,硬塑状态,含有砂礓,平均标准贯入击数16.4击,允许承载力240 kPa,该层揭露厚度大于15 m。

以上各土层物理力学指标建议值见表4.7-2。

表4.7-2 花园湖行洪区丁张排灌站各土层物理力学指标建议值表

层号	土类	含水率 %	湿密度 g/cm³	干密度 g/cm³	孔隙比	塑性指数	液性指数	压缩系数 MPa⁻¹	压缩模量 MPa	直剪 黏聚力 kPa	直剪 内摩擦角 °	固剪 黏聚力 kPa	固剪 内摩擦角 °	慢剪 黏聚力 kPa	慢剪 内摩擦角 °	允许承载力 kPa
5	重粉质壤土	26.6	1.96	1.55	0.766	16.3	0.29	0.20	5.51	22.3	10	27	17	23.8	19	160
6-1	轻粉质壤土夹砂壤土	24.0	2.02	1.63	0.663	11.7	0.59	0.31	6.36	21.7	5.4	12.0	15.0	(10)	(15)	150
6-2	细砂土或砂壤	21.4	2.04	1.68		7.2		0.18	12.38	8	18	4	20.0	0	22.0	180
7	粉质黏土	26.1	1.98	1.57	0.743	18.5	0.09	0.25	8.31	44	12.2	44.0	18.0	42.0	20.0	240

注:括号内为经验值。

(二) 水文地质条件

根据钻探资料，在勘探深度范围内，地下水类型为浅层松散岩类孔隙水。根据揭露地层，站址区(6-2)层为含水层，且为承压含水层，承压水头高约2.3~6.0 m，(5)层土为本区相对隔水层。勘探期间内测得地下水位13.9~14.1 m。

(三) 工程地质评价

① 据《中国地震动参数区划图》(GB 18306—2015)，工程区地震动峰值加速度为0.10 g，相应地震基本烈度为Ⅶ度。

根据本次勘探资料，站址区存有(6-2)层饱和砂土。根据《水利水电工程地质勘察规范》(GB 50487—2008)规定，根据初判条件(6-2)层土为不液化土层。

② 泵房：泵房建基面高程7.4 m。建筑物基础位于(6-2)层砂层中，承载力180 kPa，渗透性中等，下伏(7)层粉质黏土，厚度大于15 m，承载力240 kPa，工程地质条件良好。但(6-2)层砂渗透性较大，对建筑物地基抗渗稳定不利，需进行防渗处理。

③ 穿堤涵洞：涵洞建基面高程8.4 m，基础位于(6-2)层顶部，该层土承载力180 kPa，渗透性中等，下伏(7)层粉质黏土，厚度大于15 m，承载力240 kPa，工程地质条件良好。但砂层渗透性较大，对建筑物地基抗渗稳定不利，需进行防渗处理。

④ 清污机闸：该闸建基面高程8.8 m，基础位于(6-2)层砂土中，该层土承载力180 kPa，渗透性中等，下伏(7)层粉质黏土，厚度大于15 m，承载力240 kPa，工程地质条件良好。但砂层渗透性较大，对建筑物地基抗渗稳定不利，需进行防渗处理。

⑤ 防洪闸：防洪闸建基面高程8.8 m，基础位于(6-2)层砂土中，该层土承载力180 kPa，渗透性中等，下伏(7)层粉质黏土，厚度大于15 m，承载力240 kPa，工程地质条件良好。但砂层渗透性较大，对建筑物地基抗渗稳定不利，需进行防渗处理。

⑥ 站址区各土层允许渗透比降建议值见表4.7-3。

表4.7-3　丁张排灌站各层土允许渗透比降建议值表

地层编号	岩性	允许比降	破坏类型
(5)	重粉质壤土	0.45	流土
(6-1)	轻粉质壤土夹砂壤土	0.25	流土或管涌
(6-2)	细砂及砂壤土	0.20	管涌
(7)	粉质黏土	0.55	流土

⑦ 场区地下水埋深较浅(主要受淮河水位控制)，承压水头高约2.3~6.0 m，基坑边坡主要由(5)层重粉质壤土、(6-1)轻粉质壤土夹砂壤土、(6-2)层砂土组成，其中重粉质壤土边坡稳定性较好，(6-1)、(6-2)层土边坡稳定性较差，受地下水影响较大，易产生渗透变形问题。基坑开挖后，应注意地下水对边坡和坑底稳定的不利影响，建议施工时采取降排水措施。

⑧ 建议混凝土与(6-2)层土摩擦系数采用0.30。

4.7.3　枣巷排灌站、枣巷机灌站

两站址位于花园湖行洪堤上，枣巷镇西2.0 km左右处枣巷敬老院附近，两站均为拆

除重建，枣巷排灌站处桩号 HD425，枣巷机灌站处桩号 TC4，两站相距 810 m。站址区除行洪堤高出平地外地形较为平坦，堤外为淮河滩地，站址区地面高程 15.8～18.1 m，堤外滩地地面高程 16.9～17.9 m，行洪堤高程为 20.6～20.8 m。

（一）工程地质条件

该站址揭露地层如下：

第(0)层人工填土(Q^s)，黏性土为主。层底分布高程 16.5～16.60 m。

第(1-2)层粉质黏土(Q_4^{al})，黄色，软塑至软可塑状态，局部为轻粉质壤土，层底分布高程 12.40～13.40 m。

第(7)层粉质黏土(Q_3^{al})，黄色，可塑至硬塑状态，含有砂礓，允许承载力 160 kPa。该层层底高程 9.65～10.60 m，揭露厚度 1.5～3.0 m。

第(8)层轻粉质壤土(Q_3^{al})，黄色，含砂礓，标准贯入击数约 5.5 击，承载力 170 kPa。该层层底分布高程 6.50～7.60 m，层厚 2～4 m。

第(9)层粉质黏土(Q_3^{al})，黄色，含有砂礓，标准贯入击数 9.4 击，承载力 200 kPa～240 kPa，层底高程 -2.80～-2.90 m，层厚 10.0 m 左右。

第(10)层粉土或砂夹砾石(Q_2^{al})，标准贯入击数约 21 击，层底至 -4.15 m 未揭穿，揭露层厚 1.55 m。

表 4.7-4 枣巷排灌站、枣巷机灌站地层分布特征表

地层编号	枣巷排灌站 层底高程(m)	枣巷机灌站 层底高程(m)
(1-2)	12.40～13.40	缺
(7)	9.65～10.60	10.80～11.10
(8)	6.50～7.60	8.10～9.55
(9)	-2.80～-2.90	-3.00～-3.40
(10)	未揭穿	未揭穿

站址各土层物理力学指标建议值参见表 4.7-5。

表 4.7-5 枣巷排灌站、枣巷机灌站各土层物理力学指标建议值表

层号	土类	含水率 %	湿密度 g/cm³	干密度 g/cm³	孔隙比	塑性指数	液性指数	压缩系数 MPa⁻¹	压缩模量 MPa	直剪 黏聚力 kPa	直剪 内摩擦角 °	慢剪 黏聚力 kPa	慢剪 内摩擦角 °	允许承载力 kPa
1-2	粉质黏土	34.3	1.86	1.39	0.976	17.6	0.63	0.54	4.19	11.5	6	8	16	100
7	粉质黏土	26.2	1.98	1.57	0.752	17.2	0.17	0.27	8.58	47.4	16.0	42.0	20.0	240
8	轻粉质壤土	28.6	1.94	1.51	0.788	11.0	0.83	0.34	6.34	13.4	10.0			220
9	粉质黏土	28.4	1.94	1.52	0.813	16.4	0.35	0.24	9.01	30.8	16.9			260

（二）水文地质条件

根据钻探资料，在勘探深度范围内，地下水类型为浅层松散岩类孔隙水。根据揭露

地层,站址区(1-2)层表层裂隙发育,且局部为轻粉质壤土为潜水含水层,潜水水位为13.9 m,(8)、(10)层土为承压含水层,(8)层承压含水层水位为13.2~15.6 m,承压水头高约5.6~8.4 m,(7)、(9)层土为本区相对隔水层,(10)层土含水层埋藏较深,对本工程影响较小。勘探期间内测得地下潜水水位13.9 m。

(三)工程地质评价

① 据《中国地震动参数区划图》(GB 18306—2015),工程区地震动峰值加速度为0.15 g,相应地震基本烈度为Ⅶ度。

根据本次勘探资料,站址区存有(2)、(8)、(10)层饱和少黏性土。根据《水利水电工程地质勘察规范》(GB 50487—2008)中规定,可判(8)、(10)层土为不液化土。

② 据设计资料,枣巷排灌站建基面高程约为7.5 m,枣巷机灌站建基面高程约为9.4 m,建筑物基础均位于(8)层轻粉质壤土中,建基面下该层土厚1.0 m左右,允许承载力170 kPa,渗透性中等,下伏(9)层粉质黏土,厚10.0 m,承载力200 kPa~240 kPa,工程地质条件较好。但基础下分布有(8)层轻粉质壤土,渗透性偏大,对建筑物抗渗稳定不利。建议对基础下厚约1.0 m轻粉质壤土采用挖除或截渗沟(齿槽)处理。

③ 站址区各土层允许渗透比降建议值见表4.7-6。

④ 场区地下水埋深较浅(主要受淮河水位控制),承压水头高约5.6~6.4 m,基坑边坡主要(0)、(1-2)、(7)、(8)层土组成,边坡上(1-2)、(7)层土稳定性较好,(8)层土受地下水影响较大,易产生边坡和坑底渗透变形等问题。基坑开挖后,应注意地下水对边坡和坑底稳定的不利影响。施工时应采取降排水措施。

⑤ 建议混凝土与(8)层土摩擦系数采用0.33。

表4.7-6 枣巷排灌站各层土允许渗透比降建议值表

地层编号	岩性	允许比降	破坏类型
(1-2)	粉质黏土	0.45	流土
(7)	粉质黏土	0.45	流土
(8)	轻粉质壤土	0.35	流土
(9)	粉质黏土	0.55	流土

4.7.4 申家湖排涝站

该排涝站址位于花园湖行洪堤退堤线上,现申家湖站向南约150 m的位置上,原有进出水渠穿过新站址。站址桩号为HD469。站址区地形较为平坦,堤外为淮河滩地,站址区地面高程14.7~15.3 m,外河滩地地面高程15.1~15.9 m。

花园湖堤线调整以后,申家湖排涝站担负的排涝面积为7.60 km^2,抽排、自排均按照5年一遇标准设计,自排模数1.05 m^3/s/km^2,抽排模数0.45 m^3/s/km^2,相应自排流量7.98 m^3/s,抽排流量3.42 m^3/s。淮河侧设计防洪水位20.25 m。

(一)工程地质条件

该站址揭露地层岩性共7层,现分述如下:

(1-2)层粉质黏土(Q_4^{al}),黄色,可塑状态,标准贯入击数4击,层底分布高程12.11~15.50 m,层厚0.7~3.0 m。

(2)层轻粉质壤土夹砂壤土(Q_4^{al}),黄色,软塑状态,层底分布高程8.05~10.80 m,层厚2.2~6.1 m。

(3)层轻粉质壤土与砂壤土互层(Q_4^{al}),灰色,湿,软塑或松散状态,局部为流塑状态,夹淤泥质土,允许承载力90 kPa。层底分布高程3.34~8.10 m,层厚1.6~5.6 m。

(3-1)层淤泥质黏土(Q_4^{al}),灰、灰褐色,软塑至流塑状态。层底分布高程-3.26~-0.95 m,层厚6.5~9.4 m。

(5)层粉质黏土(Q_3^{al}),灰、黄灰或黄色,呈可塑状态,局部分布,标准贯入击数5.1击,允许承载力150 kPa。层底分布高程-8.15~-4.89 m,层厚2~6 m。

(6-1)层中粉质壤土(Q_3^{al}),灰色,软塑状态,标准贯入击数3.5击,允许承载力130 kPa。层底分布高程-9.10~-8.50 m,层厚2.4~3.8 m。

(10)层砂夹砾石(Q_2^{al}),灰色,中密状态,以中粗砂为主,夹中细砂,厚度不均,揭露较少,最大揭露厚度约1.0 m。

(二)水文地质条件

根据本次试验资料和钻探资料,在勘探深度范围内,地下水主要为浅层松散岩类孔隙水,场区揭露地下含水层主要有二个,即上部潜水含水层和砂层承压含水层,隔水层一个,现分述如下:

第一含水层:由(2)、(3)层轻粉质壤土组成,透水性中等,地下水类型为潜水;第二含水层:由(10)层砂夹砾组成,中至强等透水性,含水量丰富,含水类型为承压水。

第一隔水层:(3-1)、(5)、(6-1)层共同组成本区相对隔水层,渗透性弱至微,勘区内分布较厚,一般14 m左右,该隔水层为第一含水层的隔水底板,也为第二水层的隔水顶板;另外,(1-2)层为粉质黏土,表层为耕植土,结构疏松,见少量干缩裂隙,局部地段缺失,且一般分布在地下水位以上。

勘探期间,测得地下潜水水位为14.5 m左右。承压水水位12.3 m,承压水头高约15 m。

(三)工程地质评价

① 据《中国地震动参数区划图》(GB 18306—2015),工程区地震动峰值加速度为0.15 g,相应地震基本烈度为Ⅶ度。

根据本次勘探资料,站址区存有(2)、(3)、(6-2)层饱和少黏性土或饱和砂性土。根据《水利水电工程地质勘察规范》(GB 50487—2008)规定,根据初判条件(2)、(3)层土为液化土,(6-2)层土为不液化土,根据本区已有工程经验,(2)、(3)层土为可液化土。另外,基础下存有(3-1)层淤泥质黏土,标准贯入击数1击~4击,$I_L=1.0$,在Ⅶ度地震下存在震陷的可能性。

② 据设计资料,申家湖排涝站建基面高程约为9.7 m,建筑物基础位于(3)层轻粉质

壤土顶部,基础下该层土厚 2.3~3.1 m,允许承载力 110 kPa,渗透性中等,局部位于(2)层轻粉质壤土层底部,基础下厚约 0.9 m,下伏(3-1)层淤泥黏土,允许承载力 80 kPa,为软弱下卧层,工程地质条件差,其下依次为(5)层土,厚度较大的(6-1)层软可塑状中粉质壤土。如天然地基不能满足设计要求,建议采用搅拌桩复合地基。

③ 站址区各土层允许渗透比降建议值见表 4.7-7。

表 4.7-7　申家湖排涝站各层土允许渗透比降建议值表

地层编号	岩性	允许比降	破坏类型
(1-2)	粉质黏土	0.40	流土
(2)	轻粉质壤土	0.30	流土
(3)	轻粉质壤土与砂壤土互层	0.30	流土
(3-1)	淤泥质黏土	0.35	流土
(5)	粉质黏土	0.55	流土
(6-1)	中粉质壤土	0.40	流土
(6-2)	细砂或砂壤土	0.18~0.20	管涌

④ 场区地下水埋深较浅(主要受淮河水位控制),基坑边坡主要由(1-2)、(2)层土组成,边坡上(1-2)层土稳定性一般,(2)层土受地下水影响较大,易产生边坡和坑底渗透变形问题。基坑开挖后,应注意地下水对边坡和坑底稳定的不利影响,施工时应采取降排水措施。

⑤ 建议混凝土与(3)层土摩擦系数采用 0.25。

4.7.5　柳沟涵

该站址位于凤阳县境内新建保庄圩堤,桩号 BZ8(1+600)处,站址区地形平坦,有一条水渠自南向北穿过站址,沟宽约 20 m 左右。站区地面高程 15.7~16.9 m。

(一) 地层岩性

该站址揭露地层岩性共 7 层,地层编号与保庄圩地层编号相同,站址区各地层分布如下:

第(1-1)层轻粉质壤土(Q_4^{al}),黄色,多为耕植土,结构松散,分布高程层顶 16.10~16.90 m,层底 14.95~15.05 m,厚约 1.05~1.25 m。

第(1-2)层粉质黏土或黏土(Q_4^{al}),黄色,标准贯入击数约 4 击,允许承载力 130 kPa。层底分布高程 12.00~12.35 m,层厚 2.75~3.60 m。

第(2-1)层砂壤土(Q_4^{al}),黄色,标准贯入击数约 4 击,承载力 80 kPa。层底高程 9.30~10.50 m,层厚 1.85~2.90 m。

第(7)层粉质黏土(Q_3^{al}),黄色,硬塑,含铁锰结核和砂礓,允许承力 240 kPa。层底高程 2.25~3.50 m,厚 7.0~7.6 m。

第(8)层轻粉质壤土(Q_2^{al}),黄、蜡黄色,允许承载力 180 kPa。层底高程 1.20~1.70 m,厚 0.9~1.8 m。

第(9)层粉质黏土（Q_2^{al}），黄、灰黄、灰白等杂色，允许承载力 240 kPa。层底高程 −7.10 m，局部未揭穿，揭露厚度 8.3 m 左右。

第(10)层粉土或砂夹砾石（Q_2^{al}），黄色，密实，分布在 −7.10 m 以下。由于埋藏较深，对本工程影响较小。

（二）水文地质条件

根据本次试验资料和钻探资料，在勘探深度范围内，地下水为浅层松散岩类孔隙水。在勘区内揭露多个含水层，3 个相对隔水层：

第一含水层：由(1-1)层轻粉质壤土组成，结构松散，具有中等透水性，一般位于地下水位以上，不含水，但在汛期地下水位升高时含水，含水类型为潜水。第二含水层：由(2-1)层砂壤土构成，中等透水性，为微承压含水层。第三含水层由(8)层轻粉质壤土组成，透水性弱至中等，为承压含水层，水头高度 12～15 m。第四含水层由(10)层土组成，为承压含水层，该含水层埋藏较深，对本工程影响很小。

第一隔水层：由(1-2)层粉质黏土组成，弱至微透水性；第二隔水层由(7)层粉质黏土组成，微至极微渗透性；第三隔水层为(9)层粉质黏土，极微渗透性。

勘探期间，测得混合水位为 14.10～14.80 m。潜水主要接受大气降水、农田灌溉及沟渠等侧渗补给，排泄以自然蒸发及向沟渠侧排泄为主，上部孔隙潜水与地表水和湖河水联系密切。该区为行洪区，地势平坦且高程低，易形成内涝，丰水期地下水可升至地表。

（三）工程地质评价

① 据《中国地震动参数区划图》（GB 18306—2015），工程区地震动峰值加速度为 0.10 g，相应地震基本烈度为 Ⅶ 度。

在地面下 15 m 深度范围内，存有饱和少黏性土层(2-1)、(8)、(10)层土。根据《水利水电工程地质勘察规范》（GB 50487—2008）规定可判定，(2-1)层土为可液化土，(8)、(10)层土为不液化土。

② 据设计资料，柳沟涵建基面高程约为 11.8 m，建筑物基础位于(2-1)层砂壤土中，基础下该土层厚 1.4～2.6 m，允许承载力约 80 kPa。下伏为(7)层黏土，厚度大、强度高，允许承载力为 240 kPa，工程地质条件较好。经分析，涵基存在承载力低、渗透稳定和地震液化等问题，涵基需进行处理。建议采用搅拌桩复合地基，(2-1)层砂壤土侧摩阻力建议取 13 kPa，也可采用换填法将砂壤土层挖除，换填黏性土。

③ 站址区各层土的允许渗透比降建议值见表 4.7-8。

表 4.7-8 柳沟涵基各层土允许渗透比降建议值表

地层编号	岩性	允许比降	破坏类型
(1-1)	轻粉质壤土	0.30	流土
(1-2)	粉质黏土	0.40	流土
(2-1)	砂壤土	0.18	管涌
(7)	粉质黏土	0.45	流土
(8)	轻粉质壤土	0.30	流土

④ 场区地下水潜水位埋深较浅,第三层承压水头高约 12.0～15.0 m,基坑边坡主要地层为(1-1)、(1-2)、(2-1)层土,其中(2-1)层土透水性中等,允许渗透比降较小,易产生边坡和坑底渗透变形问题。基坑开挖时应注意地下水对边坡和持力层渗透稳定的不利影响,建议施工时应采取降排水措施。

⑤ 建议混凝土与(2-1)层土摩擦系数采用 0.22。

4.7.6 其他站涵工程

其余 9 座涵址均位于凤阳县境内新建保庄圩堤,各涵位置桩号及设计情况如表 4.7-9。各涵址区地形平坦,大部涵址处有排水沟、渠。上述涵址均位于一级阶地上(岗地),地层属同一地质单元,岩性以黏土、轻粉质壤土为主。

表 4.7-9 穿新建保庄圩涵址情况一览表

序号	工程名称	工程位置	断面号	建设性质	建基面高程(m)	设计流量(m³/s)
1	牛王沟涵	新建保庄圩堤	BZ21	新建	11.40	5.15
2	韩巷涵	新建保庄圩堤	BZ25	新建	16.90	0.50
3	大刘涵	新建保庄圩堤	BZ33	新建	16.90	0.50
4	小巨沟涵	新建保庄圩堤	BZ37	新建	16.90	3.83
5	观音堂涵	新建保庄圩堤	BZ41	新建	15.90	0.50
6	新湖沟涵	新建保庄圩堤	BZ49	新建	11.90	5.09
7	张王涵	新建保庄圩堤	BZ56	新建	16.90	0.50
8	花园涵	新建保庄圩堤	BZ65	新建	16.90	0.50
9	车扬涵	新建保庄圩堤	BZ73	新建	11.90	2.89

注:建筑物底板厚均以 0.6 m 计。

(一)地层岩性

各涵址揭露地层岩性可划分为 4 层,地层编号与保庄圩地层编号相同,地层岩性分层叙述如下:

(5)层重粉质壤土或黏土(Q_3^{al}),黄色,硬塑状态,含有铁锰结核。

(7)层粉质黏土或黏土(Q_3^{al}),黄色,硬塑至坚硬状态,含铁锰结核和砂礓,分布广泛。

(8)层轻粉质壤土(Q_2^{al}),黄、蜡黄色,硬塑状态,局部夹粉土,呈密实状态,含砂礓。

(9)层粉质黏土或黏土(Q_2^{al}),黄、灰黄、灰白等杂色,硬至坚硬状态。

各涵址地层分布如表 4.7-10。

表 4.7-10 各涵址揭露地层分布高程表

序号	工程名称	各地层分布高程(m)			
		(5)层	(7)层	(8)层	(9)层
1	牛王沟涵		13.40～17.63 9.90～13.03	6.70～10.23	至-5.85 m 未揭穿

续表

序号	工程名称	各地层分布高程(m)			
		(5)层	(7)层	(8)层	(9)层
2	韩巷涵		16.07～19.20 11.87～12.88	8.37～9.05	至−0.17 m未揭穿
3	大刘涵	16.90～18.87 15.57～15.62	9.90～12.19	8.67～9.62	至−0.46 m未揭穿
4	小巨沟涵	14.79～15.40 12.97～14.10	10.49～11.60	8.39～9.40	至−4.28 m未揭穿
5	观音堂涵		15.87～16.56 10.47～12.16	7.77～8.96	至−3.38 m未揭穿
6	新湖沟涵	15.26～16.40 15.00～15.10	10.00～10.96	9.05～9.30	至−3.35 m未揭穿
7	张王涵		17.03～17.52 10.83～11.51	8.93～9.51	至−1.91 m未揭穿
8	花园涵	17.43～18.68 14.13～15.60	11.10～12.18	9.33～10.98	至−3.45 m未揭穿
9	车扬涵		15.70～17.76 11.60～13.18	9.22～11.46	至−2.17 m未揭穿

涵址区各土层物理力学指标建议值参见表4.7-11。

表4.7-11 涵址各土层物理力学指标建议值表

层号	土 类	含水率	湿密度	干密度	孔隙比	压缩系数	压缩模量	直剪		允许承载力
								黏聚力	内摩擦角	
		%	g/cm³	g/cm³		MPa^{-1}	MPa	kPa	°	kPa
5	重粉质壤土或黏土	29.7	1.91	1.48	0.865	0.37	5.46	27.2	8.5	170
7	粉质黏土或黏土	26.1	1.98	1.57	0.743	0.26	7.91	36.0	15.0	240
8	轻粉质壤土	28.0	1.94	1.52	0.772	0.20	10.40	20.0	11.9	180
9	粉质黏土或黏土	27.0	1.96	1.55	0.766	0.24	8.04	39.0	16.0	240

(二)水文地质条件

根据本次试验资料和钻探资料,在勘区内揭露1层含水层。

含水层:由(8)层轻粉质壤土组成,具有中等透水性,为承压含水层,水头高度2.2～2.5 m,含水层厚度较薄。

隔水层:由(5)、(7)层土构成隔水层顶板,厚6.3 m,弱至微透水性,由(9)层粉质黏土构成相对隔水层底板,厚12.85 m,微至极微渗透性。

勘探期间,测得承压水位为12.10～12.30 m。主要接受大气降水、农田灌溉及沟渠等入渗补给,排泄以自然蒸发为主。该区为行洪区,地势平坦且高程低,易形成内涝,丰水期地表存水。

站址区各土层渗透系数建议值见表4.7-12。

表 4.7-12　涵址各层土渗透系数建议值表

地层编号	土层名称	室内试验渗透系数范围值(cm/s)	渗透系数建议值(cm/s)	透水性等级
(5)	重粉质壤土或黏土	$1.44\times10^{-6}\sim1.73\times10^{-5}$	1.5×10^{-5}	弱透水
(7)	粉质黏土或黏土	$2.0\times10^{-8}\sim3.19\times10^{-5}$	3.2×10^{-5}	弱透水
(8)	轻粉质壤土	$1.0\times10^{-4}\sim8.3\times10^{-5}$	1.0×10^{-4}	中等透水
(9)	粉质黏土或黏土	$1.60\times10^{-8}\sim1.65\times10^{-7}$	2×10^{-7}	极微透水

（三）工程地质评价

① 据《中国地震动参数区划图》（GB 18306—2015），工程区地震动峰值加速度为 0.10 g，相应地震基本烈度为Ⅶ度。

② 花园涵建基面位于(5)层重粉质壤土表层，承载力 170 kPa，工程地质条件良好，可采用天然地基。

③ 张王涵、小巨沟涵、新湖沟涵涵基位于(7)层粉质黏土中，承载力 240 kPa，工程地质条件较好，无软弱下卧层，可采用天然地基。

④ 牛王沟涵、车扬涵建基面位于(8)层轻粉质壤土层中，承载力 200 kPa，工程地质条件良好，可采用天然地基。但该层土渗透性中等，需考虑涵基下渗透变形问题。

⑤ 韩巷涵、大刘涵、观音堂涵等涵基位于人工填土中，承载力 100 kPa～120 kPa，人工填土中干缩裂隙较多，渗透性较大，建议将人工填土挖除后重新回填，以(5)层粉质黏土为涵基持力层。

⑥ 建议混凝土与(5)、(7)、(8)层土摩擦系数采用 0.32、0.34、0.35。

⑦ 各涵址处表层土多为耕植土，结构松散且多具有裂隙，含有少量地下水，该地下水受沟、渠水补给，并受其制约。故在基坑开挖时需采取适当的降水措施。

4.8　结论与建议

4.8.1　区域稳定性

郯庐断裂带以 NNE 向从本工程区东侧（下游）穿越。郯庐断裂带是工程区区域性孕震带，新生代晚期仍有活动，地震活动特点是发震的频度低、强度大。

根据《中国地震动参数区划图》（GB 18306—2015），工程区地震动峰值加速度：凤阳县下徐庄至枣巷乡西 1.5 km［堤防桩号：HY118(16+430)］为 0.10 g，枣巷乡西 1.5 km［堤防桩号：HY118(16+430)］至小溪镇为 0.15 g，相应地震基本烈度均为Ⅶ度。

工程区在地面以下分布的第(2)、(2-1)、(3)、(4)层饱和轻粉质壤土、砂壤土、粉细砂在Ⅶ度地震时为可液化地层。第(3-1)层淤泥质黏性土在Ⅶ度地震时有震陷可能性。

4.8.2 河道疏浚

花园湖段河道疏浚河底高程6.9～6.0 m,在疏浚深度内分布地层以第(2)、(3)、(4)层为主,局部有第(1-2)、(6-1)、(5)、(6-2)层土。第(2)～(4)、(6-2)层的轻粉质壤土、砂壤土及粉细砂层,结构松散,抗冲刷能力差,受迎流顶冲和侧蚀冲刷作用,易发生塌岸;第(3-1)层淤泥质黏土或壤土,属软弱土层,边坡稳定性差,抗冲刷能力低,易产生塌岸和滑坡;(5)层土呈硬塑状态,且含有铁锰结核和砂礓,局部有砂礓盘存在。疏浚开挖级别如表4.8-1所示。

表4.8-1 河道疏浚段土类分级及河道边坡建议值表

层号	土类分级		层号	土类分级	
	一般工程	疏浚工程		一般工程	疏浚工程
(1-2)	Ⅱ～Ⅲ	Ⅲ	(4)	Ⅱ	Ⅲ
(2)	Ⅱ	Ⅲ	(5)	Ⅳ	Ⅴ～Ⅵ
(3-0)	Ⅱ	Ⅲ	(6-1)	Ⅲ	Ⅴ
(3)	Ⅱ	Ⅲ	(6-2)	Ⅱ	Ⅵ
(3-1)	Ⅱ	Ⅲ	(7)	Ⅳ	Ⅴ～Ⅵ

4.8.3 堤防加固及退建工程

① 勘探结果表明,第一段堤身土普遍碾压不实,压实度不满足规范要求,土的整体抗渗性能差,堤基土存在液化可能性,建议对该段进行防渗和加固处理;第二、三、四段身土填筑不均匀,局部不密实,干密度较小,需进行培修加固处理。建议对沈赵洼险工段、黄泥段险工段、烟堆子险工段、申家湖险工段进行防渗和填塘处理,对滩地较窄的和尚庵段(桩号1+216～3+315段,长约2.1 km)堤坡进行护砌。

② 本工程加固、退堤线上A类堤基长约5.735 km,占治理段堤防长20.2%,工程地质条件较好;B类堤基长约1.1 km,占总堤防长3.9%,工程地质条件一般,设计时需进行抗渗验算;D类堤长约21.55 km,占治理段堤防长75.9%,工程地质条件差。该类堤基表层主要为渗透性中等的轻粉质壤土或砂壤土组成,结构松散,堤基存在渗透变形和地震液化问题,建议采取工程处理措施。

③ 前沈台段、小李台段、枣巷段、黄咀段岸坡主要由(2)、(3)、(3-1)或(4)层土组成,其中(2)、(3)、(4)层土中等透水性,土体抗冲能力差,受河水侧蚀冲刷作用,易发生崩岸等地质现象,(3-1)层淤泥质黏土,流塑～软塑状态,为软弱土层,存在抗滑稳定问题,易沿软土层面发生滑坡,岸坡属稳定性较差岸坡,为3类。

4.8.4 黄枣保庄圩堤防工程

黄枣保庄圩圩堤 C 类堤基段长 2.138 km,占保庄圩堤总长 13.89%,主要分布于 HY4+166 至 BZ2+157 段(钻孔 TH1～BH109)和 BH166 孔处约 600 m 段,存在渗透稳定、沉降和抗滑稳定问题,工程地质条件较差。建议对(1-1)层、(2)层土进行渗透稳定验算,对(3-1)层分布段进行抗滑稳定和沉降验算,并采取适当的处理措施;A 类堤基段长约 13.258 km,占保庄圩堤总长 86.11%,主要分布于 BH2+540～BZ15+034 段及 SH70 附近,工程地质条件良好。

4.8.5 新建进、退洪闸

4.8.5.1 进洪闸

① 闸址区为抗震一般地段,管理房及连接堤为抗震不利地段,场区地震动峰值加速度为 0.10 g,相应地震基本烈度为Ⅶ度,场地土类型为中硬场地土,场地类别为Ⅱ类,场区内局部存有(2)、(3)层土为可液化层,液化等级为严重。

② 闸室建基面高程约 12.5 m,位于(5)层重粉质壤土中,承载力 180 kPa,其下伏地层承载力均在 180 kPa 以上,工程地质条件较好,可采用天然地基;中墩、边墩(岸墙)建基面高程约 12.5 m,基础位于(5)层重粉质壤土中,承载力 180 kPa,其下伏地层承载力均在 180 kPa 以上,工程地质条件较好。设计需根据上覆荷载验算结果确定是否采用天然地基;右岸翼墙建基面高程约 12.5 m,基础位于(5)层重粉质壤土中,承载力 180 kPa,其下伏(7)、(9)层黏性土,承载力均在 180 kPa 以上,工程地质条件较好,设计需根据上覆荷载验算结果确定是否采用天然地基;左岸翼墙建基面高程约 12.5 m,基础主要位于(5)层重粉质壤土中,承载力 180 kPa,其下伏(5-1)、(7)层土和(11)层基岩,承载力在 180 kPa 以上,工程地质条件较好。局部位于(3)层轻粉质壤土中,基础下该层土厚约 12.6 m,承载力 110 kPa,该段翼墙后填土局部位于软弱土层中,工程地质条件差。综上所述,左岸翼墙位于地层陡降变化带,存在沉降不均匀问题,建议设计对软弱土部分进行适当的补强措施。消力池位于位于闸下游,建基面高程 9.7 m,基础位于(5)层重粉质壤土顶部,承载力 180 kPa,工程地质条件较好,下游侧局部可能残留少量(3-1)层淤泥,应挖除。基坑边坡局部为淤泥质土,边坡稳定性差,应采用缓边坡;防冲槽位于闸上游侧,建基面高程约 13.9 m,基础位于(5)层重粉质壤土中,工程地质条件较好,局部为(2)层轻粉质壤土,建议采用挖除处理。铺盖位于(1-2)层土粉质黏土中,可塑状态,抗冲能力一般,下伏(3-1)层淤泥质黏土,软塑,高压缩性,工程特性差。存在沉降不均匀工程地质问题。

③ 场区表层(1-2)层黏土裂隙发育,含裂隙水,且贯通性较好,下伏(2)层中、轻粉质壤土含水,水量一般,基坑开挖时需采取降水措施。

④ 基坑深约 5～7 m 左右,组成边坡土层为(1-2)、(2)、(5)层土,上述各层土边坡稳

定一般,建议采用1:2。

⑤ 混凝土与(5)层土之间的摩擦系数建议采用0.33。

⑥ 建议下阶段进行现场拖板试验,复核混凝土与(5)层的摩擦系数;加强施工地质工作。

4.8.5.2 退洪闸

① 闸址区位于抗震不利地段,场地地震动峰值加速度为0.15 g,相应地震基本烈度为Ⅶ度。场地土类型为软弱场地土类型,场地类别为Ⅲ类,闸基下(2)、(3)层土为可液化地层,液化等级为中等至严重。

② 地层条件:闸基位于(2)层轻粉质壤土中,局部为(3-0)层淤泥质黏土顶部,承载能力低,下伏(3)层轻粉质壤土夹砂壤土,(3-1)层淤泥质重粉质壤土等软弱土层,承载能力低,压缩性高,渗透稳定性差,地层分布厚度不均匀,土质不均匀,且(2)、(3)层土属中等至强液化土层,(3-1)层土有震陷可能,下伏(6-1)为软弱土层,且层厚变化较大,(6-2)层厚度局部变化较大,且密实相差较大。花岗岩全~强风层和弱风化层,为该区较好持力层。综上分析,闸址区存在承载力低、沉降不均匀、渗透变形、土层液化、软黏土性震陷、抗冲能力差等工程地质问题;基岩埋深一般为24~27 m,闸轴线方向总体向西倾,勘探孔孔距40 m左右,孔间地层高差小于2.0 m,全~强风化岩厚度变化较大,渐变至弱风化岩。在顺水流方向上,孔间地层顶面起伏差小于2.0 m,该层承载力基本能满足设计承载力的要求,建议采用该层及以下弱风化岩作为持力层;闸室、中墩、边墩(岸墙)、左、右岸翼墙建基面高程约12.4 m,位于(2)层轻粉质壤土中,局部为(3-0)层淤泥质黏土顶部,承载能力低,下伏(3)、(3-1)层地层承载力低,地基存在渗透变形、液化、沉降不均和震陷等工程地质问题。工程地质条件差,地基需处理;闸上游消力池建基面高程10.4 m。基础位于(2)层轻粉质壤土中,软塑或松散状态,抗渗抗冲能力差,下伏(3)、(3-1)层土软弱土层,渗透变形、液化、沉降不均匀和震陷,工程地质条件差;闸下游消力池建基面高程12.10 m,基础位于(2)层轻粉质壤土中,软塑或松散状态,抗渗抗冲能力差,下伏(3)、(3-1)层土软弱土层,存在渗透变形、液化、沉降不均匀和震陷等工程地质问题,工程地质条件差;防冲槽建基面高程约10.0~11.5 m。(2)层轻粉质壤土呈软塑或松散状态,抗渗抗冲能力差,下伏(3)、(3-1)层土软弱土层,存在渗透变形、液化、沉降不均匀和震陷等工程地质问题,工程地质条件差;铺盖基础主要位于(1-2)层土粉质黏土中,可塑状态,抗冲能力一般,局部揭露(2)层轻粉质壤土,抗冲能力差。下伏(3)、(3-1)层土,属软弱土层,存在渗透变形、液化、沉降不均匀和震陷等工程地质问题,工程地质条件差。

综上分析,天然地基不能满足闸基应力的需求,闸基需进行处理。建议采用复合地基或桩基础(钻孔灌注桩)进行处理,持力层可采用(10)层全~强花岗岩或(11)层弱风化花岗岩。

复合地基形式较多,如采用水泥粉煤灰碎石桩,该闸址区存在(3-0)、(3-1)层淤泥质土,呈软至流塑状态,下伏(6-1)层呈软塑状态,对成桩的质量不利。施工时应充分考虑上述各土层的不利影响。如采用钻孔灌注桩处理,仍需考虑上述各层土的不利影响。

③ 闸基开挖深度约 3～4 m,组成边坡土层主要为(1-2)、(2)层土,建议坡比 1∶2.5。基坑开后,坑底位于地下水位以下,基坑开挖时需采取降排水措施。

④ 地下水和地表水对混凝土无腐蚀性。

⑤ 闸基土与混凝土之间的摩擦系数建议采用:(1-2)层土为 0.20,(2)层土为 0.22。

⑥ 建议下阶段进行现场拖板试验,复核混凝土与地基土层的摩擦系数;加强施工地质工作。

第五章 淮河入海水道工程二河枢纽

5.1 工程概况

淮河入海水道工程是淮河流域防洪体系的重要组成部分,西起洪泽湖二河闸,东至黄海扁担港,全长约 163 km,沿苏北灌溉总渠北侧布置,与总渠组成"两河三堤"。入海水道南堤为 1 级堤防,保护面积为里下河地区 1 853 万亩耕地;北堤为 2 级堤防,保护渠北地区面积 1 710 km² 和淮安、滨海等城市。根据近期设计成果,南堤堤顶高程为设计洪水水位加安全超高 2.5 m,北堤堤顶高程为设计洪水位加安全超高 2.0 m,顶宽均为 8 m。同时,为控制入海水道的泄洪流量及沿线的泄洪与排涝水位,解决工程沿线与京杭运河、通榆河及渠北众多排涝河流的交叉矛盾,入海水道全线布置了二河(二河闸、入海水道进洪闸)、淮安、滨海、海口 4 个枢纽和淮阜控制以及穿入海水道南、北堤建筑物等影响处理工程。

入海水道二期工程拟在一期工程的基础上扩建,全线扩挖入海水道南、北泓,加高加固南、北堤防,扩建二河枢纽的二河闸(新建二河越闸),扩建入海水道新泄洪闸(新建入海水道进洪越闸)、扩建淮安枢纽立交地涵、老管河漫水闸、滨海枢纽和海口枢纽等,使洪泽湖的设计防洪标准达到 300 年一遇,校核标准达到 2 000 年一遇。

入海水道二期工程二河枢纽河道疏浚工程范围包括二河闸以上引河段和二河闸至二河新泄洪闸段河道(二河)。

二河闸一期设计按泄洪 5 270 m³/s 标准设计,二河闸扩建(二河越闸)工程后,满足二期设计泄洪 10 000 m³/s 的要求;二河新泄洪闸按一期设计泄洪 2 270 m³/s 的标准设计,二期扩建(入海水道进洪越闸)后,满足二期设计泄洪 7 000 m³/s 的要求。

图 5.1-1　工程外观图

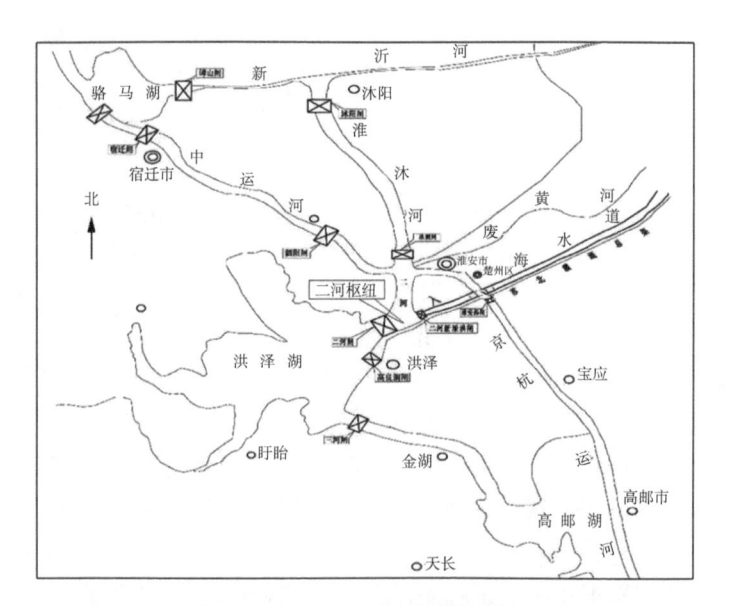

图 5.1-2　工程位置示意图

图 5.1-3　二河枢纽工程位置示意图

5.2 区域地质概况

5.2.1 地形地貌

淮河入海水道位于淮河下游,处于北纬 33°15′~34°20′,东经 118°45′~120°20′,横亘苏北黄淮平原中部,北为徐淮黄泛平原区,南为里下河浅洼平原区,西接洪泽湖,东抵黄海,南傍苏北灌溉总渠,北临废黄河,地势较为平坦,自西北向东南方向缓倾。沿线河道、沟渠纵横。

由于地质构造运动的演变和水流条件的变化,淮河中、下游形成冲、湖积平原地貌。工程区属淮河下游平原地区,地势平坦,地面高程一般在 6.5~9.7 m,多为稻田地,且沟渠纵横交错。

淮河入海水道一期工程行洪为滩槽结合方式,运西段为单泓,泓道沿总渠北侧拓浚,中心距入海水道南堤(总渠北堤)南肩 100~160 m;运东段(淮安枢纽以下至海口)采用双泓,南泓沿排水渠向北拓浚,中心距入海水道南堤(总渠北堤)南肩 95~167 m,北泓靠南泓布置,南、北泓间中心距 30~40 m,北泓距入海水道南堤(总渠北堤)南肩 210~380 m,本段入海水道一期工程的堤顶高程约为 14.5~16.5 m,顶宽 4~7 m。

5.2.2 区域地层岩性

据《江苏省及上海市区域地质志》,本区在大地构造上位于洪泽-盐城坳陷带的淮阴凸起部位;地层自上而下主要有第四系全新统(Q_4)冲积湖积相灰黄~灰色粉土、粉质黏土等,厚 5~10 m;上更新统(Q_3、冲积湖积相)分上下两部分:上部岩性为灰黄色和棕红色黏土、粉质黏土,下部岩性为棕黄色粉土、粉质黏土夹细砂,厚 15~20 m;中更新统(Q_2)冲积湖积相杂色黏土、粉质黏土夹灰黄色砂、细砂,厚 10~25 m;下更新统(Q_1)灰白色、棕黄色黏土、中粗砂,厚 40~60 m;上第三系灰色、黄绿色黏土夹粉砂、中细砂等,厚约 280 m;下第三系棕红-暗棕红泥岩及泥质砂岩,厚约 380 m,下接古生界地层。

根据本区场地地层年代测试成果,在钻探深度内,勘探区内除人工填土、河道内淤泥质土和耕植土、表层的轻粉质壤土为全新统(Q_4)地层外,地面以下约 3~4 m 深度内均为第四系上更新统(Q_3)沉积地层,一般在高程 6 m 处可见铁锈色风化剥蚀面,其上为灰黄色粉质黏土,普遍有网状裂隙,地层沉积时间约 7.5 万~8.7 万年,剥蚀面下为第四系中更新统(Q_2)沉积地层,由硬塑状固结或超固结黏性土层和紧密砂层组成,地层沉积时间约 12.5 万~13.7 万年;地面以下约 15~40 m 深度的地层沉积时间约 16.3 万~21.9 万年。

5.2.3 地质构造及区域稳定性

工程场区在大地构造上属于扬子准地台苏北断拗,位于洪泽坳陷和洪泽—建湖隆起带的交界部位,它们与北西向断裂(F_{1b}、F_b^2、F_b^3)交汇,其中,洪泽坳陷北以淮阴断裂(F_h^1)为界,南以老子山—石坝断裂(F_h^2)为界,在震旦—三叠系褶皱的基础上,洪泽坳陷发育成为中新生代坳陷盆地,堆积了巨厚的中新生代碎屑沉积建造。洪泽—建湖隆起带北西以老子山—石坝断裂(F_h^2)为界,南东大致以万集—高桥断裂为界,该隆起带分布地层岩性主要为震旦系和古生界海相碳酸盐和碎屑岩建造。

华夏式北东向活动断层与北西向构造型式的北西向断裂交接复合部位及其附近地区与震中密切相关,1974年沿北西向的洪泽—人河断层(F_b^1)先后发生了三次三级左右的地震。根据《工程场地地震安全性评价》(GB 17741—2005)的要求,近场区范围指以场址为中心 25 km 为半径所包络的范围;根据1970年以来有仪器记录的现代地震统计,近场区范围内共记录到 ML≥1.0 级地震 43 次,其中 3.0～3.9 级地震 4 次,2.0～2.9 级地震 23 次,1.0～1.9 级地震 16 次,平均震源深度 16 km,场地区地震活动总的特征是频度不高,强度中等。

入海水道经过地区深部主要断裂有:东西向的冯庄—太汛港断裂等;华夏系及华夏式的滨海断褶带、古河—渔业断裂等;弧形构造如洪泽—流均断裂等;郯庐断裂带是现今仍在活动的大断裂,入海水道西端二河枢纽距该带约 65 km,据国家地震局南京地质大队分析:"洪泽湖区未来 100 年内有发生 5.5～5.75 级地震的可能,地震烈度为Ⅶ度,邻区有发生较强地震的可能,但按其烈度衰减规律,影响到洪泽湖区的烈度也只是Ⅶ度,所以认为洪泽湖区地震基本烈度为Ⅶ度。"

根据《中国地震动参数区划图》(GB 18306—2015)和江苏省地震工程研究院完成的《淮河入海水道二河枢纽工程场址地震安全性评价工作报告》,本工程基本地震动峰值加速度为 0.10 g,相应地震基本烈度为Ⅶ度。区域构造稳定性较好。

根据《水工建筑物抗震设计标准》(GB 51247—2018)判定,工程场地土为中软场地土类型,场地类别为Ⅲ类。

5.2.4 水文地质条件

淮河入海水道处于亚热带向暖温带过渡地区,气候温和,日照充足,年平均气温 13.9～14.1℃;四季分明,雨量充沛,多年平均降雨量 946.9～991.3 mm,6月至9月间汛期降雨量占全年的 64.7%～68.4%;多年平均蒸发量 1 435.6～1 468.9 mm;区内具有明显的季风特征,盛行偏东风,多年平均风速 3.7 m/s。

工程场区西临洪泽湖,南靠苏北灌溉总渠,对本区地下水的补给起着重要作用;地下水类型主要为表层松散岩类孔隙潜水和孔隙承压水,揭露的承压含水层岩性主要为下更新统(Q_1)的灰黄色中粗砂,厚约 30 m,单井涌水量约为 1 000～1 500 m³/d;中更新统

(Q_2)的灰黄色细砂,厚约 10 m,单井涌水量为 100~500 m³/d;上更新统(Q_3)棕黄色粉土夹细砂,厚约 20 m,单井涌水量为 100~500 m³/d;承压含水层渗透系数为 A×10⁻³~A×10⁻² cm/s。上更新统浅层含水层主要接受地表水越流补给和侧向径流补给,其排泄方式主要为侧向径流,其下深层含水层主要接受层间越流补给和侧向径流补给,其排泄方式主要为侧向径流。地下水质一般为 HCO_3—Na·Ca 或 HCO_3—Na,HCO_3·Cl—Na 型水,河水及地下水一般属弱碱性水,对混凝土无腐蚀性,海水对混凝土具硫酸盐型强腐蚀性。

5.3 河道疏浚(与扩挖)工程

5.3.1 二河闸以上引河疏浚工程

5.3.1.1 地形地貌

二河闸以上引河段河道疏浚长约 2.5 km,现状主要为洪泽湖(漫滩),局部为张福河河道,河底高程 7.8~12.5 m,疏浚宽度约 500 m。

5.3.1.2 工程地质条件

勘探深度内沿线地层为第四系冲洪积、淤积地层,根据土层岩性分布特征和物理力学性质,划分为 4 层,现自上而下叙述如下:

第①层(Q_4^{al}):为灰色淤泥或淤泥质土,呈流塑至软塑状态,饱和,为新近沉积土。主要分布于洪泽湖底表层,该层层底分布高程 8.44~9.94 m,层厚一般 0.5~1.0 m。

第④₃层(Q_3^{al}):为黄到灰黄色黏土,夹薄层粉质壤土和灰色黏土;层中可见铁锈色风化剥蚀面,剥蚀面上部土层中分布有网状裂隙,有铁锈质充填物。剥蚀面下部土层呈硬塑状态,夹直径 3~7cm 的大块砂礓,呈可塑到硬塑状态,含有铁锰结核。该层分布高程:层顶 6.94~9.94 m,层底 4.04~5.24 m,分布稳定,层厚 4.5 m 左右。

第⑤₂层(Q_2^{al}):为黄色粉土、砂壤土等,夹有细砂层,呈可塑状态或中密状态,土中含大块砂礓,易捏碎。分布高程:层顶 4.50~6.58 m,层底在 3.00~5.18 m 以下。厚度 1.5~3.0 m。

第⑤₃层(Q_2^{al}):为黄色、红黄色(局部少量灰色)粉质黏土,有叶脉状裂隙,含砂礓,铁锰结核及少量白色蚌壳碎片,呈可塑到硬塑状态;该层夹轻粉质壤土、砂壤土薄层或透镜体。分布高程:层顶 3.00~5.18 m,层厚大于 3.0 m。各土层物理力学指标建议值见表 5.3-1。

表 5.3-1　各层土物理力学指标建议值表

层号	土类	含水率（%）	密度(g/cm³) 湿	密度(g/cm³) 干	孔隙比	塑性指数 I_{p10}	液性指数 I_{L10}	压缩系数 MPa^{-1}	压缩模量 MPa	直接快剪 黏聚力(kPa)	直接快剪 内摩擦角(°)	固结快剪 黏聚力(kPa)	固结快剪 内摩擦角(°)
①	淤泥、淤泥质土	35.0	1.89	1.40	1.000	16.0	0.97	0.50	3.5				
④₃	黏土	26.8	1.97	1.55	0.760	18.2	0.15	0.30	7.5	40	7	33	12
⑤₂	粉土、砂壤土	21.3	2.02	1.68	0.594			0.25	7.2	15	18	18	25
⑤₃	粉质黏土	27.8	1.95	1.52	0.798	17.0	0.25	0.31	6.0	45	8	43	13

5.3.1.3　水文地质条件

本段地下水一般赋存于第⑤₂层粉土层中，为承压含水层，承压水头约4.0 m，室内垂直向渗透试验渗透系数$9×10^{-5}$~$2×10^{-4}$ cm/s，具中等~弱透水性。其余①、④₃、⑤₃等黏性土层，渗透系数$A×10^{-6}$~$A×10^{-9}$ cm/s，具微~极微透水性，为相对隔水层。

5.3.1.4　工程地质条件评价

（1）根据《中国地震动参数区划图》(GB 18306—2015)，本工程区基本地震动峰值加速度为0.10 g，相应地震基本烈度为Ⅶ度。场区除湖底表层淤泥质土外，均为第四纪晚更新世Q_3或以前的沉积地层，按照《水利水电工程地质勘察规范》(GB 50487—2008)土的地震液化初判规定：地层年代为第四纪晚更新世Q_3或以前，可判为不液化。因此可初步判定⑤₂层土在Ⅶ度地震条件下，可不考虑地震液化的影响。湖底表层的淤泥或淤泥质土，呈软塑或流塑状态，属易发生震陷的土层。

（2）根据土层组成情况，按《堤防工程地质勘察规程》(SL 188—2005)的规定进行土的渗透变形判别，判别结果如表5.3-2。

表 5.3-2　各土层允许渗透比降建议值表

地层编号	岩性	渗透系数(cm/s)	渗透性等级	允许比降	破坏类型
①	淤泥或淤泥质土	$5.0×10^{-6}$	微透水	0.20	流土型
④₃	黏土	$5.0×10^{-6}$	微透水	0.45	流土型
⑤₂	粉土或砂壤土	$2.5×10^{-4}$	中等透水	0.20	管涌或过渡型
⑤₃	粉质黏土	$5.0×10^{-6}$	微透水	0.50	流土型

（3）设计河道开挖至高程6 m，边坡主要由第④₃层黏土组成，河道主槽表层有0.5~1 m左右新近淤积的软塑状态淤泥质土，④₃层黏土为可塑到硬塑状态，强度较高，表层软土强度低，边坡稳定性差，开挖时应注意其边坡的稳定问题。根据《水利水电建筑工程预算定额》中一般工程土类分级表来确定，参考指标为土质名称、天然湿密度和外形特征，第①层开挖级别为Ⅱ级，第④₃层黏土开挖级别为Ⅲ级；疏浚工程土类分级为：第①

层为Ⅱ级,第④₃层为Ⅴ级,水下边坡坡比建议采用1:5。

5.3.2 二河闸—入海水道进洪闸段疏浚工程

5.3.2.1 地形地貌

二河闸～入海水道进洪闸段河道疏浚长约3.5 km,现状为二河河道,河底高程6.9～10.2 m,两岸堤顶高程18.2～19.4 m。二河河道宽约1.4 km,河水位高程11.70 m左右(冬季)。

5.3.2.2 工程地质条件

勘探深度内沿线地层为第四系冲洪积、淤积地层,根据土层岩性分布特征和物理力学性质,划分为4层,现自上而下叙述如下:

第①层(Q_4^{al}):为灰色淤泥或淤泥质土,呈流塑至软塑状态,饱和,为河底表层的新近沉积土。该层分布高程:层底5.60～9.94 m,层厚一般0.5 m左右,局部较厚达4.5 m,由于二河闸泄水冲刷,闸下附近缺失此层。

第④₁层(Q_3^{al}):灰色粉质黏土或为淤泥质土,呈软可塑状态,局部夹中粉质壤土,层厚0.6～1.9 m,层底分布高程5.8～8.2 m。

第④₃层(Q_3^{al}):为黄到灰黄色黏土,夹薄层粉质壤土和灰色黏土;层中可见铁锈色风化剥蚀面,剥蚀面上部土层中分布有网状裂隙,有铁锈质充填物;剥蚀面下部土层呈硬塑状态,夹直径3～7cm的大块砂礓,呈可塑到硬塑状态,含有铁锰结核。层底分布高程2.80～5.30 m,分布稳定,层厚4.5 m左右。

第⑤₂层(Q_2^{al}):为黄色轻粉质壤土,夹粉土、砂壤土等,呈可塑状态或中密状态,土中含大块砂礓,易捏碎。分布高程:层顶3.23～5.30 m,层底在1.05～3.44 m以下。厚度1.5～5.0 m。

第⑤₃层(Q_2^{al}):为黄色、红黄色(局部少量灰色)粉质黏土,有叶脉状裂隙,含砂礓,铁锰结核及少量白色蚌壳碎片,呈可塑到硬塑状态;该层夹轻粉质壤土、砂壤土薄层或透镜体。分布高程:层顶1.05～4.94 m,层厚大于3.0 m。

各土层物理力学指标建议值见表5.3-3。

表5.3-3 各层土物理力学指标建议值表

层号	土类	含水率(%)	密度(g/cm³) 湿	密度(g/cm³) 干	孔隙比	塑性指数 I_{p10}	液性指数 I_{L10}	压缩系数 (MPa⁻¹)	压缩模量 (MPa)	直接快剪 黏聚力(kPa)	直接快剪 内摩擦角(°)	固结快剪 黏聚力(kPa)	固结快剪 内摩擦角(°)
①	淤泥、淤泥质土	35.0	1.89	1.40	1.000	16.0	0.97	0.50	3.5	0.5	4		
④₁	粉质黏土	30.0	1.95	1.50	0.810	16.8	0.60	0.40	4.5	25	10	20	14

续表

层号	土类	含水率(%)	密度(g/cm³) 湿	密度(g/cm³) 干	孔隙比	塑性指数 I_{p10}	液性指数 I_{L10}	压缩系数(MPa^{-1})	压缩模量(MPa)	直接快剪 黏聚力(kPa)	直接快剪 内摩擦角(°)	固结快剪 黏聚力(kPa)	固结快剪 内摩擦角(°)
④₃	黏土	26.8	1.97	1.55	0.760	18.2	0.15	0.30	7.5	40	7	33	12
⑤₂	轻粉质壤土、砂壤土	21.3	2.02	1.68	0.594			0.25	7.2	15	18	18	25
⑤₃	粉质黏土	27.8	1.95	1.52	0.798	17.0	0.25	0.31	6.0	45	8	43	13

5.3.2.3 水文地质条件

勘探期间，二河河道内水面高程约11.69 m。本段地下水一般赋存于第⑤₂层粉性土层中，为承压含水层，承压水头约4.0 m，室内垂直向渗透试验渗透系数$9\times10^{-5}\sim2\times10^{-4}$ cm/s，具中等～弱透水性。其余①、④₁、④₃、⑤₃等黏性土层，渗透系数$A\times10^{-6}\sim A\times10^{-9}$ cm/s，具微～极微透水性，为相对隔水层。

5.3.2.4 工程地质条件评价

（1）根据《中国地震动参数区划图》(GB 18306—2015)，本工程区基本地震动峰值加速度为0.10 g，相应地震基本烈度为Ⅶ度。场区除表层淤泥质土外，均为第四纪晚更新世Q_3或以前的沉积地层，按照《水利水电工程地质勘察规范》(GB 50487—2008)土的地震液化初判规定：地层年代为第四纪晚更新世Q_3或以前，可判为不液化。因此可初步判定⑤₂层土在Ⅶ度地震条件下，可不考虑地震液化的影响。河底表层的淤泥或淤泥质土，呈软塑或流塑状态，属易发生震陷的土层。

（2）根据土层组成情况，按《堤防工程地质勘察规程》(SL 188—2005)的规定进行土的渗透变形判别，判别结果如表5.3-4。

表5.3-4　各土层允许渗透比降建议值表

地层编号	岩性	渗透系数(cm/s)	渗透性等级	允许比降	破坏类型
①	淤泥或淤泥质土	5.0×10^{-6}	微透水	0.20	流土型
④₁	粉质黏土	6.0×10^{-6}	微透水	0.40	流土型
④₃	黏土	5.0×10^{-6}	微透水	0.45	流土型
⑤₂	轻粉质壤土、砂壤土	2.0×10^{-4}	中等透水	0.20	管涌或过渡型
⑤₃	粉质黏土	5.0×10^{-6}	微透水	0.50	流土型

（3）设计河道开挖至高程6 m，边坡大多由第④₃层黏土组成，仅河底表层有0.5 m左右的软塑状态淤泥质土（局部厚约4 m），④₃层黏土为可塑到硬塑状态，强度较高，表层软土强度低，开挖时应注意其边坡的稳定问题。根据《水利水电建筑工程预算定额》中

一般工程土类分级表来确定,参考指标为土质名称、天然湿密度和外形特征,第①层开挖级别为Ⅱ级,第④$_1$层黏土开挖级别为Ⅲ级,第④$_3$层黏土开挖级别为Ⅲ级;疏浚工程土类分级为:第①层为Ⅱ级,第④$_1$层为Ⅲ级,第④$_3$层为Ⅴ级。水下边坡坡比建议采用1∶5。

5.3.3 入海水道进洪闸下游引河扩挖工程

本段河道扩挖段长度约1.8 km,设计底高程2.69~3.00 m,设计边坡1∶3。

5.3.3.1 地形地貌

入海水道由西南流向东北,一期开挖的泓道顺直,泓道底高程4.0 m左右,泓道上口一般宽66~75 m,滩地宽500 m左右,滩地面高程8.60~9.90 m;沿线场区属河漫滩地貌类型,地势较平坦。

5.3.3.2 工程地质条件

勘探深度内沿线地层为第四系冲洪积、淤积地层,根据土层岩性分布特征和物理力学性质,划分为五层,将各层自上而下叙述如下:

第④$_2$层(Q_4^{al}):褐黄、棕黄、灰褐夹灰色黏土、粉质黏土,稍湿,呈软塑~可塑状态,含铁锰质结核,局部含少量砂礓。层底分布高程5.30~7.60 m,厚2.2~4.2 m,平均层厚2.3 m,该层广泛分布。

第④$_3$层(Q_3^{al}):灰黄、棕黄夹灰色粉质黏土,稍湿,呈可塑状态,下部粉性略大,含铁锰质结核及少量砂礓。层底分布高程3.00~5.00 m,厚2.0~2.5 m,本层平均层厚3.1 m,该层广泛分布。

第⑤$_2$层(Q_2^{al}):灰黄、褐黄、棕黄色砂壤土、极细砂、轻粉质壤土。呈中密状态,夹有黏性土薄层,偶见泥质结核,含少量砂礓。层底分布高程-2.10~-0.90 m,厚4.0~7.5 m,该层广泛分布。

第⑤$_3$层(Q_2^{al}):棕黄、灰黄、褐黄夹灰色粉质黏土、重粉质壤土,稍湿,硬塑,含铁锰质结核、砂礓,局部砂礓含量超过20%。层底分布高程-5.60~-2.00 m,厚1.0~4.0 m,该层广泛分布。

第⑤$_3'$层(Q_2^{al}):灰黄、褐黄、棕黄色粉细砂、砂壤土、轻粉质壤土。饱和,呈中密~密实状,局部夹黏性土薄层。层顶高程-7.10~2.00 m,层底分布高程-5.70以下未揭穿。各层土主要物理力学指标建议值见表5.3-5。

5.3.3.3 水文地质条件

工程区表层④$_2$层粉质黏土为黄泛冲积层,夹砂壤土薄层,由于植物根系和日晒干裂等作用季节性含水,为潜水含水层。该潜水含水层具有一定的渗透性,室内试验测得该层土垂直渗透系数A×10^{-4}~A×10^{-5} cm/s,具中等~弱透水性,局部渗透系数A×10^{-6} cm/s。

表5.3-5　各土层物理力学指标建议值表

层号	土类	含水率(%)	密度(g/cm³) 湿	密度(g/cm³) 干	孔隙比	液性指数 I_{L10}	压缩系数 (MPa⁻¹)	压缩模量 (MPa)	直接快剪 黏聚力 (kPa)	直接快剪 内摩擦角(°)	饱和快剪 黏聚力 (kPa)	饱和快剪 内摩擦角(°)	固结快剪 黏聚力 (kPa)	固结快剪 内摩擦角(°)
④₂	粉质黏土	26.1	1.96	1.55	0.766	0.17	0.28	6.9	35	10	34	12	38	14
④₃	粉质黏土	23.7	2.01	1.62	0.684	0.17	0.20	9.3	33	10	31	10	29	17
⑤₂	砂壤土	24.2	1.99	1.60	0.683	0.63	0.20	10.5	13	18	16	16	19	24
⑤₃	粉质黏土	24.2	2.00	1.61	0.689	0.26	0.20	9.9	45	12	42	12	43	17
⑤₃'	粉细砂、砂壤土	24.1	2.00	1.61	0.671	0.60	0.16	11.8	25	20	25	17	28	24

第⑤₂层砂壤土层为承压含水层,室内垂直向渗透试验渗透系数 $9\times10^{-5}\sim2\times10^{-4}$ cm/s,具中等～弱透水性。其余④₃、⑤₃等黏性土层,渗透系数 $A\times10^{-6}\sim A\times10^{-9}$ cm/s,具微～极微透水性,垂直向有相对隔水性,为相对隔水层。

勘探孔地下水位埋深 4.30～6.20 m,潜水含水层地下水补排与附近地表水(总渠、泓道及其他沟塘)侧向径流及降水、蒸发密切相关。⑤₂层承压水位有与地形西高东低相关的趋势,同时有北高南低的趋势,承压水头一般 3.5～3.9 m;泓道地表水与⑤₂层地下水有微弱的水力联系。

5.3.3.4 工程地质条件评价

(1)根据《中国地震动参数区划图》(GB 18306—2015),本工程区基本地震动峰值加速度为 0.10 g,相应地震基本烈度为Ⅶ度,根据区域沉积地层年代测试成果,场区除人工填土和耕植土层,均为第四纪晚更新世 Q₃ 或以前的沉积地层。按照《水利水电工程地质勘察规范》(GB 50487—2008)土的地震液化初判规定:地层年代为第四纪晚更新世 Q₃ 或以前,可判为不液化;可判定少黏性土地层⑤₂、⑤₃′层在Ⅶ度地震条件下,可不考虑地震液化的影响。

(2)根据土层组成情况,按《堤防工程地质勘察规程》(SL 188—2005)的规定进行土的渗透变形判别,判别结果如表 5.3-6。

表 5.3-6 各土层允许渗透比降建议值表

地层编号	岩性	渗透系数(cm/s)	渗透性等级	允许比降	破坏类型
④₂	粉质黏土	5.0×10^{-5}	弱透水	0.50	流土
④₃	粉质黏土	5.0×10^{-6}	微透水	0.50	流土
⑤₂	砂壤土	4.0×10^{-4}	中等透水	0.28	流土
⑤₃	粉质黏土	7.0×10^{-6}	微透水	0.35～0.40	流土
⑤₃′	粉细砂	6.0×10^{-4}	中等透水	0.20～0.25	管涌或过渡型

(3)河道岸坡地质结构为多层结构,第⑤₂层砂壤土、⑤₃′层粉细砂夹轻粉质砂壤土抗冲刷能力低,第④₂、④₃、⑤₃层黏土、粉质黏土的抗冲刷能力较强;建议对砂壤土边坡地层进行适当防护处理。

(4)本段河道开挖揭露第④₂、④₃、⑤₂等层,土的开挖级别根据《水利水电建筑工程预算定额》中一般工程土类分级表来确定,参考指标为土质名称、天然湿密度和外形特征,第④₂、④₃层黏土、粉质黏土的开挖级别分别为Ⅲ、Ⅳ级。第⑤₂层壤土或砂壤土的开挖级别为Ⅱ级。

5.4 河道堤防工程

5.4.1 二河闸—入海水道进洪闸段南堤加固工程

5.4.1.1 地形地貌

二河闸(0+000)～入海水道进洪闸(3+500)段二河右堤也是入海水道南堤起始段(苏北灌溉总渠北堤的一段),长3.5 km,堤顶高程17.99～19.39 m,堤顶宽8 m左右,堤顶多为沥青路面,部分段为混凝土路面,两侧种植树木,迎水坡有砌石护坡,无滩地,背水坡设戗台。

沿线场区属湖沼类型,地势均较平坦,二河水由西南弯折流向北,河道呈弯弧形,河道底高程8.69～10.39 m左右。

5.4.1.2 堤身填筑质量评价

二河闸(0+000)～入海水道进洪闸(3+500)段堤顶宽8 m左右,堤顶多为沥青路面,部分为混凝土路面,两侧种植树木,迎水坡有砌石护坡,无滩地,背水坡设戗台,桩号0+000～2+700段堤防填筑质量稍差,汛期背水坡有窨潮现象。

本段堤身第(A)层(Q^s)为黄到灰黄色堤身填土,主要由粉质黏土、中粉质壤土及重粉质壤土组成(表层沥青路面),呈可塑状态,含有铁锰结核,夹砂礓,可见裂隙。该层分布高程:层顶17.99～19.39 m,层底9.69～10.99 m。

为查明堤身填筑情况,取堤身土进行了击实试验,击实试验的最大干密度为1.64 g/cm³～1.67 g/cm³,根据《堤防工程设计规范》(GB 50286—2013),1级堤防的压实度不应小于0.95,即填土设计干密度应大于等于1.56 g/cm³～1.59 g/cm³。本次共取24组原状土样,黏粒含量19.7%左右,干密度1.47 g/cm³～1.72 g/cm³,平均干密度值为1.59 g/cm³,其中有3组土样含砂壤土,干密度大于1.68 g/cm³,黏性土的压实度0.91～1.00,满足1级堤防的设计要求的有14组样,占总样本数58.3%,不满足1级堤防的设计要求有10组样,占总样本数41.7%,主要分布在桩号0+000～2+700堤段。

该段堤身土局部土质不均,干密度偏低,堤身堆筑不密实,具有弱透水性,堤身与堤基交界处渗透性稍大;桩号0+000～2+700段堤防填筑质量较差,建议对该段采取防渗处理,也可在对入海水道南堤(苏北灌溉总渠北堤)加高培厚的同时考虑设置防渗工程措施;桩号2+700～3+500填筑质量较好。

5.4.1.3 堤基工程地质条件

勘探深度内沿线地层为第四系冲洪积、淤积地层,根据土层岩性分布特征和物理力

学性质,划分为五层,将各层自上而下叙述如下:

第④₃层(Q_3^{al}):为黄到灰黄色黏土,夹薄层粉质壤土和灰色黏土,有网状裂隙,有铁锈质充填物,呈可塑到硬塑状态,含有铁锰结核,底部夹直径 2 cm～6 cm 的大块砂礓。该层分布广泛,层底分布高程 3.29～5.59 m,厚度 4.4～7.1 m。

第⑤₂层(Q_2^{al}):为黄绿色、黄色轻粉质壤土,夹粉土、轻砂壤土。呈可塑状态,易捏碎,土中含大块砂礓。层底分布高程 2.79～4.89 m,层厚 0.5～1.9 m。

第⑤₃层(Q_2^{al}):为棕红色,红黄色粉质黏土,有叶脉状裂隙,含砂礓、铁锰结核及少量白色蚌壳碎片,呈可塑到硬塑状态。该层中夹轻粉质壤土、砂壤土透镜体,呈中密状态。层底分布高程 0.69～2.29 m,层厚 1.9～3.5 m。

第⑤₃′层(Q_2^{al}):为黄绿色轻粉质砂壤土,夹粉砂,呈中密状态。分布层底高程 0.79～1.89 m,层厚 0.4～0.6 m。

第⑤₄层(Q_2^{al}):为棕红色、灰黑色到灰色重粉质壤土,顶部为不连续分布的棕红色重粉质壤土,其下灰黑色,夹有约 20cm 厚的有机质和白色小蚌壳混合层,呈可塑到硬塑状态,底部呈可塑状态,含大量大块砂礓,具有裂隙。该层未揭穿。

综合室内试验与野外原位测试,土层主要物理力学指标统计值见表 5.4-1,建议值见表 5.4-2。

5.4.1.4 水文地质条件

根据本次勘察试验资料,在地面以下 15 m 勘探深度范围内,地下水为浅层松散岩类孔隙水。共揭露 2 个含水层,1 个相对隔水层:

潜水含水层:主要为第④₃层黏土和第⑤₂层轻粉质壤土。第④₃层黏土层有网状裂隙,含大量砂礓,砂礓富集带具有连通性,主要为裂隙水;第⑤₂层轻粉质壤土与④₃层水力联系密切,为潜水含水层。

第一承压含水层:为第⑤₃′层轻粉质砂壤土。该含水层具微承压性;第⑤₃层粉质黏土为相对隔水层。

勘探期间,测得地下水位为 9.59～11.89 m。承压水头高约 9.0 m。潜水主要接受大气降水、农田灌溉及河道、沟渠等侧渗补给,排泄以自然蒸发及向河道、沟渠侧排泄为主,上部孔隙潜水与地表水和河水联系密切。

经对室内渗透试验分析,结合现场勘探资料和已有工程经验,各土层渗透系数建议值见表 5.4-3。

淮河流域典型水闸建筑物工程地质研究

表5.4-1 淮河入海水道二期工程二河右堤(二河闸～入海水道进洪闸段)堤防加固工程各土层主要物理力学性质指标统计表

地层编号	土层名称	层底高程(m)	统计项目	含水率(%)	密度(g/cm³)湿	密度(g/cm³)干	孔隙比	饱和度	土粒比重	液限 W_{L17} %	液限 W_{L10} %	塑限 %	塑性指数 I_{P17}	塑性指数 I_{P10}	液性指数 I_{L17}	液性指数 I_{L10}	压缩系数 MPa⁻¹	压缩模量 MPa	直接快剪黏聚力(kPa)	直接快剪内摩擦角(°)	饱和快剪黏聚力(kPa)	饱和快剪内摩擦角(°)	砂粒% (2～0.075mm)	粉粒% (0.075～0.005mm)	黏粒% (<0.005mm)	室内试验渗透系数水平(cm/s)	室内试验渗透系数垂直(cm/s)	标贯击数 击
①	素填土	9.69～10.99	计数	24	24	24	24	24	24	24	24	24	24	24	24	24	24	24	19	19	3	3	1		1	2	2	24
			最大值	31.1	2.05	1.72	0.868	98.5	2.75	60.0	49.1	27.2	32.8	21.9	0.33	0.48	0.47	24.57	62.7	28.6	80.0	21.6	8.4		<0.005			12.4
			最小值	15.6	1.88	1.47	0.587	71.5	2.69	33.6	28.7	17.8	15.8	10.9	−0.14	−0.20	0.06	3.82	18.2	5.9	32.5	8.5			1			4.0
			大值均值	25.9	2.01	1.65	0.785	93.5	2.75	52.8	42.5	23.3	29.5	19.2	0.17	0.25	0.37	13.63	54.5	21.9								9.9
			小值均值	20.3	1.93	1.54	0.664	82.3	2.72	45.5	37.1	20.5	24.0	16.3	−0.02	−0.03	0.18	5.91	33.6	11.2								6.8
			平均值	23.4	1.97	1.59	0.725	88.4	2.75	49.1	40.0	21.8	27.3	18.2	0.06	0.09	0.25	8.80	41.3	16.3	62.9	15.6		71.9	19.7	5.80E−08	1.60E−08	8.1
			变异系数	0.150	0.023	0.042	0.102	0.081	0.005	0.105	0.097	0.087	0.139	0.131	1.979	1.966	0.472	0.559	0.294	0.397								0.247
④₃	黏土	3.29～5.59	计数	17	17	17	17	17	17	16	16	16	16	16	16	16	17	17	15	15	2	2					13
			最大值	29.4	2.04	1.69	0.853	99.2	2.75	67.0	54.2	27.8	39.2	26.4	0.20	0.30	0.40	15.52	79.8	24.4								14.1
			最小值	21.0	1.91	1.48	0.631	86.8	2.73	43.2	35.7	20.1	23.1	15.6	−0.01	−0.02	0.11	4.56	13.3	5.5								6.1
			大值均值	27.9	2.01	1.63	0.810	95.7	2.74	57.2	46.3	24.5	32.7	21.9	0.15	0.23	0.30	10.67	53.9	19.4								11.9
			小值均值	23.0	1.94	1.52	0.691	90.9	2.74	47.0	38.7	21.2	25.8	17.1	0.05	0.07	0.18	6.59	31.3	10.5								8.2
			平均值	25.3	1.97	1.57	0.747	92.9	2.75	50.9	41.6	22.7	28.2	18.9	0.10	0.15	0.23	8.51	40.3	14.7	45.2	12.7						10.5
			变异系数	0.110	0.020	0.041	0.095	0.032	0.003	0.122	0.113	0.091	0.160	0.155	0.653	0.652	0.324	0.325	0.380	0.382								0.227
⑤₂	轻粉质壤土	2.79～4.89	计数	2						2	2	2	2	2	2	2	2	2	1	1	2	2	1			1	1	7
			大值均值																									18.2
			小值均值																									11.5
			平均值	23.5						35.7	30.5	18.7	17.0	11.7	0.28	0.41	0.21	8.06	26.4	10.9			14.8	61.5	23.7	4.82E−07	3.34E−07	16.3
			变异系数																									0.210
⑤₃	粉质黏土	0.69～2.29	计数	6	6	6	6	6	6	6	6	6	6	6	6	6	6	6	4	4	1	1	1			1	1	4
			最大值	35.3	2.01	1.62	0.979	98.1	2.75	53.3	44.2	27.8	28.0	18.8	0.35	0.49	0.25	17.89	72.8	20.1								11.8
			最小值	24.3	1.86	1.37	0.682	92.4	2.72	41.3	35.0	20.4	20.4	14.1	0.05	0.08	0.10	7.73	59.7	12.6								8.5
			大值均值	33.6	1.97	1.56	0.940	97.6	2.75	51.8	43.4	26.2	27.2	18.3	0.30	0.43	0.24	14.74	70.3	20.1								11.3
			小值均值	26.4	1.88	1.41	0.765	93.9	2.72	45.3	38.2	22.9	21.0	14.6	0.11	0.16	0.15	9.19	62.5	14.6								8.6
			平均值	28.8	1.94	1.51	0.823	95.8	2.74	49.7	41.6	24.6	25.1	17.1	0.17	0.25	0.18	11.04	66.4	16.0	31.2	16.5	7.2	61.4	31.4	6.31E−06	4.93E−07	9.9
			变异系数	0.143	0.026	0.057	0.127	0.024	0.006	0.089	0.082	0.094	0.133	0.117	0.627	0.613	0.301	0.329	0.082	0.194								0.164

194

第五章 淮河入海水道工程二河枢纽

续表

地层编号	土层名称	层底高程(m)	统计项目	计数	含水率(%)	密度(g/cm³)湿	密度(g/cm³)干	孔隙比	饱和度	土粒比重	液限 W_{L17} %	液限 W_{L10} %	塑限 %	塑性指数 I_{p17}	塑性指数 I_{p10}	液性指数 I_{L17}	液性指数 I_{L10}	压缩系数 MPa^{-1}	压缩模量 MPa	直接快剪 黏聚力(kPa)	直接快剪 内摩擦角(°)	饱和快剪 黏聚力(kPa)	饱和快剪 内摩擦角(°)	砂粒% (2~0.075mm)	粉粒% (0.075~0.005mm)	黏粒% (<0.005mm)	室内试验渗透系数 水平(cm/s)	室内试验渗透系数 垂直(cm/s)	标贯击数(击)
⑤$_4$	重粉质壤土	未揭穿	计数	5		4	4	4	4		4	4	4	4	4	4	4	4	4									7
			最大值	25.2	1.99	1.62	0.742	95.2	2.73	43.2	36.1	21.3	23.00	15.7	0.19	0.28	0.30	10.09	40.8	7.7								10.5
			最小值	22.8	1.96	1.57	0.685	90.9	2.72	40.5	34.2	20.1	20.40	14.1	0.11	0.17	0.17	5.77	39.2	5.7								7.3
			大值均值	24.9	1.98	1.61	0.731	95.2	2.73	43.2	36.0	21.1	22.37	15.3	0.18	0.27	0.27	10.09										9.7
			小值均值	23.4	1.96	1.57	0.693	91.9	2.72	40.5	34.2	20.1	20.40	14.5	0.11	0.17	0.20	6.71										7.9
			平均值	24.3	1.98	1.59	0.712	92.8	2.73	42.5	35.5	20.6	21.88	14.9	0.17	0.24	0.24	7.56	40.0	6.4	38.6	9.5	75.6	23.5	0.9			9.0
			变异系数	0.041	0.006	0.015	0.035	0.019	0.002	0.032	0.025	0.029	0.050	0.044	0.212	0.214	0.235	0.242										0.126

表 5.4-2 淮河入海水道二期工程二河右堤加固工程各土层主要物理力学指标建议值表

层号	土类	含水率(%)	密度(g/cm³)湿	密度(g/cm³)干	孔隙比	土粒比重	塑性指数 I_{p10}	液性指数 I_{L10}	压缩系数(MPa^{-1})	压缩模量(MPa)	直接快剪 黏聚力(kPa)	直接快剪 内摩擦角(°)	饱和快剪 黏聚力(kPa)	饱和快剪 内摩擦角(°)	固结快剪 黏聚力(kPa)	固结快剪 内摩擦角(°)	标贯击数(击)	允许承载力(kPa)
〔A〕	素填土	23.4	1.97	1.59	0.725	2.75	18.3	0.09	0.37	5.9	33	11	34	9	30	13	7	
④$_3$	黏土	25.3	1.97	1.57	0.747	2.75	18.9	0.15	0.30	6.6	38	11	35	10	39	16	8	170
⑤$_2$	轻粉质壤土	23.5	2.01	1.63	0.654	2.70	11.7	0.41	0.21	8.1	20	9	22	10	21	11	12	150
⑤$_3$	粉质黏土	28.8	1.94	1.51	0.823	2.74	17.1	0.25	0.24	9.2	45	15	35	12	38	20	9	200
⑤$_4$	重粉质壤土	24.3	1.98	1.59	0.712	2.73	14.9	0.24	0.27	6.7	40	6	39	6	37	12	8	190

表 5.4-3　各土层渗透系数建议值

地层编号	土层名称	渗透系数建议值(cm/s)	透水性等级
(A)	堤身填土	5.0×10^{-5}	弱透水性
④₃	黏土	1.5×10^{-6}	微透水性
⑤₂	轻粉质壤土	1.0×10^{-4}	中等透水性
⑤₃	粉质黏土	3.0×10^{-6}	微透水性
⑤₃'	轻粉质砂壤土	4.0×10^{-4}	中等透水性
⑤₄	重粉质壤土	2.0×10^{-6}	微透水性

5.4.1.5　工程地质评价

(1) 根据《中国地震动参数区划图》(GB 18306—2015) 和区域地质测年成果，本工程区地震动峰值加速度为 0.10 g，相应地震基本烈度为 Ⅶ 度；场区除人工填土和耕植土层外，均为第四纪晚更新世 Q_3 或以前的沉积地层，按照《水利水电工程地质勘察规范》(GB 50487—2008) 土的地震液化初判规定：地层年代为第四纪晚更新世 Q_3 或以前，可判为不液化，因此可初步判定各土层在 Ⅶ 度地震条件下，可不考虑地震液化的影响。

(2) 根据堤基工程地质条件分类原则，本段堤基为 B 类，分布位置见表 5.4-4。

表 5.4-4　堤基工程地质条件分类及评价表

堤基地质结构				工程地质条件分类
大类	亚类	地质结构特征	起止桩号	工程地质问题及评价
多层结构类 (Ⅱ)	Ⅱ₂	堤基表层主要由 ④₃ 黏土组成，厚度 4.4～7.1 m，微透水，下伏透水性中等的薄层砂性土	0+000～3+500	工程地质条件较好	B 类

(3) 根据土层组成情况，按《堤防工程地质勘察规程》(SL 188—2005) 的规定进行土的渗透变形判别，判别结果如表 5.4-5。

表 5.4-5　各土层允许渗透比降建议值表

地层编号	岩性	允许比降	破坏类型
(A)	堤身填土	0.40	流土
④₃	黏土	0.45～0.50	流土
⑤₂	轻粉质壤土	0.30	流土
⑤₃	粉质黏土	0.55	流土
⑤₃'	轻粉质砂壤土	0.20	管涌或过渡型
⑤₄	重粉质壤土	0.35～0.40	流土

5.4.2 入海水道进洪闸闸下引河段南堤加固工程

5.4.2.1 地形地貌

入海水道进洪闸闸下段(3+500～5+300)段南堤(由苏北灌溉总渠北堤加高培厚而成)北面为入海水道,南面为灌溉总渠,堤顶高程16.7～17.5 m,堤身高度一般为6.0～7.5 m,堤顶宽5～8 m。

5.4.2.2 堤身填筑质量评价

苏北灌溉总渠北堤(入海水道南堤)始建于1951年11月,由于沿线地质情况复杂,人工筑堤,施工进度快,又因天气严寒,冻土较多,部分土料未曾破垡,坯头又较厚,未经夯实,受当时条件限制,没有采取有效的晾干、破垡、碾压等措施,堤身填筑质量较差。

本段堤身堆填土主要为第(A)层灰褐、棕黄、灰黄色黏土、粉质黏土、重黏土、重粉质壤土,杂少量砂壤土,表层多含有草根等杂物;堤身填土土质软硬不均,上部不饱和,浸润线以下呈饱和状态,可塑～软塑状态,中压缩性。

5.4.2.3 堤基工程地质条件

勘探深度内沿线地层主要为第四系冲洪积、淤积地层,根据土层岩性分布特征和物理力学性质,划分为七层,将各层自上而下叙述如下:

第④$_1$层(Q_3^{al}):棕黄、灰、灰褐色黏土、粉质黏土或为淤泥质土,局部夹中粉质壤土,层厚0.4～2.0 m。

第④$_2$层(Q_3^{al}):褐黄、棕黄、灰褐夹灰色黏土、粉质黏土、重黏土,含铁锰质结核。局部含少量砂礓。厚1.5 m左右。

第④$_3$层(Q_3^{al}):灰黄、棕黄夹灰色粉质黏土,下部粉性略大,含铁锰质结核及少量砂礓,偶见稀淤充填的小孔。揭示厚度1.5～6.1 m。

第⑤$_2$层(Q_2^{al}):灰黄、褐黄、棕黄色砂壤土、极细砂、轻粉质壤土。该层中有黏性土透镜体分布;偶见泥质结核,含少量砂礓,厚约5 m。

第⑤'层(Q_2^{al}):棕红、灰黄色粉质黏土、重粉质壤土,向东粉性增强,含铁锰质斑纹,可塑,呈透镜体状分布。

第⑤$_3$层(Q_2^{al}):棕黄、灰黄、褐黄夹灰色粉质黏土、重粉质壤土,含铁锰质结核、砂礓,局部砂礓含量超过20%。该层顶部局部为灰、深灰色粉质黏土,该层厚度约2.1 m。

第⑤$_4$层(Q_2^{al}):为棕红色、灰黑色到灰色重粉质壤土,呈可塑到硬塑状态,底部粉质黏土呈可塑状态,含大量大块砂礓,具有裂隙。层底分布高程-2.36 m以下未揭穿,层厚大于3.0 m。

综合室内试验与野外原位测试,土层主要物理力学指标建议值见表5.4-6。

表 5.4-6 南堤加固工程各土层主要物理力学指标建议值表

层号	土类	含水率 %	湿密度 g/cm³	干密度 g/cm³	土粒比重	孔隙比	饱和度	塑性指数 I_{p10}	液性指数 I_{L10}	直剪 黏聚力 kPa	直剪 内摩擦角 °	饱和快剪 黏聚力 kPa	饱和快剪 内摩擦角 °	固结快剪 黏聚力 kPa	固结快剪 内摩擦角 °	压缩系数 0.1~0.3 MPa⁻¹	压缩模量 0.1~0.3 MPa	标准贯入击	比贯入阻力 MPa	允许承载力 kPa
(A)	堤身填土	28.2	1.96	1.53	2.74	0.79	98.0	18.5	0.33	33	15	31	11	31	13	0.25	7.5	7	1.6	70
④₁	粉质黏土	37.8	1.85	1.35	2.70	1.02	99.5	19.0	1.00	13	5	10	4	15	6	0.60	3.34		0.6	160
④₂	黏土	27.8	1.97	1.54	2.74	0.78	98.0	18.8	0.30	33	12	34	12	38	14	0.26	7.2	8	1.7	180
④₃	粉质黏土	23.6	2.04	1.65	2.74	0.66	98.0	17.1	0.14	45	11	50	10	52	18	0.15	11.2	15	3	160
⑤₁	重粉质砂壤土	26.1	1.99	1.58	2.70	0.71	99.1	8.7	0.76	13	20	16	20	27	22	0.12	12.5	27	6	200
⑤₂'	重粉质壤土	28.8	1.97	1.53	2.74	0.79	99.7	14.1	0.55	36	14	33	14	26	19	0.23	8.2	15	2.9	190
⑤₃	粉质黏土	25.7	2.00	1.59	2.74	0.72	97.5	13.9	0.34	38	15	39	14	35	18	0.22	7.8	14		

5.4.2.4 水文地质条件评价

工程区④₁层黏性土层出露于地表,该层中夹砂壤土薄层,同时由于植物根系和日晒干裂等作用,构成潜水含水层;该潜水含水层具有一定的渗透性,室内试验测得该层土垂直渗透系数 $A \times 10^{-4} \sim A \times 10^{-5}$ cm/s,具中等~弱透水性,局部渗透系数 $A \times 10^{-6}$ cm/s。

⑤₂层为承压含水层,室内垂直向渗透试验渗透系数 $9 \times 10^{-5} \sim 2 \times 10^{-4}$ cm/s,具中等~弱透水性;④₁、④₂、④₃、⑤₂'、⑤₃等黏性土层渗透系数 $A \times 10^{-6} \sim A \times 10^{-9}$ cm/s,具微~极微透水性,为相对隔水层。

勘探期间灌溉总渠地表水位 4.63~5.18 m,入海水道南(右)堤堤顶勘探孔地下水 3.41~4.04 m,经观测,当地表水位上升或下降时,潜水位也同步上升或下降,说明潜水与地表水有明显的水力联系;潜水含水层地下水补排与附近地表水(总渠、排水渠及其他沟塘)侧向径流及降水、蒸发密切相关。⑤₂层承压水位有西高东低、北高南低的趋势,承压水头一般 3.5~3.9 m,河道地表水与⑤₂层地下水有微弱的水力联系。

各土层渗透系数建议值见表 5.4-7。

表 5.4-7　各土层渗透系数建议值

层号	土类	渗透系数建议值(cm/s)	透水性等级
(A)	堤身填土	1.0E-04	中等透水性
④₁	黏土	2.0E-06	微透水性
④₂	黏土	1.5E-06	微透水性
④₃	粉质黏土	3.0E-06	微透水性
⑤₂	重粉质砂壤土	3.0E-04	中等透水性
⑤₂'	重粉质壤土	1.0E-07	极微透水性
⑤₃	粉质黏土	1.0E-07	极微透水性

5.4.2.5 工程地质评价

(1) 根据《中国地震动参数区划图》(GB 18306—2015)和区域地质测年成果,本工程区基本地震动峰值加速度为 0.10 g,相应地震基本烈度为Ⅶ度,场区除人工填土和耕植土层、地表的轻粉质壤土外,均为第四纪晚更新世(Q_3)或以前的沉积地层;按照《水利水电工程地质勘察规范》(GB 50487—2008)土的地震液化初判规定:地层年代为第四纪晚更新世(Q_3)或以前,可判为不液化。因此可初步判定少黏性地层⑤₂层在Ⅶ度地震条件下,可不考虑地震液化的影响。

(2) 根据堤基工程地质条件分类原则,本段堤基为 B 类,分布位置见表 5.4-8。

表 5.4-8　堤基工程地质条件分类及评价表

堤基地质结构			起止桩号	工程地质问题及评价	工程地质条件分类
大类	亚类	地质结构特征			
多层结构类（Ⅱ）	Ⅱ$_2$	上为④层，其下为⑤$_2$层少黏性土、⑤$_2'$层、⑤$_3$黏性土，属黏砂多层结构	3+500～5+300	工程地质条件较好	B类

（3）根据土层组成情况，按《堤防工程地质勘察规程》（SL 188—2005）的规定进行土的渗透变形判别，判别结果如表 5.4-9。

表 5.4-9　各土层允许渗透比降建议值表

地层编号	岩性	允许比降	破坏类型
(A)	堤身填土	0.40	流土
④$_1$	黏土	0.35	流土
④$_2$	黏土	0.45	流土
④$_3$	粉质黏土	0.50	流土
⑤$_2$	重粉质砂壤土	0.25	流土
⑤$_2'$	重粉质壤土	0.50	流土
⑤$_3$	粉质黏土	0.55	流土

5.4.3　入海水道进洪闸闸下引河段北堤加固工程

5.4.3.1　地形地貌

入海水道进洪闸（3+500～5+300）段北堤加固总长约 1.8 km，堤顶高程 16.0～16.5 m，堤顶宽约 6 m，两侧地面高程 8.60～9.69 m，堤顶多为泥结碎石路面，部分堤段为混凝土路面，两侧种植成排树木。

沿线场区属河漫滩地貌类型，地势均较平坦，入海水道由西南流向东北，滩地宽 500 m 左右，滩地高程 9.00～9.69 m，滩地多为稻田地，且沟渠纵横交错。

5.4.3.2　堤身填筑质量评价

本段堤身（A）层（Q^S）为黄到灰黄色填土，主要由粉质黏土、中粉质壤土及重粉质壤土组成（表层为泥结碎石路面，部分堤段为混凝土路面），呈可塑状态，含有铁锰结核，夹砂礓；该层层底分布高程 9.00～9.50 m。

堤身填筑质量除局部干密度稍低外，渗透性、黏粒含量等指标满足设计要求，总体填筑质量较好。

5.4.3.3 堤基工程地质条件

勘探深度内沿线地层主要为第四系冲洪积、淤积地层,根据土层岩性分布特征和物理力学性质,划分为三层,将各层自上而下叙述如下:

第④$_1$层(Q_3^{al}):为黄到灰黄色黏土,夹薄层粉质壤土,有网状裂隙和铁锈质充填物,呈可塑到硬塑状态,含有铁锰结核,底部夹直径3 cm~7 cm的大块砂礓,一般地表0.5 m厚为耕植土;该层分布广泛,层底分布高程5.0~7.0 m,平均厚度3.5 m左右。

第④$_3$层(Q_3^{al}):灰黄、棕黄夹灰色粉质黏土,下部粉性略大,含铁锰质结核及少量砂礓,偶见稀淤充填的小孔,层厚1.0~6.1 m,呈西薄东厚状。

第⑤$_2$层(Q_2^{al}):灰黄、褐黄、棕黄色砂壤土、极细砂、轻粉质壤土,层中有黏性土透镜体层分布,局部旱交互沉积,偶见泥质结核,含少量砂礓,层厚一般大于6 m。

土层主要物理力学指标统计值见表5.4-10,建议值见表5.4-11。

5.4.3.4 水文地质条件评价

根据本次试验资料和钻探资料,在地面以下15 m勘探深度范围内,地下水为浅层松散岩类孔隙水。在勘区内共揭露2个含水层,1个相对隔水层:

潜水含水层主要由第④$_1$层黏土构成,第④$_1$层黏土层有网状裂隙,含大量砂礓,砂礓富集带具有连通性,主要为裂隙水,为潜水含水层。

第一承压含水层由第⑤$_2$层轻粉质砂壤土构成,该含水层具微承压性。

第④$_3$层粉质黏土为相对隔水层。

勘探期间,测得地下水位为8.20~9.09 m,承压水头高约3.0 m。潜水主要接受大气降水、农田灌溉及河道、沟渠等侧渗补给,排泄以自然蒸发及向泓道、沟渠侧排泄为主,上部孔隙潜水与地表水和河水联系密切。据调查,丰水期地下水可升至地表。

经对室内渗透试验分析,结合现场勘探资料和已有工程经验,各土层渗透系数建议值见表5.4-12。

表 5.4-10　淮河入海水道二期工程入海水道进洪闸～淮安板闸枢纽段北堤加固工程各土层主要物理力学指标统计表

层号	土类	层底高程(m)	统计项目	含水率(%)	密度(g/cm³)湿	密度(g/cm³)干	孔隙比	饱和度	土粒比重	液限 W_{L17}(%)	液限 W_{L10}(%)	塑限(%)	塑性指数 I_{p17}	塑性指数 I_{p10}	液性指数 I_{L17}	液性指数 I_{L10}	压缩系数(MPa⁻¹)	压缩模量(MPa)	直接快剪 粘聚力(kPa)	直接快剪 内摩擦角(°)	饱和快剪 粘聚力(kPa)	饱和快剪 内摩擦角(°)	固结快剪 粘聚力(kPa)	固结快剪 内摩擦角(°)	砂粒% 2～0.075(mm)	粉粒% 0.075～0.005(mm)	黏粒% <0.005(mm)	室内试验渗透系数 水平(cm/s)	室内试验渗透系数 垂直(cm/s)	标贯击数(击)	锥尖阻力 q_c(MPa)	侧壁摩阻力 f_s(kPa)
④(A)	素填土	6.29～9.99	计数	74[76]	75[76]	75[76]	75[76]	75[76]	76	76	76	76	76	76	75[76]	75[76]	74[76]	75[76]	53[54]	54	16	15[16]	1	1	7	7	7	5	5	15[117]	52[361]	59[361]
			大值均值	25.4	1.99	1.64	0.765	92.4	2.75	51.4	41.6	28.8	19.2	0.31	0.27	11.01	48.4	21.2	41.0	14.8			12.3	67.7	28.5	3.36E-07	6.70E-08	11.0	3.82	114.4
			小值均值	19.8	1.92	1.54	0.656	76.9	2.70	37.4	31.3	18.1	12.3	0.01	0.16	6.64	26.8	10.7	24.5	8.0			6.8	62.1	21.6	8.50E-08	2.20E-08	6.6	1.42	66.2
			平均值	23.0	1.96	1.60	0.714	87.6	2.73	45.3	37.3	24.4	16.4	0.15	0.21	8.68	37.8	15.8	32.8	12.1	13.3	14.3	10.0	64.5	25.6	1.86E-07	4.00E-08	8.0	2.12	89.2
			变异系数	0.160	0.024	0.037	0.098	0.100	0.009	0.196	0.174	0.114	0.080	1.386	0.325	0.334	0.367	0.404	0.304	0.334			0.329	0.057	0.172	0.802	0.654	0.328	0.584	0.344
④₁	黏土	2.19～8.39	计数	41[42]	40[42]	41[42]	41[42]	40[42]	42	42	42	42	42	42	42	42	42	30	7	3			2	2	2	2	2	68[69]	111	111
			大值均值	26.9	1.99	1.61	0.803	94.7	2.75	54.0	43.9	30.3	20.4	0.22	0.33	11.67	67.7	16.1	60.6	13.9								10.4	1.69	89.2
			小值均值	23.7	1.94	1.53	0.710	90.5	2.74	48.9	40.2	21.8	18.1	0.07	0.17	6.40	43.1	10.4	42.3	8.8								7.3	1.22	62.6
			平均值	25.3	1.97	1.57	0.753	92.8	2.75	51.7	42.2	26.2	19.3	0.13	0.23	8.66	52.1	13.6	50.1	11.0	38.9	19.2	6.1	73.4	20.5	1.17E-07	7.80E-08	9.0	1.47	76.2
			变异系数	0.080	0.017	0.033	0.078	0.027	0.001	0.063	0.058	0.046	0.080	0.741	0.416	0.383	0.292	0.261	0.258	0.285								0.209	0.204	0.218
④₃	粉质黏土	1.19～7.59	计数	13[14]	13[14]	14	14	13[14]	14	14	14	14	14	14	13[14]	13[14]	14	11	10[11]	2			2	2	2	2	2	32[33]	52[53]	53
			大值均值	24.1	2.04	1.68	0.705	94.6	2.75	48.8	40.4	27.4	18.3	0.18	0.20	14.88	79.3	22.1	75.6	13.5								16.9	3.19	141.7
			小值均值	21.2	1.98	1.60	0.641	91.1	2.72	43.9	38.6	23.0	17.5	0.00	0.11	8.00	48.4	17.5										11.6	2.17	100.2
			平均值	22.4	2.01	1.64	0.668	92.7	2.75	47.3	39.4	26.1	17.5	0.05	0.15	11.44	65.3	19.8					7.7	63.9	28.4			14.8	2.62	122.9
			变异系数	0.076	0.016	0.026	0.055	0.024	0.005	0.077	0.029	0.025	0.044	2.013	0.345	0.351	0.301	0.130										0.225	0.223	0.202
⑤₂	砂壤土	-0.06～5.24	计数	2	2	2	2	2	2	2	2	2	2	2	2	2	2	2			1	1	2	2	2	2	2	6		
			大值均值																									16.5		
			小值均值																									10.0		
			平均值	25.5	1.98	1.58	0.695	97.9	2.68	30.0	26.4	18.2	11.8	0.61	0.88	13.45					11.3	32.4	39.0	55.3	5.8	7.08E-06	2.56E-06	14.3		
			变异系数																									0.271		

第五章　淮河入海水道工程二河枢纽

表 5.4-11　北堤加固工程各土层主要物理力学指标建议值表

地层编号	土层名称	含水率(%)	密度(g/cm³) 湿	密度(g/cm³) 干	孔隙比	塑性指数 I_{p10}	液性指数 I_{L10}	压缩系数 (MPa⁻¹)	压缩模量 (MPa)	直接快剪 黏聚力(kPa)	直接快剪 内摩擦角(°)	饱和快剪 黏聚力(kPa)	饱和快剪 内摩擦角(°)	固结快剪 黏聚力(kPa)	固结快剪 内摩擦角(°)	标贯击数(击)	比贯入阻力 P_S MPa	允许承载力(kPa)
(A)	素填土	22.9	1.96	1.59	0.718	16.5	0.13	0.29	6.7	28	11	25	10	13	14	6		
④₁	黏土	24.7	1.97	1.58	0.740	19.0	0.11	0.37	6.9	38	12	35	9	34	16	7		160
④₃	粉质黏土	24.8	2.02	1.62	0.693	17.9	0.20	0.16	11.8	33	15	31	15	29	17	11	3.0	180
⑤₂	砂壤土、轻粉质壤土	27.4	1.96	1.54	0.755	8.9	0.69	0.15	11.5	16	23	15	22	11	26	14	6.5	160

表 5.4-12　各土层渗透系数建议值

地层编号	土层名称	渗透系数建议值(cm/s)	透水性等级
(A)	堤身填土	2.5E-05	弱透水性
④₁	黏土	1.5E-05	弱透水性
④₃	粉质黏土	3.0E-06	微透水性
⑤₂	砂壤土、轻粉质壤土	3.0E-05~4.0E-04	弱~中等透水性

5.4.3.5　工程地质评价

(1) 根据《中国地震动参数区划图》(GB 18306—2015)，本工程区基本地震动峰值加速度为 0.10 g，相应地震基本烈度为Ⅶ度。按照《水利水电工程地质勘察规范》(GB 50487—2008)土的地震液化初判规定：地层年代为第四纪晚更新世 Q_3 或以前，可判为不液化。因此可初步判定⑤₂在Ⅶ度地震条件下，可不考虑地震液化的影响。

(2) 根据堤基工程地质条件分类原则，本段堤基为 B 类，分布位置见表 5.4-13。

表 5.4-13　堤基工程地质条件分类及评价表

堤基地质结构			起止桩号	工程地质问题及评价	工程地质条件分类
大类	亚类	地质结构特征			
多层结构类(Ⅱ)	Ⅱ₂	堤基表层主要由④层黏性土组成，平均厚度大于 3 m，弱透水，下伏透水性中等的砂性土地层	3+500~5+300	工程地质条件较好	B

(3) 根据土层组成情况，按《堤防工程地质勘察规程》(SL 188—2005)的规定进行土的渗透变形判别，判别结果如表 5.4-14。

表 5.4-14　各土层允许渗透比降建议值表

地层编号	岩性	允许比降	破坏类型
(A)	堤身填土	0.40	流土
④₁	黏土	0.45~0.50	流土
④₃	粉质黏土	0.50	流土
⑤₂	砂壤土、轻粉质壤土	0.30	流土

5.5　控制建筑物工程

5.5.1　二河越闸工程

二河越闸工程位于江苏省淮安市洪泽区高良涧镇东北约 7 km 处，紧临现状二河闸北侧,为二河闸扩建工程。现状二河闸共35孔,每孔净宽10 m,总宽401.825 m,钢筋胸墙式结构,闸底板高程8.09 m,闸墩顶高程19.69 m,工作桥面高程28.19 m,闸上公路桥净宽7.0 m,桥面高程19.69 m,设计荷载为汽－10、拖－60校核。入海水道工程中拟将二河闸扩建18孔,单孔宽均为10 m,新老闸之间设40 m宽度的分流岛。

5.5.1.1 地形地貌

工程场区位于淮河中、下游的交界处,洪泽湖的东北角,为分淮入沂和入海水道工程的总口门,左侧连接分淮入沂左堤,右侧连接入海水道南堤,地势平坦,河底高程一般在8.69～10.39 m之间。

5.5.1.2 工程地质条件

勘探深度内沿线地层为第四系冲洪积、淤积地层,根据土层岩性分布特征和物理力学性质,划分为9层,将各层自上而下叙述如下:

第(A)层(Q^s):为黄到灰黄色堤身素填土,主要由粉质黏土、中粉质壤土及重粉质壤土组成。呈可塑状态,含有铁锰结核,夹砂礓,有裂隙。该层分布高程:层顶15.69～19.49 m,层底9.39～11.19 m。

第④$_3$层(Q_3^{al}):为黄到灰黄色黏土,夹薄层粉质壤土和灰色黏土。有网状裂隙,有铁锈质充填物,呈可塑到硬塑状态,含有铁锰结核,底部夹直径3～7 cm的大块砂礓。一般地表0.5 m厚为耕植土。该层分布广泛,分布层底高程2.99～6.79 m,厚度3.2～5.6 m,平均厚约4 m。

第⑤$_2$层(Q_2^{al}):为黄绿色、黄色轻粉质壤土,夹粉土、轻砂壤土。呈可塑状态,易捏碎,土中含大块砂礓。分布层底高程0.79～4.39 m,层厚0.70～3.2 m,平均厚约2 m。

第⑤$_3$层(Q_2^{al}):为棕红色,红黄色粉质黏土,有叶脉状裂隙,含砂礓,铁锰结核及少量白色蚌壳碎片,呈可塑到硬塑状态。该层中夹轻粉质壤土、砂壤土透镜体,呈中密状态。层底分布高程－0.51～2.59 m,层厚0.30～2.9 m,平均厚约1.5 m。

第⑤$_3'$层(Q_2^{al}):为黄绿色轻粉质砂壤土,夹粉砂,呈中密状态。分布层底高程－1.21～2.19 m,层厚0.40～3.40 m。

第⑤$_4$层(Q_2^{al}):为棕红色、灰黑色到灰色重粉质壤土,顶部为不连续分布的棕红色重粉质壤土,其下主要连续分布灰黑色黏土,夹约20cm厚的土层中含有机质和白色小蚌壳,呈可塑到硬塑状态,底部粉质黏土呈可塑状态,含大量大块砂礓,具有裂隙。层底分布高程－4.41～0.09 m,层厚1.6～3.5 m。

第⑥$_1$层(Q_2^{al}):为灰黄色重粉质砂壤土,呈稍～中密状态,夹粉土,具水平层理,易捏碎,层底分布高程－6.81～－2.01 m,层厚1.7～4.3 m。该层夹薄层棕红色粉质黏土,呈可塑状态。

第⑧层(Q_2^{al}):为灰、灰黄、灰黑色粉细砂,呈中密～密实状态,底部夹绿色中细砂薄层,局部分布有薄层灰色重壤土。层底分布高程－14.81～－9.91 m,层厚4.6～11.3 m。

第⑨₁层(Q_2^{al})：为青黄、黄色中粉质壤土，可塑状态，夹轻粉质壤土，含砂礓和贝壳，呈可塑状态，具水平层理，未揭穿，最大揭露层厚 21.35 m。

综合室内试验与野外原位测试，土层的物理力学性指标统计值见表 5.5-1；各土层物理力学指标建议值见表 5.5-2。

5.5.1.3 水文地质条件

根据本次试验资料和钻探资料，在地面以下 50 m 勘探深度范围内，地下水类型为浅层松散岩类孔隙水，工程区土体揭露大致分为三个含水层和三个隔水层，地下水位在高程 11.5 m 左右。

潜水含水层：主要为第④₃层黏土，黏性土层有网状裂隙，含大量砂礓，具连通性，主要为裂隙水；第⑤₂层灰黄色轻粉质壤土与第④₃层水力联系密切，为潜水含水层。

第一承压含水层：为第⑤₃'层轻粉质砂壤土，含水层厚 0.40～3.40 m。该含水层具微承压性，承压水头约 10.4 m。

第二承压含水层：为第⑥₁层重粉质砂壤土和第⑧层粉细砂，属承压含水层。承压水头约 14.2 m。

第一隔水层：为第⑤₃层粉质黏土，层厚 0.30～2.9 m。该层是潜水含水层与第一承压含水层的隔水层。

第二隔水层：为第⑤₄层重粉质壤土，层厚 1.6～3.5 m。该层是第一承压含水层与第二承压含水层的隔水层。

第三隔水层：为第⑨₁层中粉质壤土，为第二承压含水层的隔水底板。

该区西靠洪泽湖，东临二河，潜水含水层主要接受大气降水、河水、湖水入渗补给，排泄方式主要为地表蒸发。第一承压含水层主要接受地表水越流补给和侧向径流补给，其排泄方式主要为侧向径流。第二承压含水层由于埋藏甚深，补给和排泄均为侧向径流。在一定条件下，可与第一承压含水层有一定越流补给。勘探期间（6 月）地下水位 9.59～12.12 m。

根据钻孔原状土样室内渗透试验和现场注水试验，将各土层室内外渗透试验成果汇于表 5.5-3。

第五章 淮河入海水道工程二河枢纽

表5.5-1 淮河入海水道一期工程二河越闸工程各土层物力学性质指标统计表

层号	土类	层底高程(m)	统计项目	含水率(%)	密度(g/cm³)湿	密度(g/cm³)干	孔隙比	饱和度	土粒比重	液限 W_{L17}(%)	液限 W_{L10}(%)	塑限(%)	塑性指数 I_{p17}	塑性指数 I_{p10}	液性指数 I_{L17}	液性指数 I_{L10}	压缩系数(MPa⁻¹)	压缩模量(MPa)	直剪快剪 粘聚力(kPa)	直剪快剪 内摩擦角(°)	饱和快剪 粘聚力(kPa)	饱和快剪 内摩擦角(°)	固结快剪 粘聚力(kPa)	固结快剪 内摩擦角(°)	砂粒(mm) 2~0.075	粉粒(mm) 0.075~0.005	黏粒(mm) <0.005	室内试验渗透系数 水平(cm/s)	室内试验渗透系数 垂直(cm/s)	标贯击数(击)	锥尖阻力 q_c(MPa)	侧壁摩阻力 f_s(kPa)
①_A	素填土	9.39~11.19	计数	50	50	50	50	50	50	50	50	50	50	50	50	50	50	50	35		12	12.9	3							57	151	151
			大值均值	28.4	1.97	1.60	0.857	93.2	2.75	56.5	46.2	25.4	32.3	21.7	0.16	0.24	0.32	15.09	73.9	20.9	41.9	12.9							9.0	1.7	107.9
			小值均值	22.9	1.90	1.49	0.730	84.5	2.74	49.6	41.0	22.5	27.0	18.2	−0.03~−0.05		0.15	6.69	30.4	10.1	26.8	7.9							5.5	1.0	70.1
			平均值	25.7	1.94	1.55	0.781	90.1	2.75	52.9	43.1	23.4	29.5	19.8	0.08	0.11	0.23	9.71	50.3	15.1	33.1	10.0	14.4						7.0	1.2	83.1
			变异系数	0.166	0.027	0.063	0.129	0.067	0.002	0.097	0.093	0.084	0.120	0.120	1.530	1.532	0.451	0.508	0.503	0.428	0.276	0.338							0.309		
④₃	黏土	2.99~6.79	计数	32	32	32	32	32	32	32	32	32	32	32	32	32	32	32	17	17	3	3	9							34		80
			大值均值	28.2	2.00	1.62	0.823	95.6	2.75	52.2	42.7	23.6	28.9	19.3	0.20	0.29	0.31	12.12	58.2	19.9	68.9	18.3							11.1	1.9	80.0
			小值均值	23.2	1.94	1.51	0.695	89.9	2.72	45.7	38.6	21.6	24.1	18.2	0.04	0.05	0.17	6.39	27.1	11.4	38.8	14.1							6.6	1.1	57.8
			平均值	25.7	1.97	1.57	0.755	93.3	2.75	49.7	40.9	22.8	27.1	18.2	0.12	0.11	0.24	8.36	39.9	14.9	52.1	16.4							8.5	1.3	65.9
			变异系数	0.142	0.020	0.045	0.115	0.042	0.004	0.077	0.069	0.058	0.112	0.107	1.075	1.074	0.371	0.362	0.460	0.343										0.304		
⑤₂	轻粉质壤土	−0.79~4.39	计数	11	11	11	11	11	11	11	11	11	11	11	11	11	11	11	6	6	5	5	4	4	5	5	5	5	15	38	38
			大值均值	27.7	1.97	1.60	0.792	96.3	2.70	36.0	30.7	20.1	16.0	10.9	0.49	0.72	1.04	35.09	28.0	28.9			32.4	31.3	10.4	67.2	33.0		15.4	11.6	170.5
			小值均值	23.5	1.91	1.51	0.681	92.9	2.67	29.5	26.4	18.4	9.8	6.8	0.27	0.40	0.40	11.89	9.7	15.2			9.1	21.9	6.3	57.6	24.4		7.9	2.8	94.3
			平均值	25.8	1.95	1.55	0.731	94.4	2.68	32.5	28.4	19.3	13.2	9.1	0.52	0.75	0.75	18.22	18.9	24.3			20.7	26.6	7.1	63.4	29.5		12.4	5.8	126.4
			变异系数	0.093	0.019	0.037	0.088	0.022	0.007	0.128	0.105	0.077	0.270	0.284	0.518	0.513	0.455	0.746	0.575	0.305			0.658	0.210	0.268	0.106	0.190	2.56E−05	2.80E−08	0.359		
⑤₃	粉质黏土	−0.51~2.59	计数	5	5	5	5	5	5	5	5	5	5	5	5	5	5	5	2	2	2	2			3	3	3	1	1	1	44
			大值均值	30.6	1.99	1.59	0.860	98.1	2.75	45.4	37.7	23.7	21.7	16.0	0.49	0.72	0.72	13.47												14	11.2	187.5
			小值均值	25.0	1.97	1.46	0.714	92.6	2.71	37.6	32.2	22.5	14.1	10.9	0.27	0.45		9.55												8.2	2.9	83.4
			平均值	27.2	1.96	1.54	0.772	95.9	2.72	42.3	35.5	21.1	14.4	13.2	0.52	0.72	0.712	11.12							7.0	83.5	9.4	2.53E−05	4.95E−06	10.7	6.4	123.6
			变异系数	0.133	0.022	0.050	0.117	0.035	0.009	0.113	0.095	0.041	0.185	0.175	0.724			0.256												0.278		
⑤₄	重粉质壤土	−1.21~2.19	计数	14	14	14	14	14	14	14	14	14	14	14	14	14	14	14	8	8	3	3	1	1	6	6	6	3	3	5	18
			大值均值	29.6	1.99	1.61	0.866	97.2	2.73	35.5	31.8	22.8	18.1	12.8	0.80	1.13		27.00	46.0	20.3	54.3	14.8			66.2	75.5	2.0			39.3	19.1	208.3
			小值均值	25.5	1.89	1.46	0.739	94.0	2.66	29.0	26.4	20.1	8.7	6.2	0.58	0.82		11.22	18.2	11.6					22.8	32.8	0.8			11.8	6.0	66.5
			平均值	27.3	1.92	1.50	0.772	95.2	2.72	30.4	27.7	20.8	7.0	9.9	0.69	0.97		17.14	32.1	15.9					51.7	47.0	1.2	1.97E−04	1.38E−04	17.3	14.8	161.0
			变异系数	0.110	0.017	0.039	0.110	0.023	0.007	0.135	0.114	0.069	0.347	0.351	0.637	0.227	0.227	0.607	0.490	0.357					0.449	0.484	0.668			0.721		
⑥₁	重粉质砂壤土	−4.41~0.09	计数	14	14	14	14	14	14	14	14	14	14	14	14	14	14	14	8	8	3	3	3	3	6	6	6	2	2	25
			大值均值	30.4	1.99	1.55	0.871	96.2	2.73	50.4	42.4	25.3	24.4	16.6	0.31	0.45		13.40	18.2	20.1	15.2	32.6			6.3	75.2	18.5			11.2		
			小值均值	23.7	1.89	1.47	0.690	87.4	2.66	38.9	33.0	20.1	12.7	12.7	0.14	0.20		6.82												6.4		
			平均值	25.6	1.95	1.50	0.753	92.5	2.70	42.1	35.7	21.6	14.1	20.6	0.22	0.355	0.617	9.17	32.1	15.9	40.2	18.9						9.56E−07	6.86E−07	8.5		
			变异系数	0.16	0.029	0.053	0.140	0.054	0.007	0.164	0.156	0.143	0.197	0.203	0.16	0.355	0.617	0.458	0.490	0.357										0.343		
⑥₂	重粉质砂壤土	−6.81~−2.01	计数	12	12	12	12	12	12	12	12	12	12	12	12	12	12	12	7	7	1	1	3	3	6	6	6	3	3	18
			大值均值	27.2	1.99	1.61	0.779	99.1	2.68	32.9	29.3	20.0	9.4	7.7	0.60	0.86		19.42	33.9	27.2			12.6	14.8	16.3	84.7	8.5			20.2		
			小值均值	23.4	1.93	1.58	0.657	93.2	2.68	29.1	25.9	18.5	7.7	6.6	0.55	0.53		11.09	16.1	19.7					7.5	77.3	5.7			11.9		
			平均值	24.8	1.97	1.58	0.698	95.2	2.68	31.0	27.3	18.6	8.7	7.1	0.49	0.55		15.25	23.8	23.3	29.7	19.1	17.8	24.9	10.4	82.2	7.1	4.95E−05	2.17E−05	16.5		
			变异系数	0.111	0.020	0.039	0.104	0.032	0.004	0.092	0.083	0.087	0.156	0.173	0.251	0.261		0.320	0.479	0.226					0.525	0.050	0.263			0.361		

207

续表

层号	土类	统计项目	层底高程(m)	含水率(%)	密度(g/cm³)湿	密度(g/cm³)干	孔隙比	饱和度(%)	土粒比重	液限 W_{L17}(%)	塑限 W_{P10}(%)	塑性指数 I_{p17}	液性指数 I_{L10}	压缩系数(MPa⁻¹)	压缩模量(MPa)	直接快剪 黏聚力(kPa)	直接快剪 内摩擦角(°)	饱和快剪 黏聚力(kPa)	饱和快剪 内摩擦角(°)	固结快剪 黏聚力(kPa)	固结快剪 内摩擦角(°)	砂粒(mm)2~0.075	粉粒(mm)0.075~0.005	黏粒(mm)<0.005	室内试验渗透系数 水平(cm/s)	室内试验渗透系数 垂直(cm/s)	标贯击数(击)	锥尖阻力 q_c(MPa)	侧壁摩阻力 f_s(kPa)
⑧	粉细砂	计数	14.81~-9.91	23	7	7	7	7														18	18	18			7		
		大值均值		23.8	1.98	1.66	0.714	97.8	2.66	28.7	21.4	9.0	6.4	1.01	27.97	11.2	31.3					67.7	46.5	1.4			57		
		小值均值		19.0	1.93	1.55	0.595	90.9	2.65	26.2	18.5	7.4	5.3	0.64	21.23	6.3	28.9					41.9	15.5	0.7			33.0		
		平均值		21.7	1.96	1.58	0.680	93.9	2.65	27.9	20.0	7.9	5.7	0.83	25.08	8.7	30.7	15.6	30.3			56.3	29.2	1.0	2.44E-04	2.29E-04	22.2		
		变异系数		0.138	0.020	0.037	0.092	0.046	0.002	0.055	0.065	0.130	0.113	0.222	0.172	0.366	0.041					0.282	0.667	0.413			0.269		
⑨₁	中粉质壤土	计数	未揭穿	16	16	16	16	16	16	16	16	16	16	16	16	16	16					2	2	2	2	2	16		
		大值均值		27.8	1.99	1.62	0.781	96.8	2.71	39.3	20.8	19.6	0.71	0.27	10.33	37.1	19.8						71.6	16.7			13.2		
		小值均值		22.5	1.93	1.52	0.663	89.4	2.68	31.4	18.5	13.1	0.48	0.18	6.74	19.7	12.1										6.7		
		平均值		25.2	1.96	1.57	0.722	93.6	2.69	33.4	19.4	16.0	0.53	0.22	8.31	27.2	15.9					11.7			1.94E-05	1.86E-06	8.8		
		变异系数		0.132	0.017	0.042	0.106	0.042	0.007	0.134	0.084	0.227	0.236	0.468	0.470	0.264	0.294	0.411	0.293								0.394		

表 5.5-2 淮河入海水道二期工程二河越闸工程各层土物理力学指标建议值表

层号	土类	含水率(%)	密度(g/cm³)湿	密度(g/cm³)干	孔隙比	土粒比重	塑性指数 I_{p10}	液性指数 I_{L10}	压缩系数(MPa⁻¹)	压缩模量(MPa)	直接快剪 黏聚力(kPa)	直接快剪 内摩擦角(°)	饱和快剪 黏聚力(kPa)	饱和快剪 内摩擦角(°)	固结快剪 黏聚力(kPa)	固结快剪 内摩擦角(°)	标贯击数(击)	锥尖阻力 q_c(MPa)	侧壁摩阻力 f_s(kPa)	允许承载力(kPa)
(A)	素填土	25.6	1.94	1.55	0.781	2.75	19.8	0.11	0.32	6.7	30	10	27	8	40	14	6	1.0	70.1	
④₃	黏土	25.7	1.97	1.57	0.755	2.75	18.2	0.16	0.24	6.4	35	11	35	11	34	14	7	1.1	57.8	170
⑤₂	轻粉质壤土	25.8	1.95	1.55	0.731	2.68	9.1	0.75	0.18	11.9	10	15	10	13	10	20	8	2.8	94.3	150
⑤₃	粉质黏土	27.2	1.96	1.54	0.772	2.72	14.4	0.45	0.21	9.0	44	12	45	12	40	17	8	2.9	83.4	200
⑤₃'	轻粉质砂壤土	27.3	1.92	1.50	0.772	2.66	7.0	0.97	0.26	11.2	10	23	15	22	13	25	12	6.0	66.5	150
⑤₄	重粉质砂壤土	25.6	1.95	1.55	0.753	2.72	14.1	0.31	0.28	6.8	32	12	33	12	40	19	6			170
⑥₁	粉细砂	24.8	1.97	1.58	0.698	2.68	8.7	0.70	0.16	11.1	16	18	18	16	18	22	12			160
⑧	粉细砂	21.7	1.96	1.58	0.680	2.65			0.08	21.2	0	29	0	28	0	30	22			200
⑨₁	中粉质壤土	25.2	1.96	1.57	0.722	2.69	11.0	0.53	0.22	6.7	20	12					7			170

208

表 5.5-3 二河越闸工程各层土渗透试验成果表

层号	土名	室内渗透试验(cm/s) 水平	室内渗透试验(cm/s) 垂直	现场注水试验(cm/s)	渗透系数建议值(cm/s)	透水等级综合评价	土层类型及编号
④₃	黏土	2.56E-07	2.80E-08	2.5E-05	1.5E-06	微透水	潜水含水层
⑤₂	轻粉质壤土	2.55E-05	4.95E-06		3.0E-05	弱透水	
⑤₃	粉质黏土	2.00E-05	3.00E-05		3.0E-05	弱透水	第一隔水层
⑤₃'	轻粉质砂壤土	3.91E-04	3.55E-04		8.0E-04	中等透水	第一承压含水层
⑤₄	重粉质壤土	1.76E-06	1.27E-06		5.0E-06	微透水	第二隔水层
⑥₁	重粉质砂壤土	4.95E-05	2.17E-05		1.5E-04	中等透水	第二承压含水层
⑧	粉细砂	3.86E-04	4.24E-04		1.0E-03	中等透水	
⑨₁	中粉质壤土	3.63E-05	1.96E-06		4.0E-05	弱透水	第三隔水层

根据勘察时现场调查情况，场地周边未发现污染源。据地下水样分析，第一承压含水层和第二承压含水层水的化学类型均为 HCO_3—Na·Ca 型水，矿化度为 0.54 g/L，pH 值为 6.5~6.9。二河水经检测 CL^- 为 53.2 mg/L，矿化度为 0.85 g/L，pH 值为 7.45。

根据《水利水电工程地质勘察规范》(GB 50487—2008)中环境水腐蚀性对混凝土评价标准，水质评价结果见表 5.5-4。

表 5.5-4 二河越闸工程环境水腐蚀性评价表

位置	pH 值	HCO_3^- (mmol/L)	Mg^{2+} (mg/L)	SO_4^{2-} (mg/L)
二河水	7.45	9.05	19.2	20.7
第一承压含水层	6.90	5.95~6.15	9.1~13.4	21.6
第二承压含水层	6.75	6.05~6.25	10.9~12.2	4.8~14.4
无腐蚀标准	>6.5	>1.07	<1 000	<250
评价结论	地表水和地下水对混凝土不具腐蚀性			

根据《水利水电工程地质勘察规范》(GB 50487—2008)中水对钢结构腐蚀性评价标准：水的 pH 为 3~11，$(CL^-+SO_4^{2-})$ mg/L<500 时为弱腐蚀性。因此地表水和地下水对钢结构有弱腐蚀性。

综合上述判定地表水和地下水对混凝土不具腐蚀性，但对钢结构有弱腐蚀性。

5.5.1.4 工程地质评价

5.5.1.4.1 场地稳定与地震液化

根据《中国地震动参数区划图》(GB 18306—2015)和区域地质测年成果，本工程区地震动峰值加速度为0.10 g,相应地震基本烈度为Ⅶ度,场区除人工填土和耕植土层外,均为第四纪晚更新世(Q_3)或以前的沉积地层。按照《水利水电工程地质勘察规范》(GB 50487—2008)土的地震液化初判规定:地层年代为第四纪晚更新世(Q_3)或以前,可判为不液化。因此可初步判定闸址地基土层在Ⅶ度地震条件下不液化。建筑区工程场地为中软场地土,场地类别Ⅲ类。

5.5.1.4.2 地基承载力

二河越闸工程闸室底板顶高程为8.0 m,底板厚约2.0 m,闸底板开挖高程为6.0 m。此高程基本处于承载力较高且均匀的④$_3$层土上;④$_3$层土为可塑到硬塑黏土,具中等压缩性,允许承载力达170 kPa,建基面下该层厚度0.5~1.0 m,地层分布稳定,为良好的天然地基;该层下卧⑤$_2$层轻粉质壤土,呈可塑状态,弱透水性,层厚0.7~3.2 m,允许承载力150 kPa,强度中等;闸室段地基承载力能满足设计(140 kPa)要求。

翼墙和岸墙基础坐在④$_3$层土上,允许承载力达170 kPa,地层强度较高。建基面下该层厚度0.3~3.0 m,连续分布,下卧轻粉质壤土地层,呈可塑状态,标准贯入击数8击,层厚1.1~3.2 m,允许承载力150 kPa,强度中等。岸翼墙地基承载力设计时需进行验算,若强度不能满足设计要求时需要进行地基加固处理。

第④$_3$层黏土为弱膨胀性土层,基坑开挖时应注意预留保护层,施工时及时覆盖,避免大气影响或湿水软化引起的地基强度降低。

5.5.1.4.3 闸基抗滑稳定性

闸室、翼墙和岸墙基础持力层均位于④$_3$层,从该层的物理力学指标统计来看,固结快剪强度:黏聚力$c=39$ kPa、内摩擦角$\phi=14°$。按《水利水电工程地质勘察规范》(GB 50487—2008)中有关闸基础底面与地基土间抗剪强度的规定:对黏性土地基,内摩擦角标准值可采用室内饱和固结快剪试验摩擦角值的90%,黏聚力可采用室内饱和固结快剪试验黏聚力值的20%~30%。《水利水电工程地质勘察规范》(GB 50487—2008)给出闸基础底面与地基土间摩擦系数范围值:中等坚硬黏土摩擦系数$f=0.25~0.35$。④$_3$层黏土液性指数为0.12~0.43,平均值为0.24,属可塑~硬塑黏土,标准贯入击数为7击,强度中等,摩擦系数f建议值为0.32。

5.5.1.4.4 基坑周边环境条件

基坑南侧紧邻一期已有建筑物二河闸,基坑北侧为张福河滩地,现状为大片鱼塘,基坑东侧为入海水道,基坑西侧为绿化植被,道路西高线横穿基坑。据调查及了解,基坑北侧、西侧、东侧基本无地下管网,基坑南侧紧临已建的二河闸,基坑施工前,应查明基坑四周的地下管网分布,向政府有关职能部门收集地下管网或者采用物探手段查明。

5.5.1.4.5 基坑渗透稳定和基坑降水

根据勘探试验资料和《水利水电工程地质勘察规范》(GB 50487—2008),并结合已有工程经验,综合分析后,建议各层土的允许水力比降值见表5.5-5。

表 5.5-5　各层土允许水力比降

层号	地层岩性	类型	允许比降
④₃	黏土	流土	0.45～0.50
⑤₂	轻粉质壤土	流土	0.30
⑤₃	粉质黏土	流土	0.55
⑤₃'	轻粉质砂壤土	管涌或过渡型	0.20～0.25
⑤₄	重粉质壤土	流土	0.35～0.40
⑥₁	重粉质砂壤土	管涌或过渡型	0.20
⑧	粉细砂	管涌	0.10～0.15
⑨₁	中粉质壤土	流土	0.30～0.35

基坑开挖后第一承压含水层⑤₃'层上部覆盖层被削弱，该层承压水头为 10.4 m。可能会产生顶托破坏。现按压力平衡概念进行简单评价如下：

$$\gamma \times H = \gamma_W \times h$$

式中：H——基坑开挖后不透水层的厚度(m)；

γ——土的容重(g/cm^3)；

γ_W——水的容重(g/cm^3)；

h——承压水头高于含水层顶板的高度(m)。

根据勘探资料可知，第④₃层的粉质黏土 γ_1 取 1.97，⑤₃层粉质黏土 γ_3 取 1.96，γ_W 取 1，⑤₃'层轻粉质砂壤土的承压水的 h 取 10.4 m，计算所得 H 的临界值约为 5.3 m，而闸室开挖后第⑤₃'层上部黏性土层厚度为 4.0 m 左右，因此该层承压水会对上部土层产生顶托作用，有基坑突涌的可能。建议基坑开挖时采取井点降水减压措施降低地下水的承压水头，并对孔隙水压力进行监测。同时事先评价降低地下水对周围建筑物的不利影响，加强对周围建筑物的监测工程，必要时应采取针对性的措施。

第⑥₁层重粉质砂壤土、第⑧层粉细砂的承压水水头取 14.2 m，计算得上覆土层稳定的厚度临界值约为 7.2 m，而闸室开挖后其上部覆盖层厚度多为 7.2～8.4 m，因此第二层承压含水层对基坑不会产生顶托破坏影响。

5.5.1.4.6　基坑边坡稳定及建议

基坑处三面临水，水底地面高程约 8.59～10.69 m，附近堤顶高程 19.39 m，设计闸基开挖高程约 6.0 m，基坑深约 2.4～4.6 m，边坡最高处约 13 m。挡水围堰以下边坡主要为第④₃层黏土，呈可塑～硬塑状态，强度较高，边坡稳定性较好，其开挖边坡建议为 1:1.0～1:1.5。围堰位于洪泽湖侧，湖底分布有淤泥或淤泥质土，围堰施工过程中应采取适当措施，控制围堰底部与湖底地面接触带的渗透量，并采取降排水措施及时排除基坑内积水、雨水，减少侧向渗透，提高基坑边坡和围堰的稳定。

基坑变形观测应严格按照《建筑基坑工程监测技术标准》(GB 50497—2019)的有关规定执行，支护结构的设计应考虑结构水平变形、地下水的变化对周边环境的水平与竖向变形的影响,同时应加强支护结构的变形观测,根据变形观测结果采用信息化施工,并制定切实有效的施工险情应急措施。

根据《水利水电工程施工安全管理导则》(SL 721—2015),基坑开挖深度大于5 m,为超过一定规模的危险性较大的单项工程,施工单位应在施工前编制专项施工方案,并组织专家对专项施工方案进行评审论证。

5.5.1.4.7 土类分级

根据《水利水电建筑工程预算定额》中一般工程土类分级表,二河闸扩建工程场区第④₃层黏土的开挖级别为Ⅲ级;根据《水利水电建筑工程预算定额》中疏浚岩土分级表,第④₃层黏土的疏浚开挖级别为Ⅴ级。

第④₃层土局部有弱膨胀性,其自由膨胀率平均值基本接近弱膨胀低限,土料混合后膨胀性影响微弱。

5.5.2 入海水道进洪越闸工程

入海水道进洪越闸工程位于苏北灌溉总渠以北,淮沭新河以东,北侧接入海水道北堤,南侧接一期工程中建成的二河新泄闸(又称入海水道进洪闸)。

设计入海水道进洪越闸共18孔,每孔净宽10.0 m。闸室采用钢筋混凝土开敞式结构,整体式底板,两孔一联,底板顺水流方向长21.0 m,垂直水流方向宽216.16 m。底板顶高程6.0 m,厚1.8 m,新老闸之间设40 m宽度的分流岛。

5.5.2.1 地形地貌

工程场区位于淮河中、下游的交界处,西靠二河东堤,苏北灌溉总渠从该区的南侧通过。地势平坦,地面高程一般在9.2~9.7 m之间,多为稻田地,地表沟渠纵横交错。拟扩建闸址(越闸)部位有3个较大的水(鱼)塘,附近堤防的堤顶高程约16.4 m。

5.5.2.2 工程地质条件

入海水道进洪越闸工程闸址位于已建入海水道进洪闸的北侧,在勘探深度内,闸址区土层自上而下可分为11层,现分别叙述如下:

第(A)层:人工填土(Q^s),灰黄色,主要由黏土组成,夹粉质黏土,可塑状态,湿;分布于现有堤防部位,层底分布高程为8.48~9.19 m。

第④₃层(Q_3^{al})为黄到灰黄色黏土、粉质黏土,夹薄层粉质壤土和灰色黏土,表层0.5 m厚为耕植土,在约3 m深度处(约高程6.2 m处)可见铁锈色风化剥蚀面,剥蚀面上部土层中分布有网状裂隙,连通性良好,有铁锈质充填物;剥蚀面下部土层呈硬塑状态,夹直径3 cm~7 cm的大块砂礓,呈可塑到硬塑状态,含有铁锰结核;该层分布高程:层顶10.86~6.69 m,层底6.29~4.09 m,分布稳定,平均厚度4 m左右。

第⑤₂层(Q_2^{al})为黄绿色、黄色轻粉质壤土、粉质黏土,夹粉土、轻砂壤土等,呈可塑状态或中密状态,土中含大块砂礓,易捏碎;分布高程:层顶6.06~4.09 m,层底5.06~3.49 m。

厚度0.5～1.2 m。

第⑤₃层（Q_2^{al}）为棕红色、红黄色、黄色粉质黏土，有叶脉状裂隙，含砂礓，铁锰结核及少量白色蚌壳碎片，呈可塑到硬塑状态，该层夹轻粉质壤土、砂壤土薄层或透镜体；分布高程：层顶6.29～3.49 m，层底2.09～−0.76 m，分布较稳定，层厚约2.5～4.0 m。

第⑤₃'亚层（Q_2^{al}）为黄绿色轻粉质砂壤土，夹粉砂，呈中密状态，局部呈稍密状态，局部夹有砂礓；分布高程：层顶2.09～0.19 m，层底0.55～−0.91 m，厚度一般在1 m左右，分布较稳定。

第⑤₄层（Q_2^{al}）为棕红色、灰黑色，局部为黄色，粉质黏土，顶部为不连续分布的棕红色粉质黏土，其下主要连续分布灰黑色黏土，夹20 cm厚富含有机质和白色小蚌壳的薄层，该层底部的灰色粉质黏土中含大量砂礓。呈可塑到硬塑状态，具有裂隙。该层分布高程：层顶0.55～−1.61 m，层底−2.13～−5.94 m，层厚4 m左右。

第⑥₁层（Q_2^{al}）为灰黄色重粉质砂壤土，呈稍～中密状态，夹粉土，具水平层理，易捏碎。分布高程：层顶−2.13～−5.94 m，层底−6.44～−11.79 m。层厚4 m左右。该层夹0.5～1.5 m厚棕红色粉质黏土透镜体，呈可塑状态。

第⑥₂层（Q_2^{al}）为灰黄、灰褐色粉土，呈中密状态，具水平层理，夹有粉质黏土、中粉质壤土等；分布高程：层顶−6.44～−11.79 m，层底−12.60～−16.89 m。层厚6 m左右。

第⑦层（Q_2^{al}）为灰黄色粉砂，夹灰黄色粉质黏土、重粉质壤土薄层，呈密实状态；分布高程：层顶−12.60～−16.89 m，层底−18.50～−21.46 m。层厚5 m左右。

第⑧层（Q_2^{al}）为灰到灰黑色粉细砂，底部夹绿色中细砂薄层，局部分布有厚度0.2～2.5 m的灰色重壤土夹层；分布高程：层顶−18.50～−21.46 m，层底−29.60～−29.95 m。呈密实状态。

第⑨₁层（Q_2^{al}）为灰黑色重粉质壤土，呈硬塑状态。分布高程：层顶−29.60～−29.95 m，层底未揭穿，层厚大于1 m左右。

综合室内试验与野外原位测试，土层的物理力学性指标统计值见表5.5-6；各土层主要物理力学指标建议值见表5.5-7。

5.5.2.3 水文地质条件

闸址区④₃层灰黄色黏土、粉质黏土中有网状裂隙，含大量砂礓，连通性较好；⑤₂层灰黄色轻粉质壤土与④₃层水力联系密切，共同构成潜水含水层，潜水位8.74 m，承压水位与潜水位持平。

第一承压含水层由⑤₃'层灰黄色轻粉质砂壤土构成，实际含水层厚0.5～3.0 m，属承压含水层，承压水头8.0～8.5 m。

第二承压含水层由⑥₁层灰黄～灰黑色砂壤土、粉砂、细砂、⑥₂层轻粉质砂壤土和第⑦、⑧层粉、细砂组成，属承压含水层，承压水头约14.2 m。

第一隔水层由⑤₃层棕红色、红黄色粉质黏土构成，厚约3.1～4.9 m，该层是潜水含水层与第一承压含水层的隔水层。

第二隔水层由⑤₄层灰黄色粉质黏土构成，层厚1.6～6.3 m，层底高程约为−6.1～

表5.5-6 淮河入海水道二期工程入海水道进洪越闸工程各土层物力学性质指标统计表

层号	土类	层底高程(m)	统计项目	含水率(%)	密度(g/cm³)湿	密度(g/cm³)干	孔隙比	饱和度	土粒比重	液限 W_{L10}(%)	塑限(%)	塑性指数 I_{p10}	液性指数 I_{L10}	压缩系数 (MPa⁻¹)	压缩模量 (MPa)	直接快剪 黏聚力(kPa)	直接快剪 内摩擦角(°)	饱和快剪 黏聚力(kPa)	饱和快剪 内摩擦角(°)	固结快剪 黏聚力(kPa)	固结快剪 内摩擦角(°)	渗透系数 水平(cm/s)	渗透系数 垂直(cm/s)	标贯击数(击)
(A)	人工填土	9.99~12.98	计数	6	6	6	6	6	6[6]	5[6]	6	5[6]	6	5[6]	6	5	5	4	4	1	1	1	1	4
		8.48~9.19	大值均值	27.2	2.01	1.63	0.816	94.1	2.75	48.2	24.8	21.4	0.20	0.20	14.0	48.3	24.1	40.2	14.8					8
			小值均值	22.8	1.93	1.51	0.668	90.7	2.75	43.7	22.1	19.9	0.00	0.13	7.1	17.7	14.3	22.8	9.7					4
			平均值	25.0	1.97	1.57	0.742	92.4	2.75	44.6	23.5	20.5	0.10	0.17	9.4	29.9	18.2	27.1	12.3			1.2E-07	2.1E-07	6
			变异系数	0.115	0.028	0.051	0.134	0.024	0.000	0.046	0.082	0.057	1.448	0.283	0.504	0.610	0.369	0.330	0.285					0.408
①₃	黏土	6.69~10.86	计数	29[31]	29[31]	29[31]	30[31]	30[31]	29[31]	29[31]	30[31]	29[31]	31	29[31]	30[31]	23[25]	24[25]			1	1			32
		4.09~6.29	大值均值	27.8	2.01	1.63	0.810	96.4	2.75	44.3	25.5	19.8	0.19	0.27	12.6	56.6	18.6							12.2
			小值均值	23.5	1.94	1.52	0.690	91.7	2.74	39.2	22.2	16.4	0.06	0.15	7.0	35.5	11.9							5.7
			平均值	25.3	1.98	1.58	0.744	93.7	2.75	41.5	23.4	18.2	0.12	0.20	9.1	46.5	14.7			63.6	23.2	6.8E-07	4.9E-08	9
			变异系数	0.110	0.021	0.041	0.101	0.032	0.002	0.076	0.083	0.124	0.670	0.376	0.341	0.318	0.298							0.442
⑤₂	轻粉质壤土、粉质黏土	4.09~6.06 3.49~5.06	计数	6	6	5[6]	6	6	6	5	5	5	5	5[6]	5[6]	4	4	1	1	2	2	1	1	8
			大值均值	25.5	2.01	1.64	0.742	95.9	2.74	40.1	21.4	18.8	0.62	0.14	13.1	28.7	35.2							18.8
			小值均值	22.0	1.99	1.61	0.652	92.1	2.69	26.3	16.3	10.0	0.13	0.11	11.3	11.6	16.8							12.5
			平均值	23.7	2.00	1.63	0.682	94.0	2.71	31.8	18.3	13.5	0.42	0.13	12.4	21.8	22.9	28.6	7.3	35.0	16.9	2.4E-06	1.4E-06	15.7
			变异系数	0.098	0.007	0.013	0.075	0.028	0.010	0.268	0.169	0.409	0.637	0.169	0.112	0.458	0.471							0.249
⑤₃	粉质黏土	3.49~6.29 0.71~2.09	计数	23[26]	25[26]	24[26]	24[26]	25[26]	26	25[26]	24[26]	25[26]	26	25[26]	25[26]	17	16[17]	4	4	3	3	2	2	20
			大值均值	29.0	1.97	1.54	0.834	98.4	2.75	42.9	25.5	18.0	0.40	0.25	13.5	76.2	17.6	49.1	16.8					14.4
			小值均值	26.4	1.92	1.48	0.764	93.5	2.72	36.9	22.4	14.8	0.13	0.14	8.1	44.4	9.9	27.4	10.6					10.5
			平均值	27.9	1.95	1.52	0.801	95.9	2.74	40.0	24.0	16.6	0.26	0.18	10.7	59.3	14.3	38.3	13.7	52.6	22.8	2.8E-07	2.1E-07	12.8
			变异系数	0.059	0.015	0.023	0.054	0.031	0.005	0.092	0.077	0.115	0.661	0.361	0.310	0.338	0.324	0.364	0.288					0.216
⑤₃'	砂壤土	0.19~2.09 0.91~0.55	计数	5	5	5	5	5	5	5	5	5	5	5	5			1	2	1	1	2	2	12
			大值均值	40.9	1.98	1.55	0.960	98.3	2.68	29.3	22.0	8.8	1.77	0.52	21.9									27.4
			小值均值	24.3	1.82	1.38	0.716	78.0	2.66	26.0	18.3	6.6	0.29	0.14	7.7									14.8
			平均值	27.6	1.88	1.48	0.814	90.2	2.67	28.0	20.5	7.5	0.88	0.21	13.4			20.8	17.8	11.3	32.4	2.1E-05	1.6E-05	23.2
			变异系数	0.272	0.046	0.083	0.208	0.125	0.004	0.071	0.101	0.160	1.144	0.840	0.722									0.306

续表

层号	土类	层底高程(m)	统计项目	含水率(%)	密度(g/cm³)湿	密度(g/cm³)干	孔隙比	饱和度	土粒比重	液限 W_{L10}(%)	塑限(%)	塑性指数 I_{p10}	液性指数 I_{L10}	压缩系数(MPa⁻¹)	压缩模量(MPa)	直接快剪 黏聚力(kPa)	直接快剪 内摩擦角(°)	饱和快剪 黏聚力(kPa)	饱和快剪 内摩擦角(°)	固结快剪 黏聚力(kPa)	固结快剪 内摩擦角(°)	渗透系数 水平(cm/s)	渗透系数 垂直(cm/s)	标贯击数(击)
⑤₄	粉质黏土	-1.61~-5.94 0.55~-2.13	计数	30[31]	30[31]	30[31]	30[31]	28[31]	30[31]	28	27[28]	27[28]	27[28]	29[31]	30[31]	26[27]	27	1	1	2	2	1	1	28
			大值均值	28.7	2.00	1.63	0.833	98.0	2.74	44.2	25.8	18.0	0.32	0.22	12.9	65.3	22.6							16.2
			小值均值	22.0	1.93	1.50	0.669	91.8	2.71	34.2	20.2	14.3	0.04	0.13	7.7	30.0	13.4							12.4
			平均值	25.3	1.97	1.58	0.735	94.9	2.73	38.5	22.5	15.9	0.17	0.17	10.3	46.3	18.5	52.4	15.2	46.0	22.2	3.5E-07	1.9E-07	13.9
			变异系数	0.175	0.022	0.054	0.139	0.042	0.008	0.143	0.134	0.139	1.067	0.318	0.320	0.454	0.306							0.197
⑥₁	砂壤土	-5.94~-2.13~-11.79	计数	23[25]	24[25]	24[25]	24[25]	23[25]	23[25]	22[23]	22[23]	21[23]	22[23]	23[25]	24[25]	20[22]	20[22]	1	1	1	1	2	2	28
			大值均值	26.2	1.98	1.61	0.739	96.6	2.68	34.5	21.7	9.5	0.68	0.14	21.0	25.5	30.2							22
			小值均值	22.6	1.94	1.54	0.665	91.7	2.66	27.7	19.5	6.9	0.29	0.08	12.0	11.5	22.6							10.7
			平均值	24.5	1.96	1.58	0.696	94.5	2.67	28.9	20.6	7.9	0.49	0.11	16.1	17.8	27.2			12.6	31.3	1.7E-05	3.4E-05	16.7
			变异系数	0.098	0.014	0.026	0.068	0.040	0.005	0.123	0.083	0.221	0.559	0.315	0.338	0.446	0.162							0.387
⑥₂	粉土	-11.79~-6.44~-16.89	计数	23[24]	22[23]	22[23]	22[23]	22[23]	22[23]	20[21]	21	20[21]	21	21[23]	23	20[22]	20[22]					1	1	37
			大值均值	25.5	2.00	1.62	0.701	98.6	2.68	27.7	20.6	8.5	0.74	0.14	23.6	20.0	30.5							20.5
			小值均值	23.2	1.97	1.57	0.650	93.5	2.66	26.9	18.3	6.7	0.30	0.07	12.1	11.2	23.2							10.3
			平均值	24.4	1.98	1.60	0.676	96.3	2.67	27.3	20.0	7.3	0.55	0.10	17.6	14.3	28.3					2.7E-05	6.4E-06	15.5
			变异系数	0.055	0.011	0.018	0.048	0.031	0.004	0.020	0.056	0.135	0.472	0.372	0.376	0.359	0.155							0.371
⑦	粉砂	-16.89~-12.60~-21.46	计数	13	4	4	4	4	4					4	4	3	3							21
			大值均值	24.2	2.00	1.62	0.711	98.5	2.68					0.10	31.1									28.1
			小值均值	20.7	1.92	1.55	0.650	89.9	2.66					0.05	18.3									21.5
			平均值	22.6	1.98	1.60	0.665	94.2	2.67					0.09	24.7	14.8	36.2					1.1E-05	1.9E-06	25.3
			变异系数	0.099	0.021	0.022	0.049	0.057	0.004					0.280	0.330									0.155
⑧	粉细砂	-21.46~-18.50~-29.95	计数	9[10]	3	3	3	3						3	3		3							15
			大值均值	21.4																				35.6
			小值均值	17.9																				28.8
			平均值	19.4	1.90	1.56	0.707	80.7	2.67					0.17	13.5	7.0	32.1							31.5
			变异系数	0.102																				0.156
⑨₁	重粉质壤土	-29.95~未揭穿	计数	1																				1
			平均值	21.2																				14

表 5.5-7 淮河入海水道二期工程入海水道进洪越闸工程各层土物理力学指标建议值表

地层编号	土层名称	含水率(%)	密度(g/cm³) 湿	密度(g/cm³) 干	孔隙比	饱和度	土粒比重	液限 W_{L10}(%)	塑限(%)	塑性指数 I_{p10}	液性指数 I_{L10}	压缩系数(MPa⁻¹)	压缩模量(MPa)	直接快剪 黏聚力(kPa)	直接快剪 内摩擦角(°)	饱和快剪 黏聚力(kPa)	饱和快剪 内摩擦角(°)	固结快剪 黏聚力(kPa)	固结快剪 内摩擦角(°)	标贯击数(击)	允许承载力(kPa)
(A)	人工填土	25.0	1.97	1.57	0.742	92.4	2.75	44.6	23.5	20.5	0.10	0.20	7.1	18	14						
④₃	黏土	25.3	1.98	1.58	0.744	93.7	2.75	41.5	23.4	18.2	0.12	0.26	7.0	36	12	23	10	40	18	5.7	160
⑤₂	轻粉质壤土、粉质黏土	23.7	2.00	1.63	0.682	94.0	2.71	31.8	18.3	13.5	0.42	0.14	11.3	26	12	21	6			12.5	170
⑤₃	粉质黏土	27.9	1.95	1.52	0.801	95.9	2.74	40.0	24.0	16.6	0.26	0.25	8.1	40	10	30	11	42	17	10.5	240
⑤₃'	砂壤土	27.6	1.88	1.48	0.814	90.2	2.67	28.0	20.5	7.5	0.88	0.52	7.7	13	22	12	19	14	25	14.8	175
⑤₄	粉质黏土	25.3	1.97	1.58	0.735	94.9	2.73	38.5	22.5	15.9	0.17	0.22	7.7	30	13	28	13	36	18	12.4	250
⑥₁	砂壤土	24.5	1.96	1.58	0.696	94.5	2.67	28.9	20.6	7.9	0.49	0.14	12.0	11	23	11	22	13	30	10.7	160
⑥₂	粉土	24.4	1.98	1.60	0.676	96.3	2.67					0.14	12.1	11	21	11	21	12	26	10.3	150
⑦	粉砂	22.6	1.98	1.59	0.672	95.4	2.67					0.10	18.3	0	26					21.5	190
⑧	粉细砂	19.4	1.90	1.56	0.707	80.7	2.67					0.17	13.5	0	28					28.8	240
⑨₁	重粉质壤土																			14	250

−2.3 m；该层是第一承压含水层与第二承压含水层的隔水层，由于本层土中分布有裂隙，有一定透水性，所以第一、第二承压含水层之间具有一定的水力联系。

第三隔水层由⑨₁层灰黑色重粉质壤土构成，在区内部分勘探孔中揭露，一般位于高程−30.0 m以下，为区内相对隔水底板。

潜水含水层主要接受大气降水补给，排泄方式主要为地表蒸发；第一承压含水层主要接受地表水越流补给和侧向径流补给，其排泄方式主要为侧向径流；第二承压含水层由于埋藏较深，补给和排泄均为侧向径流；在一定条件下，可与第一承压含水层有一定越流补给。

第二承压含水层在天然状态下其补给及排泄方式为侧向径流，人为开采情况下可接受第一承压含水层的越流补给，据原新泄洪闸地质勘察资料，该层水位与淮阴抽水站引河的水位有一定关系。

勘探区距苏北灌溉总渠、洪泽湖、二河等较近，苏北灌溉总渠、洪泽湖的水位均高于闸址的地面高程，致使区内地下水位较高。区内地下水位与地表水体有较强的水力联系。

根据钻孔原状土样室内渗透试验和附近工程资料，各土层渗透系数建议值见表5.5-8。

表5.5-8　入海水道进洪越闸工程各层土渗透试验成果表

层号	土名	渗透系数(cm/s)	透水等级综合评价	土层类型
④₃	黏土	4.0×10^{-5}	弱透水	潜水含水层
⑤₂	轻粉质壤土	1.0×10^{-4}	中等透水	
⑤₃	粉质黏土	1.0×10^{-5}	弱透水	第一隔水层
⑤₃′	轻粉质砂壤土	3.0×10^{-3}	中等透水	第一承压含水层
⑤₄	粉质黏土	9.0×10^{-7}	极微透水	第二隔水层
⑥₁	重粉质砂壤土	2.0×10^{-3}	中等透水	第二承压含水层
⑥₂	轻粉质砂壤土			
⑦	粉砂			
⑧	粉细砂			
⑨₁	重粉质壤土	1.0×10^{-6}	微透水	隔水底板

从上表中可以看出，④₃层粉质黏土有网状裂隙，连通性良好，室内渗透试验表明垂直向的渗透系数稍大，具弱透水性，水平向的渗透系数较小，具微透水性；而第一承压含水层之上的⑤₂层也是中等透水含水土层，只是该层厚度较薄，在抽水试验场区未分层，实际上在闸址区此层分布较普遍，对工程有一定影响；室内渗透试验表明⑤₃粉质黏土层水平向的渗透系数稍大，具弱透水性，垂直向的渗透系数较小，具微透水性，造成第一承压含水层具微承压性，而⑤₄层粉质黏土渗透系数极小，为良好的隔水层。第一承压含水层及第二承压含水层具中等透水性，据附近工程资料，第一承压含水层抽水影响半径约38 m，第二承压含水层抽水影响半径约90 m。

根据勘探试验资料和《水利水电工程地质勘察规范》(GB 50487—2008),并结合已有工程经验,综合分析后,建议各层土的允许水力比降值见表5.5-9。

表5.5-9 各层土允许水力比降

层号	地层岩性	类型	允许比降
④₃	黏土	流土	0.45～0.50
⑤₂	轻粉质壤土	流土	0.30
⑤₃	粉质黏土	流土	0.55
⑤₃'	轻粉质砂壤土	管涌或过渡型	0.20～0.25
⑤₄	重粉质壤土	流土	0.35～0.40
⑥₁	重粉质砂壤土	管涌或过渡型	0.20
⑧	粉细砂	管涌	0.10～0.15
⑨₁	中粉质壤土	流土	0.30～0.35

根据勘察时现场调查情况,场地周边未发现污染源。据抽水试验抽取的地下水样分析,第一承压含水层和第二承压含水层水的化学类型均为HCO_3—Na·Ca型水,矿化度为0.54 g/L,pH值为7.7～7.8。

根据《水利水电工程地质勘察规范》(GB 50487—2008)环境水腐蚀性对混凝土评价标准,评价结果见表5.5-10。

表5.5-10 入海水道进洪越闸工程环境水腐蚀性评价表

位置	pH值	HCO_3^- (mmol/L)	Mg^{2+} (mg/L)	SO_4^{2-} (mg/L)
地下水	7.82	3.46	19.57	24.5
地表水	7.73	5.82	16.29	22.57
无腐蚀标准	>6.5	>1.07	<1 000	<250
评价结论	地表水和地下水对混凝土不具腐蚀性			

根据《水利水电工程地质勘察规范》(GB 50487—2008),环境水对混凝土中钢筋腐蚀性无腐蚀性。地表水和地下水对钢结构有弱腐蚀性。

综合上述判定地表水及地下水水质呈碱性;地表水和地下水对混凝土不具腐蚀性,但对钢结构有弱腐蚀性。

5.5.2.4 工程地质评价

5.5.2.4.1 场地稳定与地震液化

根据《中国地震动参数区划图》(GB 18306—2015),本工程区地震动峰值加速度为0.10 g,相应地震基本烈度为Ⅶ度,根据区域沉积地层年代测试成果,场区除人工填土和耕植土层,均为第四纪晚更新世Q_3或以前的沉积地层。按照《水利水电工程地质勘察规范》(GB 50487—2008)土的地震液化初判规定:地层年代为第四纪晚更新世Q_3或以前,可判为不液化。因此判定闸址地基土层在Ⅶ度地震条件下不液化。建筑区工程场地为中软场地土,场地类别Ⅲ类。

5.5.2.4.2 地基承载力

入海水道进洪越闸工程闸室底板顶高程为6.2 m,闸室建基面开挖高程约4.0 m,此高程基本处于承载力较高且均匀的⑤₃层土上;⑤₃层土为可塑~硬塑状态,具中等压缩性,允许承载力达240 kPa,一般厚度3 m,分布稳定,但该层中夹轻粉质壤土、砂壤土,夹层允许承载力[R]=200 kPa,能满足闸室地基应力130 kPa要求,但存在渗透稳定问题。

翼墙和岸墙基础坐在⑤₃层土上,其允许承载力[R]=240 kPa。该层中夹轻粉质壤土、砂壤土,夹层的允许承载力[R]=200 kPa。建基面局部坐在⑤₃'层轻粉质壤土、砂壤土层上,其基础下厚度一般为1.0 m左右,允许承载力[R]=175 kPa。地基土质较杂,存在不均匀沉降问题;砂壤土抗冲刷能力差,存在渗透稳定问题;地基承载力是否满足要求,设计时需进行验算,如不能满足设计要求,则需要进行地基加固处理。

消力池开挖底高程-0.7 m,处于⑤₄层粉质黏土中,允许承载力175 kPa~250 kPa,基础所处土层承载力能满足设计要求,但砂壤土防冲能力差,允许渗透比降小,易发生渗透变形破坏,设计时应采取适当防渗抗冲刷措施。

防冲槽开挖已揭穿⑤₃层粉质黏土、⑤₃'砂壤土层,砂壤土防冲能力差,允许渗透比降小,易发生渗透变形破坏,设计时应采取适当措施。

地基分布的④₃、⑤₃、⑤₄黏性土为弱膨胀性土层,基坑开挖时应注意预留保护层,施工时及时覆盖,避免大气影响或湿水软化引起的地基强度降低。

5.5.2.4.3 闸基抗滑稳定性

闸室、翼墙和岸墙基础持力层大多位于⑤₃层粉质黏土,翼墙局部位于⑤₃'层轻粉质壤土,从物理力学指标统计结果看,⑤₃层土的饱和固结快剪强度为:黏聚力$c=42$ kPa、内摩擦角$\varphi=17°$。按《水利水电工程地质勘察规范》(GB 50487—2008)中有关闸基础底面与地基土间抗剪强度的规定:对黏性土地基,内摩擦角标准值可采用室内饱和固结快剪试验摩擦角值的90%,黏聚力可采用室内饱和固结快剪试验黏聚力值的20%~30%,建议摩擦系数$f=0.35\sim0.45$。《水利水电工程地质勘察规范》给出闸基础底面与地基土间摩擦系数范围值:坚硬黏土摩擦系数$f=0.35\sim0.45$,中等坚硬黏土摩擦系数$f=0.25\sim0.35$。⑤₃层为粉质黏土,液性指数为0.26,属硬可塑黏土,标准贯入击数为10击,强度较高,摩擦系数f可取0.35。

入海水道一期工程时,在进洪闸基坑中进行了现场剪切试验(抗滑试验)。试验土层为⑤₃层粉质黏土,共做3组,试验采用长方体试块,浇筑12个试块,每个试块具体的长×宽×高的尺寸为1.0 m×0.5 m×0.5 m,滑动面面积为0.5 m²,试验报告建议的摩擦系数为0.37。

综上所述,建议闸址混凝土与⑤₃层地基土综合摩擦系数取$f=0.35$,与⑤₂层地基土综合摩擦系数取$f=0.30$,与⑤₃'层地基土综合摩擦系数取$f=0.30$。

5.5.2.4.4 基坑渗透稳定

闸基开挖后,基底高程4.0 m,揭穿⑤₂层,该层为轻粉质壤土、夹砂壤土,标准贯入击数$N=15.7$击。层厚0.5~1 m,该层的不均匀系数为2.3~10.3,平均值5.8,主要渗透变形型式为管涌型或过渡型,根据《水利水电工程地质勘察规范》(GB 50487—2008)计算⑤₂层土的临界水力比降平均值为0.45,考虑1.5的安全系数后,该土层允许渗透比降建议值为0.30。

消力池底板设计底高程1.0 m(开挖高程−0.7 m),处于⑤₄粉质黏土层中,下卧⑥₁层砂壤土层;⑤₄层粉质黏土的允许渗透比降建议值为0.35~0.40;⑥₁层砂壤土的允许渗透比降建议值为0.20。

上游防冲槽开挖高程1.5 m,下游防冲槽开挖高程约−0.2 m,槽底处于⑤₃层底部或⑤′₃层顶部,⑤′₃层为第一承压含水层,承压水头为8~8.5 m。该层为黄绿色轻粉质砂壤土,夹粉砂,呈中密状态,标准贯入击数$N=23$击。厚度一般在0.5~1 m左右,分布较稳定。该层的不均匀系数为2.1~6.0,平均值3.8,主要渗透变形型式为管涌型或过渡型,经计算⑤′₃层土的临界水力比降平均值为0.36,考虑1.5的安全系数后,该土层允许渗透比降建议值为0.24。

⑤₂、⑤′₃、⑥₁、⑥₂、⑦、⑧层地下水为承压水,由于基坑开挖,闸室、翼墙、岸墙、消力池、和海漫处⑤′₃层以上部盖层均已遭削弱。

消力池底板设计底高程1.0 m,开挖后消力池底部已揭露第一承压含水层,承压水头为8 m。上游防冲槽处揭露地层高程1.2 m,下游防冲槽处揭露地层高程0.69 m,第一承压含水层⑤′₃层已基本被揭露,承压水头为8.0~8.5 m。

基坑开挖后第一承压含水层⑤′₃层上部覆盖层被削弱,现按压力平衡概念进行简单评价如下:

$$\gamma \times H = \gamma_w \times h$$

式中:H——基坑开挖后不透水层的厚度(m);

γ——土的容重(g/cm³);

γ_w——水的容重(g/cm³);

h——承压水头高于含水层顶板的高度(m)。

根据本次勘探资料可知,第④₃层的粉质黏土γ_1取1.97,第⑤₂层轻粉质壤土γ_2取1.95,第⑤₃层粉质黏土γ_3取1.96,γ_w取1,第⑤′₃层轻粉质砂壤土的承压水的h取8.5 m,计算所得H的临界值约为4.3 m,而闸室开挖后第⑤′₃层上部黏性土层厚度为3.0 m左右,因此该层承压水会对上部土层产生顶托作用,有基坑突涌的可能。建议基坑开挖时采取措施降低地下水的承压水头,并对孔隙水压力进行监测。

第⑥₁层重粉质砂壤土、第⑧层粉细砂的承压水水头取14.2 m,计算得上覆土层稳定的厚度临界值约为7.2 m,而基坑开挖后上部覆盖层厚度最小处(消力池部位)为5.3 m,因此第二层承压含水层对基坑会产生顶托破坏影响,建议采用井点降水,降低地下水承压水头,确保基坑稳定。

5.5.2.4.5 土的膨胀性

从工程区土的膨胀试验成果分析,第④₃层土自由膨胀率31%~45%,平均值为41%,第⑤₃层自由膨胀率34%~45%,平均值为38%;工程区第④₃层、⑤₃层土局部有弱膨胀性,其自由膨胀率平均值基本接近弱膨胀低限,其塑性指数<18,土料膨胀性影响微弱。

5.5.2.4.6 基坑边坡稳定

闸室、岸翼墙基坑处自然地面高程约 9.5 m,附近堤顶高程 16.4 m,设计闸基开挖高程约 4.0 m,消力池开挖高程约 −0.7 m,基坑深约 5.5～10.5 m,边坡最高处约 15 m。其 60% 左右为第④$_3$ 层黄色黏土、粉质黏土,该层为固结黏性土,质地坚硬,直接快剪强度:黏聚力 $c=35.5$ kPa、内摩擦角 $\phi=11.9°$,条件良好,其开挖边坡建议为 1:2.0～1:1.5。基坑边坡分布有⑤$_2$ 层黄色轻粉质壤土、粉质黏土,直接快剪强度:黏聚力 $c=26$ kPa、内摩擦角 $\phi=12.0°$,其开挖边坡建议为 1:2.0;基坑底部为⑤$_3$ 粉质黏土,强度较高,其开挖边坡建议为 1:1.5～1:2.0。

消力池开挖高程约 −0.7 m,下游防冲槽开挖高程约 −0.1 m。该范围内基坑边坡高约 9 m。除遇到④$_3$、⑤$_2$ 层外,还遇到⑤$_3$、⑤$_3'$ 层。⑤$_3$ 层为硬质超固结粉质黏土,其开挖边坡建议为 1:2.0～1:1.5。⑤$_3'$ 层为黄绿色轻粉质砂壤土,夹粉砂,其开挖边坡建议为 1:2.5。

基坑处分布有第一、二承压含水层,第一承压含水层承压水头约 8～8.5 m,第二承压含水层承压水头约 14.2 m。基坑开挖时应采取降排水措施(井点降水),降低承压含水层地下水位,减少已揭露透水层的侧向渗透,边坡坡面采取防雨水措施等,防止基坑渗透变形破坏,同时及时排除基坑内积水,确保基坑稳定。

入海水道进洪越闸紧临已建的二河新泄洪闸,基坑施工开挖较深,施工降水及基坑开挖将影响已建建筑物的安全,建议对相邻部位进行地基加固处理,减小基坑开挖对已存在的二河新泄洪闸的影响,同时加强对已有建筑物的变形观测。

5.5.2.4.7 土类分级

入海水道进洪越闸工程场区开挖第④$_3$ 层黏土,根据《水利水电建筑工程预算定额》中一般工程土类分级表,确定第④$_3$ 层黏土的开挖级别为Ⅲ级。根据《水利水电建筑工程预算定额》中疏浚岩土分级表,确定第④$_3$ 层黏土的开挖级别为Ⅴ级。

5.6 结论与建议

5.6.1 区域稳定性

根据《中国地震动参数区划图》(GB 18306—2015),本工程在Ⅱ类场地条件下的基本地震动峰值加速度为 0.10 g,相应地震基本烈度为Ⅶ度;工程区在Ⅱ类场地条件下的基本地震动峰值加速度反应谱特征周期均为 0.35 s。

场区未发现活断层,场区基本稳定,区域构造稳定性较好。工程区地层属中软场地土,场地类别为Ⅲ类,地震动峰值加速度修正系数为 1.25,地震动峰值加速度反应谱特征周期调整为 0.45 s。

5.6.2 河道堤防工程

5.6.2.1 河道疏浚工程

二河闸～入海水道进洪闸段河道疏浚长约 3.5 km,设计河道开挖至高程 6 m,边坡大多由第④₃层黏土组成,仅表层有 1 m 左右的软塑状态淤泥质土,④₃层黏土为可塑到硬塑状态,强度较高,表层软土强度低,开挖时应注意其边坡的稳定问题。

5.6.2.2 河道扩挖工程

河道岸坡地质结构为多层结构,第⑤₂层砂壤土、⑤₃'层粉细砂夹轻粉质砂壤土抗冲刷能力低,第④₂、④₃、⑤₃层黏土、粉质黏土的抗冲刷能力较强;建议对砂壤土边坡地层进行适当防护处理。

5.6.2.3 堤防加固工程

二河闸～入海水道进洪闸南堤堤身土干密度指标满足 1 级堤防设计要求占总样本数 66.7%,不满足 1 级堤防的设计要求占总样本数 33.3%,主要分布在桩号 0+000～2+700 堤段;综合分析,堤防填筑局部干密度稍低,渗透性、黏粒含量等指标满足设计要求。桩号 0+000～2+700 段堤防填筑质量较差,建议对该段采取防渗处理;桩号 2+700～3+500 填筑质量较好;堤基为黏砂多层结构,堤基工程地质条件分类为 B 类。

5.6.3 控制建筑物工程

5.6.3.1 二河越闸工程

根据《中国地震动参数区划图》(GB 18306—2015)和江苏省地震工程研究院完成的《淮河入海水道二河枢纽工程场址地震安全性评价工作报告》,本工程基本地震动峰值加速度为 0.10 g,相应地震基本烈度为Ⅶ度。区域构造稳定性较好。工程场区地层属中软场地土,场地类别为Ⅲ类。闸址地基土层在Ⅶ度地震条件下无可液化土层。

二河越闸闸室底板、翼墙和岸墙基础处于④₃层粉质黏土上,中等压缩性,地层强度较高;下卧砂壤土,强度中等;闸室段地基承载力能满足设计要求,岸翼墙地基承载力设计时需进行验算。闸底板与第④₃层土之间的摩擦系数 f 建议值为 0.32。

基坑开挖后第一、第二承压含水层均会对上部土层产生顶托作用,有基坑突涌的可能。建议基坑开挖时采取井点降水减压措施降低地下水的承压水头,并对孔隙水压力进行监测。

基坑处三面临水,挡水围堰以下开挖边坡主要为第④₃层黏土,边坡稳定性较好,其开挖边坡建议为1∶1.0～1∶1.5。围堰施工过程中应采取措施,控制围堰底部与湖底地面接触带的渗透量,并采取降排水措施及时排除基坑内积水、雨水,减少侧向渗透,提高基坑边坡和围堰的稳定。

地基分布的黏性土为弱膨胀性土层,基坑开挖时应注意预留保护层,施工时及时覆盖,避免大气影响或湿水软化引起的地基强度降低。

二河越闸紧临已建的二河闸,基坑施工开挖较深,施工降水及基坑开挖将影响已建建筑物的安全,建议对相邻部位进行地基加固处理,减小基坑开挖对已存在的二河闸的影响,同时加强对已有建筑物的变形观测。

5.6.3.2 入海水道进洪越闸工程

根据《中国地震动参数区划图》(GB 18306—2015)和江苏省地震工程研究院完成的《淮河入海水道二河枢纽工程场址地震安全性评价工作报告》,本工程基本地震动峰值加速度为0.10 g,相应地震基本烈度为Ⅶ度。区域构造稳定性较好。工程场区地层属中软场地土,场地类别为Ⅲ类。

闸址区土层(除耕植土和人工填土)系晚更新世(或以前)沉积,判定闸址地基土层在Ⅶ度地震条件下不液化。

闸室和岸翼墙基础主要位于可塑～硬塑状态的粉质黏土⑤$_3$层上,该层强度较高,渗透系数较小,可采用天然地基,翼墙局部位于⑤$_3'$层轻粉质壤土地上,建议设计进行稳定验算。建议闸址混凝土与⑤$_3$层地基土综合摩擦系数取$f=0.35$,⑤$_3'$层地基土综合摩擦系数取$f=0.30$,⑤$_4$层地基土综合摩擦系数取$f=0.35$。

基坑开挖后顺序揭露第④$_3$、⑤$_2$、⑤$_3$、⑤$_3'$层。第④$_3$层粉质黏土主要渗透变形型式为流土型,该土层允许渗透比降建议值为0.45～0.50。第⑤$_2$层土的主要渗透变形型式为流土型,允许渗透比降建议值为0.30。⑤$_3$层的主要渗透变形型式为流土型,允许渗透比降建议值为0.55。第⑤$_3'$层主要渗透变形型式为管涌型或过渡型,允许渗透比降建议值为0.24。边坡存在渗透稳定问题,建议采取适当处理措施。

地基分布的黏性土为弱膨胀性土层,基坑开挖时应注意预留保护层,施工时及时覆盖,避免大气影响或湿水软化引起的地基强度降低。

工程区地下水位较高,基坑开挖时建议布置降水井点降低承压水位,防止基坑渗透变形破坏。地表水和地下水对混凝土不具腐蚀性,但对钢结构有弱腐蚀性。

入海水道进洪越闸紧临已建的入海水道进洪闸,基坑施工开挖较深,施工降水及基坑降水将影响已建建筑物的安全,建议对相邻部位进行地基加固处理,减小基坑施工对已存在的入海水道进洪闸的影响,同时加强对已有建筑物的变形观测。

5.6.4 工程地质条件风险提示

二河枢纽施工时基坑开挖深度超过5 m,为超过一定规模的危险性较大的单项工程,施工单位应在施工前编制专项施工方案,并组织专家对专项施工方案进行评审论证。

基坑开挖时如支挡措施不到位,易造成边坡土体坍塌,造成较严重的破坏后果,应采取切实措施确保基坑安全。

　　基坑开挖前应有系统的开挖监控方案,包括监控目的、监测项目、监控报警值、监测方法及精度要求、监测点的布置、监测周期以及信息反馈系统等。应符合《建筑基坑支护技术规程》(JGJ 120—2012)及《建筑地基基础设计规范》(GB 50007—2011)的相关规定。

　　工程施工时应加强基坑工程水平位移、地下水渗流、挡土结构变形的检测,同时观测降水效果以及降水对周边环境、邻近建筑物和地下设施的影响,建立信息反馈系统,及时反馈信息,确保施工安全。

　　施工时应加强施工地质工作,施工过程中遇到特殊地质情况应重点查明,如发现不良地质现象应及时采取适当措施进行处理。

第六章
淮河入海水道工程淮安枢纽

6.1 工程概况

淮河入海水道工程是淮河流域防洪体系的重要组成部分,西起洪泽湖二河闸,东至黄海扁担港,全长约 163 km,沿苏北灌溉总渠北侧布置,与总渠组成"两河三堤"。入海水道南堤为 1 级堤防,保护面积为里下河地区 1 853 万亩耕地;北堤为 2 级堤防,保护渠北地区面积 1 710 km² 和淮安、滨海等城市;根据近期设计成果,南堤堤顶高程为设计洪水水位加安全超高 2.5 m,北堤堤顶高程为设计洪水位加安全超高 2.0 m,顶宽均为 8 m。同时,为控制入海水道的泄洪流量及沿线的泄涝与排涝水位,解决工程沿线与京杭运河、通榆河及渠北众多排涝河流的交叉矛盾,入海水道全线布置了二河(二河闸、入海水道进洪闸)、淮安、滨海、海口 4 个枢纽和淮阜控制以及穿入海水道南、北堤建筑物等影响处理工程。

图 6.1-1 淮河入海水道工程

入海水道二期工程拟在一期工程的基础上扩建,全线扩挖入海水道南、北泓,加高加固南、北堤防,扩建二河枢纽的二河闸(新建二河越闸),扩建入海水道新泄洪闸(新建入海水道进洪越闸),扩建淮安枢纽立交地涵、老管河漫水闸、滨海枢纽和海口枢纽等,使洪泽湖的设计防洪标准达到300年一遇,校核标准达到2000年一遇。

淮安枢纽立交地涵采用"上槽下洞"的结构型式,用于入海水道泄洪的下部涵洞按一期设计泄洪2 270 m³/s的标准设计;淮安枢纽二期工程立交地涵扩建后,满足二期设计泄洪7 000 m³/s的要求;上部通航渡槽按Ⅱ—(3)级航道的通航标准设计。

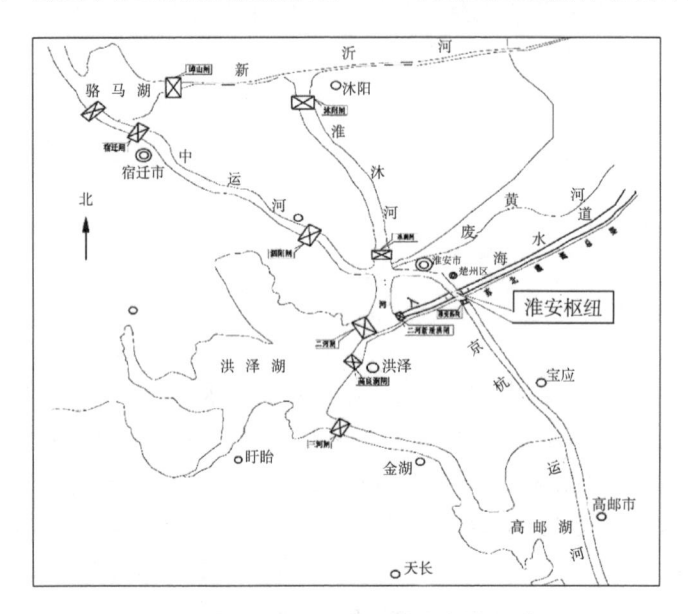

图6.1-2　工程位置示意图

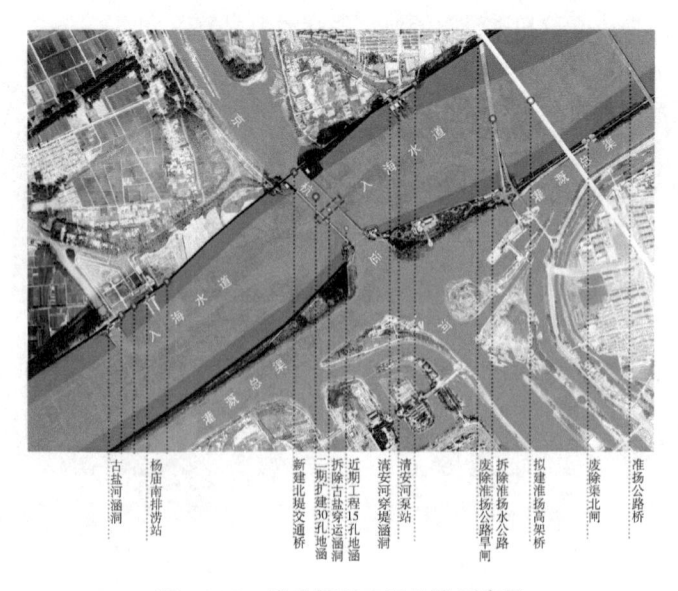

图6.1-3　淮安枢纽工程位置示意图

6.2 区域地质概况

6.2.1 地形地貌

淮河入海水道位于淮河下游,处于北纬33°15′～34°20′,东经118°45′～120°20′,横亘苏北黄淮平原中部,北为徐淮黄泛平原区,南为里下河浅洼平原区,西接洪泽湖,东抵黄海,南傍苏北灌溉总渠,北临废黄河,地势较为平坦,自西北向东南方向缓倾。沿线河道、沟渠纵横。

由于地质构造运动的演变和水流条件的变化,淮河中、下游形成冲、湖积平原地貌。工程区属淮河下游平原地区,地势平坦,地面高程一般在6.5～9.7 m,多为稻田地,且沟渠纵横交错。

淮河入海水道一期工程行洪为滩槽结合方式,运西段为单泓,泓道沿总渠北侧拓浚,中心距入海水道南堤(总渠北堤)南肩100～160 m;运东段(淮安枢纽以下至海口)采用双泓,南泓沿排水渠向北拓浚,中心距入海水道南堤(总渠北堤)南肩95～167 m,北泓靠南泓布置,南、北泓间中心距30～40 m,北泓距入海水道南堤(总渠北堤)南肩210～380 m,本段入海水道一期工程的堤顶高程约为14.5～16.5 m,顶宽4～7 m。

6.2.2 区域地层岩性

据《江苏省及上海市区域地质志》,本区在大地构造上位于洪泽-盐城坳陷带的淮阴凸起部位;地层自上而下主要有第四系全新统(Q_4)冲积湖积相灰黄～灰色粉土、粉质黏土等,厚5～10 m;上更新统(Q_3、冲积湖积相)分上下两部分:上部岩性为灰黄色和棕红色黏土、粉质黏土,下部岩性为棕黄色粉土、粉质黏土夹细砂,厚15～20 m;中更新统(Q_2)冲积湖积相杂色黏土、粉质黏土夹灰黄色砂、细砂,厚10～25 m;下更新统(Q_1)灰白色、棕黄色黏土、中粗砂,厚40～60 m;上第三系灰色、黄绿色黏土夹粉砂、中细砂等,厚约280 m;下第三系棕红-暗棕红泥岩及泥质砂岩,厚约380 m,下接古生界地层。

根据本区场地地层年代测试成果,在钻探深度内,勘探区内除人工填土、河道内淤泥质土和耕植土、表层的轻粉质壤土为全新统(Q_4)地层外,地面以下约3～4 m深度内均为第四系上更新统(Q_3)沉积地层,一般在高程6 m处可见铁锈色风化剥蚀面,其上为灰黄色粉质黏土,普遍有网状裂隙,地层沉积时间约7.5万～8.7万年,剥蚀面下为第四系中更新统(Q_2)沉积地层,由硬塑状固结或超固结黏性土层和紧密砂层组成,地层沉积时间约12.5万～13.7万年;地面以下约15～40 m深度的地层沉积时间约16.3万～21.9万年。

6.2.3 地质构造及区域稳定性

工程场区在大地构造上属于扬子准地台苏北断拗,位于洪泽坳陷和洪泽-建湖隆起带的交界部位,它们与北西向断裂(F_b^1、F_b^2、F_b^3)交汇,其中,洪泽坳陷北以淮阴断裂(F_h^1)为界,南以老子山-石坝断裂(F_h^2)为界,在震旦-三叠系褶皱的基础上,洪泽坳陷发育成为中新生代坳陷盆地,堆积了巨厚的中新生代碎屑沉积建造。洪泽-建湖隆起带北西以老子山-石坝断裂(F_h^2)为界,南东大致以万集-高桥断裂为界,该隆起带分布地层岩性主要为震旦系和古生界海相碳酸盐和碎屑岩建造。

华夏式北东向活动断层与北西向构造型式的北西向断裂交接复合部位及其附近地区与震中密切相关,1974 年沿北西向的洪泽-人河断层(F_b^1)先后发生了三次三级左右的地震。根据《工程场地地震安全性评价》(GB 17741—2005)的要求,近场区范围指以场址为中心 25 km 为半径所包络的范围;根据 1970 年以来有仪器记录的现代地震统计,近场区范围内共记录到 ML≥1.0 级地震 43 次,其中 3.0～3.9 级地震 4 次,2.0～2.9 级地震 23 次,1.0～1.9 级地震 16 次,平均震源深度 16 公里,场地区地震活动总的特征是频度不高,强度中等。

入海水道经过地区深部主要断裂有:东西向的冯庄—太汛港断裂等;华夏系及华夏式的滨海断褶带、古河—渔业断裂等;弧形构造如洪泽—流均断裂等;郯庐断裂带是现今仍在活动的大断裂,入海水道西端二河枢纽距该带约 65 km,据国家地震局南京地质大队分析:"洪泽湖区未来 100 年内有发生 5.5～5.75 级地震的可能,地震烈度为Ⅶ度,邻区有发生较强地震的可能,但按其烈度衰减规律,影响到洪泽湖区的烈度也只是Ⅶ度,所以认为洪泽湖区地震基本烈度为Ⅶ度。"

根据《中国地震动参数区划图》(GB 18306—2015)和江苏省地震工程研究院完成的《淮河入海水道淮安枢纽工程场址地震安全性评价工作报告》,本工程基本地震动峰值加速度为 0.10 g,相应地震基本烈度为Ⅶ度。区域构造稳定性较好。

根据《水工建筑物抗震设计标准》(GB 51247—2018)判定,淮安枢纽立交地涵建基面下地层为中硬场地土,场地类别为Ⅱ类。

综上所述,场地稳定性较好,适宜本工程建设。

6.2.4 水文地质条件

淮河入海水道处于亚热带向暖温带过渡地区,气候温和,日照充足,年平均气温 13.9～14.1 ℃;四季分明,雨量充沛,多年平均降雨量 946.9～991.3 mm,6 月至 9 月间汛期降雨量占全年的 64.7%～68.4%;多年平均蒸发量 1 435.6～1 468.9 mm;区内具有明显的季风特征,盛行偏东风,多年平均风速 3.7 m/s。

工程场区西临洪泽湖,南靠苏北灌溉总渠,对本区地下水的补给起着重要作用;地下水类型主要为表层松散岩类孔隙潜水和孔隙承压水,揭露的承压含水层岩性主要为下更新统（Q_1）的灰黄色中粗砂，厚约 30 m，单井涌水量约为 1 000～1 500 m^3/d；中更新统（Q_2）的灰黄色细砂，厚约 10 m，单井涌水量为 100～500 m^3/d；上更新统（Q_3）棕黄色粉土夹细砂，厚约 20 m，单井涌水量为 100～500 m^3/d；承压含水层渗透系数为 $A×10^{-3}$～$A×10^{-2}$ cm/s。上更新统浅层含水层主要接受地表水越流补给和侧向径流补给，其排泄方式主要为侧向径流，其下深层含水层主要接受层间越流补给和侧向径流补给，其排泄方式主要为侧向径流。地下水质一般为 HCO_3—Na·Ca 或 HCO_3—Na，HCO_3·Cl—Na 型水，河水及地下水一般属弱碱性水，对混凝土无腐蚀性，海水对混凝土具硫酸盐型强腐蚀性。

6.3 淮安枢纽立交地涵工程

6.3.1 地形地貌

立交地涵为入海水道的枢纽建筑物，位于入海水道与京杭运河交汇处，入海水道自西向东从京杭运河河底下穿过，呈"上槽下洞"形式，与运河呈立交状态，南侧为苏北灌溉总渠。

为满足淮河入海水道二期工程设计泄洪流量 7 000 m^3/s，在老地涵北侧扩建新地涵，新、老地涵之间设 10 m 隔离岛。设计上部为京杭运河航槽宽 91 m（老地涵航槽宽 80 m），下部立交地涵扩建 30 孔（宽 6.8 m×高 8.0 m），涵洞建基面高程 −7.3 m。

工程区附近运河宽约 200 m，河底高程最低处 5.0 m，两岸填土地面高程一般在 11.2～13.2 m，自然地面高程 6.7～8.1 m。本区虽属冲积平原，但因人工挖河筑堤、营建民房等，导致地形起伏较大。

6.3.2 工程地质条件

根据勘探试验资料，工程场区地层在勘探深度内自上而下分为 19 层，现分层叙述如下：

第①层：灰色、灰黑色淤泥、淤泥质黏土（Q_4^{ml}），呈流塑状态，富含有机质，强度极低，该层主要分布在运河中，为运河开挖后形成的近代沉积物。平均厚度约 2.5 m，西北角较薄，一般为 0.3～0.4 m，其余地点较厚，可达 1.2～3.3 m。标贯击数平均值 1.5 击，本层平均层厚 3.3 m，层底分布高程 −1.17～8.59 m。

第（A）层：人工填土（Q^s），分布于运河两岸，为堤身堆土，由黄色的轻粉质壤土及黄色黏土组成，局部夹有灰色黏土。呈可塑～硬塑状态，强度不均，结构松散。标贯击数平均值 7.5 击，双桥静探 q_c 平均值 1.92 MPa，双桥静探 fs 平均值 60.9 kPa。本层平均层厚 6.7 m,层底分布高程－7.00～11.49 m。

第②层:黄～灰黄色轻粉质壤土(Q_4^{al}),稍密,可见云母碎片,局部夹粉质黏土、砂壤土,呈可塑状态。标贯击数平均值 6.8 击,双桥静探 q_c 平均值 2.93 MPa,双桥静探 f_s 平均值 47.9 kPa。本层平均层厚 3.3 m,层底分布高程 1.89～7.69 m。

第③$_2$ 层:灰色、灰黑色淤泥质黏土(Q_4^{al}),一般呈软塑状态,富含有机质,强度较低。主要不连续地分布于堤身人工填土之下,有时缺失。标贯击数平均值 3.0 击,双桥静探 q_c 平均值 0.74 MPa,双桥静探 f_s 平均值 22.2 kPa。本层平均层厚 2.5 m,层底分布高程－0.76～6.48 m。

第④$_3$ 层:黄色或黄灰色黏土、粉质黏土(Q_3^{al}),呈可塑到硬塑状态,含铁锰结核,网状或似网状裂隙发育,裂隙内充填灰色软塑状黏土。标贯击数平均值 9.8 击,双桥静探 q_c 平均值 2.04 MPa,双桥静探 f_s 平均值 96.3 kPa。本层平均层厚 3.1 m,层底分布高程－4.48～4.69 m。

第⑤$_2$ 层:黄色轻粉质壤土、砂壤土及粉土(Q_3^{al}),中密状态,夹有红黄色粉质黏土薄层,呈可塑状态,含砂礓,局部砂礓富集。标贯击数平均值 16.1 击,双桥静探 q_c 平均值 8.06 MPa,双桥静探 f_s 平均值 145.5 kPa。本层平均层厚 3.8 m,层底分布高程－7.80～0.59 m。

第⑥$_3$ 层:黄色粉质黏土夹黄色粉土与粉砂(Q_2^{al}),呈可塑状态,含砂礓,标贯击数平均值 11.9 击,双桥静探 q_c 平均值 2.55 MPa,双桥静探 f_s 平均值 91.0 kPa。本层平均层厚 2.6 m,层底分布高程－8.71～－1.78 m。

第⑦层:黄色粉细砂(Q_2^{al}),一般呈中密状态,夹有中砂。标贯击数平均值 21.8 击,双桥静探 q_c 平均值 14.24 MPa,双桥静探 f_s 平均值 172.7 kPa。本层平均层厚 12.2 m,层底分布高程－24.18～－9.43 m。

第⑧层:灰色粉细砂或细砂(Q_2^{al}),呈中密～密实状,层中夹有灰色壤土,不均匀系数为 3.37。标贯击数平均值 30.4 击,本层平均层厚 11.4 m,层底分布高程－34.12 m(未揭穿)～－23.64 m。

第⑨$_1$ 层:灰色、青灰色粉质黏土(Q_2^{al}),可塑,局部软可塑,夹粉质壤土和粉砂。标贯击数平均值 9.5 击,本层平均层厚 3.7 m,层底分布高程－35.24～－30.15 m。

第⑨$_2$ 层:灰色、灰绿色粉质黏土(Q_2^{al}),可塑,含砂礓,夹砂层。标贯击数平均值 27.8 击,本层平均层厚 3.2 m,层底分布高程－38.79～－32.91 m。

第⑩层:灰色、青灰色细砂(Q_2^{al}),密实,含云母碎片,局部可见中砂。标贯击数平均值 44.3 击,本层平均层厚 3.3 m,层底分布高程－45.63～－33.30 m。

第⑪层:细砂夹壤土(Q_2^{al}),或粉砂夹粉质黏土,一般为灰绿色,密实,夹有砂礓。标贯击数平均值 32.7 击,本层平均层厚 3.4 m,层底分布高程－40.58～－39.84 m。

第⑫层:黏土(Q_2^{al}),棕黄到灰黄色,硬塑,切面有光泽,局部含粉砂颗粒。标贯击数平均值 30.5 击,本层平均层厚 3.1 m,层底分布高程－44.14 m(未揭穿)～－38.00 m。

第⑬层:细砂(Q_2^{al}),灰黄色,密实,含云母碎片,夹砂礓,局部砂礓富集,夹粉质黏土薄层。标贯击数平均值 43.6 击,本层平均层厚 4.0 m,层底分布高程－46.48～－42.51 m。

第⑭层:黏土(Q_2^{al}),棕黄色、灰白色,硬塑,夹灰色粉土,夹含少量砂粒,含砂性。标贯击数平均值33.0击,本层平均层厚4.8 m,层底分布高程－53.36～－47.00 m。

第⑮层:黏土夹砂(Q_2^{al}),灰黄色,有时为灰白色。标贯击数平均值33.0击,本层平均层厚2.3 m,层底分布高程－53.33～－49.70 m。

第⑯层:细砂(Q_2^{al}),灰白色,密实,混杂中砂,黏性较重。标贯击数平均值45.6击,本层平均层厚12.2 m,层底分布高程－80.72～－78.60 m。

第⑰层:粉质黏土与细砂互层(Q_2^{al}),棕黄到棕红色粉质黏土夹灰黄色细砂,硬塑或密实状态。标贯击数平均值54.3击,本层平均层厚6.2 m,层底分布高程－80.55 m(未揭穿)。

各土层物理力学指标建议值见表6.3-1。

6.3.3 水文地质条件

6.3.3.1 含水层概况

立交地涵位于京杭运河与入海水道的交汇处,运河常年水位在8.8～10.0 m,河水不断补给地下水,使地层中的地下水含量丰富,地下水位埋藏浅,据勘探期间在位于运河两岸的钻孔中观测,地下水位在高程6.2～7.2 m,汛期或雨季可升至地表。地下水类型主要为松散岩类孔隙水。根据勘探揭示地层岩性、含水层性质及含水层水力特征划分为五个含水层:

第一含水层:为②层轻粉质壤土为主及少量粉质黏土组成,属潜水含水层,静止水位7.9～8.1 m,本层富水性较差,主要接受大气降水、河水补给和河流的侧向补给。

第二含水层:为⑤$_2$层轻粉质壤土,局部夹粉质黏土薄层,属承压水含水层,静止水位为6.4～6.5 m,该含水层以获得侧向补给为主,承压水头约5 m。

第三含水层:为⑦层粉细砂及⑧层粉细砂夹壤土,为承压含水层,静止水位为6.14～6.24 m,该含水层以获得侧向补给为主,承压水头约9 m。其余各土层为相对隔水层。

第四含水层:为⑩、⑪、⑬层细砂组成,夹有壤土或粉质黏土层,为承压含水层,静止水位6.0 m左右。

第五含水层:为⑯层细砂,该层含黏粒较多,为承压含水层,静止水位6.0 m左右。

其余各土层为相对隔水层,第⑭层黏土层厚约5.5 m,为连续的隔水层,第⑰层为场区隔水底板。

6.3.3.2 现场抽水试验概况

本次在立交地涵扩建位置布置6组群孔抽水试验(京杭运河两岸各3组),成孔采用150型水井钻机及配套机具进行抽水井、观测井施工。主井采用φ300 mm三翼螺旋合金钻头(观测井为Φ168 mm)施工、一次性成孔。循环液采用自造浆,使泥浆较稀,利于洗井。

表 6.3-1 淮河入海水道淮安枢纽工程各土层物理力学指标建议值表

地层号	岩性	含水率(%)	密度(g/cm³) 湿	密度(g/cm³) 干	孔隙比	塑限(%)	塑性指数 I_{p10}	液性指数 I_{L10}	压缩系数 (a_{1-2}) MPa⁻¹	压缩模量 MPa	泊松比	直接快剪 黏聚力 kPa	直接快剪 内摩擦角 °	饱和快剪 黏聚力 kPa	饱和快剪 内摩擦角 °	固结快剪 黏聚力 kPa	固结快剪 内摩擦角 °	渗透系数(cm/s) 垂直	渗透系数(cm/s) 水平	允许承载力 kPa
①	淤泥	74.0	1.55	0.89	2.10	24.5	19	2.83	1.81	1.3	0.42	10.0	1.0					5×10^{-5}	5×10^{-5}	
(A)	人工填土	26.8	1.97	1.55	0.77	22	17	0.28	0.40	4.6		48.0	9.0							100
②	轻粉质填土	27.6	1.91	1.49	0.792				0.17	10.6	0.28	25.0	15.0					3.69×10^{-3}	2.58×10^{-3}	170
③₂	淤泥质黏土	38.4	1.82	1.32	1.088	22.4	19.2	0.86	0.78	2.8		11.0	5.0					1.0×10^{-6}	1.0×10^{-6}	90
④₃	黏土	25.3	2.01	1.61	0.704	23	17	0.11	0.22	7.3	0.3	48.0	16.0	45	18	42	25	3.1×10^{-8}	1.17×10^{-7}	210
⑤₂	轻粉质填土	27.5	1.96	1.54	0.755				0.20	9.5	0.26	20.0	23.0			21	28	5.57×10^{-3}	2.44×10^{-3}	160
⑥₃	粉质黏土夹粉土	27.4	1.96	1.54	0.753	22.9	11.8	0.32	0.30	5.8	0.33	32.0	16.0	30	15	35	17	7.5×10^{-4}	1.78×10^{-4}	180
⑦	粉细砂	26.5	1.95	1.54	0.806	$e_{max}=1.00$			0.10		0.25	1.0	30.0					5×10^{-3}	5×10^{-3}	210
⑧	粉细砂夹细砂					$e_{max}=1.016$	$e_{min}=0.652$				0.24							5×10^{-3}	5×10^{-3}	250(填土150)
⑨₁	粉质黏土	29.6	1.93	1.48	0.850	20.2	16.5	0.64	0.47	4.0		13.0	7.0							150
⑨₂	粉质黏土	27.5	1.97	1.56	0.763	20.2	16.3	0.46	0.37	5.6		10.0	14.0							250
⑩	细砂	18.4	1.97	1.66	0.611				0.10	11.0		0	30.0							250
	细砂夹填土	18.7	2.05	1.73	0.552				0.15	9.0		0	30.0							250
	黏土	24.3	1.99	1.60	0.708	19.7	17.6	0.21	0.10	10.0		30.0	18.0							260
	细砂								0.10	12.0		0	30.0							260
	黏土	24.6	1.98	1.60	0.709	20.8	19.3	0.18	0.20	8.8		30.0	20.0							260
	黏土夹砂	23.7	1.98	1.61	0.693	20.5	18.4	0.31	0.20	10.0		25.0	25.0							260
	细砂								0.10	12.0		0	30.0							260
	粉质黏土与细砂	26.6	1.94	1.53	0.771							25.0	25.0							260

注：e_{max} 为最大孔隙比，e_{min} 为最小孔隙比。

本次抽水试验目标含水层为潜水含水层(②层)、第一层承压水含水层(⑤₂层)及第二层承压水含水层(⑦、⑧层),抽水主井、观测孔井管(实管、滤水管)均采用 PVC 管。

潜水含水层入第一承压含水层的抽水主井 CS2-1、CS2-2、N18-1、N18-2 为完整井;目标含水层观测井 GCS1-1、GCS1-2、GCS1-3、GCS1-4、GCS2-1、GCS2-2、GCS2-3、GCS2-4、GCN1-1、GCN1-2、GCN1-3、GCN1-4、GCN2-1、GCN2-2、GCN2-3、GCN2-4 亦为完整井。第二承压含水层的抽水主井 CS2-3 及 N18-3 为非完整井;目标含水层观测井 GCS3-1、GCS3-2、GCS3-3、GCS3-4、GCN3-1、GCN3-2、GCN3-3、GCN3-4 亦为非完整井。

抽水主井采用直径 Φ160 mm 的 PVC 管,观测井均采用直径 Φ80 mm 的 PVC 管。含水层部分采用滤水管(花管),滤水管孔隙率均在 25% 以上,其余采用实管。滤水管采用 60 目土工布包扎,外加金属网。过滤器下端设置管底封闭的沉淀管,长度为 0.5 m。下管时,用钻机垂直提吊井管下入孔内,使其位于钻孔中心;在井管上分段包扎导正木,保证井管在孔中居中。经计算分析滤料规格采用砾砂(φ1~2 mm),颗粒均匀,不含泥质杂物。止水材料采用黏土球。

表 6.3-2 抽水井、观测井孔深及结构表

井孔编号	水井类型	成井深度(m)	孔径(mm)	井径(mm)	过滤器位置(m-m)	与抽水井距离(m)	目标含水层
CS2-1	抽水井	7.60	300	160	5.65~7.38	0	潜水含水层
GCS1-1	观测井	7.60	168	80	5.72~7.38	3.00	
GCS1-2	观测井	7.60	168	80	5.62~7.37	1.00	
GCS1-3	观测井	7.60	168	80	5.64~7.39	1.00	
GCS1-4	观测井	7.60	168	80	5.82~7.37	3.00	
CS2-2	抽水井	17.50	300	160	-4.17~1.23	0	第一层承压水含水层
GCS2-1	观测井	17.50	168	80	-4.09~1.31	5.40	
GCS2-2	观测井	17.50	168	80	-4.19~1.21	2.00	
GCS2-3	观测井	17.50	168	80	-4.02~1.38	2.00	
GCS2-4	观测井	17.50	168	80	-3.90~1.50	5.40	
CS2-3	抽水井	23.50	300	160	-10.03~-5.03	0	第二层承压水含水层
GCS3-1	观测井	23.50	168	80	-10.05~-5.05	6.00	
GCS3-2	观测井	23.50	168	80	-9.91~-4.91	1.80	
GCS3-3	观测井	23.50	168	80	-10.04~-5.04	1.80	
GCS3-4	观测井	23.50	168	80	-10.01~-5.01	6.00	

续表

井孔编号	水井类型	成井深度（m）	孔径（mm）	井径（mm）	过滤器位置（m-m）	与抽水井距离（m）	目标含水层
N18-1	抽水井	12.60	300	160	4.92~8.02	0	潜水含水层
GCN1-1	观测井	12.60	168	80	4.86~7.96	8.00	
GCN1-2	观测井	12.60	168	80	4.91~8.01	3.00	
GCN1-3	观测井	12.60	168	80	4.94~8.04	3.00	
GCN1-4	观测井	12.60	168	80	4.91~8.01	8.00	
N18-2	抽水井	21.70	300	160	-4.19~0.81	0	第一层承压水含水层
GCN2-1	观测井	21.70	168	80	-4.14~0.86	8.00	
GCN2-2	观测井	21.70	168	80	-4.12~0.88	3.00	
GCN2-3	观测井	21.70	168	80	-4.15~0.85	3.00	
GCN2-4	观测井	21.70	168	80	-4.28~0.72	8.00	
N18-3	抽水井	27.50	300	160	-10.02~-5.02	0	第二层承压水含水层
GCN3-1	观测井	27.50	168	80	-10.07~-5.07	6.00	
GCN3-2	观测井	27.50	168	80	-10.01~-5.01	1.80	
GCN3-3	观测井	27.50	168	80	-9.97~-4.97	1.80	
GCN3-4	观测井	27.50	168	80	-9.97~-4.97	6.00	

井管下完后，先将选配好滤料砾砂采用动水方式均匀投入井管环状间隙，滤料砾砂一般超过滤水管顶部1~2 m(定时用测绳测量)。然后用直径2~3 cm优质黏土球进行止水密实回填5~7 m，改用黏土或瓜子片固井至地面。主井以及所有的观测井均采用空压机、冲水头联合洗井法及时进行了洗井，直到水清及砂净为止。现场施工场景如图6.3-1所示。

图 6.3-1 抽水试验现场照片

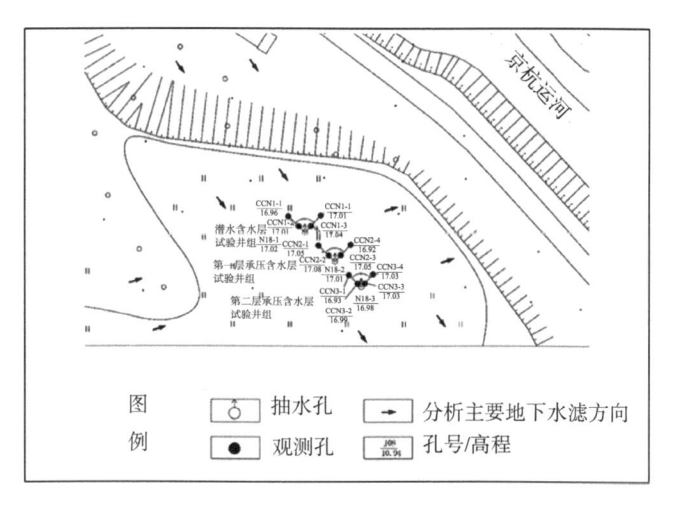

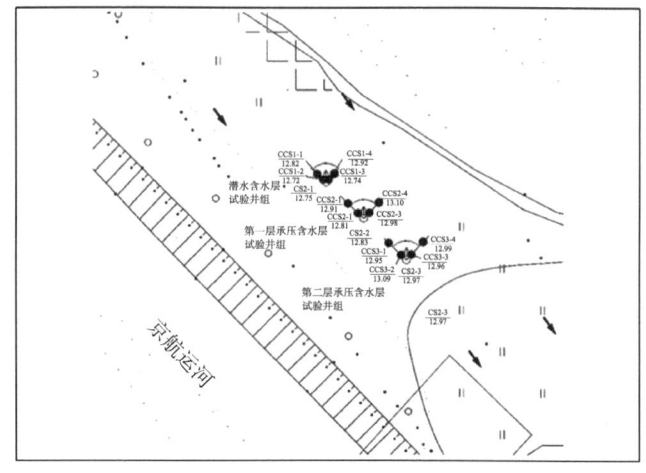

图 6.3-2　抽水试验孔平面布置图

6.3.3.3　现场抽水试验过程控制

(1) 本次主要采用稳定流方法进行试验,抽水设备为地面离心式水泵、潜水电泵,采用汽油发电机。水泵出水量采用变频器控制,以方便试验。

(2) 水位测量使用电子水位计,抽水主孔测量精确到厘米,观测井中的水位测量精确到毫米。出水量采用水表测量,水表读数精确到 0.000 1 m^3。

(3) 抽水降深:潜水含水层进行一个落程的抽水试验;承压水含水层进行三个落程的抽水试验,最大降深确定后,其余两次分别约为最大降深的 2/3 和 1/3。多孔抽水的抽水孔最小降深,应以最远或次远观测孔的降深不小于 0.1 m 或任一相邻观测孔的降深差值不小于 0.2 m 为准。

(4) 静止水位观测:在试验性抽水结束后、正式抽水前,观测静止水位。观测时间间隔:每 30 min 观测 1 次,连续四个测点变幅不大于 2 cm,且无持续上升或下降趋势,视为稳定。取最后四个测点的水位平均值作为静止水位值。

(5) 动水位、出水量观测

试验时抽水开始后的第 5 min、10 min、15 min、20 min、30 min、40 min、50 min、60 min,宜各观测一次动水位和出水量,以后每隔 30 min 观测一次。

在试验过程中测量了水温、气温。

本次试验期间,实测潜水水温+19.90℃～+20.10℃,第一层承压水水温+12.5℃,第二层承压水水温+11.8℃,气温+12.0℃～+27.0℃。

(6) 抽水试验稳定标准和稳定延续时间

稳定标准:采用地面离心泵和潜水电泵抽水时,抽水孔的水位波动值不应大于 3 cm;观测孔的水位波动值不应大于 1 cm。

水位和涌水量同时趋于稳定,抽水井水位波动值不超过水位降低值的 1‰(降深值小于 10 m 时,水位波动值小于 5 cm),涌水量波动值(最大与最小涌水量之差)不超过平均流量的 5%;观测孔的水位波动值小于 2～3 cm。水位和水量只在上述范围内波动,没有持续上升或下降的趋势,视为稳定。

稳定延续时间:多孔试验的稳定延续时间不应少于 8 h,并以最远观测井的动水位波动情况确定。

(7) 恢复水位观测

抽水试验停止后,立即进行恢复水位观测,并在抽水停止后第 1 min、2 min、3 min、4 min、6 min、8 min、10 min、15 min、20 min、25 min、30 min、40 min、50 min、60 min、80 min、100 min、120 min,各观测一次,以后每隔 30 min 观测一次,直到水位稳定。恢复水位稳定标准与静止水位观测要求相同,并与抽水前静止水位进行比较。

6.3.3.4 现场抽水试验成果计算

一、潜水含水层水文地质参数

实际抽水试验过程中潜水含水层太薄(1.36～2.24 m)且透水性较差,出水量很少,且离抽水井最远距离观测井水位均无变化。渗透系数计算公式采用单孔完整井裘布依公式计算,影响半径采用概略计算,计算公式如下:

a. 渗透系数(k)根据《水利水电工程钻孔抽水试验规程》(SL 320—2005)选用:

$$K = \frac{0.732Q}{(2H-S)S} \lg \frac{R}{r}$$

式中:K——渗透系数(m/d);

Q——抽水孔涌水量(m^3/d);

H——潜水含水层厚度(m);

R——影响半径(m);

r——抽水井半径(m);

S——降深(m)。

b. 影响半径(R)根据《建筑基坑支护技术规程》(JGJ 120—2012)选用:

$$R = 10S\sqrt{k}$$

式中：R——影响半径(m)；

S——降深(m)；

k——含水层的渗透系数(m/d)，潜水含水层岩性为②-1层轻粉质壤土夹砂壤土，预估 k 值为 1.0E-05 cm/s，即为 0.008 64 m/d。

根据上述公式计算 CS2-1 及 N18-1 抽水试验计算结果见表 6.3-3。

表 6.3-3　潜水含水层水文地质参数

抽水井	涌水量 $Q(m^3/d)$	含水层厚度 H(m)	计算结果 影响半径 R(m)	渗透系数 k(m/d)	k(cm/s)
CS2-1	第1降深 S_1(m) 0.80	2.23	2.78	0.083	9.63E-05
N18-1	第1降深 S_1(m) 0.60	1.34	2.15	0.081	9.36E-05

二、第一层承压水水文地质参数

根据《水利水电工程钻孔抽水试验规程》(SL 320—2005)，采用下列公式：

$$K = \frac{0.366Q}{M(S_1 - S_2)} \lg \frac{r_2}{r_1}$$

式中：K、Q、r_1、r_2、S_1、S_2 参数意义同上文；

M——承压含水层厚度(m)。

$$\lg R = \frac{S_1 \times \lg r_2 - S_2 \times \lg r_1}{(S_1 - S_2)}$$

R——影响半径(m)；

r_1、r_2——观测孔至抽水孔距离(m)；

S_1、S_2——观测孔降深(m)。

根据上述公式计算 CS2-2 及 N18-2 抽水试验计算结果见表 6.3-4 至 6.3-7。

表 6.3-4　CS2-2 平行于大运河方向(GCS2-1 与 GCS2-2 观测孔)渗透系数计算成果表

涌水量 $Q(m^3/d)$	抽水孔至观测孔之间的距离(m) r_1	r_2	观测孔降深(m) S_1	S_2	含水层厚度 M(m)	计算结果 影响半径(m) $\lg R$	R	渗透系数 k(m/d)	k(cm/s)
第1降深 S_1(m) 13.29	2.00	5.40	0.27	0.14	5.40	1.20	15.74	2.99	3.46E-03
第2降深 S_2(m) 21.55	2.00	5.40	0.57	0.31	5.40	1.25	17.65	2.42	2.80E-03
第3降深 S_3(m) 31.60	2.00	5.40	0.86	0.47	5.40	1.25	17.87	2.37	2.74E-03

表 6.3-5　CS2-2 垂直于大运河方向(GCS2-3 与 GCS2-4 观测孔)渗透系数计算成果表

涌水量 $Q(m^3/d)$	抽水孔至观测孔之间的距离(m)		观测孔降深(m)		含水层厚度 $M(m)$	计算结果			
						影响半径(m)		渗透系数	
	r_1	r_2	S_1	S_2		$\lg R$	R	$k(m/d)$	$k(cm/s)$
第 1 降深 S_1(m) 13.29	2.00	5.40	0.26	0.05	5.40	0.84	6.84	1.85	2.14E-03
第 2 降深 S_2(m) 21.55	2.00	5.40	0.49	0.19	5.40	1.01	10.13	2.10	2.43E-03
第 3 降深 S_3(m) 31.60	2.00	5.40	0.71	0.33	5.40	1.11	12.79	2.43	2.81E-03

表 6.3-6　N18-2 平行于大运河方向(GCN2-1 与 GCN2-2 观测孔)渗透系数计算成果表

涌水量 $Q(m^3/d)$	抽水孔至观测孔之间的距离(m)		观测孔降深(m)		含水层厚度 $M(m)$	计算结果			
						影响半径(m)		渗透系数	
	r_1	r_2	S_1	S_2		$\lg R$	R	$k(m/d)$	$k(cm/s)$
第 1 降深 S_1(m) 11.08	3.00	8.00	0.28	0.06	5.00	1.02	10.45	1.57	1.82E-03
第 2 降深 S_2(m) 15.69	3.00	8.00	0.41	0.09	5.00	1.02	10.54	1.53	1.77E-03
第 3 降深 S_3(m) 22.52	3.00	8.00	0.57	0.13	5.00	1.03	10.69	1.60	1.85E-03

表 6.3-7　N18-2 垂直于大运河方向(GCN2-3 与 GCN2-4 观测孔)渗透系数计算成果表

涌水量 $Q(m^3/d)$	抽水孔至观测孔之间的距离(m)		观测孔降深(m)		含水层厚度 $M(m)$	计算结果			
						影响半径(m)		渗透系数	
	r_1	r_2	S_1	S_2		$\lg R$	R	$k(m/d)$	$k(cm/s)$
第 1 降深 S_1(m) 11.08	3.00	8.00	0.39	0.23	5.00	1.52	32.77	2.16	2.50E-03
第 2 降深 S_2(m) 15.69	3.00	8.00	0.54	0.33	5.00	1.57	37.37	2.33	2.70E-03
第 3 降深 S_3(m) 22.52	3.00	8.00	0.68	0.44	5.00	1.68	48.31	2.93	3.39E-03

三、第二层承压水水文地质参数

根据《水利水电工程钻孔抽水试验规程》(SL 320—2005),采用下列公式:

$$K = \frac{0.16Q}{L(S_1 - S_2)}\left(arsh\frac{L}{r_1} - arsh\frac{L}{r_2}\right)$$

式中:K、Q、r_1、r_2、S_1、S_2 参数意义同上文;

M——承压含水层厚度(m);

L——抽水井中过滤器长度(m),本次第二层含水层中过滤器长度不宜小于 5 m。

$$\lg R = \frac{S_1 \times \lg r_2 - S_2 \times \lg r_1}{(S_1 - S_2)}$$

R——影响半径(m);

r_1、r_2——观测孔至抽水孔距离(m);

S_1、S_2——观测孔降深(m)。

根据上述公式计算 CS2-3 及 N18-3 抽水试验计算结果见表 6.3-8 至 6.3-12。

表 6.3-8　CS2-3 平行于大运河方向(GCS3-1 与 GCS3-2 观测孔)渗透系数计算成果表

涌水量 Q(m³/d)	抽水孔至观测孔之间的距离(m)		观测孔降深(m)		过滤器长度 L(m)	计算结果			
^	r_1	r_2	S_1	S_2	^	影响半径(m)		渗透系数	
^	^	^	^	^	^	$\lg R$	R	k(m/d)	k(cm/s)
第1降深 S_1(m) 24.26	1.80	6.00	0.18	0.13	5.00	2.14	137.29	15.33	1.77E-02
第2降深 S_2(m) 28.46	1.80	6.00	0.23	0.17	5.00	2.26	181.82	14.98	1.73E-02
第3降深 S_3(m) 32.04	1.80	6.00	0.29	0.22	5.00	2.42	263.93	14.46	1.67E-02

表 6.3-9　CS2-3 垂直于大运河方向(GCS3-3 与 GCS3-4 观测孔)渗透系数计算成果表

涌水量 Q(m³/d)	抽水孔至观测孔之间的距离(m)		观测孔降深(m)		过滤器长度 L(m)	计算结果			
^	r_1	r_2	S_1	S_2	^	影响半径(m)		渗透系数	
^	^	^	^	^	^	$\lg R$	R	k(m/d)	k(cm/s)
第1降深 S_1(m) 24.26	1.80	6.00	0.20	0.10	5.00	1.30	20.00	7.66	8.87E-03
第2降深 S_2(m) 28.46	1.80	6.00	0.24	0.16	5.00	1.82	66.67	11.24	1.30E-02
第3降深 S_3(m) 32.04	1.80	6.00	0.27	0.19	5.00	2.02	104.71	12.65	1.46E-02

表 6.3-10　N18-3 平行于大运河方向(GCN3-1 与 GCN3-2 观测孔)渗透系数计算成果表

涌水量 Q(m³/d)	抽水孔至观测孔之间的距离(m)		观测孔降深(m)		过滤器长度 L(m)	计算结果			
^	r_1	r_2	S_1	S_2	^	影响半径(m)		渗透系数	
^	^	^	^	^	^	$\lg R$	R	k(m/d)	k(cm/s)
第1降深 S_1(m) 14.67	1.80	6.00	0.21	0.15	5.00	2.09	121.72	7.73	8.94E-03
第2降深 S_2(m) 25.14	1.80	6.00	0.36	0.26	5.00	2.14	137.29	7.94	9.19E-03
第3降深 S_3(m) 36.49	1.80	6.00	0.48	0.35	5.00	2.19	153.43	8.87	1.03E-02

表 6.3-11　N18-3 垂直于大运河方向(GCN3-3 与 GCN3-4 观测孔)渗透系数计算成果表

涌水量 Q(m³/d)	抽水孔至观测孔之间的距离(m)		观测孔降深(m)		过滤器长度 L(m)	计算结果			
^	r_1	r_2	S_1	S_2	^	影响半径(m)		渗透系数	
^	^	^	^	^	^	$\lg R$	R	k(m/d)	k(cm/s)
第1降深 S_1(m) 14.67	1.80	6.00	0.20	0.15	5.00	2.35	222.22	9.27	1.07E-02
第2降深 S_2(m) 25.14	1.80	6.00	0.34	0.25	5.00	2.23	170.06	8.83	1.02E-02
第3降深 S_3(m) 36.49	1.80	6.00	0.46	0.35	5.00	2.44	276.60	10.48	1.21E-02

表 6.3-12 抽水试验推荐的水文地质参数表

水文地质参数	地层编号及含水层	渗透系数 k m/d	渗透系数 k cm/s	影响半径 R m
推荐值	②层潜水含水层	0.083	9.63E-05	2.78
	⑤$_2$层轻粉质壤土、砂壤土或粉土第一层承压水	2.99	3.46E-03	48.31
	⑦层粉细砂夹中砂第二层承压水	15.33	1.77E-02	276.60

6.3.3.5 水文地质参数建议值

水文地质参数确定根据现场抽水试验、室内渗透试验成果及各土层的土质情况,经综合分析,确定各土层的渗透系数,并将其汇总于表 6.3-13 中。

表 6.3-13 各土层渗透系数表

含水层	层号	土名	室内渗透试验或经验值 水平渗透系数(cm/s)	室内渗透试验或经验值 垂直渗透系数(cm/s)	野外试验参数 渗透系数(cm/s)	野外试验参数 影响半径(m)	备注
	①	淤泥	△5×10^{-6}	△5×10^{-6}			
一	②	轻粉质壤土	3.69×10^{-3}	2.58×10^{-3}	9.6×10^{-5}	2.8	
	③$_2$	淤质黏土	△2×10^{-6}				
	④$_3$	黏土	3.1×10^{-8}	1.17×10^{-7}			
二	⑤$_2$	轻粉质壤土	5.57×10^{-3}	2.44×10^{-3}	3.5×10^{-3}	48.3	表中"△"所示值为经验值
	⑥$_3$	粉质黏土夹粉土	7.5×10^{-4}	1.78×10^{-4}			
三	⑦	粉细砂	5×10^{-3}	5×10^{-3}	1.8×10^{-2}	276.6	
	⑧	粉细砂夹壤土	8×10^{-3}	6×10^{-4}			
	⑨$_1$ ⑨$_2$	粉质黏土	△5×10^{-6}				
四	⑩	细砂	△5×10^{-3}				
	⑪	细砂夹壤土	△1×10^{-3}				
	⑫	黏土	△1×10^{-6}				
	⑬	细砂	△5×10^{-3}				
	⑭	黏土	△1×10^{-6}				
	⑮	黏土夹砂	△5×10^{-6}				
五	⑯	细砂	△5×10^{-3}				
	⑰	粉质黏土与细砂	△1×10^{-5}				

地涵持力层为粉细砂,且为承压含水层,运行期上下游存在一定的水头;根据土层的物理指标、颗分曲线分析,渗透变形主要发生在②、⑤$_2$、⑦、⑧层无黏性土或少黏性土层中,按《水利水电工程地质勘察规范》(GB 50487—2008)判别,主要渗透变形类型为流土和管涌型,安全系数取 2,计算结果见表 6.3-14。

表 6.3-14 土层允许水力比降

层次	土质	不均匀系数	破坏类型	允许比降 计算值	允许比降 建议值
②	轻粉质壤土	2.9～3.2	管涌	0.20～0.35	0.25
③₂	淤质黏土		流土	0.40～0.60	0.40
④₃	黏土		流土	0.90～1.01	0.45
⑤₂	轻粉质壤土、砂壤土、粉土	3.5～5	管涌	0.18～0.24	0.20
		5～10	管涌	0.11～0.17	0.15
⑥₃	粉质黏土夹粉土		流土	0.50～0.80	0.45
⑦、⑧	粉细砂	2.2～4	管涌	0.17～0.32	0.18

6.3.3.6 环境水水质评价

根据勘察时现场调查情况，场地周边未发现污染源。根据地下水样和地表水样测试，第一含水层水化学类型为 HCO_3—$Ca \cdot Na$ 型水，矿化度为 0.52～0.81 g/L，pH 值 7.1～8.30，属弱碱性水。第二含水层水化学类型为 HCO_3—$Ca \cdot Na$ 或 $HCO_3 \cdot SO_4$—$Ca \cdot Na \cdot Mg$ 型水，矿化度为 0.48～0.87 g/L，pH 值 7.12～8.38，属弱碱性水。第三含水层及以下各层水化学类型为 HCO_3—$Na \cdot Ca$ 或 HCO_3—$Ca \cdot Mg$ 型水，矿化度为 0.53～0.56 g/L，pH 值 6.76～8.83。

根据规范进行计算评价，评价结果见表 6.3-15。

表 6.3-15 环境水对混凝土腐蚀性评价表

层序	水样编号	硫酸盐型 SO_4(mg/L)	评价	碳酸型 pH 值	侵蚀性 CO_2(mg/L)	评价	其他 $Mg^{2+}+NH_4+NO_3^-$ (mg/L)	$Cl^-+SO_4^{2-}$	评价
第一含水层	1-1A	30.7		7.43		—	23.5	98.1	
	1-1B	25.0		8.3			56.4	71.1	
	2-1A	2.9		7.72	29.7	弱腐蚀	29.2	26.3	
	2-1B	46.6		8.38			15.1	78.5	
第二含水层	1-2A	28.8	—	8.30			34.3	55.4	—
	1-2B	42.7		8.30			6.1	85.2	
	2-2A	11.5		8.30			24.3	39.5	
	2-2B	46.1		8.32			19.1	92.2	
第三含水层	1-3A	27.4		8.31			5.7	52.6	
	1-3B	17.3		8.30			21.6	40.3	
	2-3A	9.6		6.76			26.1	27.0	
	2-3B	5.8		8.30			23.7	25.3	
河水		37.9	—	7.94		—	8.4	52.1	—

表 6.3-16 环境水对混凝土腐蚀性评价表

层序	水样编号	硫酸盐型 SO$_4$ (mg/L)	评价	碳酸型 pH 值	侵蚀性 CO$_2$ (mg/L)	评价	重碳酸型 HCO$_3^-$ (mmol/L)	评价	其他 Mg^{2+} (mg/L)	Cl$^-$ + SO$_4^{2-}$	评价
地下水	CS2-2(8.4 m)	60.6		7.13	0		10.66	—	6.9	203.7	
	CS2-3(8 m)	58.7		7.26	0		10.53	无	11.5	192.8	
	CS2-1(5 m)	65.9		7.09	0		3.00	无	17.2	111.3	
	N18-1(11 m)	83.6	—	7.11	0	—	3.35	无	5.1	5.09	无
	N18-2(12.5 m)	30.0		7.08	0		10.19	无	133.9	151.8	
	N18-3(12.7 m)	53.3		7.14	0		9.0	无	13.6	137.9	
地表水 W1		19.9		7.14	0		3.09	无	11.1	64.5	
地表水 W2		35.9		7.1	0		3.11	无	12.0	71.1	

由表可见除第一含水层的 2-1A 样对混凝土有碳酸型弱腐蚀,其余无其他类型腐蚀。

6.3.4 工程地质评价

6.3.4.1 场地稳定性及地震液化评价

根据《中国地震动参数区划图》(GB 18306—2015)和江苏省地震工程研究院完成的《淮河入海水道淮安枢纽工程场址地震安全性评价工作报告》,淮安枢纽区域基本地震动峰值加速度为 0.10 g,相应地震基本烈度为Ⅶ度。区域构造稳定性较好。

1) 钻孔波速测试

为判断场地类别,本阶段在淮安枢纽工程区选择 6 个钻孔进行孔内地层波速测试。

本次钻孔中剪切波速测试采用北京中地远大勘测科技有限公司生产的 DZ16 孔中激振式剪切波速测试仪,配备专用的自激振式探头,仪器最大探测深度为 100 m。

本次天然源面波测试采用的是北京市水电物探研究所生产的 GS2000 地质 B 超系统(微动面波仪),配备了低频 5Hz 检波器,并配备了相应的处理软件和反演软件(专用)。

表 6.3-17 剪切波测试详情一览表

钻孔编号	HS1	HS2	HS3	HS5	HS6	N26-1
测试深度(m)	50	80	70	69	58	40

2) 场地类别

(1) 覆盖层厚度

覆盖层厚度取至剪切波速大于 500 m/s 的土层顶面,本工程区最深的钻孔孔深大于 80 m,未见基岩;计算等效剪切波的覆盖层厚度 d_0 取 20 m。

(2) 土层的等效剪切波速按下式计算:

$$v_{se}=\frac{d_0}{t}$$

$$t=\sum_{i=1}^{n}(\frac{d_i}{v_{si}})$$

根据测试成果,本次测试的6钻孔的等效剪切波波速计算成果如表6.3-18所示：

表6.3-18　剪切波测试成果表

测试孔编号	HS1	HS2	HS3	HS5	HS6	N26-1
覆盖层厚度(m)	>50	>50	>50	>50	>50	>50
等效剪切波波速(从地表算起)(m/s)	213.8	202.0	215.6	215.4	240.4	213.7
场地类别	Ⅲ	Ⅲ	Ⅲ	Ⅲ	Ⅲ	Ⅲ
等效剪切波波速(从涵底算起)(m/s)	338.6	279.4	278.1	250.6	273.9	355.4
场地类别	Ⅱ	Ⅱ	Ⅱ	Ⅱ	Ⅱ	Ⅱ

根据国家标准《水工建筑物抗震设计标准》(GB 51247—2018),立交地涵建基面以下地层的场地等效剪切波速度>250 m/s,为中硬场地土,场地类别为Ⅱ类场地。

3) 地震液化

立交地涵工程建基面以下土层系晚更新世(或以前)沉积,判定地基土层在Ⅶ度地震条件下无可液化土层。

桥梁工程中第②层轻粉质壤土或粉土(局部为粉质黏土),其黏粒含量大于10%,可判为不液化土。

淤泥层强度低,在Ⅶ度地震条件下存在震陷问题。无其他可液化土层。

6.3.4.2　地基评价

第①层淤泥,孔隙比1.8～2.4,压缩系数为1.80 MPa^{-1},属高压缩性的腐殖质土,强度极低,可能为京杭运河形成以后沉积的淤泥,应清除;第(A)层人工填土及第②层轻粉质壤土或粉土(局部为粉质黏土),土质复杂,结构松散,强度不均,第②层比第(A)层强度稍好,可能为运河形成早期的筑堤土;第③$_2$层淤泥质黏土仅局部分布,一般呈软塑状态,允许承载力建议值120 kPa;第④$_3$层黏土厚度3.5 m左右,结构致密,低压缩性,强度高,微透水性,是较好的持力层和隔水层。第⑤$_2$层轻粉质壤土、第⑦层、第⑧层粉细砂均为承压含水层,承载力较高,但容易产生渗透破坏,形成流沙,影响边坡稳定及地基承载能力。

立交地涵涵基坐落在第⑦层粉细砂层中,该层允许承载力210 kPa,强度基本满足设计荷载要求,但该层易产生渗透变形破坏,且抗冲刷能力弱,建议采取适当的防渗、防冲刷措施。

立交地涵翼墙一般坐落在④$_3$、⑤$_2$、⑥$_2$、⑦层中,局部位于软土层③$_2$层中,翼墙荷载较大,建议设计进行稳定性验算,对于软弱土层,建议清除换填。

上下游防冲槽建基面一般位于第⑤$_2$层轻粉质壤土层中,该层抗冲刷能力差,易被淘刷,造成地基变形破坏,建议设计采取适当加固处理措施。

立交地涵扩建工程紧临一期工程,基坑开挖紧临现有立交地涵,施工降水及基坑开挖将影响已有建筑物的安全,设计应做好对已有建筑物的保护,建议在相邻边界部位采用灌注桩加固处理,同时加强已有建筑物的变形监测。如果两期建筑物之间距离太近,相邻边界部位截渗困难,第⑨层黏性土厚度不均,局部缺失,呈可塑状态,隔水效果不好,第⑫层分布不连续,隔水效果差,第⑭层黏土层,分布较稳定,隔水效果好,建议采用第⑭层黏土层作为隔水底板,对整个一期工程与二期工程一起进行地基截渗围封,从而减少由于渗流而引起的已有建筑物地基的渗透变形。

6.3.4.3 基坑周边环境条件

基坑主要位于京杭大运河河床内,基坑东北侧为淮安化肥厂,基坑南侧为淮安枢纽一期工程及江苏省灌溉总渠管理处,基坑西侧为农田,农田高低起伏,主要由一期工程弃土填筑而成。据调查及了解,基坑北侧、西侧、东侧基本无地下管网,基坑南侧紧临已建的淮安枢纽,基坑施工前,应查明基坑四周的地下管网分布,向政府有关职能部门收集地下管网或者采用物探手段查明。

6.3.4.4 基坑降水

立交地涵工程建基面高程为-7.3 m,开挖深度已揭穿第三承压含水层(第⑦、⑧层粉细砂),粉细砂为中等透水性,存在渗透变形问题,渗透变形破坏形式为流土或管涌型。⑦、⑧层粉细砂与运河水力联系密切,含水层厚达30 m,涌水量大,基坑降水施工难度大,同时大基坑施工期降水时对周围居民水井用水带来不利影响。

为了切断基坑与运河水力联系,减小施工降水难度,有效降低地下水位,避免或减少施工期基坑长期降水对居民水井取水的影响,建议采取围封截渗措施(需注意砂礓对截渗施工的不利影响),基坑围封利用砂层底部分布连续性较好的黏性土隔水层⑭层,截渗深度至⑭层效果较好。同时对基坑采取井点降水措施,降低基坑处地下水位,保证基坑的渗透稳定及施工面的干燥。

根据抽水试验报告,针对本工程特点,考虑如下两种井点降水方案:

A方案:全部由基坑边缘的降水井实施,将地下水位降到安全水位线以下;

B方案:由基坑边缘线的降水井拦截侧向补给量,另在基坑内布置适量的水井降低基坑内的水位。

两方案计算结果见表6.3-19。

表6.3-19 基坑降水方案比较表

项目	A方案	B方案	备注
需井数	54	58	计算的主要含水层为第三含水层
降水井布置型式	沿基坑周边以间距25 m均匀布设	在基坑长边以间距35 m、短边以间距36 m均匀布设38井,在基坑内以间距70 m左右梅花状布设20井	
单井出水量(m^3/d)	758	808~400	
降水井总出水量(m^3/d)	40 932	38 704	
井底标高(m)	-33	-28~-20	

经分析计算比较，尽管 B 方案在基坑内布设降水井，增加了施工难度，但降水效果好。根据《岩土工程勘察规范（GB 50021—2001）》中"实际井点数应为计算数的 1.1 倍"的规定，实际所需井数应作相应增加。降水采用水泵应选择扬程大于 30 m，水量大于 30 m³/h 的水泵。

施工期基坑长期降水形成以基坑为中心的降水漏斗，导致现有一期工程的立交地涵处地下水位下降，施工降水的漏斗中心边缘水位差异易对现有立交地涵地基产生差异性沉降变形，影响现有立交地涵的稳定，建议采取必要的处理措施（基坑围封、截渗等）。

6.3.4.5 边坡稳定及建议

立交地涵建基面高程为 -7.3 m，最大开挖边坡高度为 12.5 m，加上围堰或堤防高度，总体高差可达 20 m。边坡揭露①、(A)、②、③₂、④₃、⑤₂、⑥₃、⑦层，产生渗透变形的形式主要为流土和管涌型，第①层、③₂层强度低，边坡稳定性差，建议采取基坑支护措施，并适当设置马道。

涵址处第④₃层黏土层及以下各层力学性质良好，强度较高，但少黏性土地层在地下水流的作用下，易产生渗透变形破坏，第②层虽厚度不大，但该潜水含水层与运河相通，若水位降低难以达到设计要求，应考虑截渗措施。

立交地涵局部⑥₃层粉质黏土层缺失，不能形成完整的隔水层，致使第二、第三含水层基本相通，基坑来水量较大，降水应统筹考虑。各土层在水位降低达到设计要求的前提下，边坡建议值如下表 6.3-20。

表 6.3-20　各土层开挖边坡建议值

层号	②	④₃	⑤₂	⑥₃	⑦
土质	轻粉质壤土	黏土	轻粉质壤土	粉质黏土夹粉土	粉细砂
层底高程(m)	1.89～7.69	−0.8～3.0	−6.3～−0.4	−5.9～−6.7	−14.0～−22.4
厚度(m)	2.7～4.6	3.4～4.0	3.2～4.8	2.2～4.2	10～15
建议边坡	1:2.0～2.5	1:1.5～2.0	1:2.0～2.5	1:1.5～2.0	1:2.0～3.0

建议施工期加强对运河水位及地下水位的观测，进行一期工程建筑物（立交地涵）的变形监测。

基坑变形观测应严格按照《建筑基坑工程监测技术标准》(GB 50497—2019) 的有关规定执行，支护结构的设计应考虑结构水平变形、地下水的变化对周边环境的水平与竖向变形的影响，同时应加强支护结构的变形观测，根据变形观测结果采用信息化施工，并制定切实有效的施工险情应急措施。

根据《水利水电工程施工安全管理导则》(SL 721—2015)，基坑开挖深度大于 5 m，为超过一定规模的危险性较大的单项工程，施工单位应在施工前编制专项施工方案，并组织专家对专项施工方案进行评审论证。

6.3.4.6 桥梁工程地质评价

北堤防汛交通桥位于工程场区北侧，跨越运河而建，荷载等级为公路—Ⅱ级，跨径布置为 4×35 m 预应力混凝土小箱梁＋(72＋180＋72)m 悬索桥＋5×35 m 小箱梁，桥头搭板长 10 m，设计桥梁多孔跨径总长 639 m，桥梁全长 646 m，桥面总宽 12 m。主桥下部结构主墩采用双柱墩接承台下设钻孔桩基础，引桥桥墩采用柱式墩，桥台采用肋板式。

地基表层为软塑到可塑的黏性土，从上到下地层强度逐渐增加。桥梁各桥墩设计荷载较大，地基土强度不能满足荷载需求，建议采用钻孔灌注桩进行地基加固处理，桩端承载力和侧壁摩阻力与桩的类型、材料、入土方式等因素有关。根据《建筑桩基技术规范》(JGJ 94—2008)相关标准，提供各地层桩基设计参数如表 6.3-21。两岸引桥处分布有人工填土，属于欠固结土，其负摩阻力系数建议值为 0.28，设计时应注意负摩阻力的影响。

表 6.3-21 桩基设计参数建议值表

层号	土类	钻孔桩(kPa)(JTG 3363—2019) 桩侧土的摩阻力标准值	桩端土承载力特征值	泥浆护壁(冲)孔桩(kPa)(JGJ 94—2008) 极限侧阻力标准值	极限端阻力标准值
(A)	填土	30		38	
②	轻粉质壤土	30		40	
③₂	淤泥质黏土	30		40	
④₃	黏土	75		85	1 000
⑤₂	轻粉质壤土	65		70	550
⑥₃	粉质黏土夹粉土	75		80	900
⑦	粉细砂	40	210	45	1 000
⑧	粉细砂夹壤土	42	250	50	1 100
⑨₁	粉质黏土	64	150	68	1 000
⑨₂	粉质黏土	75	250	85	1 400
⑩	细砂	55	250	65	1 800
⑪	细砂夹壤土	64	250	70	1 600
⑫	黏土	80	260	90	1 550
⑬	细砂	58	260	65	1 700
⑭	黏土	80	260	90	1 550
⑮	黏土夹砂	80	260	90	1 600
⑯	细砂	60	260	70	1 600
⑰	粉质黏土与细砂	80	260	90	1 600

6.3.4.7 导航明渠

导流(导航)明渠位于京杭运河东侧，将穿过入海水道一期工程，地形起伏大，特别是过入海水道处，其两岸堤高最高处与一期工程入海水道底的高差将达到 15 m 以上。

渠道沿线揭露的地层主要为第①层淤泥、第②层轻粉质壤土、第③$_2$层淤泥质壤土；①层和第③$_2$层具有高压缩性，地层强度低，抗冲刷能力差，筑堤时建议挖除换填，或采取必要的加固措施。

沿线施工时应注意各段的衔接，防止不均匀沉降对导流明渠堤防的影响。建议对导航明渠堤防采取必要的护坡（岸）措施。

6.3.4.8 连接堤

一期工程在入海水道左岸（运河两岸）堤后弃土，二期工程该处设计为连接堤，据勘探资料，弃土主要为砂壤土或粉土，夹杂粉质黏土和细砂，一般呈稍密或可塑状态，由于弃土时没有进行碾压，填土一般呈欠固结状，强度较低，设计如利用其作为连接堤身，应采取必要的措施，提高其密实度。

6.4 结论与建议

6.4.1 区域稳定性

根据《中国地震动参数区划图》(GB 18306—2015)，本工程在Ⅱ类场地条件下的基本地震动峰值加速度为 0.10 g，相应地震基本烈度为Ⅶ度；工程区在Ⅱ类场地条件下的基本地震动峰值加速度反应谱特征周期均为 0.35 s。

场区未发现活断层，场区基本稳定。淮安枢纽立交地涵建基面下地层为中硬场地土，场地类别为Ⅱ类，其余部位工程区地层属中软场地土，场地类别为Ⅲ类。

6.4.2 淮安枢纽立交地涵工程

(1) 根据《中国地震动参数区划图》(GB 18306—2015)和江苏省地震工程研究院完成的《淮河入海水道淮安枢纽工程场址地震安全性评价工作报告》，本工程基本地震动峰值加速度为 0.10 g，相应地震基本烈度为Ⅶ度。区域构造稳定性较好。立交地涵工程建基面以下地层属中硬场地土，场地类别为Ⅱ类。

(2) 建基面以下土层系晚更新世（或以前）沉积，判定地基土层在Ⅶ度地震条件下无可液化土层。

(3) 第①层淤泥属高压缩性的腐殖质土，强度极低，应开挖清除；人工填土及第②层轻粉质壤土或粉土（局部为粉质黏土），土质复杂，结构松散，强度不均，工程地质条件较差；第④$_3$层黏土厚度 3.5 m 左右，强度高，微透水性，是较好的持力层和隔水层；第⑤$_2$层轻粉质壤土、第⑦层、第⑧层粉细砂均为承压含水层，承载力较高，但在渗透水头作用下容易产生渗透破坏,形成流沙,影响边坡稳定及地基承载能力。

(4) 渗透变形主要可能发生在②、⑤$_2$、⑦、⑧层无黏性土或少黏性土层中,主要渗透变形类型为流土和管涌型。

(5) 立交地涵工程建基面高程为-7.3 m,开挖深度已揭穿第三承压含水层(第⑦层粉细砂),粉细砂为中等透水性,与运河水力联系密切,存在渗透变形问题,渗透变形破坏形式为流土或管涌型。为避免基坑开挖时承压水对持力层强度与结构产生不利影响,建议采取基坑井点降水措施,降低地下水位,保证基坑的渗透稳定及施工面的干燥。

(6) 立交地涵基坑最大开挖边坡高度为12.5 m,加上围堰或堤防高度,总体高差可达19~20 m。根据地涵地质条件,第④$_3$层黏土力学性质良好,对边坡稳定起决定性作用。运河内存在淤泥层,围堰填筑时应先清除淤泥后再填筑。立交地涵第二、第三含水层基本相通,降水应统筹考虑。各土层在水位降低达到设计要求的前提下,边坡建议值1:1.0~1:3.0。

(7) 立交地涵扩建工程紧临现有立交地涵工程,施工开挖和基坑降水将对现有建筑物的稳定产生不利影响,基坑开挖应在采取地基沉降控制和基坑支护措施后进行,同时加强对现有建筑物的变形监测。

(8) 导航明渠位于基坑东侧,沿线地形复杂,地面高差变化大,修筑堤防时应注意清基,特别是运河河底的淤泥应予清除。

(9) 北堤交通桥为公路—Ⅱ级,跨度较大,地基土不能满足强度要求,建议采用钻孔灌注桩进行基础处理。

6.4.3 工程地质条件风险提示

淮安枢纽施工时基坑开挖深度超过5 m,为超过一定规模的危险性较大的单项工程,施工单位应在施工前编制专项施工方案,并组织专家对专项施工方案进行评审论证。

基坑开挖时如支挡措施不到位,易造成边坡土体坍塌,造成较严重的破坏后果,应采取切实措施确保基坑安全。

基坑开挖前应有系统的开挖监控方案,包括监控目的、监测项目、监控报警值、监测方法及精度要求、监测点的布置、监测周期以及信息反馈系统等。应符合《建筑基坑支护技术规程》(JGJ 120—2012)及《建筑地基基础设计规范》(GB 50007—2011)的相关规定。

工程施工时应加强基坑工程水平位移、地下水渗流、挡土结构变形的检测,同时观测降水效果以及降水对周边环境、邻近建筑物和地下设施的影响,建立信息反馈系统,及时反馈信息,确保施工安全。

施工时应加强施工地质工作,施工过程中遇到特殊地质情况应重点查明,如发现不良地质现象应及时采取适当措施进行处理。

第七章
台儿庄泵站

7.1 工程概况

台儿庄泵站工程是南水北调东线第一期工程的第七级泵站,位于枣庄市台儿庄区南端,枣庄航运局南侧。主要建筑物及配套工程有:泵站主厂房、副厂房、引水渠、出水渠、清污机桥和公路桥。台儿庄泵站工程主要任务是将站下河水提至站上,满足南水北调东线供水任务,以实现南水北调东线工程的梯级调水目标。

图 7.1-1 台儿庄泵站

该泵站为大(1)型泵站,工程等别为Ⅰ等,主要建筑物泵站主厂房、副厂房、引水渠、出水渠为1级,主要设计指标见表7.1-1。

表7.1-1　台儿庄泵站主要设计指标

建筑物	流量(m³/s)	底高程(m)	完建期地基应力(kPa)
主厂房	125	8.30	350
副厂房		32.20	
进水池	125	10.05	195
出水池	125	18.85	178
引水渠	125	15.90~15.70	
出水渠	125	20.85~20.80	
清污机桥		15.30	95
公路桥		7.5(桩底)	

为满足工程初步设计需要,根据工作安排中水淮河工程有限责任公司在山东省水利勘测设计院完成的台儿庄泵站可研勘察报告的基础上,按初步设计阶段要求进行了补充勘察工作后编制成本报告。

7.2　区域地质概况

7.2.1　地形地貌

台儿庄泵站位于台儿庄区南端,韩庄运河北侧,山前倾斜平原边缘地带上。场区地势平坦,地面标高一般在25.97~26.60 m之间,略呈西高东低,地面坡降1/3 000。韩庄运河自西北向东南流经本区,属人工开挖河道,河床顺直,宽约100 m,河底与两岸高差约4~5 m。

整个工程位于韩庄运河北侧的老运河上,全长约1.8 km,河的上下游均与运河相连。老运河宽40~60 m,河底高程18.50~23.00 m,常年蓄水在24.25 m高程左右,勘测期间水位在25.00~26.0 m左右。

7.2.2　地层岩性

据勘探揭示场区地层自上而下为:第四系和奥陶系马家沟组。现分述如下:

1. 第四系

全新统冲积(Q_4^{al})：主要为淤泥，分布在河底表层。

上更新统冲积、洪积(Q_3^{al+pl})：主要为壤土、黏土。含礓石及铁锰结核，裂隙中充填灰色铝土，局部夹壤土夹砂、中粗砂透镜体。

2. 奥陶系马家沟组(O_m)：下伏基岩为厚层石灰岩，均被第四系地层覆盖。岩石致密，坚硬，上部10～50 m厚度范围内的灰岩裂隙岩溶发育。顶部见少量的泥质灰岩。

7.2.3 区域水文地质概况

场区地下水类型主要为潜水和承压水。壤土、黏土夹砂礓、中粗砂、中细砂透镜体为主要潜水含水层。地下水以大气降水和运河水入渗为主要补给来源，以蒸发和人工取水为主要排泄途径。

奥陶系马家沟组石灰岩赋存裂隙岩溶水，为场地内承压水。

据区域水质分析成果，地下水化学类型为重碳酸硫酸钙型水，其矿化度0.50 g/L，为低矿化水。

7.2.4 地质构造及地震

本区位于鲁西隆起区南部，陶枣向斜的南侧。距泵站较近的区域断裂有：

韩-台断裂：西起韩庄南，东至台儿庄北的四户南。为韩庄-四户地堑的南界线。距场区4 km，断裂带长约110 km，走向近东西，倾向北，为高角度正断层。该断层新生代早期仍有活动。

双沟-邢楼断裂：起于江苏省双沟经邢楼延伸至台儿庄东北，距场区约7 km，走向北北东，倾向南东。此断裂产生于新生代早期，平行于沂沭断裂带。

据《中国地震动参数区划图》(GB 18306—2015)，场区的地震动峰值加速度为0.15 g，相应地震基本烈度Ⅶ度。

7.3 工程地质条件

7.3.1 地层分布及岩性

泵站工程区地势平坦，地面高程25.97～26.60 m。勘探深度内揭露第四系地层自上而下共分六大层。主要岩性为壤土夹礓石、黏土夹礓石、壤土、壤土夹砂、中粗砂、黏土。

各层土的分布特征描述如下：

①-1层人工填土（Q^r）：主要由壤土构成，黄褐色～褐色，可塑，夹少量小碎石块和粗砂砾。层厚1.20～2.40 m，底板高程26.86～27.90 m。

淤泥（Q_4^{al}）：灰黑色～黑色，流塑，主要分布在老运河河底表层，层厚0.10～0.30 m，层底高程21.85～22.55 m。

①层壤土夹礓石（Q_3^{al+pl}）：黄褐色夹蓝灰色，可塑，中等压缩性。夹少量姜石，姜石含量约10%～20%，粒径1～8 cm，局部密集。层厚0.80～4.10 m，层底高程23.87～26.95 m。

②层黏土夹礓石（Q_3^{al+pl}）：黄褐色夹蓝灰色条纹，可塑，中等压缩性。夹少量礓石，礓石含量约10%～20%，粒径1～7cm，局部密集。并含少量铁锰结核。在清污机桥及公路桥处夹中粗砂薄层透镜体。层厚1.40～6.10 m，层底高程19.56～22.05 m。

③-1层中粗砂（Q_3^{al+pl}）：黄褐色，稍密，夹壤土。层厚0.30～2.30 m，呈透镜体状分布，主要分布在进水渠到主厂房约长940 m范围内，层底高程17.26～19.61 m。

③层壤土（Q_3^{al+pl}）：黄褐色、棕黄色夹灰色条纹，可塑，中等压缩性。含少量铁锰质结核，局部夹少量砂粒，中下部虫孔发育。层厚2.00～8.00 m，层底高程12.65～18.05 m。

④层黏土（Q_3^{al+pl}）：黄褐色、灰褐色～灰黑色，可塑，中等压缩性。夹少量小贝壳，局部较大8 cm。含少量小礓石和铁锰质结核。层厚0.90～4.90 m，层底高程11.85～14.40 m。

⑤层中粗砂（Q_3^{al+pl}）：黄褐色、橘黄色，稍密，夹壤土，含直径1～2 cm小砾石。层厚0.70～2.50 m，呈透镜体状分布，主要集中在进水池以东160 m范围内，层底高程10.50～13.20 m。

⑤-1层壤土夹砂（Q_3^{al+pl}）：黄褐色，可塑，中等压缩性。上部夹少量中细砂，虫孔发育，下部砂粒含量稍高，含量约10%～30%。层厚0.80～2.60 m，层底高程10.45～11.60 m。

⑥层黏土（Q_3^{al+pl}）：黄褐色～褐色，棕黄色，可塑，中等压缩性。含大量铁锰质结核，局部密集。层厚1.80～5.30 m，层底高程6.61～9.45 m。

基岩（即第⑦层）：在勘探深度内，场区下伏基岩为奥陶系马家沟组（O_m）石灰岩，灰黑色～黑色，夹少量的黄色泥质灰岩，裂隙发育，呈网状分布，经所取岩样统计，高倾角裂隙平均每米1组，缓倾角裂隙平均每米5～20组，岩体被裂隙切割成块状，强风化～中等风化，岩芯长度多为5～10 cm，部分为20～10cm，局部破碎，岩样致密，坚硬。岩芯采取率50%～90%。裂隙多充填方解石结晶，部分裂隙结合较紧密，掰开后裂隙面上有黄色水锈。岩芯有少量小岩溶，与裂隙连通，直径多1～5 cm，部分较大，有少量黑色铁锰矿物充填。

各层土的主要物理力学性质指标建议值见表7.3-1。

第七章 台儿庄泵站

表 7.3-1 台儿庄泵站地基土的主要物理力学性质指标建议值表

层号	含水率 w /%	湿密度 ρ /(g/cm³)	干密度 ρ_d /(g/cm³)	孔隙比 e	液性指数 I_L	压缩系数 a_{1-2} /MPa⁻¹	压缩模量 E_s	三轴不固结不排水剪 凝聚力 c_u /kPa	三轴不固结不排水剪 内摩擦角 φ_u /°	三轴固结不排水剪 总强度 凝聚力 c_{cu} /kPa	三轴固结不排水剪 总强度 内摩擦角 φ_{cu} /°	三轴固结不排水剪 有效强度 凝聚力 c' /kPa	三轴固结不排水剪 有效强度 内摩擦角 φ' /°	标准贯入击数 N /击	允许承载力 /kPa
①	26.6	1.90	1.50	0.82	0.40	0.37	5.0	20	6	25	17	23	21	6	160
②	28.3	1.95	1.51	0.81	0.41	0.38	7.0	25	6	28	16	30	21	7	180
③-1															160
③	28.1	1.98	1.55	0.75	0.54	0.33	6.0	17	5	30	17	34	24	7	180
④	28.1	1.93	1.50	0.83	0.45	0.31	7.2	14	5	36	17	34	23	7	180
⑤															180
⑤-1	28.6	1.94	1.51	0.80	0.70	0.32		13	4	23	23	20	26	8	150
⑥	31.1	1.96	1.50	0.83	0.59	0.32	8.5	20	4	28	16	32	19	10	220

253

7.3.2 泵站主厂房工程地质条件

1. 泵站主厂房设计底板底高程 8.30 m，位于⑥层黏土底部或石灰岩顶部，开挖后建基面下⑥层黏土厚度 0.03～1.69 m，局部在基岩顶部。⑥层黏土呈可塑状态，中等压缩性，标准贯入击数平均值为 12 击，强度高，但该层预留厚度小，土层不连续。

地基下伏基岩为强风化石灰岩，取岩样十组做岩石力学试验，据室内试验结果统计，该层岩样的饱和抗压强度平均值为 62.3 MPa，小值平均值为 47.4 MPa，大值平均值为 77.2 MPa，弹性模量平均值为 $3.35×10^4$ MPa，泊桑比平均值为 0.208。

2. 高程 8.30 m 以上为基坑开挖部分，主要分布壤土夹礓石、黏土夹礓石、壤土、黏土、中粗砂，其中③-1 层和⑤层中粗砂由于砂质较纯，位于地下水位以下，饱和，呈稍密状态。由于主泵房与防洪堤轴线最近距离为 32 m，防洪堤顶高程约 33 m，因此堤顶到建基面最大深度约为 24.7 m，地面到建基深度一般为 18.3 m。

7.3.3 泵站副厂房工程地质条件

副厂房设计底板底高程 28.20 m，副厂房跨老运河及滩地，建筑物的河岸线北边部分位于滩地上，滩地高程约 26.5 m，需回填土至设计高程，填筑土的建基面在清除表层 0.5 m 厚耕植土后，需填筑厚度为 2 m 左右；建筑物的河岸线南边部分位于上游河床上，上游河床高程 20.0～20.7 m，需回填土至设计高程，填筑土的建基面在清除表层约 0.10～0.5 m 厚结构松软的淤泥质软土后，需填筑厚度为 8 m 左右。

回填土拟采用壤土和黏土填筑，根据料场土的击实试验，壤土的黏粒含量为 17.7%～21.3%，塑性指数一般 12.0～13.7，最优含水率平均值 17.7%，最大干密度 1.74～1.76 g/cm³，按压实度 0.95 控制，含水率平均 21.9%，干密度为 1.65 g/cm³。黏土的黏粒含量为 34.8%，塑性指数 17.8，最优含水率平均值 19.6%，最大干密度 1.67 g/cm³，按压实度 0.95 控制，含水率平均 22.0%，干密度为 1.59 g/cm³。

7.3.4 泵站进出水池工程地质条件

进水池设计底板底高程 10.05 m，位于⑥层黏土中部，开挖后建基面下⑥层黏土厚度 0.8～1.8 m。⑥层黏土呈可塑状态，中等压缩性，标准贯入击数平均值为 12 击，承载力较高。进水池及前池后段挡土墙(1-1)段墙底高程 8.30 m，坐落在基岩上；进水前池段挡土墙(2-2)段与进水渠相连，墙底高程 17.80 m，坐落在回填土上。地面到建基面最大深度为 16.6 m。

出水池设计底板底高程 18.85 m，岸边连接段的斜坡段挡土墙(2-2)段墙底高程 18.85～20.65 m，位于第③层壤土上，开挖后建基面下③层壤土厚度约 2～5 m，中等压缩性，局部有中粗砂；岸边连接段的水平挡土墙(1-1)段墙底高程 18.75 m，坐落在回填土上。地面到建基面最大深度为 7.8 m。

7.3.5　引水渠、出水渠工程地质条件

引水渠、出水渠地面高程 26.20~27.32 m，泵站引水渠底宽度 40 m，引水渠底板底高程 15.90~15.70 m，开挖后揭露第①、②、③-1、③层，渠底位于第③层壤土上，开挖后该层厚 1.20~2.50 m。出水渠底板底高程 20.80~20.85 m，开挖后揭露第①、②、③-1，渠底多位于第③层壤土顶部，局部位于第③-1 层中粗砂上。

7.3.6　清污机桥工程地质条件

清污机桥为整底板、墩墙式结构，底板底高程 15.30 m，坐于第③层壤土上，开挖后该层厚 1~2.5 m，局部壤土中夹中粗砂透镜体。下卧层主要为⑥层黏土，强度较高。

7.3.7　公路桥工程地质条件

桥墩采用桩柱式，桩底高程 7.5 m，进入基岩约 1.5 m。

7.4　水文地质条件

7.4.1　地层水文地质特点

场区地下水类型主要为潜水和承压水。本区分布的地层中，壤土含大量礓石，裂隙、虫孔发育，黏土夹礓石也不同程度的发育裂隙、孔隙，均赋存孔隙水，故①、②、③-1、③层的壤土、黏土夹礓石、中粗砂、中细砂透镜体为主要潜水含水层。为了解场区土层水文地质条件，在出水池和进水池处各布置一组现场抽水试验，孔深 10~12 m。经现场抽水试验，在进水池处抽水试验的综合渗透系数为 0.56 m/d（即 $6.5×10^{-4}$ cm/s），潜水位 25.0 m 左右；在出水池处抽水试验的综合渗透系数为 0.18 m/d（即 $2.03×10^{-4}$ cm/s），潜水位 24.9 m 左右。由于河底高程约 20.4 m，局部更深，③-1 层与河水连通，试验时同期河水位有变化，一般 24.8~25.9 m，经分析潜水位变化是由于同期河水位变化引起的，因此潜水含水层与河水水力联系较为密切。由于进水池揭露③-1 层透镜体，而出水池未发现该层，因此进水池处抽水试验的综合渗透系数略大。第⑤为承压含水层，具微承压性，层厚 0.70~2.00 m，成透镜体状分布，主要集中在进水池以东 160 m 范围内，承压水位 23 m。

为了解场区基岩水文地质条件,在主厂房和进水池处各布置3组现场抽水试验。石灰岩赋存裂隙岩溶水,上覆⑥层黏土构成了相对隔水层,试验中采用146 mm钢套管打入至⑥层黏土中,封住上部土层中孔隙水,再用108 mm钻具钻进基岩4～5 m,观测到承压水位在23.5 m左右,与潜水位差达1.5～2 m,经分析判定,裂隙岩溶水为场地内承压水,承压水头约15～16 m。在主厂房处(单孔抽水 T2)的基岩钻进中,岩芯采取率为90%以上,岩芯长多为5～30 cm,较完整,裂隙岩溶均不发育,岩芯有少量小岩溶,与裂隙连通,直径多1～3 cm,有少量黑色铁锰矿物充填,现场抽水试验渗透系数为1.9×10^{-3} cm/s(1.6 m/d),属中等透水性;在进水池及前池处(多孔抽水 T14、T15)的基岩钻进中,岩芯采取率为80%,岩芯长多为1～10 cm,局部较破碎,裂隙岩溶较发育,岩溶,与裂隙连通,直径多3～10 cm,现场抽水试验渗透系数为$3.42 \sim 3.87 \times 10^{-2}$ cm/s(29.73～33.45 m/d),属强透水性。

结合室内渗透系数统计值和区域内各土层渗透系数经验值,确定各地层渗透系数建议值,见表7.4-1。

表7.4-1　各土层渗透系数建议值表

层号	土类	室内渗透系数统计值(cm/s)	抽水试验渗透系数统计值(cm/s)	渗透系数建议值(cm/s)
①	壤土夹礓石	3.18×10^{-6}	6.5×10^{-4}	$A \times 10^{-5}$
②	黏土夹礓石	2.69×10^{-6}		$A \times 10^{-5}$
③-1	中粗砂	1.53×10^{-4}		$A \times 10^{-3}$
③	壤土	7.74×10^{-5}		$A \times 10^{-4}$
④	黏土	5.99×10^{-6}		$A \times 10^{-6}$
⑤-1	壤土夹砂	8.26×10^{-5}		$A \times 10^{-4}$
⑤	中粗砂	2.33×10^{-4}		$A \times 10^{-3}$
⑥	黏土	3.24×10^{-6}		$A \times 10^{-6}$
⑦	石灰岩	主厂房	1.9×10^{-3}	1.9×10^{-3} (灌浆处理后)
		进水池及前池	$3.42 \sim 3.87 \times 10^{-2}$	

据山东院对位于距泵站东南侧约1 km的台儿庄船闸勘探资料得知,场区北侧的韩～台断裂构成北部阻水边界,南部的寒武系的砂页岩地层亦阻水,形成了一个独立的水文地质单元。裂隙岩溶水自北西流向东南,渗透系数为227.0 m/d,属极强透水层。

地下水的补给来源主要为河水、大气降水。地下水的排泄主要为蒸发和补给河水。地下水位随丰水期和枯水期的不同而升降。

7.4.2　水质分析

据地下水样水质分析结果,地下水化学类型为重碳酸硫酸钙型水,属弱碱性极硬水,具体评价见表7.4-2。由表可见,场区地下水对混凝土无侵蚀性。

表 7.4-2　场区地下水侵蚀性评价表

位置	pH 值	侵蚀性 CO_2 (mg/L)	HCO_3^- (mmol/L)	Mg^{2+} (mg/L)	SO_4^{2-} (mg/L)	组数
地下水	7.60	0	4.97	24.5	114.5	1
无侵蚀标准	>6.5	<15	>1.07	<1 000	<250	
评价结论	无	无	无	无	无	

7.5　工程地质条件评价

7.5.1　地震液化

根据勘探资料和《水工建筑物抗震设计规范》(DL 5073—2000)可知,泵站基坑开挖后场地土类型为坚硬场地土,场地类别为Ⅰ类,根据《中国地震动参数区划图》(GB 18306—2015)可以查出,地震动峰值加速度为 0.15 g,相应于地震基本烈度Ⅶ度,地震动反应谱特征周期为 0.40 s。据《水利水电工程地质勘察规范》(GB 50487—2008)附录 N 判定,①层及其以下土层为第四纪晚更新世 Q_3 地层,不具有地震液化可能性。

7.5.2　建筑物地基工程地质条件评价

泵站主厂房设计底板底高程 8.30 m,地基土为⑥层黏土,开挖后建基面下⑥层黏土厚度仅 0.03～1.69 m,局部建基面进入基岩约 1 m。设计地基应力 350 kPa,⑥层地基允许承载力为 220 kPa,地基承载力不能满足设计要求,而且⑥层与基岩强度差异较大,易产生不均匀沉降,建议将⑥层黏土全部清除,将基础坐在基岩上,基岩为石灰岩,岩样饱和抗压强度平均值为 62.3 MPa,基岩允许承载力建议值为 6 MPa,为良好的天然地基。

副厂房设计底板底高程 28.20 m,坐于回填土上,由于回填土厚度不均,运河侧回填土厚 8 m 左右,滩地上回填土厚 2 m 左右,存在地基承载力低、不均匀沉降等问题,若不能满足设计要求,建议采取处理措施。

进水池设计底板底高程 10.05 m,持力层主要为⑥层黏土,开挖后建基面下⑥层黏土厚度 0.8～1.8 m,为良好的天然地基。进水池及前池后段挡土墙(1-1)段墙底高程 8.30 m,坐落在基岩上,设计地基应力 195 kPa,基岩允许承载力建议值为 6 MPa,为良好的天然地基。进水前池段挡土墙(2-2)段,坐落在回填土上,由于回填土上存在地基承载力低、不均匀沉降等问题,若不能满足设计要求,建议采取复合地基等方法处理。

出水池设计底板底高程 18.85 m,持力层为③层壤土,开挖后建基面下③层壤土厚度约 3.5 m,为良好的天然地基,该层壤土固结不排水剪总强度凝聚力建议值为 30 kPa,内摩擦角建议值为 17 度,出水池混凝土底板与③层壤土的摩擦系数建议采用 0.30～0.33。

岸边连接段的斜坡段挡土墙(2-2)段墙底位于第③层壤土上,开挖后建基面下③层壤土厚度约2～5 m,设计地基应力178 kPa,③层地基土允许承载力为180 kPa,可作为天然地基。岸边连接段的水平挡土墙(1-1)段墙底座落在回填土上,由于回填土存在地基承载力低、易产生不均匀沉降等问题,若不能满足设计要求,建议采取复合地基等方法处理。

根据《建筑桩基技术规范》(JGJ 94—2008)和《建筑地基处理技术规范》(JGJ 79—2012),水下钻孔灌注桩与水泥土搅拌桩的综合参数指标见表7.5-1。

表7.5-1　地基土及桩的综合参数一览表

岩性	地基允许承载力(kPa)	水下钻孔灌注桩极限端阻力标准值 q_{ok}(kPa)	水下钻孔灌注桩极限侧阻力标准值 q_{sik}(kPa)	水泥土搅拌桩桩端天然地基土承载力标准值 q_{ok}(kPa)	水泥土搅拌桩桩端天然地基土承载力标准值 q_{sik}(kPa)
①层壤土夹礓石	160	450	68	160	12
②层黏土夹礓石	180	450	65	180	15
③层壤土	180	400	58	160	12
③-1层中粗砂	160	850	66	180	15
④层黏土	180	450	60	180	12
⑤层中粗砂	180	850	66	180	15
⑤-1层壤土夹砂	150	200	46	150	12
⑥层黏土	220	300	60	220	16
石灰岩	6 000				

引水渠底板底高程15.90～15.70 m,开挖后揭露第①、②、③-1、③层,渠底位于第③层壤土上,开挖后该层厚1.20～2.50 m,为良好的天然地基,边坡揭露③-1中粗砂,存在渗透稳定问题,设计需进行计算复核。出水渠底板底高程20.80～20.85 m,开挖后揭露第①、②、③-1,渠底多位于第③层壤土顶部,仅Bt30孔处位于第③-1层中粗砂上,需采取防渗措施。

清污机桥底板底高程15.30 m,坐于第③层壤土上,开挖后该层厚1～2.5 m,设计地基应力95 kPa,③层地基土允许承载力为180 kPa,为良好的天然地基。

公路桥桥墩采用桩柱式,基岩面高程8.80～9.00 m,设计桩底高程7.5 m,进入基岩约1.5 m,基岩为石灰岩,基岩允许承载力建议值为6 MPa,弹性模量建议值为1×10^4 MPa,泊桑比建议值为0.23。为良好的桩基持力层。

7.5.3　基坑降水和基坑突涌

主泵房、进水池基坑开挖后,将揭穿①、②、③-1、③、④、⑤、⑥层,由于河底高程约20.4 m,局部更深,因此③-1层与河水连通,该层为中粗砂,透水性较强;基岩裂隙发育,透水性强,赋存裂隙岩溶水。建议采用深井降水方案,同时进行观测,注意基坑降水对北部防洪堤的影响。

7.5.3.1 基坑土层涌水量

围堰距基坑中心约 200 m,韩庄运河距基坑中心约 250 m,而井群影响半径($R+r_0$)为 141 m,围堰以外的河渠水及韩庄运河水距基坑较远,对基坑补给量很少,因此土层涌水量依据《建筑基坑支护技术规程》(JGJ 120—2012)附录 F 提供的方法,采用均质含水层潜水完整井的涌水量计算公式:

$$Q = 1.366k \times (2H-S) \times S/[\lg(1+R/r_0)]$$

式中:Q——基坑计算涌水量(m^3/d);

k——含水层渗透系数(m/d);若为相近的多层含水层可取加权平均值;土层的综合渗透系数按 0.56 m/d(即 6.5×10^{-4} cm/s)计;

H——潜水含水层厚度(m);

S——设计水位降深(m);

R——降水影响半径(m),降水井影响半径宜通过试验或根据当地经验确定,当基坑侧壁安全等级为二、三级时,可按经验公式 $R = 2S\sqrt{KH}$ 估算;

r_0——基坑等效半径(m),矩形基坑等效半径 $r_0 = 0.29(a+b)$,其中 a,b 分别为基坑的长边、短边。

表 7.5-2 基坑土层涌水量计算表

位 置	渗透系数 k m/d	基坑长 a m	基坑宽 b m	基坑等效半径 r_0 m	含水层厚度 H m	影响半径 R m	水位降深 S m	涌水量 Q m^3/d
泵站主厂房	0.56	130	110	69.6	13	70.2	13	430

经计算,土层开挖基坑涌水量为 430 m^3/d,井群影响半径($R+r_0$)为 141 m。

7.5.3.2 基坑基岩涌水量

依据《建筑基坑支护技术规程》(JGJ 120—2012)提供的方法,采用均质含水层承压水非完整井基坑涌水量计算公式:

$$Q = 1.366k \times [(2H-M) \times M - h^2]/[\lg(1+R/r_0)]$$

式中:M——承压含水层厚度(m),据船闸及自来水厂抽水井地质资料裂隙岩溶含水层厚 25~30 m;

R——降水影响半径(m),降水井影响半径宜通过试验或根据当地经验确定,当基坑侧壁安全等级为二、三级时,可按经验公式 $R = 10S\sqrt{KH}$ 估算;

h——基坑底面到含水层底面距离(m);

k——含水层渗透系数(m/d);若为相近的多层含水层可取加权平均值;主厂房处基岩渗透系数为 1.9×10^{-3} cm/s(1.6 m/d);进水池及前池处基岩渗透系数为 3.87×10^{-2} cm/s(33.45 m/d)。

表 7.5-3　基坑基岩涌水量计算表

位置	渗透系数 k	基坑长 a	基坑宽 b	基坑等效半径 r_0	含水层厚度 H	基坑底面到含水层底面距离	水位降深 S	影响半径 R	涌水量 Q
	m/d	m	m	m	m	m	m	m	m³/d
进水池	33.45	95	45	40.6	30	30	15	867	26 383
泵站主厂房	1.6	130	110	69.6	30	30	15	192	3 420

经计算,进水池及前池处基坑长按 95 m 计,基坑宽按 45 m 计,基坑基岩涌水量为 26 383 m³/d,影响半径为 867 m,由于进水池及前池处基岩涌水量较大,给施工降水带来一定难度,建议该区采用灌浆处理后再进行施工降水。灌浆处理后的整个基坑基岩含水层渗透系数按 1.6 m/d 计算,泵站基坑基岩的涌水量为 3 420 m³/d,影响半径为 192 m。

因此,泵站基坑总涌水量为 3 850 m³/d。

经调查,台儿庄区自来水厂水源地距基坑中心约 1 km,同时水源地的 F_1 断层破碎带产状为 NE10°∠80°,断层带宽约 10~20 m,影响带 50~70 m;F_2 与 F_1 走向基本平行,倾向 NW。经分析基坑中心距 F_1 断层垂直距离约 550 m,灌浆处理后基坑降水对 F_1 与 F_2 断层赋含水量影响较小,对自来水厂影响不大。

7.5.3.3　基坑突涌

进水池设计底板底高程 10.05 m,开挖后⑥层黏土厚度 0.8~1.8 m,且土层夹中粗砂薄层,存在基坑突涌可能性,现按压力平衡概念进行简单评价,即:

$$\gamma \times H = \gamma_W \times h$$

式中:H——基坑开挖后不透水层的厚度(m);
　　　γ——土的容重(g/cm³);
　　　γ_W——水的容重(g/cm³);
　　　h——承压水头(m)。

根据本次勘探资料可知,⑥层黏土厚度为 0.8~1.8 m,γ 取 1.96,γ_W 取 1,h 取 16 m,计算所得 H 的临界值约为 8.2 m,而进水池底与下覆基岩含水层顶最薄处为 0.8 m,因此在基岩承压水作用下,将产生突涌,破坏⑥层黏土隔水底板。建议采用深井降水减压措施。

从区域资料分析,基岩顶高程多为 7.5~9.5 m,进水渠底高程为 15.7 m,进水渠底与下覆基岩含水层顶有 6~8 m 覆盖土层,设计需进行验算,注意基岩承压水的顶托作用。

7.5.4　渗透稳定

根据勘探资料和《水利水电工程地质勘察规范》(GB 50287—2016),并结合过去的工程经验,综合分析后,建议各主要层土的允许水力比降如表 7.5-4。

表 7.5-4　各层土允许水力比降

层号	地层岩性	类型	允许比降
③-1	中粗砂	管涌及流土	0.15～0.20
③	壤土	流土	0.35
④	黏土	流土	0.45
⑤	中粗砂	管涌及流土	0.15～0.20
⑤-1	壤土夹砂	流土	0.30
⑥	黏土	流土	0.50

7.5.5　边坡稳定

基坑开挖后,揭穿的①、②、③、④、⑥层为黏土、壤土,强度较高,工程地质条件较好,临时性开挖边坡建议值为1∶1.25～1∶1.5,③-1、⑤为中粗砂,透水性强,临时性开挖边坡建议值为1∶2.0～1∶2.5。引、出水渠边坡主要由①、②、③、③-1层组成,永久边坡建议值为1∶2.5～1∶3.0。

由于主泵房与北侧的防洪堤轴线最近距离为32 m,因此堤顶到建基面最大高差为24.7 m,为保证防洪堤的安全,建议主泵房、进水池基坑北侧采用陡边坡,同时采用基坑支护;基坑南侧地面到建基面高差一般为18.3 m,建议在边坡中部设3 m宽马道,同时放缓边坡,便于施工。

7.6　结论与建议

1. 建筑物开挖后场地土类型为坚硬场地土,场地类别为Ⅰ类。根据《中国地震动参数区划图》(GB 18306—2015),场区的地震动峰值加速度为0.15 g,相应地震基本烈度为Ⅶ度,地震动反应谱特征周期为0.40 s。

2. 泵站主厂房建基面附近⑥层土强度与基岩差异大,易产生不均匀沉降,建议将⑥层黏土全部清除,将基础坐在基岩上。

副厂房坐落于回填土上,回填土厚度差异大,应注意不均匀沉降问题,建议采取地基处理措施。

进水池底主要为⑥层黏土,为良好的天然地基;进水池及前池后段挡土墙(1-1)段墙底坐落在基岩上,为良好的天然地基;进水前池段挡土墙(2-2)段,坐落在回填土上,建议采取复合地基等方法处理。

出水池及岸边连接段的斜坡段挡土墙(2-2)段墙底的持力层为③层壤土,可作为天然地基;岸边连接段的水平挡土墙(1-1)段墙底坐落在回填土上,建议采用水泥土搅拌桩等方法处理。

引水渠底为良好的天然地基,边坡揭露③-1层中粗砂,存在渗透变形问题,设计需进行渗透稳定计算。出水渠底多位于第③层壤土顶部,局部位于第③-1层中粗砂上,需采取防渗措施。

清污机桥底板座于第③层壤土上,为良好的天然地基。

公路桥桥墩采用桩柱式,桩底进入基岩约1.5 m,基岩为良好的桩基持力层。

3. 泵站基坑降水建议采用深井降水方案,同时进行观测,注意基坑降水对周围的影响。泵站土层开挖基坑涌水量为430 m³/d,影响半径为70.2 m。进水池处基坑基岩涌水量为26 383 m³/d,影响半径为867 m,建议该区采用灌浆处理后再进行施工降水。灌浆处理后的基坑基岩含水层渗透系数按1.6 m/d计算,泵站基坑基岩的涌水量为3 420 m³/d,影响半径为192 m。泵站基坑总涌水量为3 850 m³/d。

进水池⑥层黏土隔水底板在基岩承压水作用下,能产生突涌,建议采用深井降水减压措施。

4. ①、②、③、④、⑥层为黏土、壤土临时性开挖边坡建议值为1∶1.25～1∶1.5,③-1、⑤层临时性开挖边坡建议值为1∶2.0～1∶2.5。引、出水渠永久边坡建议值为1∶2.5～1∶3.0。

建议主泵房、进水池基坑北侧采用陡边坡,同时采用基坑支护;基坑南侧建议在边坡中部设3 m宽马道,同时放缓边坡,便于施工。

5. ①层壤土夹礓石除含水量偏高以外,其他各项指标均符合防渗体土料和均质坝土料质量技术要求,翻晒后可作为筑堤土料。

②层黏土夹礓石除含水量偏高以外,其他各项指标基本符合防渗体土料质量技术要求。除黏粒含量、塑性指数、含水量稍高外其余指标亦符合均质坝土料质量技术要求,建议翻晒后并与壤土掺和后再作为筑堤土料使用。

本次勘察的实际可用总的土料储量可满足设计需要。

6. 场区基岩水文工程地质条件较为复杂,建议在降水井施工后,进行基坑降水效果评估,再布置基坑开挖。对基坑开挖过程中出现的地质孔要及时封堵。

第八章
蔺家坝泵站

8.1 工程概况

蔺家坝泵站是南水北调东线一期工程的第九级泵站,位于江苏省徐州市铜山区境内,工程位置见图8.1-2。第一期工程新建蔺家坝一站,设计抽水流量75 m³/s,设计站上水位33.2 m(废黄河高程,下同),站下水位30.90 m,设计净扬程2.3 m,平均扬程2.0 m。

蔺家坝泵站站址位于郑集河口以南约1.5 km处,为Ⅰ等大(1)型工程,工程包括:泵房(主、副厂房)、上下游引水渠、清污机桥、进水前池、出水池、防洪闸等建筑物。设计从顺堤河引水,经泵站抽送,穿过湖西大堤,经湖西航道入下级湖。考虑在现状湖西大堤上建防洪闸桥,在湖西大堤与顺堤河之间建抽水泵站,在现状顺堤河中心位置建清污机桥,包括上、下游引水渠在内建设范围约为东西向长510 m,南北向宽约150 m。

图 8.1-1 蔺家坝泵站

泵站基础主要设计参数如表8.1-1。

表8.1-1 蔺家坝泵站基础主要设计参数表

项目	单位	顺堤河方案
泵房底板底高程	m	22.6～22.9
防洪闸桥底板底高程	m	26.1
清污机桥底板底高程	m	26.0
进、出水池底板底高程	m	26.6～24.3、24.3～27.1

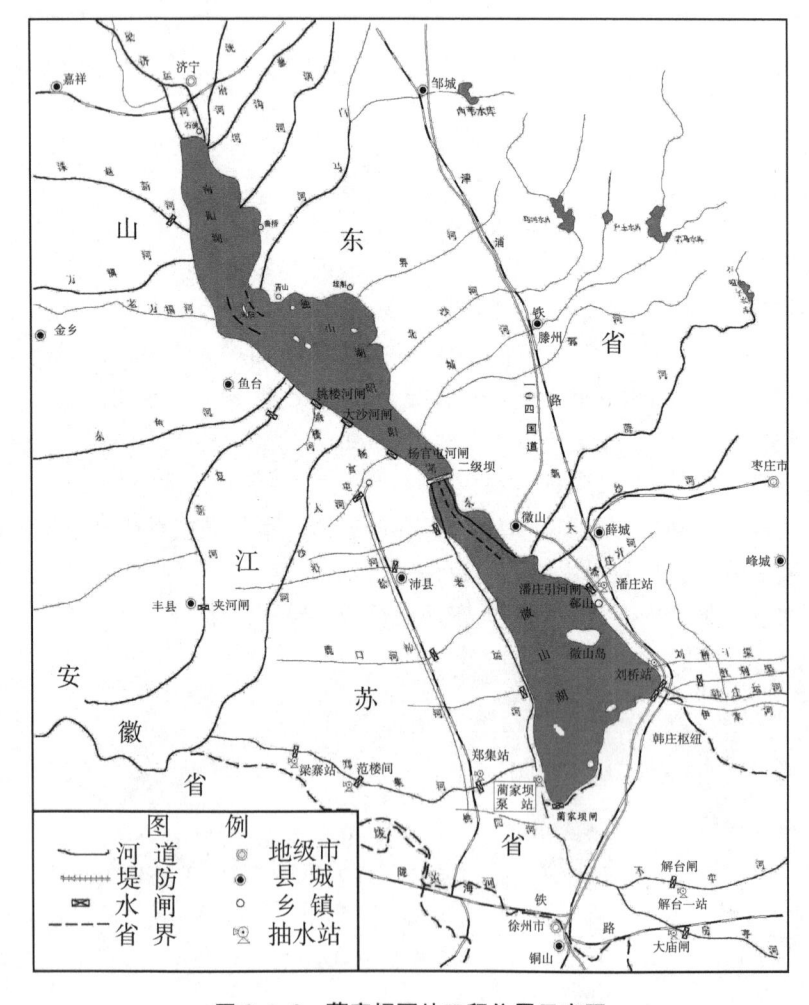

图8.1-2 蔺家坝泵站工程位置示意图

8.2 区域地质概况

8.2.1 地形地貌与水文气象

南四湖湖区地势低洼,汇集四面来水,湖西地区为黄泛冲积平原,地势平缓微东倾,坡度 1/5 000～1/3 000。湖西地区有十余条河流汇入南四湖、河道长短不一,各河道入湖处河口宽度一般为 100～440 m。

勘察场区东邻南四湖,属华北平原区,场区附近除东南部有少量低山丘陵外,其余均为冲积湖积平原,地势低洼,一般地面高程为 33 m 左右,现为成片耕地,湖西大堤堤顶高程在 40 m 左右,顺堤河河底高程约 27.0 m,京杭运河河底高程约 27.5 m。

本区属半湿润、温暖带季风气候区,四季分明,春季气温升高快,夏季降雨集中,易形成内涝,秋季晴朗少雨,冬季寒冷而多霜冻。多年平均气温 13.9℃,多年平均降雨量为 800 mm,降雨量分配不均匀,6～9 月降雨量约占全年降雨量的 70% 以上,且多为暴雨,全年降水天数 60～80 天。冬季最大积雪深度 160～280 mm,最大冻土深度 120～250 mm。

8.2.2 地层岩性及地震

本区地处中朝准地台南部的鲁西台隆,北部济宁、昭阳湖区为济宁坳陷,微山湖湖西的丰沛地区为丰、沛中新断陷,湖东属兖州凸起的西南部。新构造运动基本上继承了老构造运动的特性,表现为济宁、南四湖及其丰沛地区以缓慢沉降为主,第四系沉积厚度在济宁附近达 200 m 以上,往西增厚,向南渐薄,至二级坝附近 130 m,至蔺家坝地表有寒武系灰岩出露。上新统(N)和下更新统(Q_1)主要分布在坳陷区;中更新统(Q_2)分布较广泛,岩性主要为棕黄、棕褐、黄褐色、灰绿色粉质黏土夹薄层中细砂,富含钙质结核和铁锰结核;上更新统(Q_3)分布广泛,岩性变化较大,一些地区为黄褐色粉质黏土,夹中粉质壤土及粉砂,含钙质结核;全新统在区域上分布广泛,但厚度变化大,从几十厘米到十几米不等,多属冲积、冲～洪积相或沼泽相、湖积相沉积。勘察区揭露地层主要为灰黄色中、重粉质壤土和粉质黏土及粉土、粉砂。

勘区第四系地层广布,构造形迹难以观察。由山东省构造纲要图及构造形迹分布图可知直接通过本区的深大断裂有东平湖至微山大断裂。据《中国地震动参数区划图》(GB 18306—2015),场区地震动峰值加速度为 0.10 g,地震动反应谱特征周期为 0.40 s,相应地震基本烈度为Ⅶ度。

8.2.3 区域水文地质概况

本区尤其在一些坳陷区,堆积了一定厚度的上新生界(N+Q)松散沉积物,由于大气降水和地表水的渗入,形成分布广泛的松散岩类孔隙水。这是平原区农田灌溉和人畜用水的主要水源。根据含水层岩组的分布和埋藏条件,可分成浅层孔隙水和深层孔隙水。浅层孔隙水一般赋存在第四系全新统(Q_4)和上更新统(Q_3)含水层中。深层孔隙水主要赋存在第四系中下更新统(Q_{1+2})和上第三系上新统(N)地层中。在勘察区附近,由于第四系和上新统地层厚度较薄,且水力联系密切,均可作为浅层孔隙水,含水岩性为含砾粗砂、中细砂,多为矿化度在 1.0 g/L 左右的 HCO_3—Ca 或 HCO_3—Ca·Na 型水。

8.3 工程地质条件

8.3.1 地层岩性

站址位于江苏省徐州市铜山区南四湖西岸,北距郑集河河口约 1.5 km,京杭运河与顺堤河之间。在勘探深度内揭露地层有 11 层,地层主要是冲、洪积形成,地层中夹层、互层较多,地表分布有挖河弃土,经人工整平后成为耕地。现叙述如下,各土层物理力学指标统计值见图 8.3-1。

第(1)层为构成湖西大堤堤防的人工填土(高液限黏土混低液限黏土)(Q_4^s),以灰黄、棕黄色黏土和粉质黏土为主,间夹灰至灰黑色轻粉质壤土和粉土,干至稍湿,呈硬至坚硬状态,层厚 6~8 m,填筑结构不均。标准贯入击数 11.7~7.1 击(大值均值~小值均值,已经杆长修正)。1998 年前后在堤身迎水面建有水泥土截渗墙。

在现状顺堤河河槽中表层分布有 0.2~0.4 m 厚的灰黑色淤泥和淤泥质土,流塑至软塑,含草茎和腐殖质。

第(2)层为中、重粉质壤土夹粉土、砂壤土(高液限黏土夹低液限粉土)(Q_4^{al}),灰黄色,湿,呈可塑状态,上部为耕植层,含植物根茎,层厚 1~3 m。标准贯入击数 5~3 击。在 Z12、Z18 孔附近地表分布有厚 0.6 m 左右的砂壤土。

第(3)层为灰至灰黑色黏土(高液限黏土)(Q_4^{al}),含腐殖质,湿,呈软至可塑状态,层厚 0.2~1 m,分布在 Z7、Z8 孔附近,范围较小。

第(4)层为灰黄、棕黄色重粉质壤土和粉质黏土(高液限黏土夹低液限黏土)(Q_4^{al}),间夹有轻粉质壤土薄层。稍湿至湿,呈可塑至硬塑状态,含有植物根茎,偶见有虫孔,层厚 2~3 m。标准贯入击数 7.9~3.9 击。本层土质不均,孔隙比和压缩系数的离散性均较大。

第(5)层(Q_4^{al+pl})可分为上下两层,呈渐变关系。(5-1)层为灰黄色轻粉质壤土夹粉土、砂壤土(低液限黏土和低液限粉土),湿,层厚约 1 m,呈松软状态,标准贯入击数 7.2~4.2 击;本层土各粒径组含量(平均值):砂粒 11.7%,粉粒 76%,黏粒 12.3%;不均匀系数 4.2,曲率系数 1.2。

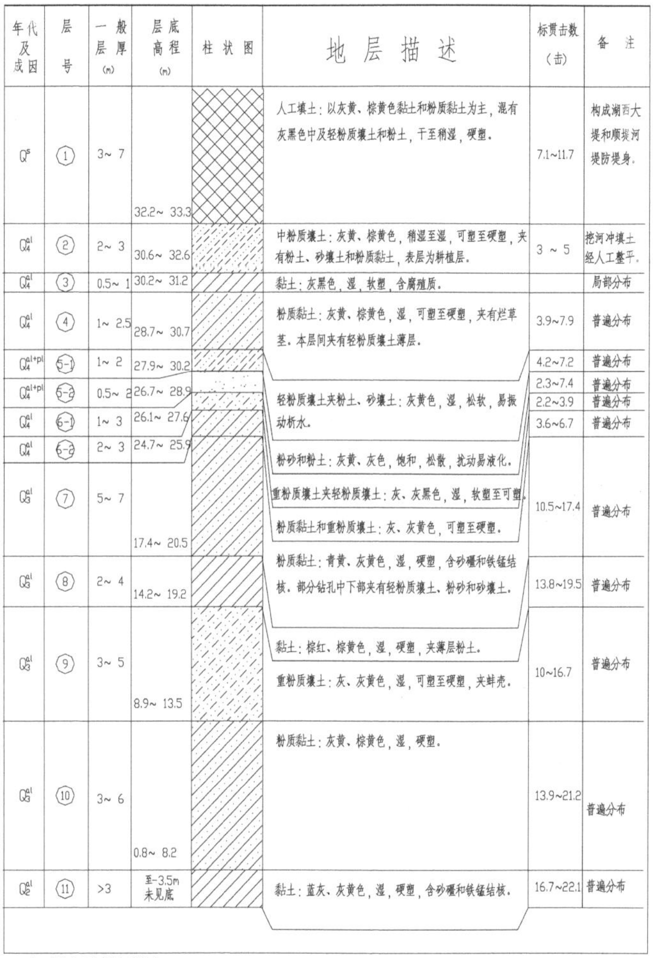

年代及成因	层号	一般层厚(m)	层底高程(m)	柱状图	地层描述	标贯击数(击)	备注
Q^s	①	3~7	32.2~33.3		人工壤土:以灰黄、棕黄色黏土和粉质黏土为主,混有灰黑色中及轻粉质壤土和粉土,干至稍湿,硬塑。	7.1~11.7	构成湖西大堤和顺袋河堤防堤身
Q_4^{al}	②	2~3	30.6~32.6		中粉质壤土:灰黄、棕黄色,稍湿至湿,可塑至硬塑,夹有粉土、砂壤土和粉质黏土,表层为耕植层。	3~5	挖河冲填土经人工整平
Q_4^{al}	③	0.5~1	30.2~31.2		黏土:灰黑色,湿,软塑,含腐殖质。		局部分布
Q_4^{al}	④	1~2.5	28.7~30.7		粉质黏土:灰黄、棕黄色,湿,可塑至硬塑,夹有烂草茎。本层间夹有轻粉质壤土薄层。	3.9~7.9	普遍分布
Q_4^{al+pl}	⑤-1	1~2	27.9~30.2			4.2~7.2	普遍分布
Q_4^{al+pl}	⑤-2	0.5~2	26.7~28.9		轻粉质壤土夹粉土、砂壤土:灰黄色,湿,松软,易振动析水。	2.3~7.4 2.2~3.9	普遍分布
Q_4^{al}	⑥-1	1~3	26.1~27.7			3.6~6.7	普遍分布
Q_4^{al}	⑥-2	2~3	24.7~25.9		粉砂和粉土:灰黄、灰色,饱和,松散,扰动易液化。		
Q_3^{al}	⑦	5~7	17.4~20.5		重粉质壤土夹轻粉质壤土:灰、灰黑色,湿,软塑至可塑;粉质黏土和重粉质壤土:灰、灰黄色,可塑至硬塑。	10.5~17.4	普遍分布
Q_3^{al}	⑧	2~4	14.2~19.2		粉质黏土:青黄、灰黄色,湿,硬塑,含砂礓和铁锰结核。部分钻孔中下部夹有轻粉质壤土、粉砂和砂壤土。	13.8~19.5	普遍分布
Q_3^{al}	⑨	3~5	8.9~13.5		黏土:棕红、棕黄色,湿,硬塑,夹薄层粉土。重粉质壤土:灰、灰黄色,湿,可塑至硬塑,夹钙壳。	10~16.7	普遍分布
Q_3^{al}	⑩	3~6	0.8~8.2		粉质黏土:灰黄、棕黄色,湿,硬塑。	13.9~21.2	普遍分布
Q_3^{al}	⑪	>3	至-3.5m未见底		黏土:蓝灰、灰黄色,湿,硬塑,含砂礓和铁锰结核。	16.7~22.1	普遍分布

注:高程系采用废黄河高程系。

图 8.3-1 蔺家坝泵站站址综合地层结构图

(5-2)层为灰至灰黄色粉土、粉砂、砂壤土为主(低液限粉土混级配不良砂),间夹有中及轻粉质壤土,饱和,扰动易液化,层厚约 1 m,标准贯入击数 7.4~2.5 击。本层土各粒径组含量为(平均值):砂粒 43.1%,粉粒 48.8%,黏粒 8.1%;不均匀系数为 4.3,曲率系数为 1.3。

第(6)层(Q_4^{al})可分为上下两层,呈渐变关系。

(6-1)层为灰至灰黑色中、重粉质壤土夹粉土(低液限黏土夹低液限粉土),含腐殖质,湿,呈软塑至可塑状态,层厚约 1~2 m,标准贯入击数 3.9~2.5 击。

(6-2)层为灰至灰黄、棕黄色粉质黏土和重粉质壤土(高液限黏土夹低液限黏土),

间夹轻粉质壤土薄层,上部呈硬塑状态,下部呈可塑状态,含有白色田螺壳,土层中可见有虫孔和小裂隙,层厚 1~2 m,标准贯入击数 6.6~3.8 击。

第(7)层为深灰、青黄、灰黄至棕黄色粉质黏土和壤土(低液限黏土)(Q_3^{al}),湿,呈硬塑状态,层厚 5~7 m,标准贯入击数 17.3~10.3 击。本层顶部约 0.2~0.3 m 为深灰色黏土,含有铁锰结核,可塑至硬塑,与上层呈渐变关系;其下为 0.6~1.2 m 厚的砂礓密集带,砂礓直径为 0.5~4 cm,含砂礓和铁锰结核 20% 左右;下部呈棕黄色,砂礓含量渐少。土层中可见虫孔和小裂隙,裂隙呈闭合状,裂隙面呈浅灰色,钻探时带出本层土样经水浸泡后呈散状。据该层 8 个土样所做自由膨胀率试验表明:其自由膨胀率平均值为 45%,属弱膨胀性;施工时建基面应预留保护层,防止因土体胀缩变形而导致强度下降。

本层在 Z11、Z13、Z14、Z15、Z16、Z20、Z22、Z24、Z25 孔处该层中、下部分布有厚约 2 m 的轻粉质砂壤土、粉土、粉砂,呈中密状,其含水率(平均值)24.5%,湿密度 2.0 g/cm³,干密度 1.60 g/cm³,压缩系数 0.18 MPa^{-1},压缩模量 9.0 MPa,渗透系数(室内试验)为 $4.1×10^{-5}$~$9.4×10^{-4}$ cm/s,标准贯入击数 14~18 击。各粒径组含量为(平均值):砂粒 59.9%,粉粒 33.1%,黏粒 7.0%;不均匀系数为 7.1,曲率系数为 1.1。

第(8)层为棕红至棕黄色黏土和粉质黏土(高液限黏土)(Q_3^{al}),夹极薄层粉土,湿,呈硬塑状态。含砂礓和铁锰结核 5% 左右,层厚 2~3 m,标准贯入击数 19.5~13.8 击。

第(9)层为灰至灰黄色重粉质壤土夹中粉质壤土(低液限黏土)(Q_3^{al}),湿,呈可塑至硬塑状态,夹砂礓,该层底部含有大量白色蚌壳和田螺碎片。本层厚 3~5 m,标准贯入击数 16.7~10.0 击。

第(10)层为灰黄至棕黄色粉质黏土(低液限黏土)(Q_3^{al}),湿,呈硬塑状态,层厚 4~8 m,标准贯入击数 20.2~13.9 击。

第(11)层为蓝灰至灰黄色黏土和粉质黏土(低液限黏土夹高液限黏土)(Q_2^{al})呈硬塑状态,含砂礓和铁锰结核 10% 左右,揭露层厚大于 4 m,标准贯入击数 22.1~16.7 击。

在选址阶段钻孔中发现 Z4~Z6 孔在拟建泵房建基面附近分布有轻粉质壤土夹粉土、粉砂层,经公司有关部门研究后决定将站址轴线向北移动 50 m(至 Z7 孔处)。

8.3.2　各建筑物地基工程地质条件

(一) 泵房

蔺家坝泵站泵房位置在 Ⅰ-Ⅰ′剖面附近,设计建基面高程为 22.6 m,设计主泵房地基应力为 188.6 kPa,翼墙地基应力约 200 kPa。建基面位于第(7)层中上部(参见图 8.3-2),第(7)层由粉质黏土和壤土组成,

上部含有大量砂礓和铁锰结核,下部稍少,呈硬塑状态,局部夹有中密状轻粉质砂壤土和粉砂。建基面下该层厚约 4 m,该层及其以下各层地基承载力标准值均≥200 kPa,为良好地基持力层,泵房地基地质条件较好。

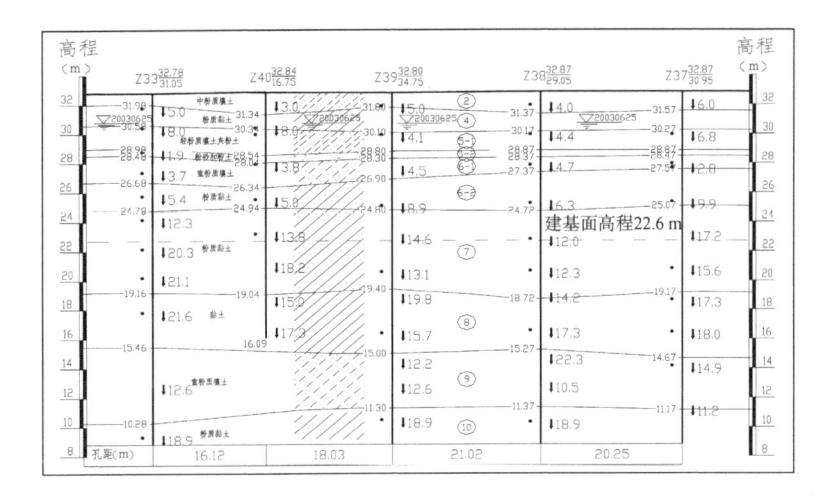

图 8.3-2　泵房工程地质剖面示意图

（二）防洪闸

蔺家坝泵站防洪闸位置在 L-L' 剖面附近，设计建基面高程为 26.1 m，设计闸基应力平均值 129.3 kPa，翼墙地基应力约 200 kPa。建基面位于第（6-2）层的上部（参见图 8.3-3），第（6-2）层由粉质黏土和重粉质壤土组成，土层中可见闭合裂隙和虫孔，呈可塑至硬塑状态，建基面下该层厚约 0.7~1.2 m，根据勘探情况判断该处地基（6-2）层承载力标准值为 140（堤脚）~160（堤顶）kPa，地基承载力可以满足闸基应力设计要求，但翼墙处地基承载力不满足要求，需要进行地基处理。（6-2）层以下各层地基承载力标准值均≥200 kPa，工程地质条件较好。

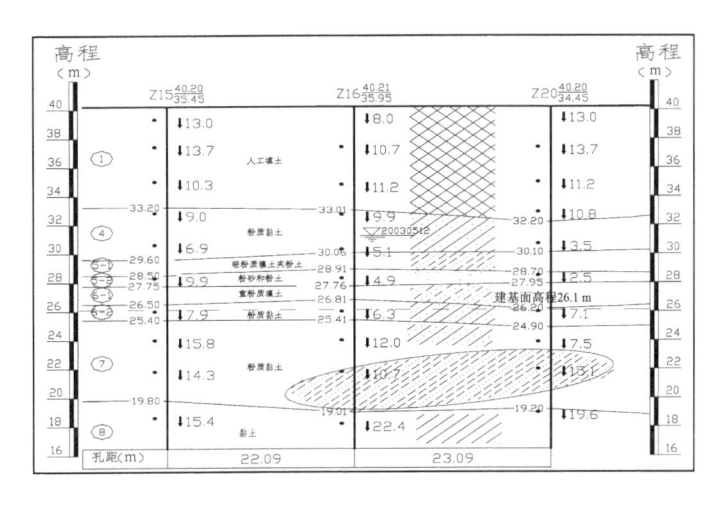

图 8.3-3　防洪闸工程地质剖面示意图

（三）清污机桥

清污机桥位于现状顺堤河中，桥位在 E-E' 剖面附近，设计建基面高程为 26.0 m，设计地基应力平均值约 86.6 kPa。建基面位于第(6-2)层底部(参见图 8.3-4),根据勘探情况判断该处(6-2)层地基承载力标准值为 120 kPa、其下(7)层为 200 kPa,故地基承载力可以满足设计要求,桥基工程地质条件良好。

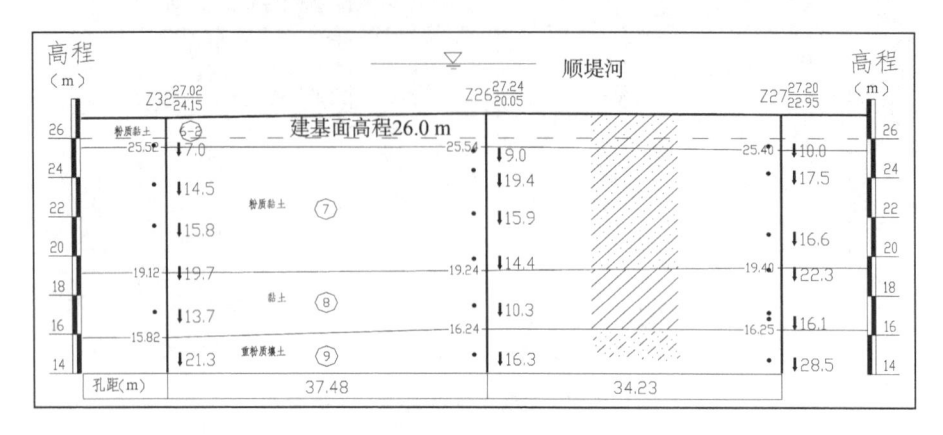

图 8.3-4 清污机桥工程地质剖面示意图

(四)其他建筑物

进水池位于清污机桥与泵房之间,出水池位于泵房与防洪闸之间,设计池底建基面高程为 24.3 m,进、出水渠建基面高程为 26.6～27.1 m,翼墙建基面高程为 26.6～27.1 m。进、出水池建基面位于第(7)层的上部,建基面下土层分布稳定,强度高,工程地质条件良好;进、出水渠建基面位于第(6-1)中或(6-1)、(6-2)层界面附近,与进、出水池连接段跨过(6-1)、(6-2)、(7),地层变化较大,土层的强度和厚度不等,地基均匀性较差;两侧翼墙建基面位于第(6-1)、(6-2)层界面附近,设计地基应力 160～200 kPa,而(6-1)层地基承载力标准值为 100 kPa、(6-2)层地基承载力标准值为 140～160 kPa,不能满足设计要求,建议采用搅拌桩或置换方法进行地基处理。

进、出水池组成边坡土层有(2)～(7)层,边坡高约 8～9 m,其中(5-1)、(5-2)(6-1)层强度低,且(5-1)、(5-2)层具中等透水性,基坑距顺堤河与京杭运河很近,应注意边坡稳定问题。

8.4 水文地质条件

8.4.1 含隔水层结构

根据本区地层分布和地层结构,工程涉及的范围内,地下水类型主要为松散岩类孔隙潜水和孔隙承压水。站址区地层主要为重粉质壤土、粉质黏土和黏土,透水性一般较小,第(5)层轻粉质壤土、粉土、粉砂和第(7)层中所夹轻粉质壤土夹粉土、粉砂为本区主要含水层。据地层岩性和含水层水力特征可划分出3层含水层和3层隔水层,分层叙述如下:

第1含水层由第(2)层中粉质壤土(土层中夹粉土和砂壤土,土体受耕植松动或人工搬运后含有裂隙)组成,含水类型为潜水,为上层滞水,靠大气降水补给,受季节影响明显,旱季消失。

第1隔水层为第(4)层粉质黏土,微至弱透水。

第2含水层为第(5-1)、(5-2)层轻粉质壤土夹粉土、粉砂夹砂壤土,中等透水,由于第(5-1)、(5-2)层已被顺堤河和京杭运河切穿,故认为该层属潜水~微承压水类型;旱季地下水位下降明显,在30.0 m左右,具潜水特征;汛期地下水位可达31.5 m,具微承压水特性。

第2隔水层由第(6)层下部、(7)层上部粉质黏土组成,透水性由弱到微,该隔水层厚度较大,分布广泛,是一良好的隔水层。

第3含水层由第(7)层中所夹轻粉质壤土夹粉土、粉砂层构成,为本区的承压含水层。该层为局部分布,未形成统一承压水位面,且埋深较大,对工程影响有限。

第3隔水层为第(8)层黏土及以下各层构成,微透水,为良好的隔水层。

在上述各隔水层中,局部夹有砂和砂壤土透镜体或薄层的含水层,但层较薄,其含水量不大,对工程不会产生影响。

勘探期间,顺堤河水位在29.5~31.4 m左右,京杭运河水位在29.7~31.2 m附近,湖西大堤以东孔内水位在29.8~31.3 m,湖西大堤以西孔内水位在30.0~31.5 m,第(7)层中所夹轻粉质壤土夹粉土、粉砂层的承压水位约30.0~31.0 m。

8.4.2 水文地质试验

为查明工程影响范围内各土层的渗透特性,本次除在各土层中取样进行室内渗透试验外,还对第(5-1)、(5-2)层轻粉质壤土夹粉土、粉砂夹砂壤土含水层安排了两组抽水试验,以求得主要含水层的渗透系数和影响半径。试验点分别布置在泵房和防洪闸附近。

(一)抽水试验

根据地层和场地条件,每组抽水试验布3~5孔,其中一个为抽水孔,其余为观测孔,布置成"L"状。在勘探过程中,严格按照抽水试验规程进行,先成观测孔,后成主孔,观测孔成孔直径为89 mm,观测管直径为42 mm,主孔成孔直径为152 mm,抽水管直径为146 mm,孔深均揭穿含水层,深约5~6 m。成孔后先洗孔,后下观测管和抽水管,填滤料(中砂)。试验抽水采用160型往复式水泵,柴油机作动力进行抽水,由于含水层较薄,出水量较小,水量采用量桶测量,水位观测采用电测水位计测量。每次试验前均进行了设备检查和仪器校正。抽水试验适逢夏收、夏种时节,顺堤河及京杭运河水位很低,含水层具潜水性质。根据抽水试验观测结果(一个降深)表明,潜水含水层与承压含水层无明显的水力联系,现选择边界条件与试验情况相似的(稳定流完整井)公式进行计算。计算公式如下：

$$K = \frac{0.732 \times Q}{(S_1 - S_2) \times (2H - S_1 - S_2)} \lg \frac{r_2}{r_1}$$

$$\lg R = \frac{S_1 \lg r_2 - S_2 \lg r_1}{S_1 - S_2}$$

式中：K——渗透系数(m/d)；

Q——抽水孔涌水量(m^3/d)；

S_1、S_2——观测孔降深(m)；

r_1、r_2——观测孔至主孔距离(m)；

H——含水层厚度(m)；

R——影响半径(m)。

根据试验观测结果用两式计算可得(5-1)、(5-2)层轻粉质壤土夹粉土、粉砂夹砂壤土含水层的渗透系数为1.39×10^{-3} cm/s,主孔降深1.5 m时的影响半径约14.6 m。抽水试验成果见表8.4-1。

表8.4-1　第(5-1)、(5-2)含水层抽水试验成果表

抽水孔	观测孔	K(m/d)	K_{cp}(m/d)	R(m)	R_{cp}(m)
抽1	1、2	1.13	1.21 (1.40×10^{-3} cm/s)	14.6	11.9
抽1	3、4	0.79		8.6	
抽2	5、6	1.69		12.4	

(二)室内试验

根据任务书和规范要求,各层土均取原状土样做了室内试验,试验过程严格按试验规程进行。由于室内试验受取样、制样及试验过程影响较大,所得渗透系数一般较现场试验结果偏小。

(三)参数的选择

经综合分析室内外勘探试验资料和工程经验,提出站址区水文地质参数建议值如表8.4-2,影响半径建议采用20.0 m(降水孔布置时建议采用15.0 m)。

表8.4-2　各土层渗透试验成果表

地层	土类	室内渗透系数(cm/s)	建议值(cm/s)	透水等级
1	人工填土	$0.32 \times 10^{-5} \sim 4.81 \times 10^{-5}$	5.0×10^{-5}	弱透水
2	中粉质壤土		1.0×10^{-4}	中等透水
3	黏土		5.0×10^{-6}	微透水
4	粉质黏土	$2.06 \times 10^{-6} \sim 2.13 \times 10^{-5}$	2.0×10^{-5}	弱透水
5-1	轻粉质壤土夹粉土	$0.46 \times 10^{-5} \sim 5.62 \times 10^{-5}$	8.0×10^{-4}	中等透水
5-2	粉砂、粉土夹砂壤土	$4.85 \times 10^{-5} \sim 1.15 \times 10^{-4}$	2.0×10^{-3}	中等透水

续表

地层	土类	室内渗透系数(cm/s)	建议值（cm/s）	透水等级
6-1	中、重粉质壤土夹粉土	$1.8 \times 10^{-5} \sim 6.61 \times 10^{-5}$	6.0×10^{-5}	弱透水
6-2	粉质黏土	$4.0 \times 10^{-7} \sim 1.7 \times 10^{-5}$	2.0×10^{-5}	弱透水
7	粉质黏土	$3.0 \times 10^{-7} \sim 6.0 \times 10^{-6}$	5.0×10^{-6}	微透水
8	黏土和粉质黏土	$9.5 \times 10^{-7} \sim 1.4 \times 10^{-6}$	1.0×10^{-6}	微透水
9	重粉质壤土		5.0×10^{-5}	弱透水
10	粉质黏土	1.22×10^{-7}	2.0×10^{-6}	微透水
11	黏土和粉质黏土	$2.3 \times 10^{-7} \sim 3.57 \times 10^{-7}$	1.0×10^{-6}	微透水

其中第(7)层中所夹轻粉质砂壤土和粉砂的渗透系数建议值为 1.0×10^{-3} cm/s，具中等透水性。

8.4.3 水质分析

根据对工程区及周围环境调查表明，工程区及周围环境无明显有害环境对地表水或地下水产生污染。在勘探期间取抽水试验孔水样 2 组、井水和顺堤河水各 1 组进行水化学分析。根据水质分析结果可知，地下水、河水的 pH 值为 7.16～7.30，呈弱碱性，水化学类型属 HCO_3— $Ca^{2+} \cdot Na^+$ 型。具体评价见表 8.4-3。由该表可知，场区河水及地下水对混凝土无侵蚀性。

表 8.4-3　场区地下水侵蚀性评价表

位置	pH 值	侵蚀性 CO_2(mg/L)	HCO_3^- (mmol/L)	Mg^{2+} (mg/L)	SO_4^{2-} (mg/L)	组数
抽 2 孔水	7.07	0	10.78	89.3	218.5	2
顺堤河河水	7.16	0	3.34	22.9	121.0	1
地下水	7.30	0	9.97	32.3	105.5	1
无侵蚀标准	>6.5	<15	>1.07	<1 000	<250	
评价结论	无	无	无	无	无	

8.5　工程地质评价

8.5.1　地基承载力

本站址泵房建基面高程为 22.6～22.9 m（齿槽为 20.9 m），位于第(7)层的中上部，主泵房设计地基应力 188.6 kPa，而该层及其以下各土层地基承载力标准值均≥200 kPa，为良好地基持力层，地质条件良好。防洪闸建基面高程为 26.1 m，位于第(6-2)层的上部，闸室设计地基应力平均值 129.3 kPa，根据勘探情况判断该处(6-2)层承载力标准值为 140～160 kPa，地基承载力可以满足设计要求。主泵房及防洪闸翼墙位于第(6-2)层的上部，设计地基应力约 200 kPa，地基土承载力不满足设计要求，需要进行地基处理。清污机桥位于现状顺堤河中，建基面高程为 26.0 m，位于第(6-2)层下部，设计地基应力约 86.6 kPa，根据勘探情况判断该处地基承载力标准值为(6-2)层 120 kPa，其下伏(7)层承载力标准值为 200 kPa，故地基承载力可以满足设计要求；进、出水池两侧翼墙建基面高程为 23.5～27.1 m，位于第(7)层及(6-2)层的上部或(6-1)、(6-2)层界面附近，设计地基应力约 160 kPa，而(6-1)层地基承载力标准值为 100 kPa、(6-2)层地基承载力标准值为 140～160 kPa，因此部分翼墙不能满足设计要求，建议进行地基处理。

本阶段除对土样进行常规固结试验外，还对位于建基面附近的(6-2)层、(7)层取样进行了回弹再压缩试验，试验曲线附后，设计可根据施工方式进行沉降和回弹计算。

8.5.2 抗滑稳定

在勘探揭露的 11 层土中，(7)层及以下各层土质强度高，工程地质条件良好。(1)、(2)、(4)、(6-2)层强度中等，工程地质条件一般。(3)、(5-1)、(5-2)、(6-1)层土质强度低，结构松散，工程地质条件较差；其中(3)层分布范围较小，对建筑物影响有限，(5-1)、(5-2)、(6-1)层分布于整个站址区，在站址基坑开挖时，边坡高度一般为 6～10 m(在防洪闸处达 14 m)，该层位于基坑中下部，对边坡稳定不利，应考虑防护措施。

建议基坑开挖边坡比(6-2)层及其以下取 1∶2，以上取 1∶2.5，并考虑基坑外围井点降水措施。根据《水利水电工程地质勘察规范》(GB 50487—2008)建议建基面混凝土与土的摩擦系数(7)层取 0.35，(6-2)层取 0.30，(6-1)层取 0.25。

8.5.3 渗透变形

根据土的颗粒组成和《水利水电工程地质勘察规范》(GB 50487—2008)中的有关规定，结合已有工程经验，建议各层土的允许水力比降如表 8.5-1。

表 8.5-1 各层土允许水力比降建议值表

层号	土类	类型	允许比降
2	中粉质壤土夹砂壤土	流土型	0.45
5-1	轻粉质壤土夹粉土	过渡型	0.25
5-2	粉土、粉砂夹轻壤土	管涌型	0.15
6-1	中、重粉质壤土夹粉土	流土型	0.45

8.5.4 基坑排水

预计本站址基坑开挖东西长约 200 m,南北宽约 50 m,深一般为 6~10 m(在防洪闸处达 14 m),勘探期间站址区地下水位在 31.5 m 左右(随顺堤河水水位升降而升降),在基坑边坡中、下部分布有第(5)层承压~潜水含水层,该层在顺堤河和京杭运河中出露,且基坑距顺堤河和京杭运河较近,在渗透水流作用下,有可能发生渗透变形,影响边坡稳定和基坑开挖及施工;故建议在基坑施工前,应在基坑外围布置井点降水,以阻断地下水补给来源、降低地下水位,提高上部土层固结程度,增加边坡稳定性。

8.5.5 地震液化

根据《中国地震动参数区划图》(GB 18306—2015)可以查出,本区的地震动反应谱特征周期为 0.40 s,地震动峰值加速度为 0.10 g,相应地震基本烈度为 7 度。拟建工程的等级为Ⅰ等,建筑物为 1 级建筑物。根据勘探资料和《水工建筑物抗震设计规范》(DL 5073—2000),本站址区场地土为中硬场地土类型,场地类别为Ⅱ类。

本站址在勘探范围内分布有(5)层全新统沉积的饱和少黏性土,据《水利水电工程地质勘察规范》(GB 50487—2008)判断,在 7 度地震条件下其具有轻微至中等液化可能性。但该可液化土层在基坑开挖时已被挖除,仅在翼墙后仍有分布。

8.6 结论与建议

1. 据《中国地震动参数区划图》(GB 18306—2015),场区地震动峰值加速度为 0.10 g,地震动反应谱特征周期为 0.40 s,相应地震基本烈度为 7 度。站址分布(5)层的饱和少黏性土在 7 度地震条件下具有液化可能性,但对建筑物地基稳定无明显影响。

2. 站址处全新统沉积环境复杂,土质均匀性较差,强度较低;上更新统沉积地层强度高,分布较稳定。泵房地基位于上更新统沉积地层中,其地基承载力及与混凝土的摩擦系数均较高,能满足设计要求;但防洪闸及其他建筑物地基基本位于全新统下部,其地基强度和抗滑稳定条件稍差,应考虑采取适当处理措施。

3. 站址基坑开挖时,边坡高度一般为 6~10 m(在防洪闸处达 14 m),(5-1)、(5-2)、(6-1)、(6-2)层分布于基坑中下部,其中(5-1)、(5-2)层具中等透水性,(6-1)、(6-2)层强度较低,对边坡稳定不利。建议基坑开挖边坡比(6-2)层及其以下取 1∶2,以上取 1∶2.5。建议建基面混凝土与土的摩擦系数(7)层取 0.35,(6-2)层取 0.30,(6-1)层取 0.25。

4. 场区地下水及河水对混凝土不具有腐蚀性。现状顺堤河水中含浮游生物及水生生物丰富,难以满足施工饮用水要求。

第九章
八里湾泵站

9.1 工程概况

南水北调东线一期工程八里湾泵站位于山东省泰安市东平县境内八里湾排涝站东侧,紧邻东平湖隔堤的新湖区内,是南水北调东线工程第十三级泵站,该工程等别为I等,主要建筑物为1级,次要建筑物为3级。泵站规模第一期工程设计调水流量为100 m³/s,共安装单机流量33.4 m³/s的立式轴流泵4台。该工程主要由主泵房、副厂房、安装间、进水池、出水池、公路桥、清污机桥、进、出水渠等建筑物组成,工程位置如图9.1-1。

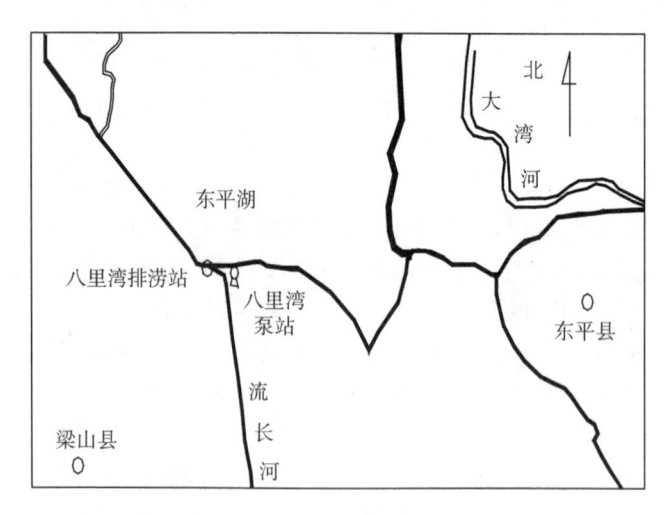

图 9.1-1 八里湾泵站枢纽工程位置图

主要建筑物设计参数为:

(1)主泵房:底板顺水流向长35.5 m,宽34.3 m,底板底高程25.6~24.5 m(85国家高程基准,下同),主泵房地基拟采用钢筋混凝土地下连续墙围封截渗,墙底高程约

9.6 m，并采用 D=500 mm 的水泥土深层搅拌桩对主泵房地基进行加固处理，桩底端高程为 18.6 m，最大地基应力 260 kPa；

（2）副厂房及安装间：副厂房基础底板长 32.2 m，宽 21.5 m，设计底板底高程为 37.3 m，基础位于回填土上；安装间基础底板长 12.7 m，宽 29.3 m，设计底高程为 37.3 m，基础位于回填土上。两建筑物均拟采用桩径为 800 mm 的钻孔灌注桩基础，桩底端高程分别均为 7.3 m。

（3）上、下游翼墙：上、下游主要翼墙底高程分别为 26.8 m、33.26 m，墙下地基均采用水泥土搅拌桩进行加固处理，桩底端高程分别为 20.8 m、24.26 m。

（4）清污机桥：底板顺水流向长 10 m，桥面总长 101 m，共 16 孔，单孔净宽 4.55 m，中间 8 孔底板顶高程为 31.3 m，地基拟采用水泥土搅拌桩处理，桩底端高程为 23.9 m。

（5）公路桥：桥长 100 m，共分 5 跨，单跨 20 m，宽 8.0 m，其中行车道宽 6.0 m，桥面高程 47.3 m，拟采用钻孔灌注桩基础，中间跨桩端底高程约为 1.26 m，桥两端与堤防连接。

图 9.1-2　主要建筑物平面位置图

（6）堤防和站区平台：新建堤防位于公路桥两侧并于公路桥相连，堤顶高程 47.30 m，顶宽 8 m，两侧边坡除南侧站区平台段为 1∶2 外，均为 1∶3，堤内为站区平台，站区平台设计高程为 45.10～46.10 m，堤外侧设计地面高程为 42.3 m；

（7）进水渠：长约 255 m，底宽 30～43 m，渠底高程为 32.8～31.3 m，边坡 1∶3～1∶3.5。

(8) 出水渠:长约 105 m,底宽 37.2～30 m,渠底高程为 34.26 m,边坡 1∶3.5。

各建筑物相对位置关系见图 9.1-2。

9.2 区域地质概况

9.2.1 地理位置

八里湾泵站位于东经 116°10′56″、北纬 35°55′13″、山东省泰安市东平县境内与梁山县交界处,距东平县城约 45 km,距梁山县城约 30 km,北为东平湖的老湖,面积约 40 km²,南为东平湖的新湖,现为低洼苇荡。本泵站位于新湖内,距梁山至东平的公路 2 km 左右,有简易公路连接并可至附近乡镇,交通条件一般。

9.2.2 地形地貌

本区地处山东丘陵与华北平原的接触地带,由于地壳差异升降运动及黄河泛滥的影响,在山前积水成湖(东平湖)。

拟建站址位于八里湾排涝站的东侧,东平湖老湖南堤南侧、紧邻南堤的新湖区内,湖区内多年积水淤积形成沼泽。该区除东平湖大堤、沟、渠堤防稍有起伏外,地形较为平坦。东平湖老湖南堤堤顶高程为 47.19 m 左右,宽 6～10 m,堤南侧地面高程一般为 37.8～40.8 m,站址区湖地地面高程为 36.35～37.40 m 左右,常年积水,一般在 0.5～1.5 m,且芦苇和水草密布。勘探期间东平湖上级湖湖水位为 41～43.52 m。

9.2.3 区域地层岩性

根据区域地质资料,本区地层从新到老为:第四系沉积的淤泥、冲洪积形成的黏土、轻粉质壤土和砂层,厚约 65 m,第三系河流相的泥岩、砂岩,层厚约 305 m,下为石炭系中统的本溪组灰岩。

9.2.4 地震烈度

根据《中国地震动参数区划图》(GB 18306—2015)可以查出,本区地震动峰值加速度为 0.10 g,地震特征周期为 0.55 s,相应地震基本烈度为 7 度。

9.3 工程地质条件

9.3.1 地层岩性

站址位于东平湖老湖区内,地层主要由冲、洪积和湖积形成,层中夹层、互层、透镜体较多,同层中由于位置不同,黏粒含量和软、硬强度也有差异。根据可研阶段和本次勘探成果,经综合分析后,将岩性相近的土层(或含的透镜体、薄层),进行归类、合并后,场区地层自上而下共可分11层,地层结构如图9.3-1所示。现分层叙述如下:

年代及成因	层号	层底高程(m)	地层岩性	地层描述	标贯击数(击)
Q_4^{al}	①	35.95~40.18		中粉质壤土夹粉土	2.1
Q_4^{al}	②	31.53~37.48		淤泥质壤土和淤泥	1
Q_4^{al}	③	25.95~35.28		黏土	2
Q_4^{al}	④	26.70~32.88		轻粉质壤土和中粉质壤土	3.2
Q_3^{al+pl}	⑤	22.60~29.10		重粉质壤土夹黏土,含砂礓和铁锰结核	4
Q_3^{al+pl}	⑥	23.18~27.0		轻粉质壤土和粉土夹砂壤土	4.3
Q_3^{al}	⑦	18.80~26.10		淤泥质壤土和黏土	2.5
Q_3^{al+pl}	⑧-1	9.50~17.0		细砂,含有砂礓和结核层	17.6
Q_3^{al+pl}	⑧-2	9.40~12.46		中砂或粗砂,含砂礓	19.3
Q_3^{al+pl}	⑨	-5.80~3.25		重粉质壤土,含砂礓和结核	11
Q_3^{al+pl}	⑩	-3.66~-3.35		粗砂夹砾石	24
Q_3^{al+pl}	⑪	-22.36		中粉质壤土	23

图9.3-1 八里湾泵站工程综合地层结构图

第(1)层:中粉质壤土夹粉土(Q_4^{al}),夹轻粉质壤土和砂,黄色,湿,松散或软塑至可塑状态。主要分布在经人工改造过的地表和堤防附近。其分布高程为层顶 37.63~42.98 m,层底 35.95~40.18 m。

第(2)层:淤泥质壤土和淤泥(Q_4),灰、灰黑色,夹细砂和粉土层,呈流塑到软塑状,饱和,含有植物根、腐殖质和贝壳,局部含有碎砖块。该层土具有含水量高,压缩性高,强度低,不易排水等特点,在站址区普遍分布。该层层底高程为 31.53~37.48 m,厚 2~5 m。

第(3)层:黏土(Q_4),黄色、灰色或黄灰色,呈软可塑状态,局部为流塑,饱和,夹淤泥质黏土和中粉质壤土、砂和粉土层,局部含有碎石块。属高压缩性,低强度土。该层土局部缺失,层底高程为 25.95~35.28 m,厚度约为 2.3~5.0 m。

第(4)层:轻粉质壤土和中粉质壤土(Q_4),黄、灰黄、灰或灰黑色,局部夹砂和粉土薄层,呈软至可塑状态,土质不均匀,含贝壳、小石块和少量铁锰结核、砂礓。其分布高程层顶 28.25~35.28 m,层底 26.70~32.88 m,厚 0.4~2.9 m。

第(5)层:重粉质壤土(Q_3),黄、灰黄、灰白色,呈软可塑状态,局部呈软塑状态,含铁锰结核和砂礓,局部夹有中粗砂和粉土透镜体。该层分布高程层顶 25.95~32.88 m,层底 22.60~29.10 m,层厚约为 3.0 m。

第(6)层:轻粉质壤土和粉土(Q_3),夹细砂层和砂壤土薄层,局部为互层,灰、灰黄色,呈软松散状态,在场区内分布不连续,常为透镜体状。层底约有 1.0 m 左右为砂和轻粉质壤土互层,呈松散至软塑状态。该层分布高程层顶 25.88~29.10 m,层底 23.18~27.0 m,厚约为 2 m。

第(7)层:淤泥质壤土和黏土(Q_3),灰、灰黑色,呈软塑状态,夹少量细砂层,含壁较厚贝的壳片。该层土具有含水量高,压缩性高,强度低,承载能力低等特点。主要分布在泵站轴线以西,分布范围较广,泵站轴线以东很少见,分布高程层顶 24.58~28.50 m,层底 18.80~26.10 m,厚约为 2~5 m。

第(8)层分为 2 个亚层:

第(8-1)层:细砂(Q_3),灰、黄、灰黄色,本层上部约 1.5 m 左右为松散至稍密状态,且夹有 10~15 cm 左右的黏土或中粉质壤土或灰黑色软泥,其中,在 ZK6 孔高程约 24.0 m 左右夹中粉质壤土透镜体,厚约 0.75 m,标贯击数为 3.2 击;以下呈中密状态,局部具有弱胶结(在钻进过程中,速度明显变慢),且含有砂礓和砂礓结核层。该砂层均夹有少量中粉质壤土、黏土薄层,自上而下砂粒变粗,渐变密实。其分布高程层顶 18.80~26.95 m,层底 9.50~17.0 m,厚约 10~14 m,其颗粒组成为:砂粒 94.2%,粉粒 4.8%,黏粒 1.0%,不均匀系数 2.5,曲率系数为 1.0。

第(8-2)层:中砂或粗砂含砾石(Q_3),黄色,局部含大块砂礓和砾石,呈稍密至中密状态分布不连续,在该层顶部均夹有厚度不均的黏土或中粉质壤土层,厚 10~80 cm。局部分布,分布高程层顶 10.80~17.0 m,层底 9.40~12.46 m,其颗粒组成为:砂粒 96.5%,粉粒 2.0%,黏粒 1.5%,不均匀系数为 4.9,曲率系数为 1.1。

第(9)层:重粉质壤土(Q_3),黄、灰黄、灰色,呈硬塑状态,含铁锰结核,局部夹具有弱胶结含砾石砂礓层。该层分布广泛、稳定,厚度大,为巨厚层,是该区良好的持力层,分布高程层顶 9.40～14.46 m,层底-5.80～3.25 m,厚 9～15 m。

第(10)层:中粗砂夹砾石(Q_3),灰、灰白、灰绿色,紧密状态,含砂礓、砾石和少量块石。分布高程层顶-5.60～3.25 m,层底-3.66～3.35 m,厚约 2 m。

第(11)层:灰黄色中粉质壤土(Q_3),呈硬至坚硬状态,分布高程层顶-3.66 m,层底至-22.36 m 未揭穿。

9.3.2 物理力学指标统计

在资料统计过程中,将可研阶段试验资料和本次勘探试验资料合并统计,由于主要持力层试验组数较多,在删除离差大于 3 倍标准的差异常值后,土的物理力学指标除含水率取大值均值(先算出其算术平均值,然后取其大于算术平均值部分的试验指标再进行算术平均,并以此值作为标准值)作为标准值外,其余均取平均值作为标准值;土的力学指标在删除离差大于 3 倍标准差异常值后,压缩指标以平均值作为标准值,抗剪强度以小值均值作为标准值,三轴剪切和无侧限抗压强度以平均值作为标准值,标准贯入试验指标取小值均值作为标准值。由于该处土层夹层、互层较多,土质均匀性较差,特别是(5)层以下各层,含有较多有砂礓和铁锰结核,对抗剪和压缩试验影响较大,统计结果表明,物理指标除液性指数的变异系数值较大外,其他均小于 0.22,力学指标变异系数较大。由统计结果可以看出,第(2)、(3)、(7)层土的含水率高,压缩系数大,均属高压缩性土,为便于沉降计算。

9.3.3 各建筑物工程地质条件

9.3.3.1 泵房

(1) 主泵房的设计建基面高程 25.6～24.5 m,基础底面位于(6)层轻质壤土和粉土底部和(8-1)层细砂顶部,基础下存有少量(6)层土,厚约 0.5 m,位于安装间一侧,层底分布高程为 24.45～25.51 m,标贯击数为 3.4 击(小值均值,下同),承载力标准值为 135 kPa,(8-1)层细砂层底高程为 12.65～17.0 m,厚 7～11 m,该层上部 1～2 m 左右的细砂,为灰色或黄色,结构松散至稍密,且含有黏性土层,其承载力标准值约为 140 kPa,局部地方夹中粉质壤土透镜体,如 zk6 处,标贯击数为 3.2 击。2 m 以下,呈稍密至中密状态,标准贯入击数为 12 击,其承载力标准值为 160 kPa,该砂层局部具有弱胶结并含铁锰结核和砂礓,下伏(8-2)层中粗砂,层底高程为 11.06～12.64 m,厚 0～5 m,呈中密状态,承载力为 180 kPa,该层顶部常夹有黄色硬塑状的中粉质壤土层或透镜体;(9)层重粉质壤土,层底分布高程为-5.80～-0.70 m,厚 9～15 m,夹砂礓层,承载力为 220 kPa,是该区较好的持力层。以下各土层承载力均较高,至-22.0 m 高程无软弱下卧层。

(2) 安装间位于主泵房西侧,副厂房位于泵房东侧,设计建基面高程均为 37.3 m,基础位于回填上,建基面下拟采用钻孔灌注桩基础,桩底高程 7.3 m,桩底位于(9)层重粉质壤土中,基桩需穿过(2)~(9)层土,其中(2)层淤泥质壤土和淤泥,层底为 32.14~35.35 m,(7)层淤泥质壤土和黏土该处缺失。

(3) 基坑:基坑的开挖,揭露的土层有(2)~(8-1)层土,边坡高度为 13.2 m 左右。

9.3.3.2　公路桥

交通桥设计建基面为 34.26 m,拟采用钻孔灌注桩基础,桩长不等,中间跨桩底高程为 1.26 m,桩端位于(8-1)~(9)层土中,桩需穿过的地层有(2)~(8-2)层土,其中(2)、(3)、(4)层土均较软,在成孔过程中应注意塌孔,(7)层土在该处缺失,(8-1)层土层底高程 10.8~13.6 m,厚 11~14 m,承载力 140~160 kPa,(8-2)层土层底高程为 9.7~12.4 m,厚 1~3.6 m,承载力 180 kPa,(9)层土层底高程-2.5~-0.68 m,厚 11 m,承载力 220 kPa,其下至-5 m 深度内承载力均在 180 kPa 以上。

9.3.3.3　清污机桥

设计建基面高程 30.4 m,地基拟采用水泥土搅拌桩处理,桩底高程 23.9 m,位于(7)层土中和(8-1)层顶部。基础位于(3)层和(4)层土上,基础下(3)层土厚 0.12~1.20 m,(4)层土层底高程 28.29~30.73 m,厚 1.2~1.6 m,标贯击数 3.4 击,(5)层土层底高程 25.09~27.30 m,厚 2~3.5 m,标贯击数为 5.5 击,(6)层土层底高程 25.40~25.82 m,厚 1~2 m,标贯击数为 5.7 击,(7)层土层底高程 18.97~20.60 m,厚 5.2 m,标贯击数为 3.4 击,承载力较低,(8-1)层较厚,承载力相对较高,为较好的持力层。另外,(7)层为软弱土层,不宜作桩端持力层。

9.3.3.4　上、下游翼墙

主要挡土墙底高程分别为 26.8 m、33.26 m,基础分别位于呈软可塑~软塑状态的(5)、(3)、(2)层土中。

9.3.3.5　进、出水池

进水池池底高程为 27.2 m,池底位于(5)层土中,边坡涉及的土层有(2)~(5)层,其中(3)、(4)层土为软弱土层,且抗冲性能差。出水池地面高程为 34.26 m,池底揭露的地层为(2)、(3)层,边坡涉及的土层有(1)、(5)层。

(6)进、出水渠:进水渠底高程 32.8 m 渐变为 31.3 m,渠底地层为(2)、(3)层,边坡土层主要为(2)层土;出水渠底高程 34.26 m,渠底位于(2)层中,边坡土层为(1)、(2)层土,(2)、(3)层土均为软弱土层,抗冲性能差。

(7)站区平台:站区地面高程为 36.5~37.6 m,(1)层土局部分布,厚 1.2 m 左右,(2)、(3)层土为软弱土层,全场均有分布,厚度较大,属于高压缩、低强度、高灵敏度土。平台区内(除鱼塘外)芦苇和树林稠密,根深约 1.5 m,在芦苇地处有浮淤泥厚约 0.3~0.8 m。现计划在上述土层上堆填土,填土高程为 45.1~46.1 m,填筑高度 7~9 m。

9.4 水文地质条件

9.4.1 含、隔水层结构

根据可研阶段和本次的勘探试验资料，在地面以下60 m勘探深度范围内，地下水类型为松散岩类孔隙水，据地层岩性和含水层水力特征可划分出4层含水层和4层隔水层，其中，第1、2含水层为潜水，第3、4含水层为承压水。分层叙述如下：第1含水层由(1)层中粉质壤土和(2)层淤泥和淤泥质壤土夹砂(在壤土夹砂处均含有水)组成，含水类型为潜水，主要由沟、渠和大气降水补给；

年代及成因	层号	层底高程(m)	柱状图	含隔水层	标贯击数(击)
Q_4^{al}	①	35.95~40.18		第一含水层	↓2.1
Q_4^{al}	②	31.53~37.48			↓1
Q_4^{al}	③	25.95~35.28		第一隔水层	↓2
Q_4^{al}	④	26.70~32.88		第二含水层	↓3.2
Q_3^{al+pl}	⑤	22.60~29.10			↓4
Q_3^{al+pl}	⑥	23.18~27.0		第二隔水层	↓4.3
Q_3^{al}	⑦	18.80~26.10			↓2.5
Q_3^{al+pl}	⑧-1	9.50~17.0		第三含水层	↓17.6
Q_3^{al+pl}	⑧-2	9.40~12.46			↓19.3
Q_3^{al+pl}	⑨	-5.80~3.25		第三隔水层	↓11
Q_3^{al+pl}	⑩	-3.66~-3.35		第四含水层	↓24.1
Q_3^{al+pl}	⑪	-22.36		第四隔水层	↓25

图9.4-1　八里湾泵站枢纽工程含、隔水结构图

第 1 隔水层为第(3)层黏土,微透水。

第 2 含水层为(4)层轻粉质壤土和中粉质壤土层,夹粉土和细砂层,夹层的透水性为中等,在粉土和细砂层较少处,孔隙和裂隙发育,呈弱透水性,主要由沟渠补给,由于本区沟、渠、塘较多,其深度局部可达该层,故该层的含水类型也为潜水。

第 2 隔水层由(5)、(7)层重粉质壤土和淤泥及淤泥质壤土共同组成,透水性由弱到极微,该隔水层分布广,是一相对良好的隔水层;其中(6)层土为含水层,由于(7)层土在泵站轴线以东缺失,使得(6)层轻粉质壤土与(8-1)层细砂直接接壤,故(6)层含水层与(8-1)层连通,归于第 3 含水层。

第 3 含水层由第(6)、(8-1)、(8-2)层粉土、细砂、中砂含砾石组成,中等透水性,含水类型为弱承压水。

第 3 隔水层为第(9)层重粉质壤土,微透水,为良好的隔水层。

第 4 含水层为第(10)层中粗砂,强透水层,由于该含水层埋藏较深,且上部隔水层较厚,对本工程已不会产生危害,故本书不进行讨论。

第 4 隔水层为第(11)层中粉质壤土。

其中在上述各隔水层中,局部夹有砂和砂壤土透镜体或薄层的含水层,但层较薄,其含水量不大,设计时需考虑其含水层对边坡稳定的影响,另外,(4)层轻粉质壤土、中粉质壤土和(6)层轻粉质壤土局部(很少)邻接,使得(4)层潜水和(6)层承压水局部有水力联系。

站址区地势较周围地势低洼,四周地表水均向站址区排泄,形成积水沼泽。场区内潜水主要接受沟、渠和大气降水补给,通过地面蒸发排泄。在勘探期间内(7、8月份,正值主汛期),东平湖水位为 40~43.52 m。潜水水位至地表(37.60 m)。承压水[(8-1)、(8-2)层水位,下同]水位为 38.4~39.1 m,承压水水头高度为 13.3~15.2 m,超出地表约(试验观 2 孔处地面高程 37.9 m)1.2 m 左右。另外,勘探期间,在东平湖老湖水位升至 43.52 m(调查水位)时,测承压水水位为 39.1 m(观 2 孔),在东平湖老湖水位降至 41.5 m(调查水位)时,测承压水水位为 38.7 m(观 2 孔)。据调查东平湖中有捞砂船数十条,由此分析第 3 层承压含水层与东平湖湖水有一定的水力联系,且随东平湖老湖水位升降而有微弱升降。

根据抽水试验过程中的水位观测资料分析,承压水与潜水在试验处相互影响不明显;在试验处第 2 隔水层厚度大,垂向渗透系数为 $A \times 10^{-6}$ cm/s,渗透性微弱到极微,故两含水层间地下水无密切水力联系。

9.4.2 渗透试验及参数选择

9.4.2.1 抽水试验

本次抽水试验主要目的为进一步求得第 3 含水层的渗透系数和影响半径。

(1) 试验孔的布置

抽水试验共布 7 个孔,其中,6 个为观测孔,1 个抽水主孔,观测孔距主孔孔距分别为 2 m、5 m、7 m,布置成"L"状,一边平行于东平湖南堤(即东西向),观测孔编号为观 4、观 5、观 6,另一边垂直东平湖南堤(即南北向),观测孔编号为观 1、观 2、观 3。试验点距东平湖老湖 140 m 左右,且距地表水源均在 20 m 以上,周围无隔水边界。

(2) 成孔工艺

在成孔过程中,严格按照抽水试验规程进行,先成观测孔,后成主孔,观测孔成孔直径为 89 mm,观测管直径为 42 mm,主孔成孔直径为 152 mm,抽水管直径为 127 mm,孔深均揭穿砂层,约 30 m。成孔后先洗孔,下观测管和抽水管,填滤料(中砂),再止水,隔水材料为海带和黏土球,隔水位置主要为第(5)层重粉质壤土。主孔花管长 3.6 m(下端口封堵),置第(3)含水层的顶板以下,观测孔的花管长 3.6 m。

(3) 设备

本次采用 160 型往复式水泵,柴油机作动力进行抽水,出水量采用三角堰测量,水位观测采用电测水位计,且在试验前进行了设备检查和仪器校正。

(4) 试验结果

根据抽水试验观测结果表明,潜水含水层与承压含水层无明显的水力联系,本次抽水试验位置揭露砂层厚约 15.0 m,且进水花管顶端接近于含水层顶板,现按下列公式进行计算($k<0.3M$):

$$K = \frac{0.16 \times Q}{l \times (S_1 - S_2)} \times (arsh \frac{l}{r_1} - arsh \frac{l}{r_2})$$

$$R = 10S\sqrt{K}$$

式中:K——渗透系数(m/d);

Q——抽水孔涌水量(m^3/d);

S_1、S_2——观测孔降深(m);

r_1、r_2——观测孔至主孔距离(m);

l——过滤器长度(本次为 3.6 m)(m);

S——水位降深(m);

M——含水层厚度(m);

R——影响半径(m)。

9.4.2.2 室内渗透试验

结合可研阶段的试验资料,各土层室内试验结果如表 9.4-2。由表可知,(2)层土的渗透系数垂直和水平相差较大,这是由于该层土在勘探区内大部分出露地表,经常干湿交替,形成竖向裂隙所造成,而(6)层轻粉质壤土渗透系数较小,属微透水,这是试样中夹有中粉质壤土和黏土造成。

表 9.4-1 第 3 含水层 K、R 计算成果表

试验孔	降深	观测孔	K(m/d)	Kcp(m/d)	R(m)
抽 1	1	1、3	3.19	3.07 (3.55×10^{-3} cm/s)	影响半径(s=6 m)：105
		2、3	2.70		
		4、6	3.61		
		4、5	2.71		
	2	1、3	2.89		
		2、3	3.24		
		4、6	2.76		
		4、5	3.48		
	3	1、3	3.22		
		2、3	3.04		
		4、6	2.93		
		4、5	3.10		

表 9.4-2 各土层渗透试验成果表（室内）

地层编号	(1)	(2)	(3)	(4)	(5)	(6)	(7)	(9)
垂直渗透系数(cm/s)	1.35×10^{-5}	4.58×10^{-4}	8.32×10^{-7}	4.40×10^{-5}	1.11×10^{-7}	6.80×10^{-5}	3.62×10^{-7}	2.63×10^{-8}
水平渗透系数(cm/s)	5.68×10^{-5}	4.88×10^{-6}	1.58×10^{-6}	7.70×10^{-5}	1.38×10^{-7}	3.53×10^{-4}	1.26×10^{-5}	7.62×10^{-8}

9.4.2.3 参数的选择

结合可研阶段和本次勘探的室内外试验资料，经综合分析提出站址区水文地质参数建议值如表 9.4-3 中，其中(2)层土的垂直渗透系数大于水平渗透系数，由垂直裂隙较发育所至，影响半径在计算的基础上，结合经验值（细砂），建议采用 80～120 m。

表 9.4-3 站址区水文地质参数建议值表

地层编号	岩性	透水性	渗透系数(cm/s) 垂直	渗透系数(cm/s) 水平	含水层性质	水位(m)	承压水头高度(m)	含水和隔水层编号
(1)	中粉质壤土	弱透水	1.35×10^{-5}	5.68×10^{-5}	潜水	37.6		第 1 含水层
(2)	淤泥及淤泥质壤土	弱透水	4.58×10^{-4}	4.88×10^{-6}				第 1 含水层
(3)	黏土	微透水	8.32×10^{-7}	1.58×10^{-6}				第 1 隔水层
(4)	轻粉质壤土	弱透水	4.04×10^{-5}	1.22×10^{-5}	潜水			第 2 含水层
(5)	重粉质壤土	极微透水	1.11×10^{-7}	1.38×10^{-7}				
(6)	轻粉质壤土	弱至中透水	2.82×10^{-6}	2.43×10^{-5}				第 2 隔水层
(7)	淤泥及淤泥质壤土	弱透水	3.62×10^{-7}	1.26×10^{-5}				

续表

地层编号	岩性	透水性	渗透系数(cm/s) 垂直	渗透系数(cm/s) 水平	含水层性质	水位(m)	承压水头高度(m)	含水和隔水层编号
(8)	细、中砂含砾石	中等透水	3.55×10^{-3}		承压水	38.4～39.1	13.3～14.5	第3含水层
(9)	重粉质壤土	微透水	2.63×10^{-8}	7.62×10^{-8}				第3隔水层

9.4.3 承压水流向和梯度观测

9.4.3.1 承压水流向

本次在工程场区内布设了3个观测孔,孔深为30 m,均钻穿砂层,在洗孔后,下观测管20 m,其中花管3.0 m,在黏性土层内用海带和黏土球隔开上层潜水,使观测管内外水位在观测期间稳定。孔间距:观1至观2为100 m,观2至观3为134 m,观1至观3为126 m,静止时间大于24小时,观测结果,观1比观2水位高0.13 m,观1比观3高0.51 m,地下水等位线如图9.4-2所示,可见砂层承压含水层流向为由北向南流。

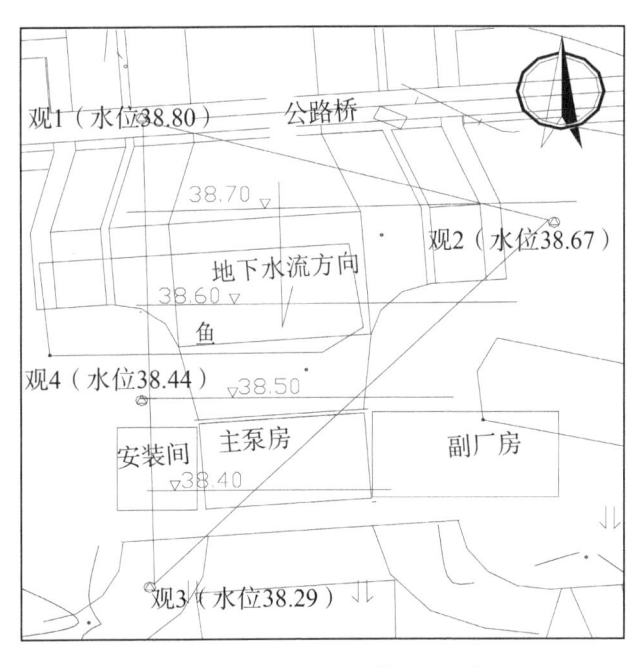

图 9.4-2 地下水流向及梯度观测布置图

9.4.3.2 梯度观测

在确定承压水流向后,在观3孔北方向,距观3孔约50 m处布设了观4孔,如图9.4-2,静止4小时后,观4孔水位比观3孔高0.15 cm,可见南北向水力梯度约为0.003。

9.4.4　水化学分析及腐蚀性评价

根据对工程区及周围环境调查表明,工程区及周围环境无明显有害环境对地表水或地下水产生污染。在勘探期间取抽水试验孔及附近的水样(地表水、潜水、承压水各2组)进行水化学分析,由试验结果可得:地表水为$HCO_3^- - Ca^{2+} \cdot Mg^{2+}$型;潜水为$HCO_3^- - Ca^{2+}$型;承压水为$HCO_3^- \cdot SO_4^{2-} - Ca^{2+} \cdot Mg^{2+}$型。

为了便于分析,现把环境水对混凝土的无腐蚀性界限指标和试验指标一起汇于表9.4-4。

表9.4-4　环境水对混凝土腐蚀性评价成果表

腐蚀类型	判定依据	无腐蚀界限指标	水样试验结果		
			地表水	潜水	承压水
分解类	HCO_3^- (mmol/L)	>1.07	4.39	9.45	4.26
	pH值	>6.5	7.32	6.85	7.30
	侵蚀性CO_2含量(mg/L)	<15	2.86	2.42	0.00
分解结晶复合类	Mg^{2+}含量(mg/L)	<1 000	21.75	33.30	2.21
结晶类	SO_4^{2-}含量(mg/L)	<250	32.04	7.16	101.83
评价结论			无腐蚀	无腐蚀	无腐蚀

按《水利水电工程地质勘察规范》(GB 50487—2008)中,"环境水对混凝土腐蚀性评价"标准分析判断,认为场地环境水(地表水、潜水、承压水)对混凝土无腐蚀性。根据现场勘探资料,淤泥质土稍有臭气,土中有机质含量小于10%。

9.5　主要工程地质问题分析

9.5.1　地基承载力问题

9.5.1.1　地基承载力分析

根据勘察资料,主要建筑物建基面下涉及的土层有(1)~(9)层,其中(2)~(7)层主要呈流至软可塑状态,承载能力较低(90~135 kPa),(8-1)~(9)层的承载力在140~220 kPa,承载能力相对较高,特别是(9)层为良好的持力层。现根据各建筑物处的工程地质条件,提出各建筑物处存在的问题和处理措施如下表9.5-1。

表 9.5-1　各建筑物地基承载力分析表

位置	基底高程(m)	持力层状况 层号	厚度(m)	R(kPa)	E_s(MPa)	存在问题和处理建议
泵房	26.00~24.57	6	1.0	135	7.5	地基承载力偏低,不能采用天然地基,建议对地基进行加固处理,(9)层土可作为桩端持力层
		8-1	9.7	140~160	15.0	
		8-2	1.0	180		
		9	15~17	220	9.0	
安装间	37.3	3~5	6~7	100~120		基础位于回填土上,且其下存在较厚的软弱土层,有承载力偏低和不均匀沉降等问题,建议处理,(8-1)层中下部及其以下土层可作为持力层;如采用桩基础,(9)层可作为桩端持力层,并需进行稳定验算
		6	1~1.5	135	7.5	
		7	1	90	2.7	
		8-1	11.5	140~160	15.0	
副厂房	37.36	2~6	12	100~135		
		8-1	10~11	140~160	15.0	
		8-2	5~6	180		
		9	7~10	220	9.0	
上下游主要翼墙	26.8~33.26	2	3.4	60	2.3	基础下存在较厚的软弱土层,有承载力偏低和不均匀沉降问题,建议采用桩基处理,(8-1)层中下部及其以下土层可作为持力层,并需进行稳定验算。(7)层土不宜作桩端持力层
		3	2.3	100	3.4	
		5	3.2	120	5.3	
		7	1.3	90	2.7	
		8-1	10	140~160	15	
公路桥	34.26	8-1	10~14	140~160	15	桥墩下存较厚的软弱土层,天然地基不能满足要求。(8-1)层中下部和(9)层土可作为持力层
		8-2	1~3.6	180		
		9	11~13	220	9.0	
清污机桥	31.40	3	1.6~2.4	100	3.4	地基承载力能满足要求,但该处有较厚的软弱土层存在,且有震陷的可能,同时有不均匀沉降问题,应采取处理措施。(7)层在此分布不均,为下伏软弱土层
		4	1.2~4	110	5.5	
		5	2~3	120	5.3	
		6	1~1.6	135	7.5	
进水池	26.4	2	2~3.5	60	2.3	水池的边墙和池底对地基应力的要求是不同的。存在承载力偏低和不均匀沉降等问题,建议边墙处采用搅拌桩处理
		3	2.3~4.0	100	3.4	
		4	2~3	110	5.5	
		5	1.5~3.2	120	5.3	
出水池	33.52	2	1.5	60	2.3	
		3	0.4~3	100	3.4	
进水渠	31.90	涉及(2)、(3)、(4)层,局部为(5)层				其中(2)、(4)层土抗冲刷能力差,应采取保护措施
出水渠	33.76	涉及的土层有(2)、(3)层				
站区平台	45.1	2	2~5	60	2.80	存在承载力偏低和不均匀沉降等问题,建议置换该层或采用设置砂井并予固结或堆载预压固结

9.5.1.2 桩端极限承载力和桩侧壁极限摩阻力

公路桥、安装间、副厂房均拟采用钻孔灌注桩基础,根据勘探资料分析,(3)~(7)层土的承载力均较低,不宜作桩端持力层,建议采用(8-1)、(8-2)或(9)层为桩端持力层,现根据土的塑性指数、孔隙比和密实度等指标进行综合分析,建议各层土的钻孔灌注桩桩端极限承载力和桩侧壁极限摩阻力如表9.5-2。另外,钻孔灌注桩桩端极限承载力与桩进入持力层的深度有关,使用时需对应桩的入土深进行计算,表9.5-2提供的桩端极限承载力是以建基面(高程24.5 m)以下对应层位桩长埋深所确定的。(8-1)层括号内的数值为该层2.0 m以下的桩侧壁极限摩阻力。

表9.5-2 钻孔灌注桩的桩端极限承载力和桩侧极限摩阻力标准值

地层编号	地层岩性	密实度	I_l	孔隙比	q_{pk} (kPa)	q_{sk} (kPa)
(2)	淤泥质壤土和淤泥		1.00	1.26		11
(3)	黏土		0.63	1.02		48
(4)	轻粉质壤土和中粉质壤土		0.88	0.82		40
(5)	黏土		0.55	0.97		66
(6)	轻粉质壤土和中粉质壤土		0.75	0.73		50
(7)	淤泥及淤泥质壤土		1.07	1.21		20
(8-1)	细砂	稍~中密			600	28(40)
(8-2)	中砂	中密			1 300	50
(9)	重粉质壤土		0.10	0.72	1 400	70

部分建筑物,如清污机桥、泵房、翼墙以及站区平台等地基均拟采用水泥土搅拌桩处理,根据地层岩性和状态分析,建议桩周各土层摩阻力参数见表9.5-3。

表9.5-3 搅拌桩桩端土承载力、桩周土平均摩阻力标准值表

地层编号	地层岩性	q_p (kPa)	q_s (kPa)
(2)	淤泥质壤土和淤泥	60	6
(3)	黏土	100	13
(4)	轻粉质壤土和中粉质壤土	110	12
(5)	黏土	120	13.5
(6)	轻粉质壤土和粉土	135	12
(7)	淤泥及淤泥质壤土	90	7
(8-1)	细砂	140~160	15

9.5.2 渗透稳定

9.5.2.1 渗透变形类型及允许比降分析

根据颗粒分析资料判断，第(1)层中粉质壤土夹粉土，其渗透变形主要类型为流土，第(2)层为淤泥质壤土和淤泥夹砂，其渗透变形类型为流土、局部为管涌；第(3)、(5)层为黏土和重粉质壤土，其渗透变形类型为流土；第(4)层为轻粉质壤土和中粉质壤土，其渗透变形类型为流土，第(6)层轻粉质壤土和粉土，其渗透变形类型为流土，局部为管涌(粉土和细砂层处)；第(7)层为淤泥质壤土和淤泥，其渗透变形类型为流土；第(8-1)层细砂层其渗透变形类型为管涌；第(8-2)、(9)、(10)、(11)层位于建筑物基础以下较深部位，可不考虑渗透变形的影响。据《水利水电工程地质勘察规范》(GB 50487—2008)中的附录M，并结合过去的工程经验，综合分析后，建议各层土的允许水力比降如表9.5-4。

表9.5-4　各层土允许水力比降

地层编号	地层岩性	允许比降
(1)	中粉质壤土	0.55
(2)	淤泥和淤泥质壤土	0.40
(3)	黏土	0.65
(4)	轻粉质壤土和中粉质壤土	0.3
(5)	重粉质壤土	0.60
(6)	轻粉质壤土和粉土	流土0.30、管涌0.20
(7)	淤泥及淤泥质壤土	0.40
(8-1)	细砂	0.20

9.5.2.2 基坑开挖状况下的渗透稳定性

本工程基坑开挖深度最大13.6 m，边坡涉及土层有(2)～(7)层，其中(2)～(4)、(7)层土呈流塑到软塑状，抗剪强度低，土层中又夹细砂透镜体，且各层土的渗透比降不等，基坑开挖时，由于地下水的渗流作用，可能会产生管涌和流土现象，导致边坡失稳。故在基坑开挖前需先降低地下水位，同时基坑需采用缓边坡或台阶式开挖方式或对基坑进行支护，设计时对边坡应进行稳定验算。

另外，第(8-1)、(8-2)层地下水为承压水，勘探期间测得承压水水位为38.4～39.1 m。由于基坑开挖削弱了上部盖层，在开挖过程中可能会产生顶托破坏。按压力平衡理论

$$\gamma \times H = \gamma_W \times h$$

式中：H——基坑开挖后不透水层的厚度(m)；

γ——土的湿密度(g/cm³)；

γ_w——水的密度(g/cm^3)；

h——承压水头高于含水层顶板的高度(m)。

可算得不透水层厚约 $H=7.2\ m$ 左右。可见当砂层上部土层厚小于 7.2 m 时，基坑有突涌的可能性。故在基坑开挖前需降低地下水位，并对地下水进行监测，确保工程顺利进行。在钻孔灌注桩施工过程中，承压水也可能引起孔底突涌，造成施工难以进行，同时，承压水水头局部超出地表，如不及时降低地下水位，会给施工带来不利。

另外，在进出水渠位置，运行期间地下水位较高，边坡土层主要为(2)层淤泥质土，在饱和状态下，该土层为软至流塑状态，且抗剪强度较低。设计时应充分考虑到该土层在运行期间的边坡稳定。

9.5.3 基坑排水

基坑主要位于沼泽地，开挖前必须先排尽沼泽地中的水。基坑开挖揭露第1、2潜水含水层和第3承压含水层。由于潜水主要为地下表层裂隙水，且与沟渠水系有水力联系，在基坑开挖过程中，应先切断沟渠等水源，然后可采用明沟抽排的方式排水。

承压水水量丰富，测得承压水位为 38.4～39.1 m。如处理不好，基坑在开挖过程中就可能产生突涌；基坑开挖后，最深处已揭露(8-1)层砂，在承压水作用下，可能会产生砂沸或破坏原砂层的结构，使承载能力大大降低。故在基坑开挖前，需在基坑周围布置深井、井点或在基坑周围布设连续截渗墙来达到降水或截水的目的。如采用深井或井点降水，应使承压水位降至建基面以下 0.5～1.0 m。

9.5.4 站区地面沉降问题

站区平台的面积较大，且广泛地存在(2)层淤泥和淤泥质土，(3)层软弱黏土层，厚度在 5.0 m 以上，土质不均匀，具有高压缩性、低强度等特性。如直接在其上堆填 7.5 m 高的填土，将可能产生不均匀沉降和局部地基失稳。建议对站区平台地基采取加固处理、分期填筑等相应的处理措施。

9.5.5 边坡稳定

本工程泵房及周围处基坑开挖深度最大约 13.6 m，边坡揭露的地层为(2)～(7)层，其中(2)、(3)层为流或软塑状的淤泥质壤土和淤泥或软黏土，厚 5～7 m，不固结不排水剪强度的凝聚力为 2～3 kPa，内摩擦角小于 3 度，抗剪强度低，建议临时自然边坡采用 1∶4 左右。(4)层轻粉质壤土和中粉质壤土，软至可塑状态，建议临时自然边坡采用 1∶3.5，(5)层重粉质壤土，软可塑状态，(6)层轻粉质壤土和粉土，建议临时自然边坡采用 1∶3，(7)层淤泥质壤土和黏土，软，抗剪强度较低，建议临时自然边坡采用 1∶4～1∶5，或者对边坡采取支护措施。

进水渠设计河底高程为 32.8～31.3 m,出水渠设计底高程为 34.26 m,自然边坡主要有流至软塑状的(2)层淤泥质壤土和淤泥、(3)层黏土组成,上述二层土抗剪能力和抗冲性能均较差,建议渠道自然边坡采用 1∶4～1∶5。

9.5.6 地震液化

根据《中国地震动参数区划图》(GB 18306—2015)可以查出,本区地震动峰值加速度为 0.10 g,相应地震基本烈度为 7 度。拟建工程的等别为Ⅰ等,主要建筑物为 1 级,次要建筑物为 3 级。

根据勘探资料可知,本场地上部 15 m 内主要为软弱土层,根据《水工建筑物抗震设计规范》(SL 203—1987)中可知,本站址区场地土一般为软弱场地土类型,场地类别Ⅲ类;在泵房处,由于上覆土层已被挖除,基底下为(8-1)层及以下各层,在基底下 15 m 内深度内,土层为中密或硬塑状态的土层。根据规范,该处场地类型为中硬场地土类型,场地类别为Ⅱ类。该区需判定地震液化可能性的土层有(6)层轻粉质壤和粉土、(8-1)层砂,震陷可能性的土层的第(2)、(4)、(7)层软弱黏性土(液性指数为 0.84～1.15,贯入击数小于 4 击)。

根据上述条件和《水利水电工程地质勘察规范》(GB 50487—2008)中"土的液化判别"的初判条件,可初判(6)层轻粉质壤土和粉土(Q_3)、(8-1)层细砂(Q_3)[埋深一般在 15 m 以下,且地层年代为晚更新世(Q_3)]为不液化土层,但考虑到泵站等级为Ⅰ等,主要建筑物为 1 级建筑物,且泵房和进水池的基础直接坐落在(8-1)层细砂上,而(8-1)砂层上部 1～1.5 m 为松散至稍密状态,并当覆盖层被挖除后,该细砂层的承载力标准值可能会降低,据上述情况综合分析,建议对泵站基础下的松散砂层应进行适当的处理,处理深度应大于 2 m。根据抗震设计规范中对软弱黏土震陷判别标准(标准为:贯入击数小于 4 击,液性指数大于 0.75 等),可判断第(2)、(4)、(7)层可能会产生震陷,设计应注意震陷对地基强度、桩基承载力的影响。

9.6 结论与建议

1. 据调查,站址区的位置为东平湖历史上大堤决口的位置,现泵站建筑物布置位于决口时冲出的土坑处。站址区地势较场区周围地势低,常年积水。地表广泛分布厚度较大的淤泥质土。从整体情况看,该场地工程地质条件较差,对建筑物稳定不利。

2. 勘探深度内分布的(2)、(3)、(7)层土属高压缩性土,特别是(2)、(7)层淤泥和淤泥质壤土,其抗剪强度较低,对基坑、渠道边坡稳定不利,如作为地基还易产生过大沉降或不均匀沉降,(8-1)层以上各层土的承载力均较低,难以满足设计荷载要求,需对建筑物地基应进行加固处理。(8-1)层下部和(9)层土为该区良好的持力层,可作为桩端持力层。

3. 椐《水利水电工程地质勘察规范》,场区地震基本烈度为Ⅶ度。(8-1)层砂层上部有约 2 m 为松散至稍密状态,承载力较低,天然地基不能满足设计要求,同时由于上覆土层被挖除后(13.6 m),地基应力已发生了变化,细砂层的承载力还有可能会降低,设计时应考虑上述因素;(2)、(4)、(7)层软弱黏性土在Ⅶ度地震情况下有震陷的可能性,地基加固设计时,需考虑土层震陷对加固效果的影响。

4. 场区分布有承压水含水层,透水性中等,承压水头高约 13.3～14.5 m,该承压水对基坑的稳定不利。建议基坑开挖时,应在基坑外围布置降水设施,先降水(降至建基面以下 0.5～1.0 m),后开挖。

5. 该建筑物基坑开挖较深,涉及的土层多为软弱土层,建议采用边坡:(2)、(3)层 1∶4;(4)层 1∶3.5;(5)、(6)层 1∶3;(7)层 1∶4～1∶5,或采取基坑支护。

6. 建议混凝土与天然地基土之间的摩擦系数采用:(3)层黏土 0.25;(8-1)层细砂 0.32。

7. 根据勘探和试验资料,土料质量基本满足设计要求,但土料的含水率过高和黏粒含量稍高,且具有弱膨胀性,膨胀率为 50%～56%。必须进行处理后方可用来作为填筑土料;料场区地下水埋藏较浅,一般为 0.3～0.5 m,开采时应先降低地下水水位,后开采。砂、石料的储量和质量均满足工程要求。

8. 本站址区的表层土均为软弱土层,填筑前应除表层的树根、芦苇、浮淤土、耕植土;同时,在填筑平台时,应考虑堆填土对建筑物、桩以及边坡稳定的影响。

9. 建议下阶段应做的工作有:

(a) 应进行施工地质工作;

(b) 基坑开挖后应进行现场抗滑试验,以便验证设计参数;

(c) 对桩基应进行现场静载荷试验;

(d) 施工时应进行验槽,发现与地质资料不符时,应及时进行施工地质工作。